"十四五"高等教育智能制造专业群新工科新形态系列教材

机械设计基础

樊百林◎主　编
杨光辉　李晓武　杨　皓　许　倩◎副主编

中国铁道出版社有限公司
CHINA RAILWAY PUBLISHING HOUSE CO., LTD.

内容简介

本书是在总结作者多年实践教学研究成果的基础上编写而成。全书以培养卓越工程师为理念,以工程实践研究性教学为基础,以工艺为引线,来形成以工程应用和工程实践教学为基础的教材体系。

本书共六篇,包括现代工程设计与实践教学、工程设计中的传动性、工程设计中的支承性、工程设计中的连接性、工程设计中的安全性和课程设计指导。

本书适合作为普通高等院校机械工程、车辆工程、能源工程、冶金工程、材料工程、土木与环境工程及自动化工程等专业的教材,也适合相关技术人员参考。

图书在版编目(CIP)数据

机械设计基础/樊百林主编.—北京:中国铁道出版社有限公司,2024.4

“十四五”高等教育智能制造专业群新工科新形态系列教材

ISBN 978-7-113-30706-6

Ⅰ.①机… Ⅱ.①樊… Ⅲ.①机械设计-高等学校-教材 Ⅳ.①TH122

中国国家版本馆 CIP 数据核字(2023)第 220947 号

书　　名:**机械设计基础**

作　　者:樊百林

策　　划:曾露平　　　　编辑部电话:(010)63551926

责任编辑:曾露平

封面设计:刘　颖

责任校对:刘　畅

责任印制:樊启鹏

出版发行:中国铁道出版社有限公司(100054,北京市西城区右安门西街 8 号)

网　　址:http://www.tdpress.com/51eds/

印　　刷:北京盛通印刷股份有限公司

版　　次:2024 年 4 月第 1 版　2024 年 4 月第 1 次印刷

开　　本:787 mm×1 092 mm　1/16　印张:22　字数:547 千

书　　号:ISBN 978-7-113-30706-6

定　　价:59.80 元

前　言

本教材是作者在总结多年实践教学研究成果的基础上编写而成。该书符合国家“卓越工程师教育培养计划”，实践性强、应用性强、研究性强。

本教材编写的指导思想：以培养卓越工程师为理念，突破传统的工程设计表达思想，以工程实践研究性教学为基础，以工艺为引线，以机器零部件设计和通用机械设计理论为切入点，以环保、安全、责任等为外延，利用现代计算机辅助设计制图手段将传统的工程机械设计理论与制图理论、工艺结构知识等相融合，论述设计的严谨性、标准性、规范性、创新性，同时论述工程设计中的质量管理因素，以表达工程设计的最终目的，形成以工程应用和工程实践教学为基础的教材体系。

本教材的特色：

(1)以工程教育和卓越工程师培养教育为理念，突出制图的设计性、研究性、实用性。

(2)为贯彻“以人为本”的素质教育理念，在教材的编写上注重素质教育和能力培养。

(3)以现代计算机造型手段，引入人文教育理念，突出教材以设计和实践为基础的以人为本的研究性、实践性教学指导思想。

(4)在教材的编写理念上，着重培养学生发现问题、分析问题、解决工程设计问题的能力，培养设计与制图的综合能力，着重培养工程系统设计思想和制图思想。

(5)通过典型案例设计，达到传统设计与创新设计的有机结合，完成工程机械设计思想的系统培养。

(6)全书含30个图例和视频，把部分章节制作成了PDF供不同层次的使用者扫码学习。

本书编者来自北京科技大学、北京科技大学产业集团、燕山大学、山东工业职业学院。

本教材由北京科技大学樊百林任主编，杨光辉、李晓武、杨皓、许倩任副主编，曹彤、万静、陈华、李大龙、姜桂荣、王宏伟和陈平参与编写。樊百林编写：第1章~第4章，第6章，第8章部分，第10章，第11章部分，第16章~第19章部分，第21章，第23章部分，第25章；曹彤编写：第5章部分，第14章；万静编写：第5章部分；窦金平编写：第5章部分，第7章；陈华编写：第9章；李大龙编写：第8章部分；许倩编写：第8章部分；姜桂荣编写：第8章部分；李晓武编写：第12章，第13章；杨光辉编写：第15章，第16章部分；王宏伟编写：第19章部分，第20章，第23章部分，附录；陈平编写：第17章部分，第22章；杨皓编写：第24章。全书由樊百林统稿、定稿。

在教材的编写过程中，机械科学研究总院杨东拜提供了宝贵资料，并与窦忠强、李威对本书进行了认真审定，提出了许多宝贵建议；北京理工大学张彤教授对涉及的国家标准进行了审阅，并对全书文字进行了校正；王尧为本书提供了宝贵的资料，王宏伟、李寅岗、黄兴对全书图片做了整理，在这里对他们表示衷心的感谢。同时感谢武汉博能设备制造有限公司、武汉市中南万向联轴器厂、江西华伍制动器股份有限公司的大力支持。

本教材属于北京科技大学工程教育“卓越工程师培养计划项目”教学类教材，被遴选为北京科技大学“十四五”规划教材，也属于教育部产学研就业育人项目课题成果，即北京云道智造科技有限公司与北京科技大学数字化教材建设项目成果。在编写过程中得到了北京科技大学教材建设经费的资助，得到了北京云道智造科技有限公司的经费资助，在此特别感谢北京科技大学教务处和北京云道智造科技有限公司的支持。

由于编者水平有限，纰漏与不妥之处在所难免，敬请各位读者不吝指教。建议和意见可发至 fanbailin868@ sina. cn。

樊百林
于北京科技大学
2023 年 7 月

目　　录

第1篇　现代工程设计与实践教学

第2篇　工程设计中的传动性

第 4 篇　工程设计中的连接性

第 5 篇　工程设计中的安全性

第 6 篇　课程设计指导

第1篇　现代工程设计与实践教学

第1章　绪　　论

1.1　工程教育的意义

我国工程教育相对产业发展滞后,工程教育与产业对工程人才能力要求之间还普遍存在着差距。为建设创新型国家,建立发展我国的高等工程教育,教育部提出了“卓越工程师教育培养计划”,开启了针对采矿、钢铁冶金、材料成型与控制、冶金机械、自动化、热能与动力工程等专业工程型人才培养的多项改革举措,为此,培养创新型工程科技人才成为我国工程教育的新目标。

“卓越工程师教育培养计划”是贯彻落实《国家中长期教育改革和发展规划纲要(2010—2020年)》和《国家中长期人才发展规划纲要(2010—2020年)》的重大改革项目,也是促进我国由工程教育大国迈向工程教育强国的重大举措,旨在培养造就一大批创新能力强、适应经济社会发展需要的高质量各类型工程技术人才,对促进高等教育面向社会需求培养人才,全面提高工程教育人才培养质量具有十分重要的示范和引导作用。

1.2　三工程实践教学指导思想

本教材以编者付出艰辛劳动的国家教学成果奖的成功经验为基础,经过多年来的研究和实践,于2009年创建“三工程”综合实践教学新理念——以人为本的“科技工程、人文工程、绿色工程”三工程综合实践教学新理念,即着眼于培养德才兼备的优秀人才,优秀人才创作出卓越的工程设计产品,具有高度责任意识的优秀人才和工程设计产品服务于人类自身,共同保护人类生存共有的地球生态环境家园的教学新理念。

这种综合工程教学新理念,体现了社会发展和教育发展的创新性、可持续性,体现了教育、教学与现实的密切联系性。

1.3　本课程的性质、任务与目标

本课程属于技术基础课程。其任务在于:

1)培养学生从工程实践中获取知识的能力;

2)培养学生运用设计资料、标准、设计手册的能力;

3)培养学生对一般机器的初步设计思想和设计能力;

4)培养初步的设计思想和应用现代设计手段的能力;

5)培养具有“科技工程、人文工程、绿色工程”理念,以人为本的高素质综合科技工程人才。

6)培养具有环保安全责任理念,具有研究型、设计型、创新型,跻身于社会和国际工程设计行列的高素质工程人才。

以设计为主线的现代工程设计实践教学目标:以工程设备实践为教学背景,以发现问题为前提,以培养创新设计能力为目标,实现以培养团队和谐合作能力为基础的产品研发,达到以产品服务于社会,以解决现实工程问题为最终目的的工程系统运作能力。

1.4 课程体系、特点

课程体系:

以“三工程”综合实践教学新理念为指导思想,以培养研究型、设计型、创新型,且同时具备高人文素养的工程教育、卓越工程师为目标,采用以动手实践为前提,以工艺为引线,以典型设备结构设计为基础,以通用设计理论为切入点,以环保,安全,责任等为外延的方式,将传统的经典设计、制图理论,利用现代的计算机辅助设计制图手段,与工艺结构知识等相融合,进行编写,形成以工程应用和实践教学为基础的新教材体系。

课程特点:

1. 从工程实际案例出发,阐述了符合新技术设计制图手段下的工程设计的创新性、人文责任性和安全性。

2. 通过实际案例,分析了现代工程设计新特征,阐述了工程设计的一般过程,突出了以工程实践为基础,以人为本的工程设计性、实践性以及工程教育教学性。

3. 从工程应用实际案例出发,引出各个设计系统章节经典设计原理、方法和内容,在各章节中突出工程实践案例的实用性、时代性、先进性。

4. 加强了结构工艺合理性的设计内容。

5. 在章节内容编写中增加了解决现实工程问题的综合创新课程设计内容。

第2章　现代工程设计实践教学

本章学习目标

◇初步培养从实践中获取知识的能力；

◇培养团队合作能力；

◇培养以人为本的工程素养。

本章学习内容

◇现代工程的特征；

◇实践教学的特点；

◇三工程实践教学新理念。

实践教学研究

◇对水立方全过程进行分析，总结其工程中采用了哪些先进技术？并说明先进科技技术的特点。

扫一扫

现代工程发动机实践感想

关键词：现代工程实践教学、磁悬浮、安全、发动机

2.1　现代工程设计

2.1.1　现代工程概述

工程设计实践重在培养学生综合应用所学的理论方法和知识去分析、解决工程实际问题的能力。

1. 磁悬浮工程的安全意识

长沙磁悬浮快线采用我国具有完全自主知识产权的中低速磁浮交通系统。一年半时间建成，全长18.55 km，最高时速100 km，2 898根桥梁桩基、696个承台、942片轨道梁，几乎全部建在高架上。这是我国第一条自主设计、自主制造、自主施工的中低速磁浮示范性工程和创新性工程。图2-1所示为一列运行的磁悬浮列车。

全体建设者顽强拼搏、日夜奋战、不断创新、注重质量，打赢了一个又一个攻坚战，破解了一道又一道瓶颈难题，实现了建设速度与工程质量的完美统一。

在高科技理念下，人类的安全意识已经提到首要地位。中低速磁悬浮列车的运行，依靠电磁铁与轨道产生的电磁吸力使列车浮起大约1 cm，车身与轨道之间保持一定的气隙而不直接接触，从而没有了轮轨激烈摩擦的噪声。为加强施工个人安全意识，在磁悬浮施工现场让人们感受高处坠落、触电等风体实验。同样对于磁悬浮轨道线，也有百姓担心，是否有磁辐射，对

此,中科院电工研究所在一份专业检测报告中提出,磁悬浮列车直流磁场强度小于看电视时电视机对人体的影响,交流磁场强度小于使用电动剃须刀时剃须刀对人体的影响,电磁辐射强度也低于世界卫生组织推荐的国际非电离辐射防护委员会的标准。

2. 高科技产业密集——高铁工程

不同于普通铁路,高速铁路线路常常要飞架空中,属于高科技产业密集工程。图 2-2 所示为高铁建设工地。

图 2-1 磁悬浮列车

图 2-2 高铁施工建设

桥梁选型至关重要。高铁要求高平顺、高稳定列车时速上升到 350 km,车厢内水杯中的水几乎纹丝不动,如图 2-3 所示。

高速列车轨道沉降误差以毫米计,标准比 F1 赛车跑道还要高。勘探地形,查阅数据,收集数据,线形问题、道岔问题、精确定位问题……终于找到了解决办法。

在地质最为湿陷的地方,每隔大约 1 m 就打下一个水泥土挤密桩。要打几十万根,长约 10 m、直径 0.4 m 的桩子。

铁路上有落物怎么办?控制系统能提前觉察,自动发出信号,那段轨道信号就变成红颜色。列车在距离障碍物 6 km 外就接到故障信号,自动停车。钢轨出现裂纹,信号会自动检测,变成红色,列车自动停止。

通信信号是高速铁路指挥控制系统,经过无数次的仿真实验,进行类比试验,查找问题,修改数据,再回归测试,这些控制系统的问题终于得到解决。

车-路-信号这个庞大的高铁体系技术平台,就这样奇迹般地被中国人搭建起来。

动车组是尖端技术的高度集成,涉及动车组总成、车体、转向架、牵引变压器、牵引变流器等 9 大关键技术以及 10 项配套技术,涉及 5 万多个零部件。

在高铁建设中,使用了大量的车轮、车轴、轴承、齿轮、链条等关键核心零部件,但这些零部件的材料,加工质量,加工工艺技术远高于通用连接件、支承件、传动件、结构件、标准件、非标准件。

高铁车轮用钢 HS7,采用超纯净高均质电渣重熔精炼技术和工艺,材料性能达到国际领先水平,并且我国的车轮钢生产工艺在国际上处于领先水平高铁车轮生产检测如图 2-4 所示。

图 2-3　高铁运行

图 2-4　高铁车轮生产检测

中国的观天巨眼望远镜,周长约 1.6 km 的圈梁被 50 根 6~50 m 高低不等的钢柱支撑在半空,巨大球面由 4 400 多块主动反射单元构成。一个个小的反射单元可以进行对焦,这就是正在建设的世界最大单口径射电望远镜 FAST,它是一个复杂的航天航空技术设计工程,也是一个复杂的制造、安装工程。

北京三元桥在 43 h 内实现了整体置换。GPS、激光定位、机器人焊接钢梁、驮运架一体机整体置换等,实现了国内大城市重要交通节点桥梁维修的新创新方法。箱梁钢材采用数控切割、机器人焊接,提高了制造质量和精度。

积极、效率、科学、安全是各方面工程人员责任到位的显现。无论是磁悬浮工程、高铁工程、复杂的望远镜工程或者高效的三元桥整体置换工程,都是设计、制图、制造、运输、管理,安全施工等各个环节工程人员责任到位、效率至上的高度显现,设计者的周密设计与制图,制造工程人员的严格精确制造,施工管理人员的严格测控。工作人员的辛苦让人感动,能知感恩也是一种高尚品德。

3. 现代工程的特征

现代工程技术具有如下特征:

(1)工程技术的先进性

采用现代的设计手段、优化的设计方法、先进的工艺设施,达到设计方案和技术的先进性。

(2)工程技术的节能性

采用现代新型技术(如光伏技术,热源泵技术等)达到工程的节能性。

(3)工程技术的环保性

采用现代技术手段,先进材料和制造工艺,达成工程对工程环境的环保绿色性。

(4)工程技术的安全性

在整个工程的施工、设备的制造、安装等过程中,体现技术和管理的安全性。

(5)工程质量的严谨性

对工程质量检测、记录、落实到位,体现工程质量的严谨性。

(6)工程的建设效率性

工程管理的人性化、合理化、有序化,使工程建设速度快、效率高,体现了工程人员的高度责任心。

(7)工程过程人文关怀的现实性

在整个工程过程中,不仅体现对外部环境人民的人文关怀,而且体现对工程人员的以人为本的人文关怀。

(8)管理的科学性

在各个环节体现管理的有序化、协调化、人文化、服务化,做到放心生产、安心生产,体现了工程管理者对各个层面工程人员的关心、爱心。

2.1.2 工程设计

1. 工程定义

工程是将自然科学原理应用到工农业生产部门中而形成各学科的总称。

根据工程服务对象不同,将工程分为人力工程、资金工程、能源工程、材料工程和机械工程等方面。

在各类工程设计中都始终伴随着工程技术人员的设计、工程图样绘制以及设备的制造和施工、安装等工作。

2. 自动压铸机

在材料应用制造工程中,设备的开发研制同样离不开工程技术人员的设计与制图。图2-5是一种高效率的热室自动压铸机,该设备配备了全自动和半自动工作循环的电气液压机构。电气控制系统安装在一个独立的电气控制箱中,电炉控制系统也在其中。机器正面的操作台上,安装有手动开型和合型按钮 ,手动压射按钮、自动、半自动启动按钮、启动泵按钮、急停按钮等。电控系统能保证对工作过程进行可靠控制,不论何种工作程序均设有联锁装置,以免发生误动。

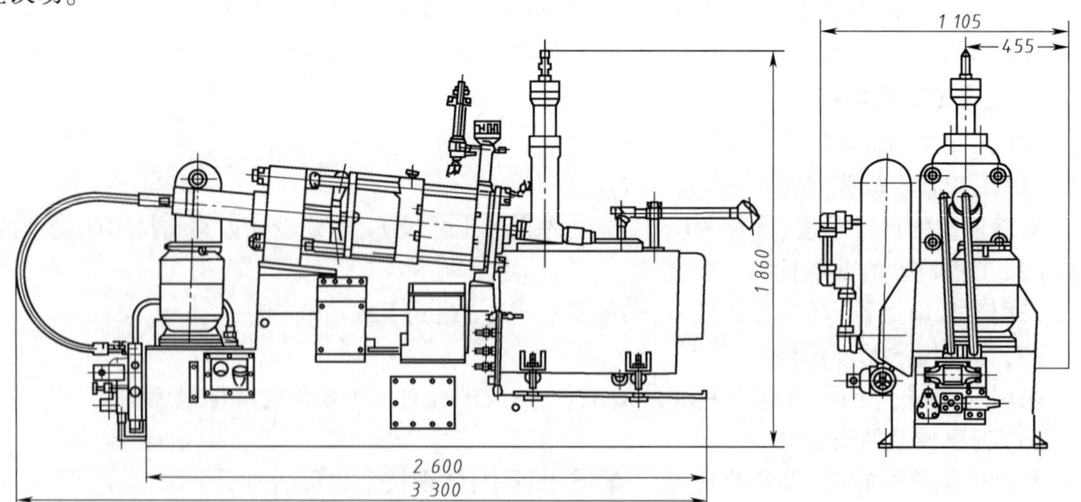

图2-5 J213型热室自动压铸机

3. 工程设备设计过程

工程设备的一般设计过程分为下面几个阶段。

①提出任务计划:在市场调查基础上,提出任务计划方案,写出计划任务书。

②方案设计:根据任务书,综合考虑技术的可行性,提出技术最终设计方案。

③产品生产:根据提出的最终技术方案,对机器的零部件进行制造,并进行质量检测。

④装配调试:对制造的零部件进行组装,装配调试。

⑤施工调试:根据机器产品安装规格,进行土建施工,对机器产品进行安装、运行和调试。

⑥产品市场运营:对产品进行销售、售后服务,市场运营。

工程设备的宏观设计过程如图 2-6 所示。

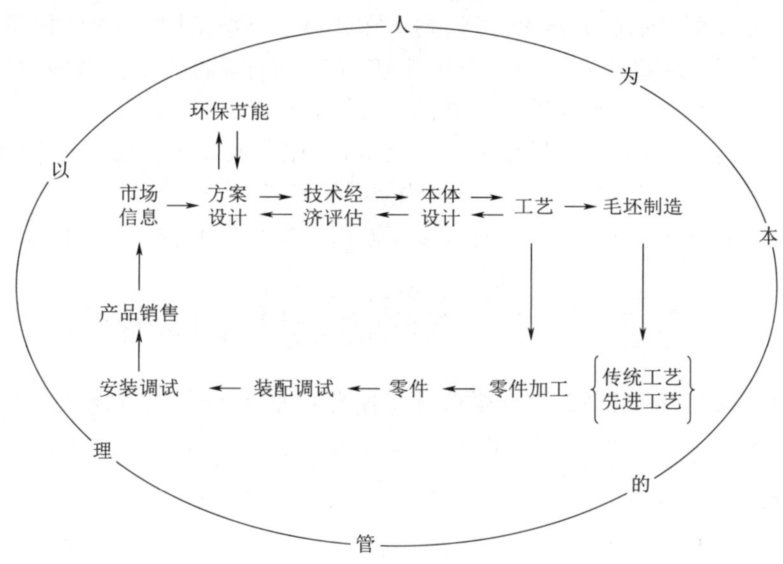

图 2-6　工程设备的宏观设计过程

以地铁建设为例说明:

地铁建造大体可分为规划、设计、施工、运营 4 个阶段。

(1)规划

一座城市建设地铁需要获得有关部门批准,才能规划进行。规划包括:

①必要性研究;

②线网规模研究;

③线网结构研究;

④线路规划;

⑤联络线规划;

⑥车辆段及其他基底规划以及线网建设顺序等。在这些规划研究内容中,其中,技术评估包括编制项目建议书,对项目建设的必要性、拟建地点、规模、投资估算。

主要内容有:该线路的功能定位及总体规模、建设的必要性和紧迫性、线路方案和运营方案、土建工程、设备系统方案、车辆段与综合基地、工程筹划与招投标、工程投资与经济分析等内容。

(2)设计

设计阶段包括初步设计和施工图设计,如果项目复杂,还包括技术设计。

初步设计主要是根据线路规划,完成对线路的设计原则、技术标准等的确定,基本上确定线路的平面位置、车站位置及右线纵断面设计,初步设计完成后再进行施工图设计。

施工图设计,即画出来的图纸就能直接给施工单位进行施工。

(3)施工

施工分为区间施工和车站施工。

(4)运营

在正式运营之前,还有试运行和试运营两个阶段。

试运行是指系统联调后的非载客运行,列车在轨道上空载试跑,不对外售票载客。在此期间将对地铁各设备系统和整体系统进行可用性、安全性和可靠性测试及考核,对运营作业人员培训、故障模拟和应急演练等情况进行检验,地铁试运行应不少于三个月。

试运营是指试运行合格后,经过相关验收及审批,在完成竣工初验之后、工程竣工验收之前进行的载客运营活动。在此期间乘客可以购票乘坐地铁。

正式运营是指地铁试运营结束,并通过竣工验收后所从事的载客运营活动。

2.2 以设计为理念的机械设计基础实践教学

高层次创新人才的培养目标,不仅要求具有扎实的理论基础,而且要求培养大学生多方面的实践能力。

2.2.1 实践教学

1. 实践教学特点

实践教学是一种新的教学理念,不同于过去的纯理论教学和实验教学,是介于理论课堂与实验课堂之间的一门新型学科。实践教学的过程渗透了专业基础知识和专业知识等相关知识内容,在实践教学过程中,呈现出知识量大、知识互溶性大、知识涉及面广、现实直观性强等特点。实践教学过程充分体现了综合工程意识和综合工程知识的传递。实践教学与实验教学的区别在于:实践教学的客体是真实的工程生产或生活中正在使用的设备。实验教学是非真实的生产或生活中使用的设备,能够表达原理,但不能具备工程设备的功用。

2. 实践教学的定义

实践教学是主体人类对社会、自然界正在存在的事件进行去伪存真,全方位研究、分析、学习的一个过程;同时,也是主体人类对生活、生产中使用的客观实体机器、客观事物及其规律,直接进行全方位分析、研究、学习的一个过程。

3. 实践教学的目的

(1)提升人文素养、和谐自身、和谐社会、和谐自然,实现对宇宙人生真谛的正确认识。

(2)提高主体人类自身综合工程意识和工程实践能力。

4. 实践教学的客体

来自客观社会、自然界客观存在的自然现象、客观存在的事实、真实发生的事件等。

来自现实真实的工程设计以及现实生产、生活中正在使用的机器设备等实体。

5. 实践教学对主体的要求

(1)有正确的对宇宙人生真谛的认知意识和正确的实践经验;

(2)具有辩证思维意识和辩证解决客观实际问题的实践能力;

(3)了解、参与现实社会和现实生产的经验;

(4)具有熟练的基础知识和专业知识;

(5)具有较强的综合分析客观世界发展的能力。

2.2.2　实践教学基础

1. 现代工程设备发动机

以复杂结构工程设备发动机和民用工程简单设备饮水机为实践设计教学基础。实践、创新设计、虚拟样机和拆装,机电一体化的实践创新设计教学,使学生得到了工程实践能力的培养,得到了工艺与设计理念的培养,学生的收获不是制图课程本身简单工程设备的熟悉,而是掌握了工程系统的设计思维,培养了学生解决实际问题的思维和能力,是制图实践教学内涵的进一步升华和拓展。

2. 以创新设计为理念的民用工程设备

通过拆装了解机器、部件的功用,熟悉零部件之间的装配关系,在此基础上进行设计,培养学生机器设计思维和实践意识,培养总工的设计思维和实践意识。让学生绘制亲自拆装的生产、生活机器和设备,对零件进行表达方案的讨论,提出不合理处并进行创新改造设计,在实践性教学课堂中,注重解决问题能力和创新设计意识的培养。

(1)零件改形设计

根据零件的功能,在简化工艺的情况下进行零件的改型设计,图 2-7 为接水盒从复杂工艺到简单工艺的设计。

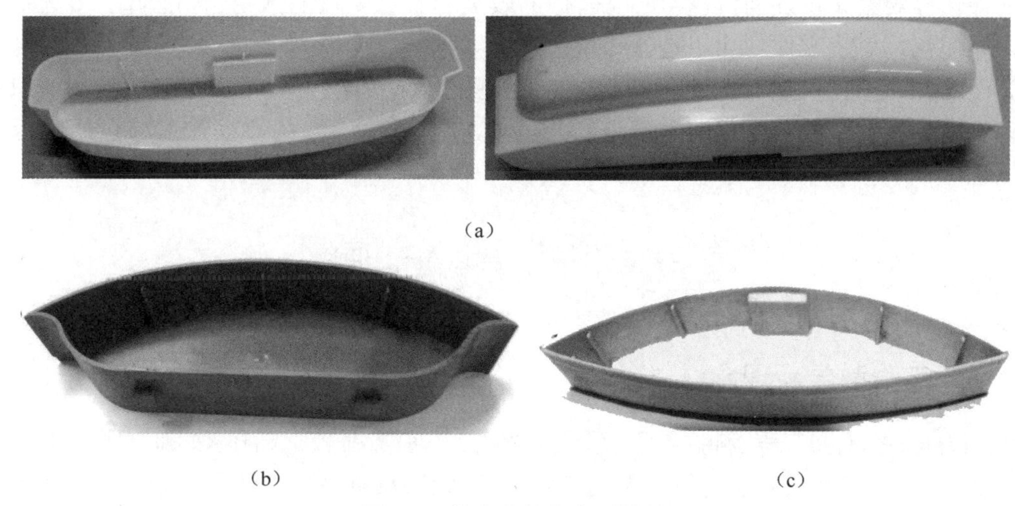

(a)

(b)　(c)

图 2-7　接水盒从复杂到简单

(2)整机改型设计

整机改型从复杂到简单再到情趣的创新设计。

(3)成本意识的培养

饮水机上面板设计凹凸不平并有复杂的曲面,制造工艺复杂因而成本增大,所以设计人员一定要考虑制造工艺成本,应该为人类自己生存服务而考虑。

通过实体拆装。结构设计和创新改进,建立虚拟样机和虚拟拆装,三维一体化和机电一体化的设计制图实践教学,使学生得到了工程实践能力的培养,得到了设计理念的培养。收获不仅是制图本身简单的工程设备的熟悉,而是掌握了工程系统的设计思维。

在发动机拆装实践教学过程中,学生可以直接获得工程能力的培养,既是理论学习不足的补充又是工程实践意识培养的捷径。每个学生根据自己的兴趣和理解可以从不同的角度得到收获。

2.2.4 实践教学并非零件认识教学

研究性现代工程实践教学是一个长远的课堂、值得研究的课堂,人们往往认为实践教学很简单,这是一种错误的观念。如实践教学并非零件认识教学,也并非简单的拆装过程。

在发动机拆装过程中,如果不讲发动机工作原理、结构以及工作方式等内容,只认为是零件的构形实践教学课的话,其实就不用了解发动机原理、结构以及发动机拆装顺序了,可以把几百个零件整齐地放在那里,让学生拿起零件,看看外形,分析分析结构就可以了。

实现设计人员的伟大目标,没有直接拆装的话,就不会学到机器结构的复杂性,原理的奇妙性,就不会理解设计人员的伟大、工人技术的精湛。可见拆装过程实践是多么的重要啊!

如果让你观察飞机发动机,参观完毕,你的收获是什么?没有人讲,你能明白飞机发动机的工作原理吗?每个零件的功用是什么?没人指导拆装,你知道如何下手拆第一步,如何装?这些方面的知识不仅仅是飞机发动机专业知识,不仅仅是拆装问题,也不是表面上的认识发动机过程。发动机实践教学课程何尝不是如此呢?它是一个七、八门课程知识综合的工程实践教学课程。

2.3 三工程实践教学新理念

2.3.1 三工程教学新理念

以人为本的“人文工程、科技工程、绿色工程”三工程实践教学新体系,即着眼于培养德才兼备的优秀人才,优秀人才创作出卓越的工程设计产品,具有高度责任意识的优秀人才和工程设计产品服务于人类自身,共同保护人类和其他生命体共有的地球生态环境家园的教学新体系。

2.3.2 质　　量

质量是企业的灵魂,成本是企业的生命。万分之一的失误,对受害者来说,就是 100% 的损失。

工作质量是指与质量有关的各项工作对产品质量、服务质量的保证程度。工作质量的五大控制过程,即设计质量、制造质量、使用质量、控制质量,服务质量。在每一个质量过程要素中,责任要素起到至关重要的作用。

设计在古代已渗透到日常生活的方方面面,如每个家庭必用的锁(见图 2-8),不仅美观,而且结构奇特,技术精湛。为了保证质量,古代会在锁上“勒名”,即在锁体上刻上锁匠的名号,这也是古代手工业保证质量采取的常规而又重要的措施之一。

(a)汉代铁锁

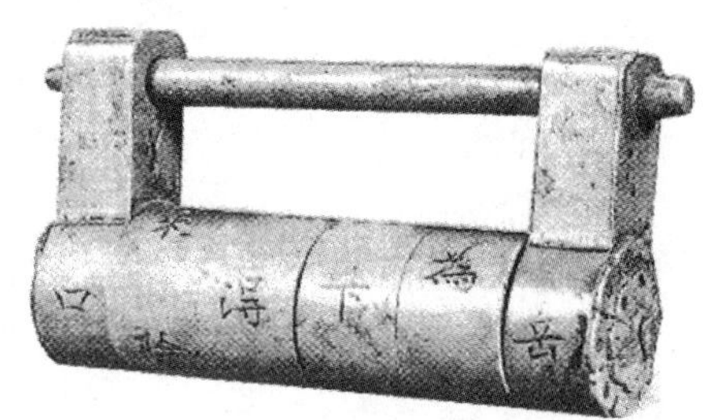
(b)清代黄铜四转轮字码锁

图 2-8　古代锁

2.3.3 人文责任

一个国家在发展的过程中应该尤其重视企业道德、职业道德、社会公德。提起让人民放心的工程意识。使整个中国制造成的产品为中国人放心、世界人民放心、有信誉的中国制造产品。国家安全审核员黄钢汉说,“企业道德,跟企业家的道德水平及道德观念分不开。”人类赖以生存的衣食住行工程涉及我们每个人的生存和生存环境,科技工作者,你的技术走向哪里?值得每一位科学技术人员深思和明以心戒。物质文明,精神文明,社会文明,生态文明是科技工作者应该努力营造的目标。

绿色环保,责任安全,社会公德利在当代,功在千秋。

思 考 题

1. 现代工程的特征是什么?
2. 现代工程实践教学的意义是什么?
3. 实践教学的定义是什么?
4. 福岛核电站辐射给我们的启示是什么?

习　题

1. 磁悬浮工程的安全防范意识从哪几个角度培养？

2. 试说明 FAST 望远镜用到了哪些技术？

3. 北京三元桥改造应用到 GPS、______________、______________、______________、______________等技术 。

4. 地铁建设包括______、______、______、______四个阶段。

5. 高铁生产中，大量使用的关键核心零部件有____________________________________。

第3章　机器与机械设计的基本知识

本章学习目标

◇初步培养学生对机器及机械的认识能力；

◇对工程机械传统系统基本知识的认识；

◇对零件设计基本知识的认识。

本章学习内容

◇机器的组成；

◇工程机械传动系统的基本知识；

◇机械零件失效的基本知识和设计准则。

实践教学研究

◇观察摩托车发动机的结构特点，分析工作原理和使用的零件材料。

扫一扫

现代工程发动机实践感想

关键词：应力、传动系统、发动机

3.1　机　　器

机器是人们通过智慧研究设计制造出的由各种金属和非金属零部件组装成的装置，装置内部的零件、部件间具有确定的相对运动，用来代替人的劳动，完成有用功、能量变换、信息处理。

3.1.1　机器的特征

机器一般具有如下特征：

①机器是人为的实体组合；

②这些实体之间具有确定的相对运动；

③可代替人的劳动完成有用功或进行能量的转化。

机器具有前两个特征的机器我们称之为机构，机构是人们设计制造的组合装置，装置内部零件实体之间具有确定的相对运动，如图3-1(b)所示。机器和机构习惯上统称为机械。

3.1.2　机器组成

机器组成的分类方法很多，从结构制造角度来分析，机器是由部件和单独作为装配单元的零件组成。其中部件是机器的装配单元，它由若干个零件按照一定的方式装配而成。

从功能的角度来看机器是由原动部分、传动部分和工作部分以及控制部分组成。

从机构角度分析，机器是由具有确定运动的机构组成，构件是组成机构的最小单元体。图 3-1 为冲压设备及其机构图。该机器是由曲柄滑块机构、皮带传动机构等组成。

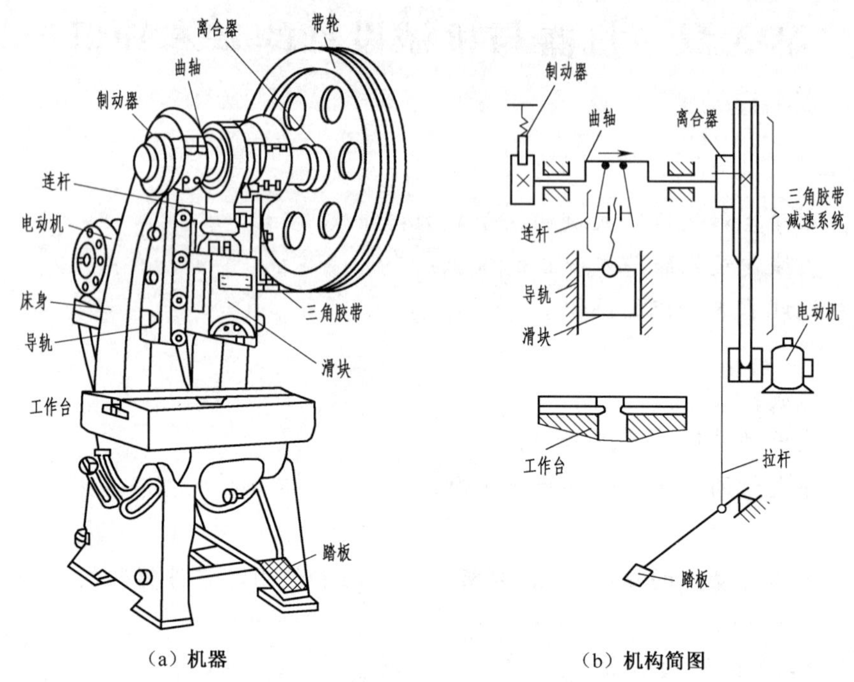

图 3-1　机器与机构简图

从功能角度分析，摩托车由发动机、电气部分、传动部分、行走部分、操纵部分五大系统组成。发动机提供整车动力，是摩托车的一个重要的部件，也是数百个零件组成的比较复杂的部件，如图 3-2 所示。电气部分由磁电机、电瓶、点火系统、照明系统、信号系统等组成；传动部分由离合器、变速器、传动链等部分组成；行走部分曲车架、前叉、前后减振、车轮等组成；操纵部分由车把、刹车、各类开关等组成。

从外形分析，摩托车发动机由气缸盖、气缸体、曲轴箱组成。

从结构制造角度分析，发动机由曲柄连杆机构、配气机构两大机构和六大系统组成。对于非常规零件，不仅需要绘制零件图样而且大多还需要对零件的强度和寿命进行设计计算，以保证零件的工作强度，使发动机安全、正常运转。

3.1.3　工程设备设计准则

工程设备的设计目的大多是实现功能的同时降低成本，提高使用寿命和性价比。工程设备设计时应考虑下列几个原则：

(1) 考虑满足功能性

以满足用户的使用要求为前提进行技术设计。

(2) 提高工程设备的寿命

在满足设备功能要求，满足强度，刚度等技术的前提下，尽可能提高工程设备的寿命。

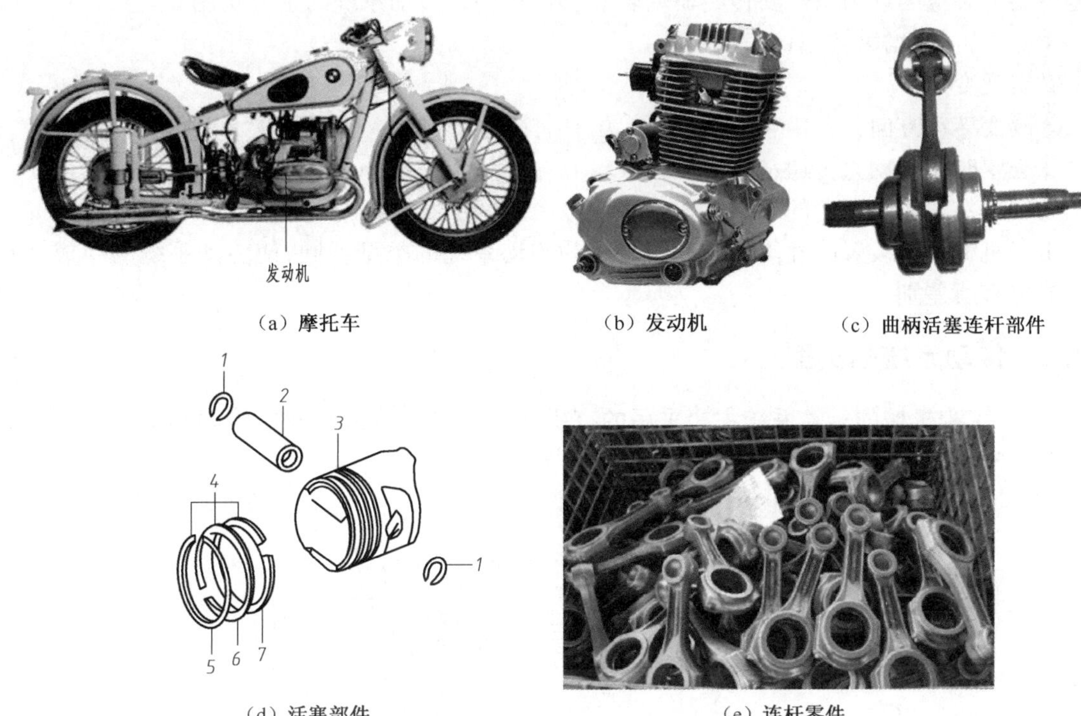

（a）摩托车　（b）发动机　（c）曲柄活塞连杆部件

（d）活塞部件　（e）连杆零件

图 3-2　机器、部件和零件

1—活塞销挡圈;2—活塞销;3—活塞;4—活塞环总成;5—活塞环一;6—活塞环二;7—油环组合

(3)节能减排

在技术方案的设计时,要考虑节能减排的方案设计。

(4)降低工艺难度

尽可能地降低工艺难度,节约能源、资源和成本。

(5)最优的性价比

在满足设备功能、强度的条件下,设计最优性价比方案。

(6)设备的环保性

对设备的设计要满足国家有关环保的各项标准,降低其设备对周围环境的危害性,如噪声、烟气、辐射等污染。

(7)设备的人文性

对设备的设计,要考虑到设备的可操作性,操作人员的舒适性、安全性等人文关怀。

3.2　工程机械传动系统概述

3.2.1　传动系统的功用

在工程机械的动力装置和驱动轮之间,所有传统部件的总称为传动系统。传动系统的作用是将动力装置的动力按需要传给驱动轮和其他机构。传动系统的主要功用有：

①降低转速，增大转矩；

②实现变速；

③改变转动方向；

④必要时切断动力传递；

⑤实现左右驱动车轮的不同转速。

由于机械动力装置的性能不同和所采用的传动系统的类型不同，使传动系统的组成和具体功能也有所差别。

3.2.2 传动系统的类型

目前，工程机械的传动系统主要采用的有机械传动、液力传动、液压传动和电传动四种类型。图3-3所示为轮式装载机机械传动系统简图。

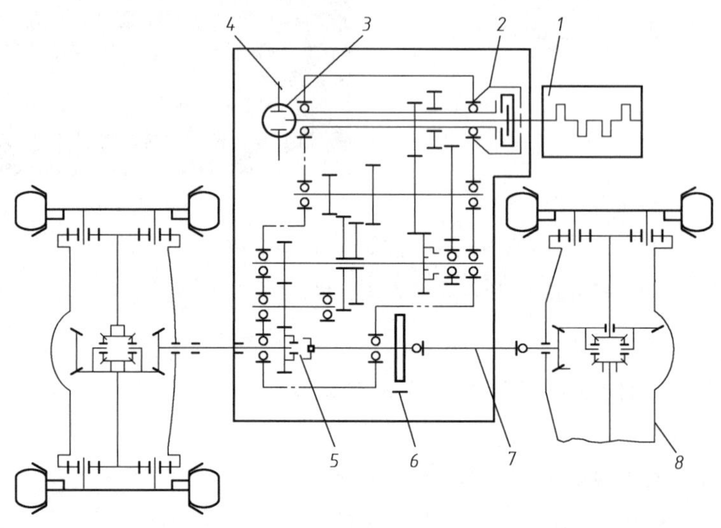

图3-3 轮式装载机机械传动系统简图

1—发动机；2—离合器；3—液压泵；4—变速器；5—拖桥装置；6—停车制动器；7—传动轴；8—驱动桥

机械传动系统可由内燃机驱动，也可由电动机驱动。为了实现上述功能，内燃机驱动的机械传动系统由离合器、变速箱、万向传动装置、驱动桥等机件组成。

机械传动系统的主要缺点是：在工作阻力急剧变化的工况下，内燃机容易过载熄火；采用人力换挡时，动力中断的时间较长；当外载急剧变化时，不仅传动系统零件受到的冲击载荷大，还会通过传动系统影响动力装置，降低动力装置和传动系统中机械零件的使用寿命。

机械传动具有结构简单、工作可靠、价格低廉、传动效率高，以及可以利用发动机运动零件的惯性进行作业等优点，因此在中小功率的工程机械上得到广泛应用。

3.3　机械设计的基本知识

合理地设计结构,正确选择材料,采用合理的制造工艺,对于任何设备结构的设计和制造都是十分必要的。对于任何一位工程设计人员,质量责任意识关系到生命的安全和家庭的幸福。我们不仅要关心如何让交通工具更安全地运行,更重要的是让我们赖以生存的星球更安全和谐地运行。

3.3.1　产品噪声标准

1. 机械产品噪声标准

随着噪声控制工作的全面发展,机械产品的噪声标准已经作为机械产品的一项质量标准提出来。我国除少数产品外,大多数产品的噪声标准已经正式颁布,我们在设计产品时,应对产品的噪声进行控制使其符合相关产品的噪声标准。

3.3.2　机械零件的设计步骤与设计准则

1. 机械零件的设计步骤

设计的机器应满足使用、经济、安全和环保等要求。设计机器分为以下几个阶段:计划阶段、方案设计阶段、技术设计阶段、施工设计阶段和样机试车阶段。

当机器的总体布置和传动方案确定后,就要进行零件设计。零件设计应满足工作可靠、结构工艺性好和经济性好等要求。

机械零件的设计一般可按下列步骤进行:

(1)选择零件类型。根据使用条件、载荷性质及尺寸大小选择零件的类型。

(2)受力分析。通过受力分析求出作用在零件上载荷的方向、大小及性质,以便进行设计计算。

(3)选择材料。根据零件工作条件及受力情况,选择合适的材料及热处理方式,并确定其许用应力。

(4)确定计算准则。根据失效分析,确定零件的设计计算准则。

(5)理论设计计算。由设计准则得到设计或校核计算公式确定零件的主要几何尺寸及参数。如螺栓的直径、齿轮的齿数与模数等。

(6)结构设计。结构设计是将零件的功能转化为具体结构的设计过程。设计中应考虑零件的强度、刚度、加工及装配工艺性等要求,符合尺寸小、重量轻和结构简单等原则。结构设计是零件设计中重要的内容之一。

(7)绘制零件工作图。工作图必须符合制图国家标准,尺寸要齐全并标注必要的尺寸公差、形位公差、表面粗糙度等技术要求。

(8)编写设计计算说明书。将设计计算资料整理成简明的设计计算说明书,作为一种技术文件备查。

2. 机械零件的主要失效形式及设计准则

机械零件由于某些原因不能正常工作,称为失效,零件失效形式多种多样,有疲劳断裂,过大的弹性变形或塑性变形,有表面破坏,连接的疲劳松弛,打滑,共振等等失效形式。

机械零件应根据产生的失效方式,对其进行有针对性的计算、试验、校核。选定能同时保证各种失效方式都不会发生的设计计算方案。

(1)设计准则

根据零件的失效分析,满足零件工作能力并防止出现失效为目的,所制定的基本原则称为设计准则。机械零件常用的设计准则有6个。

(2)强度准则

强度是保证机械零件能正常工作的基本要求。零件的强度不够,就会出现整体断裂、表面接触疲劳破坏或塑性变形等失效形式,从而丧失其工作能力,甚至导致安全事故。用应力公式来表达强度的设计准则为

$$\sigma \leqslant [\sigma] \tag{3-1}$$

$$\tau \leqslant [\tau] \tag{3-2}$$

式中 σ,τ——零件的正应力和切应力,MPa;

$[\sigma]$,$[\tau]$——材料的许用正应力和许用切应力,MPa。

(3)刚度准则

刚度是指零件在一定载荷作用下抵抗弹性变形的能力。当零件刚度不够时,弯曲挠度或扭转角超过允许限度,将影响机械的正常工作。刚度的设计准则为

$$y \leqslant [y] \tag{3-3}$$

式中 y——零件工作时的挠度;

$[y]$——零件的许用挠度。

(4)耐磨性准则

耐磨性是指做相对运动的零件的工作表面抵抗磨损的能力。零件磨损后,将改变其尺寸与形状,削弱其强度,降低机械的精度。因此,机械设计中,总是力求提高零件的耐磨性,减少磨损量。一般机械中,由于磨损而导致失效的零件约占全部报废零件的80%。

关于磨损的计算,目前尚无可靠、定量的计算方法,常采用条件性计算,如限制比压 p 和限制比压 p 与速度 v 的乘积 pv 值,以保证零件表面有一层强度较高的边界膜,使零件表面不产生过量磨损。

(5)振动稳定性准则

当机械或零件的固有频率 f 等于或趋近于受激振源作用引起的强迫振动频率 f_p 时,将产生共振,它不仅影响机械正常工作,甚至造成破坏性事故。而振动又是产生噪声的主要原因,因此,对于高速机械或对噪声有严格限制的机械,应进行振动分析与计算,并采取措施,降低振动与噪声。当 $f<f_p$ 时,要求满足条件 $1.15f<f_p$;当 $f>f_p$ 时,要求满足条件 $0.85f>f_p$。

(6)热平衡准则

工作时发生剧烈摩擦的零件,其摩擦部位将产生很大的热量。若散热不良,则零件的温升过高,破坏零件的正常润滑条件,改变零件间的接触性质,使零件发生胶合甚至咬死而无法正常工作。因此,对于摩擦发热大的零件,应进行热平衡计算,其表达式为

$$H_1 \leqslant H_2 \tag{3-4}$$

式中　H_1——摩擦所产生的热量总和；

H_2——散逸的热量总和。

(7)可靠性准则

满足强度要求的一批完全相同的零件，由于零件的工作应力和极限应力都是随机变量，故在规定的工作条件和规定的使用期限内，并非所有零件都能完成规定的功能，必有一定数量的零件会丧失工作能力而失效。

机械或零件在规定的工作条件下和规定的使用时间内完成规定功能的概率，称为它们的可靠度。可靠度是衡量机械或零件可靠性的一个特征量。

设有 N_r 个零件在预定的使用条件下进行试验，在规定的使用时间 t 内，有 N_f 个零件随机失效，剩下 N_s 个零件仍能继续工作，则可靠度 R 为

$$R=\frac{N_s}{N_r}=\frac{N_r-N_f}{N_r}=1-\frac{N_f}{N_r} \tag{3-5}$$

式中　N_f——在时间 t 内失效的零件数，$N=N_f+N_s$。

3. 机械零件的载荷和应力

载荷及其引起的应力，是机械零件失效的主要原因 。因此，在设计零件时，首先要分析载荷情况和应力情况。为了保证零件的工作安全而又不造成浪费，还必须适当地确定许用应力值。

(1)载荷

作用在零件上的外力称为载荷，这些外力包括力、弯矩或转矩。

按其与时间的关系，载荷分为静载荷和变载荷两类。大小和方向不随时间而变化或变化缓慢的载荷称为静载荷。大小或方向随时间而变化的载荷称为变载荷。其中变化无规律者称为随机变载荷，按一定规律变化者称为循环变载荷。例如：零件的重力是静载荷，汽车零件承受的是随机变载荷，这是因为汽车行驶时工作阻力和速度呈不规则变化。机械零件上的载荷还可以分为名义载荷和计算载荷。

①名义载荷。在理想的平稳条件下，作用在零件上的载荷称为名义载荷。其值可按力学公式进行计算。例如零件传递的功率为 P(kW)、转速为 n(r/min)。则该零件所承受的转矩 T(N · m) 为

$$T=9\,550\,\frac{P}{n} \tag{3-6}$$

②计算载荷。理想的平稳载荷实际上是几乎不存在的，载荷经常是随时间变化的，再考虑到机械启动、制动时会产生附加惯性动载荷以及载荷在零件上分布不均匀等因素，为了安全可靠，计算时引入载荷系数 K，可以将上述因素的影响予以概略地估计。将名义载荷乘以载荷系数，则为计算载荷。

$$T_c=KT \tag{3-7}$$

式中 T_c——计算转矩,N·m;

T——名义转矩,N·m;

K——载荷系数。

(2)应力

在载荷作用下,机械零件的断面(或表面)上将产生应力。不随时间而变化的应力称为静应力,大小或方向随时间而变化的应力称为变应力。

工程中以变应力为多,而最常见的为按一定规律变化的循环变应力。如图 3-4 所示为一般循环变应力,图 3-5 所示为对称循环变应力,图 3-6 所示为脉动循环变应力。

扫一扫

图 3-5 云图

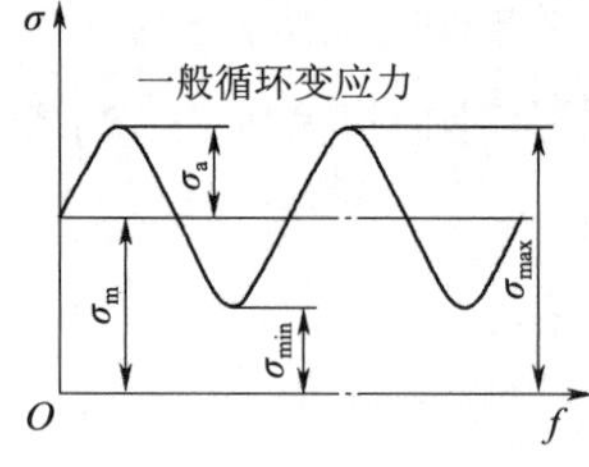

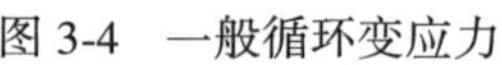

图 3-4 一般循环变应力

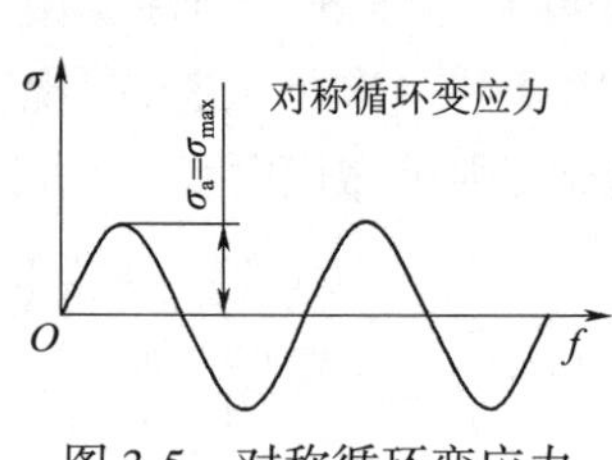

图 3-5 对称循环变应力

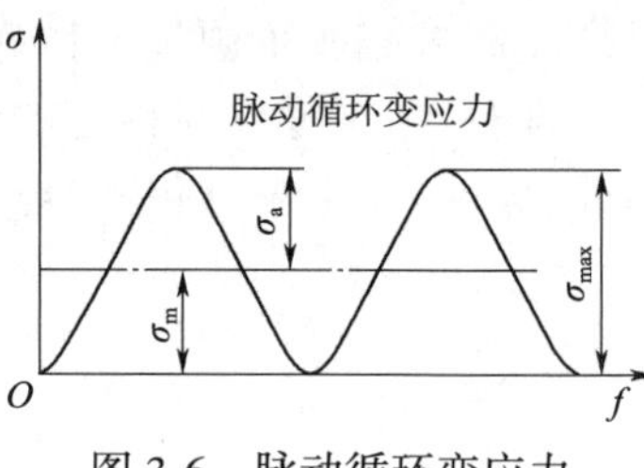

图 3-6 脉动循环变应力

变应力的主要参数有:最大应力 σ_{max},最小应力 σ_{min},平均应力 σ_m、应力幅 σ_a 和循环特征 r。任一种循环变应力均可看成是由一个不变的平均应力 σ_m 和一个变化的应力幅 σ_a 叠加而成的。横坐标以上的应力为正(拉应力),横坐标以下的应力为负(压应力)。

对于一般循环变应力 $\sigma_m=\dfrac{\sigma_{max}+\sigma_{min}}{2}$

$$\sigma_a=\frac{\sigma_{max}-\sigma_{min}}{2}$$

对于对称循环变应力 $\sigma_m=0$

$$\sigma_a=\sigma_{max}-\sigma_{min}$$

对于脉动循环变应力 $\sigma_m=\sigma_a=\dfrac{\sigma_{max}}{2}$

$$\sigma_{min}=0$$

最小应力与最大应力之比称为变应力的循环特性 r,即

$$r=\frac{\sigma_{min}}{\sigma_{max}} \tag{3-8}$$

对称循环变应力的 $r=-1$;脉动循环变应力的 $r=0$;静应力的 $r=+1$。

4. 静应力作用下的机械零件强度计算

判断零件强度的方式是判断危险截面处的最大应力(σ,τ)是否小于许用应力,即

$$\sigma\leqslant[\sigma]=\frac{\sigma_{lim}}{S} \tag{3-9}$$

$$\tau\leqslant[\tau]=\frac{\tau_{lim}}{S} \tag{3-10}$$

式中　$[\sigma]$,$[\tau]$——许用正应力和许用切应力,MPa;

$\sigma_{\lim}$,$\tau_{\lim}$——极限正应力和极限切应力,MPa,塑性材料为屈服极限 σ_s 和 τ_s,脆性材料为强度极限 σ_b 和 τ_b。

S——安全系数。

在不同的机器制造部门,常制订有自己的安全系数规范。

合理选择安全系数是强度计算中的一项重要工作。其值取得过大,会使机器笨重;取得过小,又不安全。合理选择的原则是:在保证安全可靠的原则下,尽可能减小安全系数。影响安全系数的因素很多,主要有载荷确定的正确性、零件的重要性、材料性能数据的可靠性和计算方法的合理性等。

在复合应力状态下工作的塑性材料零件,可根据第三(或第四)强度理论来确定其强度条件。对于弯扭复合应力,若按第三强度理论其强度条件为

$$\sqrt{\sigma^2+4\tau^2} \leqslant [\sigma] \tag{3-11}$$

5. 变应力作用下的机械零件强度计算

(1)变应力作用下零件的失效形式

无论作用在零件上的是静载荷还是变载荷,均可能产生变应力。

变应力作用下零件的强度条件也可以写成危险截面处的最大应力小于许用应力的形式,但变应力作用下零件的失效与静应力作用下零件的失效有本质的区别。

静应力作用下零件的失效,是由于在危险截面中产生过大的塑性变形或断裂。而变应力作用下的零件,疲劳破坏是其主要的失效形式。

金属材料在变应力作用下,在材料组织的微观缺陷处或应力集中处,产生局部金属滑移并逐渐形成疲劳裂纹。随着变应力的继续作用,疲劳裂纹逐渐扩展,使承载面积逐渐减少,最后使剩余承载面积上的应力超过材料的强度极限而导致突然断裂,这种现象称为疲劳断裂。

(2)疲劳极限

变应力的应力幅 σ_a、循环特性 r 和应力循环次数 N 对金属零件疲劳都有影响。当变应力的应力水平(指 σ_{max})相同时,应力幅 σ_a 越大(或循环特性 r 越小),零件达到疲劳破坏所需的应力循环次数 N 越少,即零件容易疲劳。对于同一零件来说,当应力水平相同时,最危险的是对称循环变应力,其次是非对称循环变应力,最安全的是静应力。

用一组标准试件按规定试验方法进行疲劳试验,应力循环特征为 r 时,试件受“无数”次应力循环作用而不发生疲劳断裂的最大应力值,即为变应力时的极限应力,称为材料的疲劳极限,用 σ_r 表示;σ_{-1} 为对称循环变应力下的疲劳极限($r=-1$);σ_0 为脉动循环变应力下的疲劳极限($r=0$)。不同材料的 σ_{-1} 和 σ_0 可从有关手册中查得。

3.3.3　机械零件的常用材料

机械制造中最常用的材料是钢和铸铁,其次是有色金属合金。非金属材料如尼龙、橡胶、铸石等在机械制造中也具有独特的使用价值。在设计机械时,合理地选择零件材料,不仅影响机械制造的成本,而且直接影响机械的工作性能和使用寿命。因此,正确地选择并合理地使用材料,是一项重要的工作。在选择材料时,不仅应保证材料满足零件的设计要求,还要考虑工

艺要求。

下面介绍一些机械零件常用的材料。几种常用的碳钢、合金钢、铸钢及铸铁的力学性能及应用见附录 A。

1. 金属材料

(1)钢

钢是含碳量小于 2% 的铁碳合金。它具有较高的强度与韧性,并可通过不同的热处理和化学处理获得各种特殊性能以满足使用要求。它在常温下还具有一定的塑性,在高温下具有很好的塑性,可以进行轧制、锻造和冲压等压力加工。因此,钢的用途极为广泛。

钢的种类很多,可按不同方法进行分类。按用途分为结构钢、工具钢和特殊钢;按化学成分分为碳素钢和合金钢;按含碳量多少分为低碳钢、中碳钢和高碳钢;按质量可分为普通碳素结构钢和优质碳素结构钢;按冶炼时钢的脱氧程度和钢锭中气孔存在的情况分为镇静钢和沸腾钢。下面介绍制造机械零件常用的钢。表 3-1 常用钢的力学性能,表 3-2 常用铸铁的力学性能。

表 3-1　常用钢的力学性能

材料		力学性能			应用举例
名称	牌号	抗拉强度 σ_b/MPa	屈服强度 σ_s/MPa	硬度 HBW10/3 000	
碳素结构钢	Q215	335~410	215		垫圈、焊接件及渗碳零件
	Q235	375~460	235		金属结构件、拉杆、轴、螺栓、螺母及焊接件
	Q275	410~540	275		轴、吊钩、链和链节、齿轮、键等
优质碳素结构钢	25	450	275	170	轴、辊子、联轴器、垫圈、螺钉等
	35	530	315	197	轴、销、连杆、螺栓(母)、垫圈、螺钉等
	45	600	355	241	齿轮、链轮、轴、键、销、蜗杆等
合金结构钢	50Mn	645	390	255	齿轮、齿轮轴、摩擦盘和小直径的心轴等
	40Cr	980	785	207	齿轮、连杆、蜗杆、花键轴、曲柄等
	35SiMn	885	735	229	传动轴、连杆、曲轴、齿轮、蜗杆、轮毂等
	30CrMo	930	785	229	主轴、轴、齿轮、螺栓(柱)、操纵轮等
一般工程用铸钢	ZG270~500	500	270		机架、飞轮、轴承座、连杆和箱体
	ZG310~570	570	310		联轴器、大齿轮、缸体、气缸、机架、轴等
	ZG340~640	640	340		联轴器、齿轮、车轮、棘轮等

注:1. 碳素结构钢 σ_s 为尺寸≤16 mm 时的值。

2. 优质碳素结构钢及合金钢的 σ_b 及 σ_s 为试样毛坯尺寸为 25 mm 时的值,硬度为未经热处理钢。

3. 表中值摘自于 GB/T 700—2006、GB/T 699—2015、GB/T 3077—2015、GB/T 11352—2009。

表 3-2　常用铸铁的力学性能

材料		机械性能				应用举例
名称	牌号	抗拉强度 σ_b/MPa	屈服强度 $\sigma_{0.2}$/MPa	延伸率 σ_5/%	硬度/HBW	
灰铸铁	HT150	145	—	—	119~179	端盖、轴承座、阀壳、手轮、工作台等
	HT200	195	—	—	148~222	飞轮、齿条、气缸、齿轮、底座、箱体等
	HT250	240	—	—	164~246	油(汽)缸、齿轮、轴承座、联轴器、箱体等
球墨铸铁	QT500-7	500	320	7	170~230	油泵齿轮、车辆轴瓦、阀体、传动轴、连杆等
	QT600-3	600	370	3	190~270	动力机械曲轴、凸轮轴、连杆、离合器片等
	QT700-2	700	420	2	225~305	连杆、曲轴、凸轮轴、空压机、冷冻机

注:1. 本表值适用于铸件壁厚尺寸不小于 10 mm 和不大于 20 mm。
2. 本表中灰铸铁的硬度值依据经验公式计算获得。

(2)铸钢

对于形状复杂、体积大而又强度要求高的零件,多采用铸钢,其特点是具有适当的强度、塑性,且具有各向同性,成本较低的优点。铸钢以“ZG”为代号,其后的数字表示其力学性能。例如 ZG310-570 表示屈服点为 310 MPa、抗拉强度为 570 MPa 的铸钢。

(3)铸铁

铸铁是含碳量为 2%~6.67%的铁碳合金。铸铁是脆性材料,不能进行轧制或锻压。它具有良好的液态流动性,因而可铸出形状复杂的铸件。此外,它的减振性、可加工性(指灰铸铁)、耐磨性均好而且价廉,因此应用非常广泛。机械设备中常用的铸铁有灰铸铁、球墨铸铁、可锻铸铁等。

(4)有色金属合金

常用的有色金属合金有铜合金、铝合金。有色金属比黑色金属价格昂贵,因此仅用于要求减摩、抗蚀等特殊情况下。常用铜合金和轴承合金的力学性能见表 3-3。

表 3-3　常用铜合金和轴承合金的力学性能

合金牌号	合金名称	力学性能			应用举例
		σ_b/MPa	σ_s/%	硬度/HBW	
ZCuZn38Mn2Pb2	38-2-2 锰黄铜	245(345)	10(18)	59(68.5)	轴瓦及其他耐磨零件
ZCuZn25Al6Fe3Mn3	25-6-3-3 铝黄铜	725(740)	10(7)	157(166.5)	高强度耐磨零件
ZCuSn5Pb5Zn5	5-5-5 锡青铜	200(200)	13(13)	59(59)	轴瓦、缸套、蜗轮等
ZCuSn10Pbl	10-1 锡青铜	220(310)	3(2)	59(68.5)	高负荷和高滑动速度下工作的耐磨零件

续上表

合金牌号	合金名称	力学性能			应用举例
		σ_b/MPa	σ_s/%	硬度/HBW	
ZCuAl9Mn2	9-2 铝青铜	390(440)	20(20)	83.5(93)	耐蚀、耐磨零件,如轴瓦、蜗轮等
ZCuAl10Fe3	10-3 铝青铜	490(540)	13(15)	98(108)	高强度耐磨、耐蚀零件
ZPbSb16Sn16Cu2	铅基轴承合金	—	—	10~30	中速、中载下工作的轴承
ZSnSb11Cu6	锡基轴承合金	—	—	20~30	高速、重载下工作的重要轴承
ZSnSb12PblOCu4	锡基轴承合金	—	—	20~30	高速、重载下工作的重要轴承

注:黄铜和青铜表中力学性能参数值为砂型铸造,括号中值为金属型铸造。

2. 非金属材料

常用的非金属材料有塑料、尼龙,橡胶。

(1)塑料

塑料是以单体为原料,通过加聚或缩聚反应聚合而成的高分子化合物(macromolecules),俗称塑料(plastics)或树脂(resin)。

有些塑料基本上是由合成树脂组成,不含或少含添加剂,如有机玻璃、聚苯乙烯等。

国内外常用工程塑料有 ABS 塑料、聚苯乙烯(PS)、聚丙烯(PP) 、聚乙烯(PE)、聚甲醛(POM)等。

聚甲醛可以用来做轴承、凸轮、滚轮、辊子、齿轮、阀门上的阀杆、螺母、垫圈、法兰、仪表板、汽化器、各种仪器外壳、箱体、容器、泵叶轮、叶片、配电盘、线圈座、运输带和管道、电视机微调滑轮、盒式色磁带滑轮、洗衣机滑轮、驱动齿轮和线圈骨架等。

(2)尼龙

聚酰胺纤维俗称尼龙,密度 1.15 g/cm^3,是分子链上含有重复酰胺基因[NHCO]的热塑性树脂总称。尼龙是当前应用比较广泛的一种工程塑料,在机械制造业中常作为耐磨、减摩材料,它还有减振,吸音、重量轻和价廉等特点。用它制造圆锥破碎机主轴衬套,取得良好效果。常见尼龙材料有:尼龙 66、尼龙 6、尼龙 610 等。

(3)橡胶

橡胶具有较好的耐磨性和耐蚀性,通常作为金属构件的衬里,用它代替球磨机的锰钢衬板,可以减轻设备重量,改善安装劳动条件。并可减振、消音。用橡胶制造砂泵泵衬,使用寿命较长,效果良好。

除上述常规材料外,新型材料如纳米材料,复合材料等应运而生,也是现代工程技术先进的因素之一,这里不再累赘阐述,请读者需要时查阅相关材料。

3.3.4 钢的热处理简介

钢的热处理就是将钢在固态范围内加热到一定温度,保温一定时间,再以一定的速度冷却的工艺过程,图 3-7 所示为热处理规范的示意图。

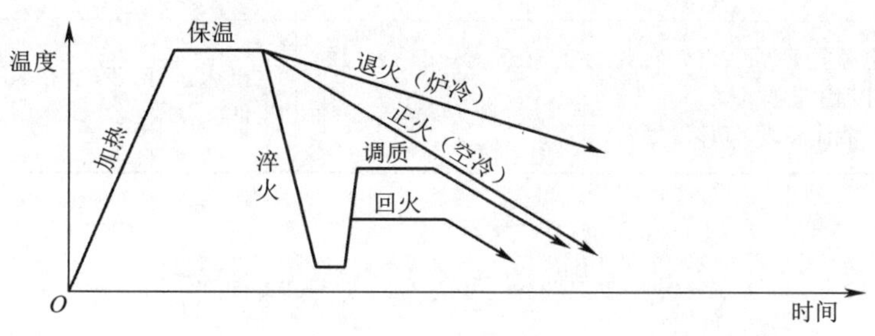

图 3-7　热处理规范示意图

经过热处理,可以改变钢的内部金相组织,改善它的力学性能,提高零件的使用寿命。所以很多机械零件都要进行热处理,常用的热处理方法和应用范围列于表 3-4 中。

表 3-4　钢的常用的热处理方法及其应用

名称	说　明	应　用
退火	退火是将钢件(或钢坯)加热到临界温度以上 30~50 ℃,保温一段时间,然后再缓慢冷却下来(一般随炉冷却)	用来消除铸、锻、焊零件的内应力,降低硬度,使其易于切削加工,细化金属晶粒,改善组织,增强韧性
正火	正火是将钢件加热到临界温度以上,保温一段时间,然后在空气中冷却,冷却速度比退火快	用来处理低、中碳结构钢件及渗碳零件,使其组织细化,增强强度及韧性,减少内应力,改善切削性能
淬火	淬火是将钢件加热到临界点以上温度,保温一段时间,然后在水、盐水或油液中(个别材料在空气中)急冷下来,使其获得高硬度	用来提高钢件的硬度和强度极限,但淬火后会引起内应力使钢变脆,所以淬火后通常都要进行回火
回火	回火是将淬硬的钢件再加热到临界点以下温度,保温一段时间,然后在空气或油中冷却到室温,根据回火温度不同又分为低温(150~250 ℃)回火、中温(300~500 ℃)回火、高温(500~650 ℃)回火	用来消除淬火后的脆性和内应力,提高钢件的塑性和韧性,低温回火硬度可达 55~62 HRC,中温回火硬度可达 35~45 HRC,高温回火硬度可达 23~35 HRC
调质	淬火后再进行高温回火,称为调质	用来使钢件获得很高的韧性和足够的强度。很多重要的零件都经过调质处理
表面淬火	使零件表层有高的硬度和耐磨性,而心部仍保持原有的强度和韧性的热处理方法,根据加热方法可分为火焰表面淬火和高频表面淬火	表面淬火常用来处理齿轮、花键等零件
渗碳	使低碳钢或低碳合金钢零件,置于渗碳剂中,加热到 900~950 ℃保温,使零件表面渗碳,然后再淬火和回火	增加钢制零件的表面硬度、耐磨性、抗拉强度和疲劳极限。多用于负荷重、受冲击、耐磨性要求高的零件

续上表

名称	说　明	应　用
渗氮	在一定温度下,在一定介质中,使氮原子渗入工件表层的化学热处理工艺。 常见有液体渗氮、气体渗氮、离子渗氮	机床丝杆、齿轮、模具等应用于离子渗氮工件

3.4　光轴应力分析与 App 制作

1. 参数定义

首先定义【参数】,接着对【自定义参数】进行设定,其中【自定义参数】须以特定的格式,编写,如图 3-8 所示;最后还要对自变量赋值,如图 3-9 所示,以此来验证编写程序的可行性。

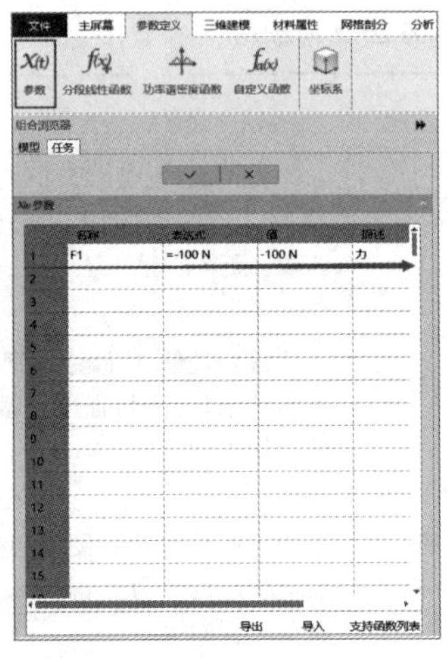

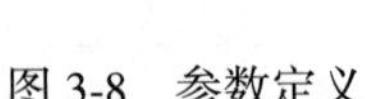

图 3-8　参数定义

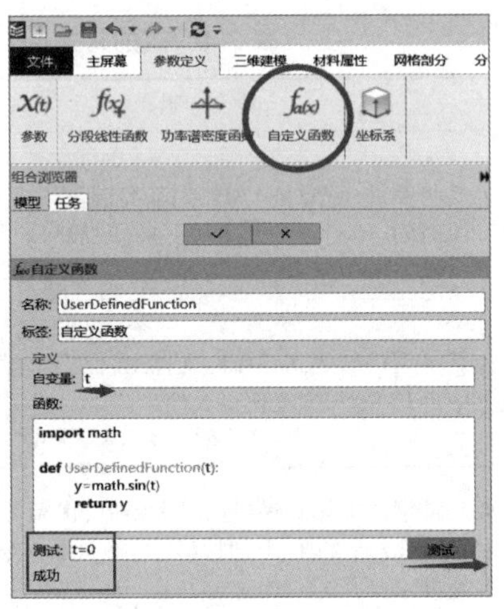

图 3-9　自定义函数

2. 三维建模

以任意一个平面(以 *XY* 平面为例),绘制一个矩形、利用【旋转】的命令,以其中一条边为旋转轴进行旋转,得到一段光轴,如图 3-10 所示。

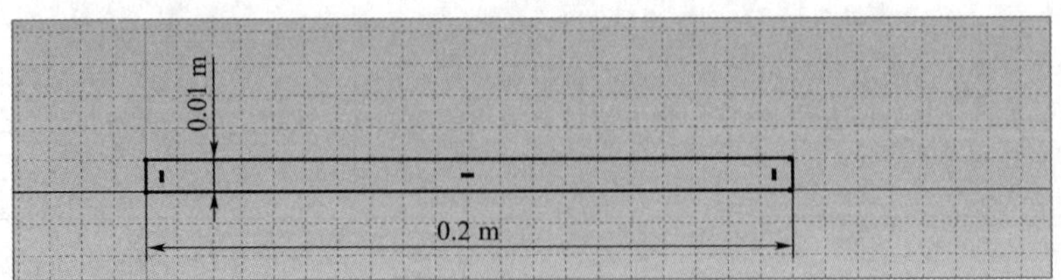

图 3-10　建二维草图

3. 材料属性

进入任务栏的【材料属性】命令，如图 3-11 所示，选择【从库添加】按钮，为轴选取一种材料(以铁为例) ，如图 3-12 所示；注意一定要单击【使用此材料】命令，否则材料不会从库中调出，如图 3-13 所示。

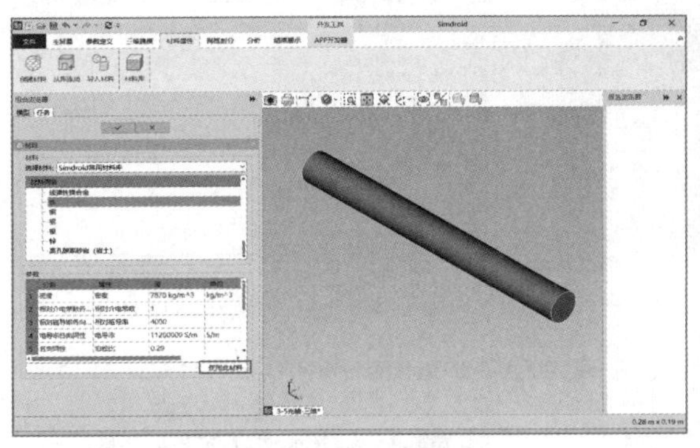

图 3-11　材料属性

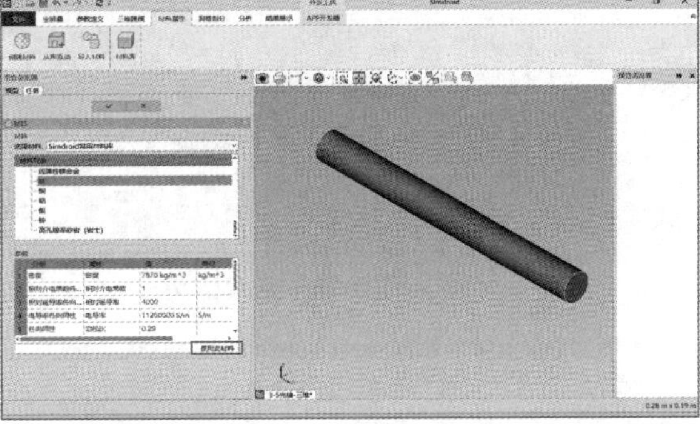

图 3-12　选择材料

4. 网格剖分

单击【扫掠剖分】命令，调整网格尺寸和扫掠层数，如图 3-14 所示。

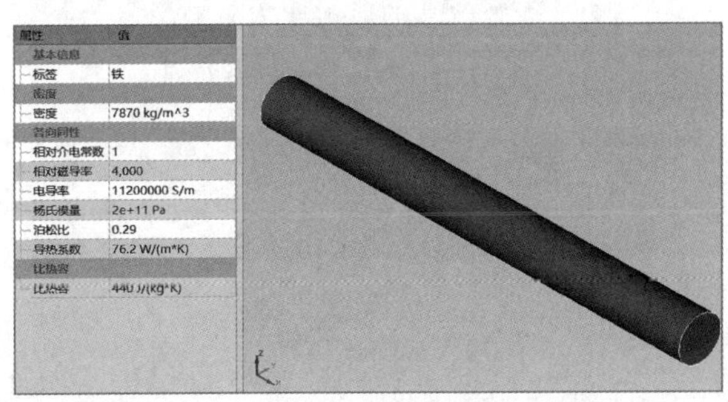

图 3-13　材料属性

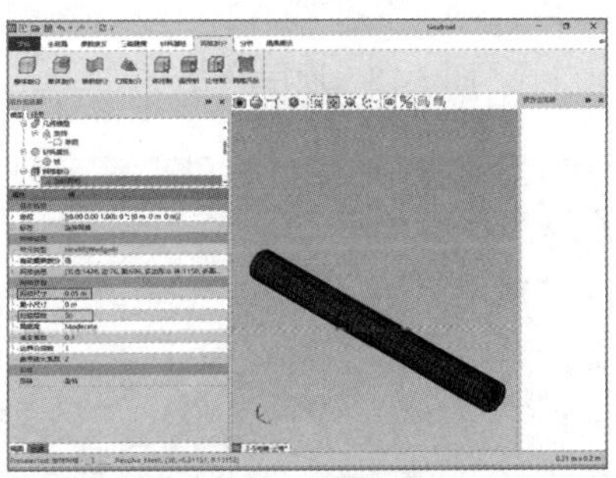

图 3-14　网格剖分

5. 分析

首先对轴的一个圆面进行 6 个自由度的全约束；接下来在【创建分析】选项中进行【通用静力分析】的设置，如图 3-15、图 3-16 所示；最后在另一个没有施加约束的表面上施加对称循环变应力，并设置力的初始数值和方向；最后单击【计算】命令，如图 3-17～图 3-19 所示。应力云图如图 3-20 所示，位移云图如图 3-21 所示。

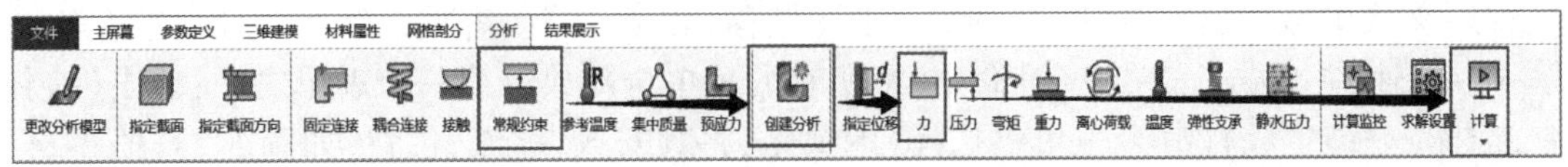

图 3-15　创建分析

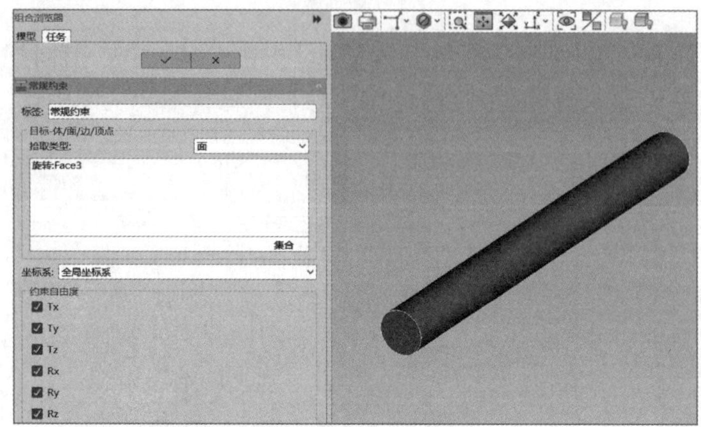

图 3-16　常规约束

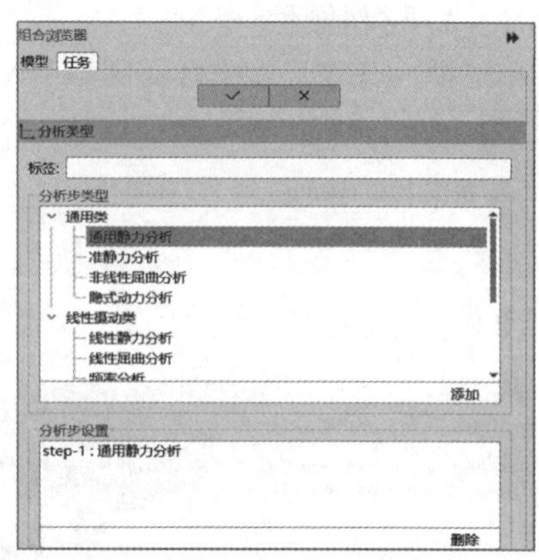

图 3-17　力类型选择

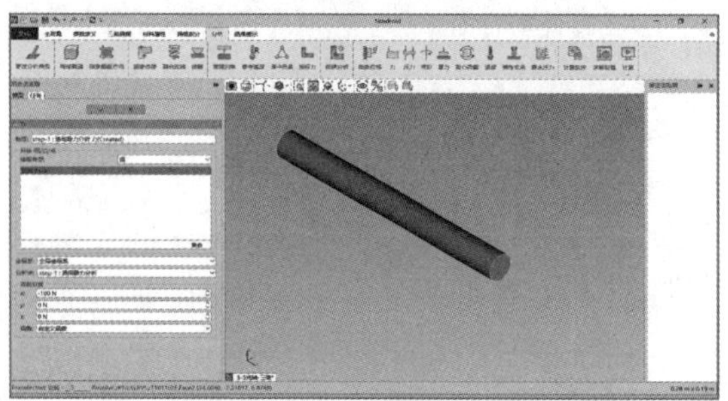

图 3-18　通用静力分析

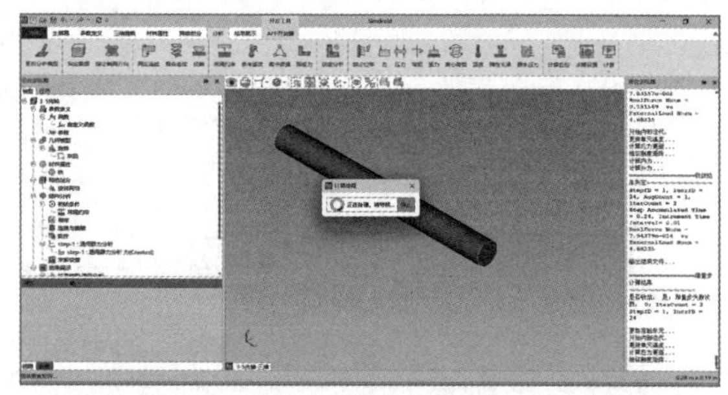

图 3-19　数据处理

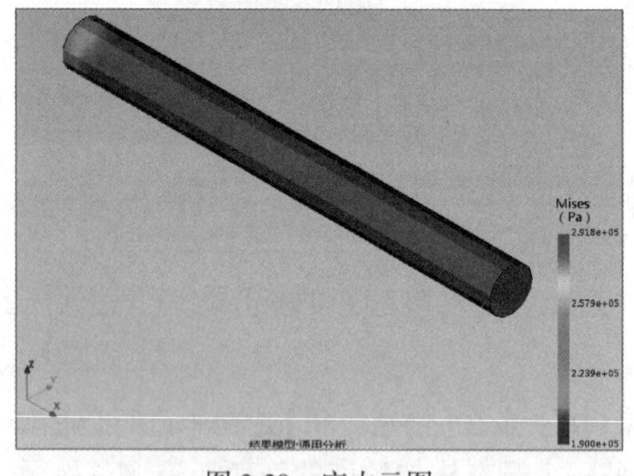

图 3-20　应力云图

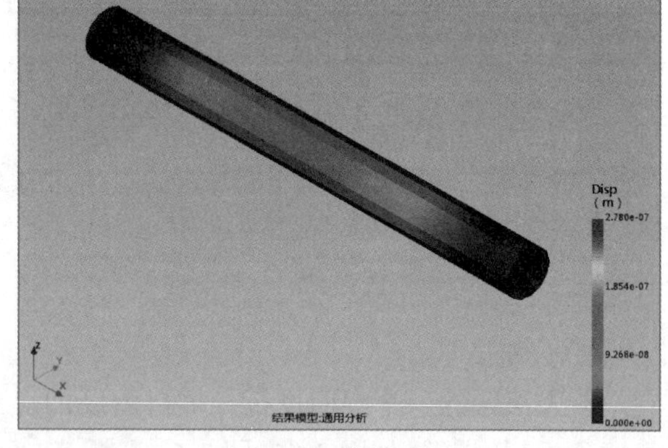

图 3-21　位移云图

6. 生成 App

单击【结果展示】的【App 开发器】命令，进入 App 开发环节，如图 3-22 所示；单击【新建表单】，将定义的参数、几何、网格、生成的云图（位移、Mises）等内容放入表单之中；选择第一个表单——转速，并单击【表单集合】命令，将所有的表单全部放进第一个表单之中；单击【按钮】命令，选择【一键生成】（其余也可供选择）的命令，将其安放在合适位置，如图 3-23、图 3-24 所示；接着，分别选择【预览表单】【测试 App】，检查界面和测试 App 的运行状况；上述步骤无误后，单击【导出 App】命令，选择合适的路径与封面，生成 App，如图 3-25 所示。

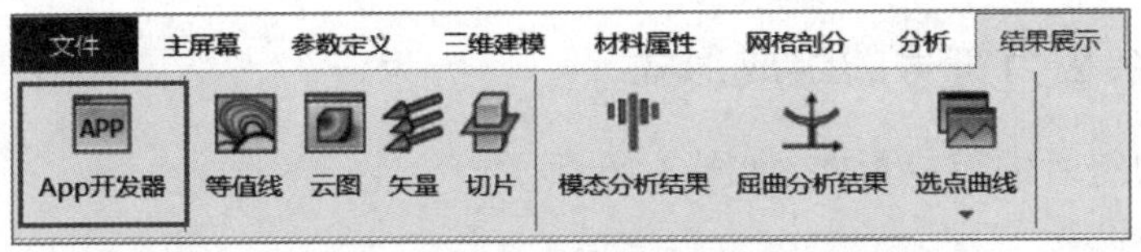

图 3-22　选择按钮

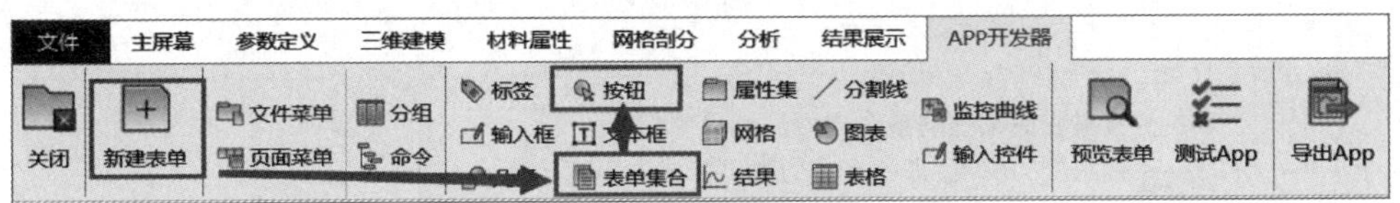

图 3-23　新建表单

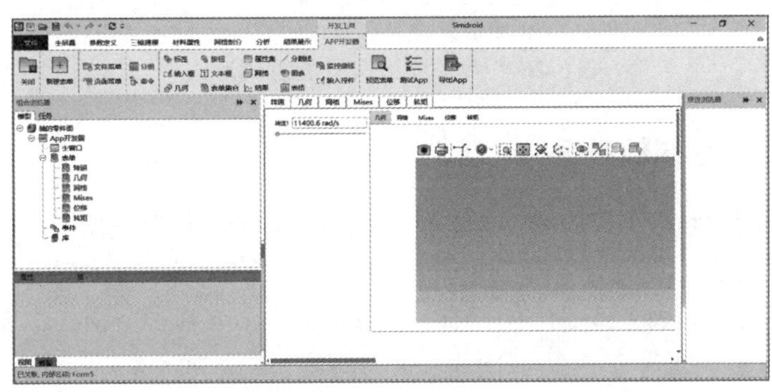

图 3-24　表单集合

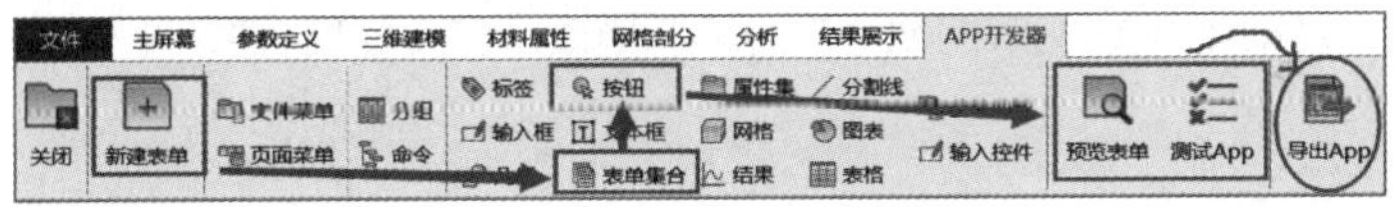

图 3-25　预览表单

3.5　产品残余应力

产品加工过程产生残余应力有三类：一是减材加工过程（包括：车、铣、刨、磨、镗、拉、钻、滚、插等）；二是增材加工过程（包括：3D 打印、铸造、铸塑、热处理、涂镀、焊接、粘接等）；三是变形加工过程（包括：锻、挤、冲、压、弯、喷丸、滚压和冲击等）。这些加工工艺过程产生的残余应力对构件性能有重要影响，都应该在产品设计时对残余应力的有关要求进行标注和明确。

产品服役过程产生残余应力也有三类：一是产品受外部静力作用（包括：挤压、拉伸、扭曲等外力恒定作用）；二是产品受外部动力作用（包括：拉伸交替、直线往复、扭转变形等交变作用的疲劳过程、温度交变作用等）；三是自然状态（包括：待加工状态存放、待服役状态存放、或自然环境下存放等），这些服役作用力与残余应力共同作用对产品构件性能、安全性和可靠性或疲劳寿命同样有重要影响，也都应该在产品设计时对残余应力的有关要求进行标注和明确。

3.5.1 产品残余应力符号的组成形式

产品残余应力符号的组成形式，如图 3-26 所示。

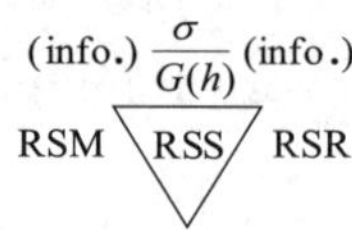

说明：

σ——材料表面某处的残余应力数值；

G(h)——残余应力梯度，即残余应力的下降或上升变化率；

RSS——残余应力状态(Residual Stress State)；

RSM——残余应力的检测方法(Residual Stress Measurement)；

RSR——残余应力的消减方法(Residual Stress Relief)；

info. ——有关标注残余应力的附加说明。

图 3-26　残余应力符号的组成形式

3 5.2 产品残余应力参数符号

σ 表示构件表面某处的残余应力，单位为 MPa，规定拉应力为正值，压应力为负值；

$G(h)$ 表示残余应力下降或上升的梯度或变化率，即在构件表面残余应力数值 σ 的基础上向构件材料内部变化的规律。$G(h)$ 是一个多项式函数，$G(h)=\sigma\pm\alpha h\pm\beta h^2\pm\cdots\pm\gamma h^n$，$n$ 为大于或等于 3 的 n 次幂，h 为深度，单位为微米(μm)。

注 1：若 $G(h=0)=\sigma$，则说明材料的残余应力层为无限薄，即表面残余应力为 σ。

注 2：若 $G(h)=(890-680)h$，则说明残余应力从表面向内部为线性递减规律。

注 3：若 $G(h=5)=0$，则说明残余应力的纵向残余应力深度，即在 $h=5$ μm 深度范围内保持残余应力 σ。

3.5.3 产品残余应力状态表示符号

该节内容扫描二维码。

3.5.4 产品残余应力符合含义示例

该节内容扫描二维码。

3.5.5 产品残余应力符号二维标注示例

该节内容扫描二维码。

3.5.6 产品残余应力符号三维标注示例

下面给出了在绘制三维工程图时的一些产品残余应力符号的示例，其中建议三维图形和三维的产品残余应力符号按照 GB/T 4458.3《机械制图 轴测图》中的正等轴测图的要求绘制。有些图形结构和尺寸标注会不完善，主要目的是提供给绘制产品有残余应力要求的三维工程图时进行参考，见表 3-9。

表 3-9　产品残余应力符号三维标注示例

序号	标注示例	标 注 含 义
1	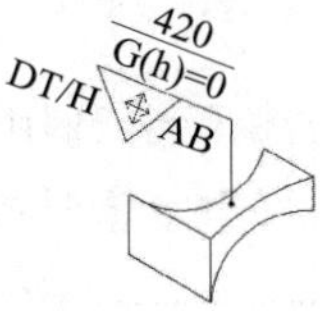 DT/H 420 G(h)=0 AB	1. 零件连续表面范围内水平和垂直方向均分布二维拉伸残余应力; 2. 从材料表面到内部深度为 h 的范围内,均匀分布拉伸残余应力,大小为 420 MPa; 3. DT/H 表示残余应力盲孔检测法,应按 GB/T 31310 的规定; 4. AB 表示残余应力高能声束消除法
2	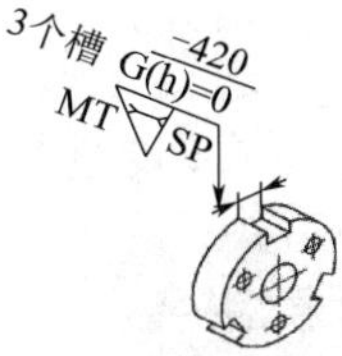 3个槽 −420 G(h)=0 MT SP	1. 产品上的 3 个槽要求相同,且切向(水平方向)分布一维压缩残余应力; 2. 从材料表面到内部深度为 h 的范围内,均匀分布压缩残余应力,大小为 420 MPa; 3. MT 表示残余应力电磁检测法,应按 GB/T 33210 的规定; 4. SP 表示残余应力喷丸消除法,应按 GB/T 31214. 1 的规定
3	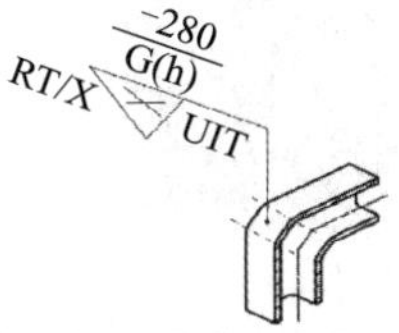 −280 G(h) RT/X UIT	1. 细点画线范围内,零件表面切向(水平方向)分布一维压缩残余应力; 2. 表面残余应力大小为 280 MPa,且从标注处表面向材料内部按梯度函数 $G(h)$(MPa)变化规律分布; 3. RT/X 表示残余应力 X 射线检测法,应按 GB/T 7704 的规定; 4. UIT 表示残余应力超声冲击处理消除法,应按 GB/T 33163 的规定
4	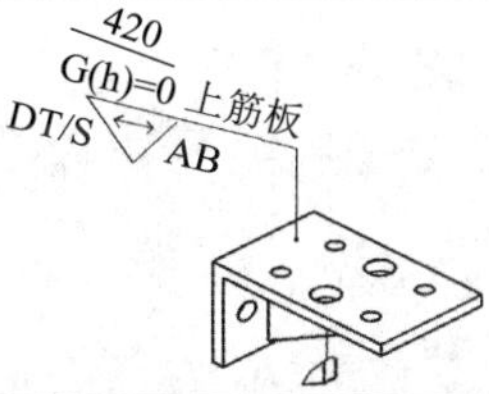 420 G(h)=0 上筋板 DT/S AB	1. 上筋板范围内的零件表面切向(水平方向)分布一维拉伸残余应力; 2. 从材料表面到内部深度为 h 的范围内,均匀分布拉伸残余应力,大小为 420 MPa; 3. DT/S 表示残余应力压痕应变检测法,应按 GB/T 4179 的规定; 4. AB 表示残余应力高能声束消除法,参见附录 A
5	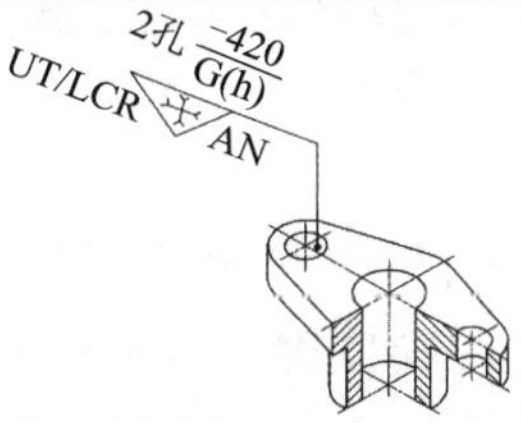 2孔 −420 G(h) UT/LCR AN	1. 对称的两个有相同要求孔的水平和垂直方向均分布二维压缩残余应力; 2. 表面残余应力大小为 420 MPa,且从标注处表面向材料内部按梯度函数 $G(h)$(MPa)变化规律分布; 3. UT/LCR 表示残余应力超声临界折射纵波(LCR)检测方法,应按 GB/T 32073 的规定; 4. AN 表示残余应力退火消除法,应按 GB/T 16923 的规的
6	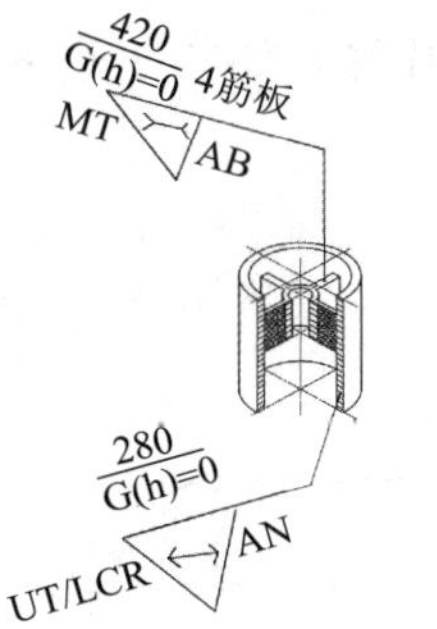 420 G(h)=0 4筋板 MT AB 280 G(h)=0 UT/LCR AN	一、上筋板范围内(四个上筋版)的零件表面切向(水平方向)分布一维压缩残余应力: 1. 从材料表面到内部深度为 h 的范围内,均匀分布压缩残余应力,大小为 420 MPa; 2. MT 表示残余应力电磁检测法,应按 GB/T 33210 的规定; 3. AB 表示残余应力高能声束消除法,参见附录 A。 二、外圆范围内零件表面切向(水平方向)分布一维拉伸残余应力: 1. 表面残余应力大小为 280 MPa,且从标注处表面向材料内部按梯度函数 $G(h)$(MPa)变化规律分布; 2. UT/LCR 表示残余应力超声临界折射纵波(LCR)检测方法,应按 GB/T 32073 的规定; 3. AN 表示残余应力退火消除法,应按 GB/T 16923 的规定
7	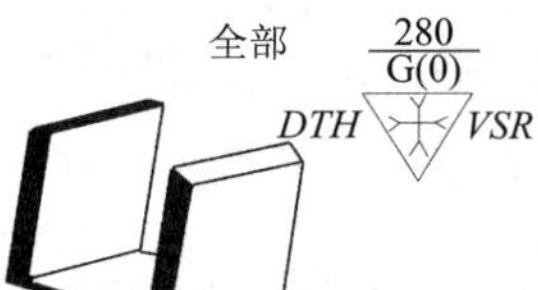 全部 280 G(0) DTH VSR	1. 表示 U 型钢结构产品上残余应力要求全部一致; 2. 材料表面水平和垂直方向均分布二维压缩残余应力,内部无残余应力,仅为表面一层,大小为 280 MPa; 3. DT/H 表示残余应力盲孔检测法,应按 GB/T 31310 的规定; 4. VSR 表示残余应力振动时效消除法,应按 GB/T 25712 的规定

3.5.7 阶梯轴应力分析与表达

阶梯轴建模的整体思路主要分为三步：

(1)以任意一个平面(以 YZ 平面为例)，首先绘制一个圆，如图 3-27 所示，利用【拉伸】的命令，如图 3-28 所示，得到第一段轴；接着以第一段轴的末端面为起始面，重复上述操作。第 2 和第 3 段阶梯轴之间的倒角采用【放样】命令，如图 3-29 所示。

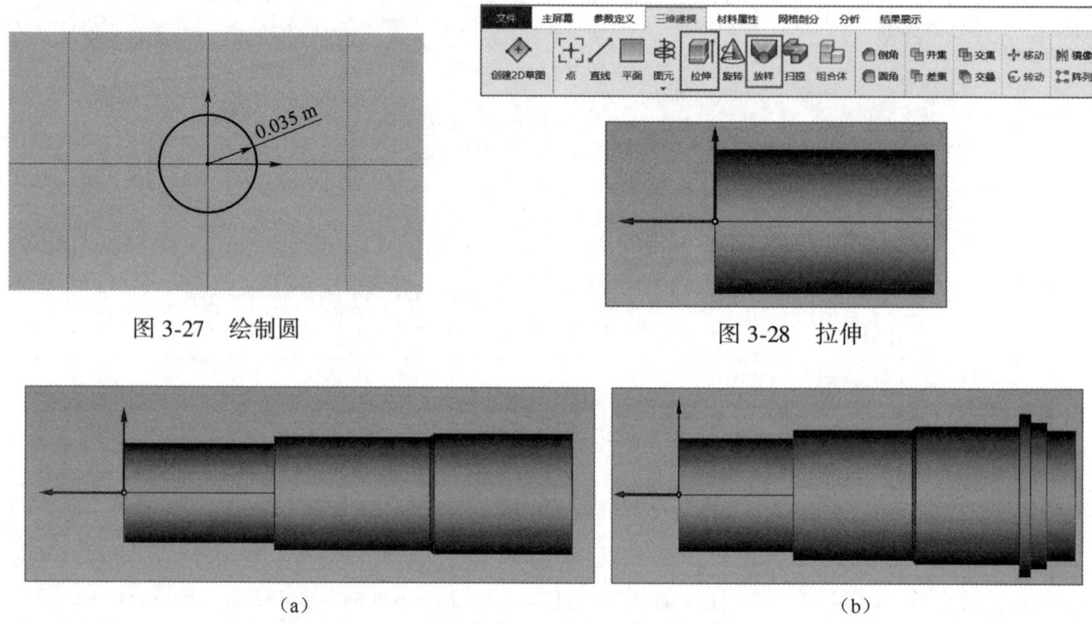

图 3-27 绘制圆

图 3-28 拉伸

图 3-29 阶梯轴制作

(2)键槽的绘制(以第一段轴为例)。首先，以 XY 平面为基准面，如图 3-30 所示，偏移第一段轴半径的位移量设置一个平面，如图 3-31 所示；在这个平面上绘制出“键槽”的平面图；单击【拉伸】命令，拉伸出相应的深度，注意方向；利用【差集】命令，如图 3-32 所示，轴为源实体，“拉伸键槽”为工具实体，生成键槽；重复上述命令，生成第三段轴的键槽，如图 3-33 所示。

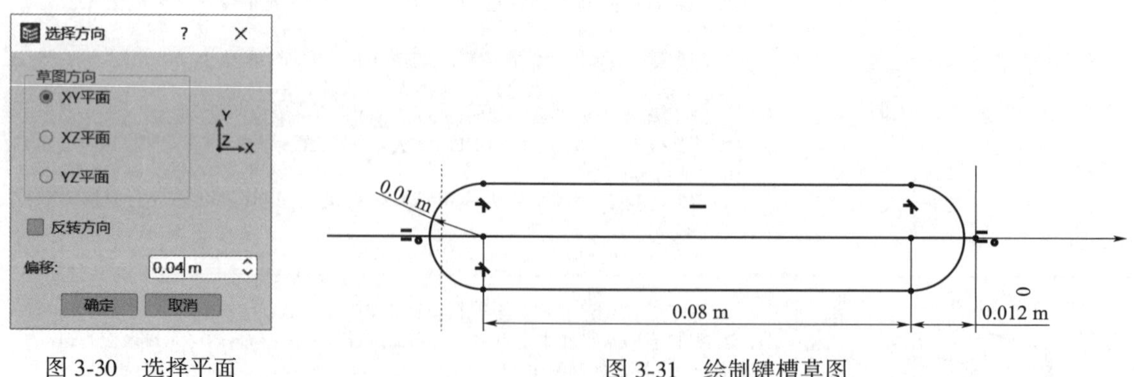

图 3-30 选择平面

图 3-31 绘制键槽草图

(3)倒角的绘制。以第一段轴的倒角为例，选择圆边、单击【倒角】命令，如图 3-34 所示；

在出现的任务栏里,【长度】命令即为倒角边长,更改其为合适的数值;对最后一段轴重复上述命令,如图 3-35 所示。

图 3-32　差集

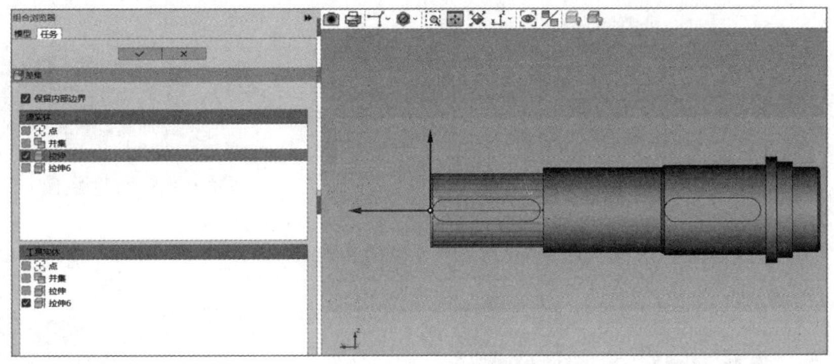

图 3-33　拉伸键槽

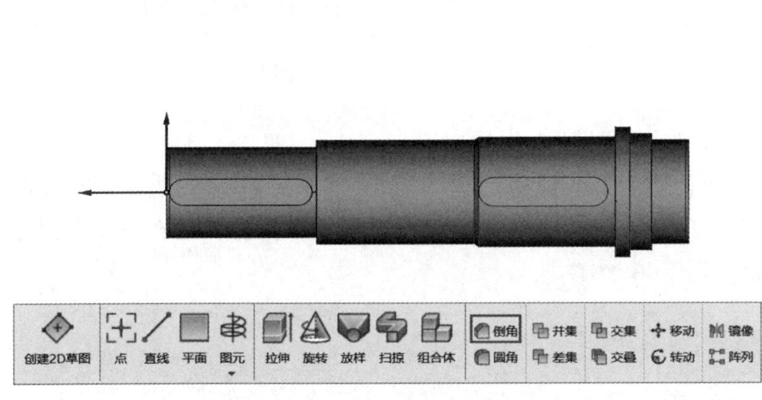

图 3-34　倒角命令

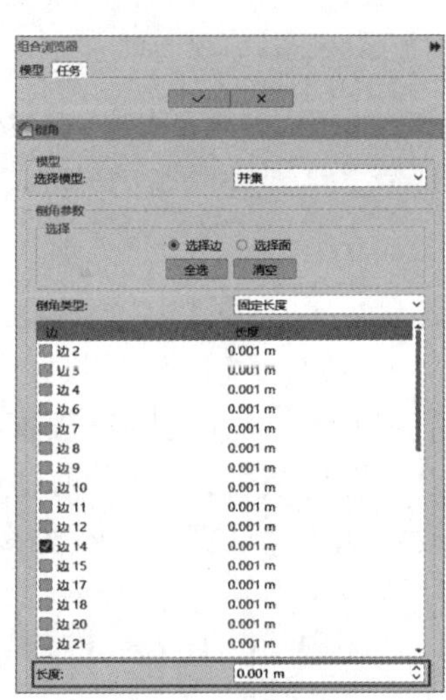

图 3-35　任务栏

(4)并集。单击【并集】按钮,如图 3-36 所示,将所有的轴段变成一个整体,形成最终模型,如图 3-37 所示。

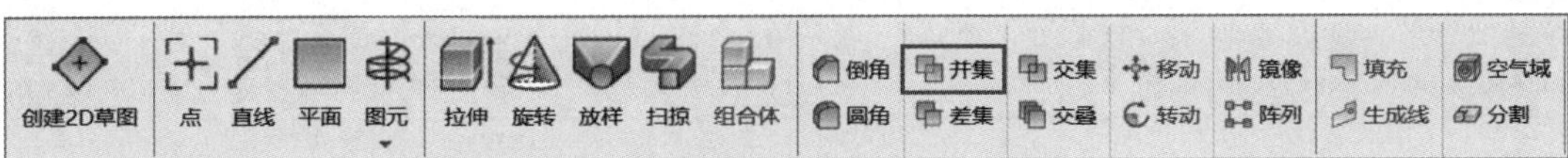

图 3-36　并集命令

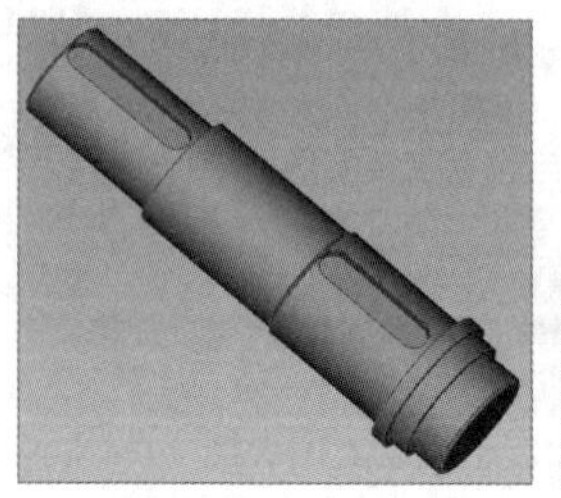
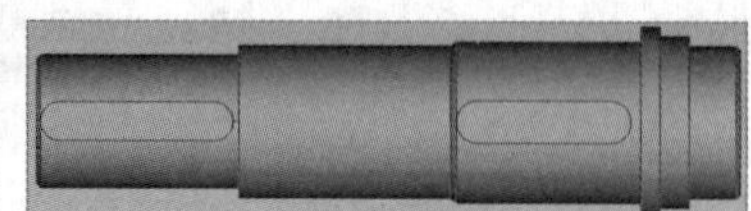

图 3-37　阶梯轴

（5）材料属性。单击任务栏的【材料属性】命令，将整个轴选中；选中【密度】【杨氏模量】【泊松比】并将“铁”对应的三种属性值填入其中，如图 3-38、图 3-39 所示。

（6）网格剖分。单击【整体剖分】命令，调整尺寸，如图 3-40 所示。

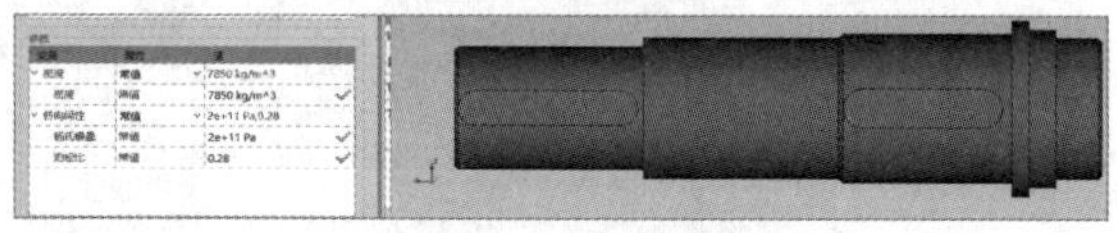

图 3-39　特性数值

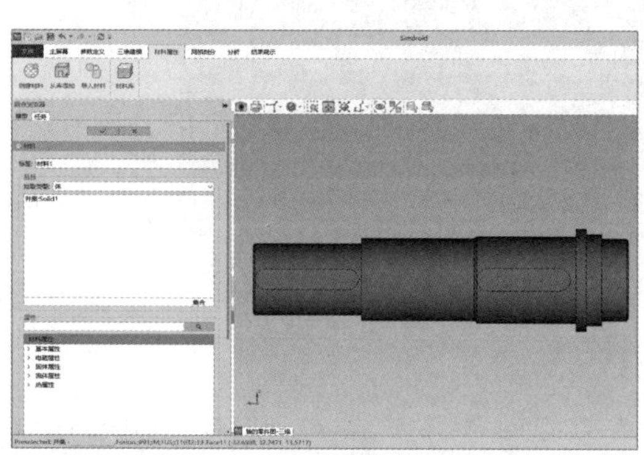

图 3-38　材料属性

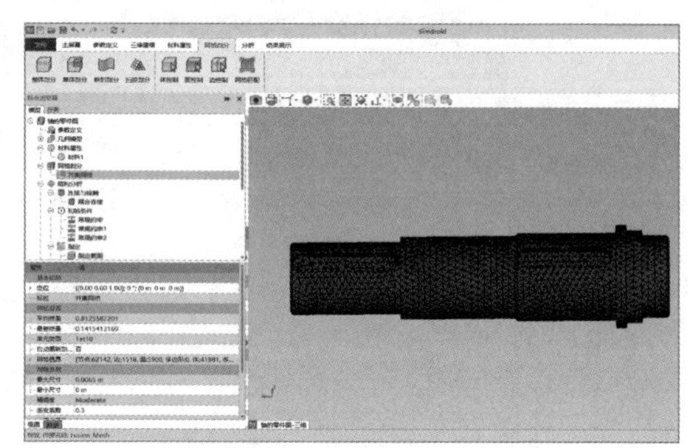

图 3-40　网络剖分

（7）分析（以离心载荷为例）。在第三段轴的中心位置设置一个点，见图 3-41；将此点与整个轴进行【耦合连接】；接着对点进行【常规约束】；然后，单击【创建分析】命令，选择【通用静力分析】；接着，给整个轴设置【弹性支承】和【离心载荷】，前者意在使轴抵抗离心载荷的作用；最后，单击【计算】命令，如图 3-42～图 3-46 所示。

图 3-41　点命令

图 3-42　功能过程

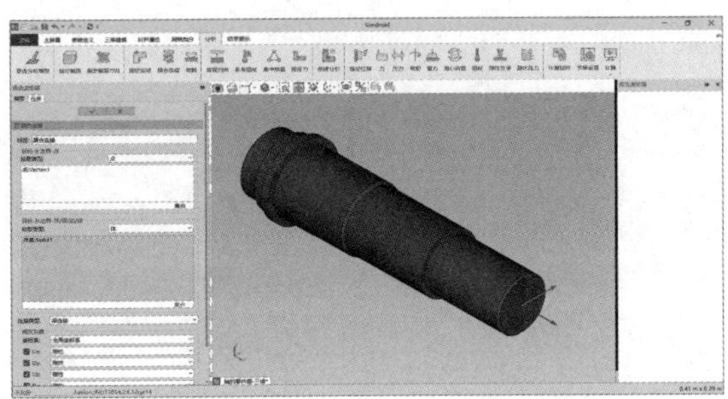

图 3-43　耦合连接

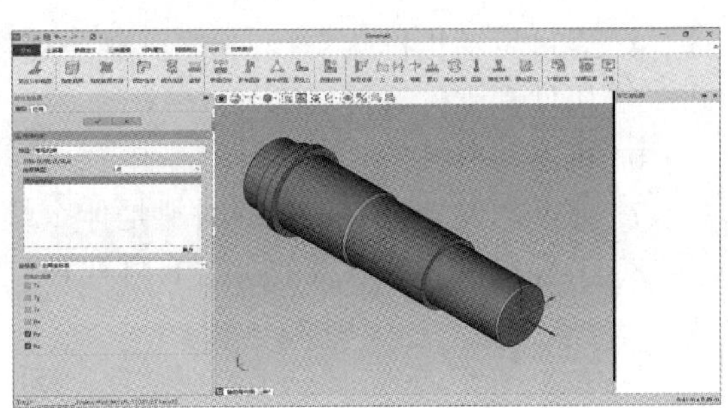

图 3-44　创建分析

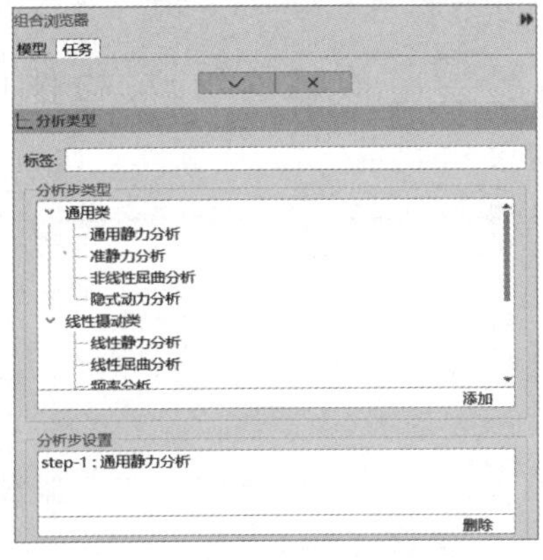

图 3-45　分析类型

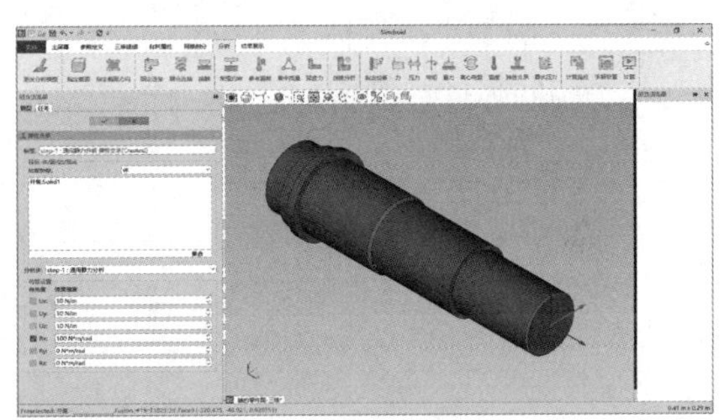

图 3-46　载荷设置

(8)结果。受力分析结果如图 3-47、图 3-48 所示。

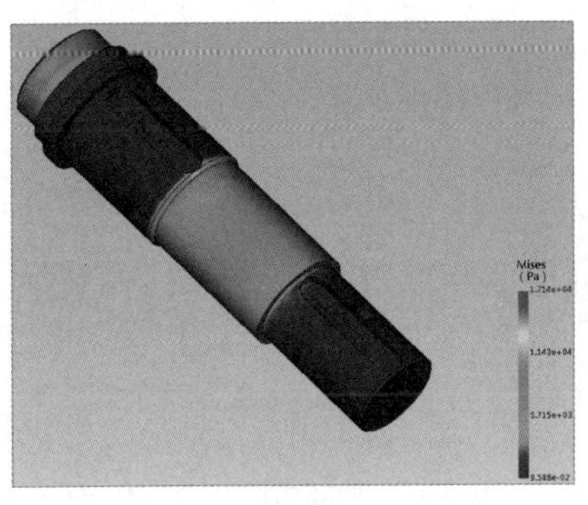

图 3 47　受载荷力的应力

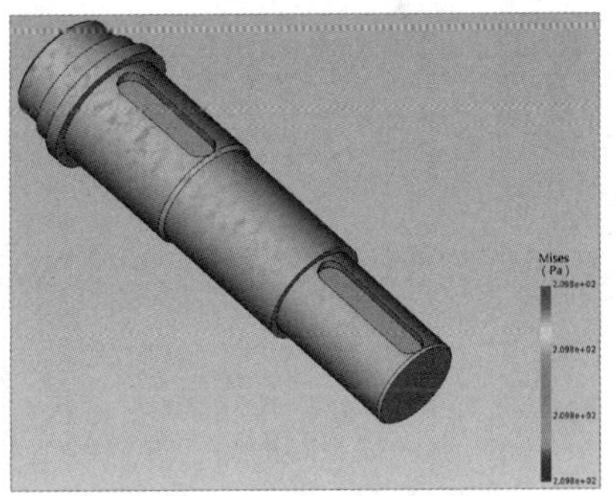

图 3-48　受弯矩时的应力

思 考 题

1. 四冲程发动机的原理是什么？
2. 发动机上常用的标准件有哪些？
3. 发动机部件有哪些？

4. 通过发动机拆装实践，你看到哪些连接形式？
5. 构件和零件有何区别？
6. 机器与机械的区别是什么？
7. 你拆的发动机曲轴箱的材料是什么？
8. 工程机械传动系统的类型有哪几种？

习　题

1. 机器的种类很多，从结构制造角度来分析，机器是由______________和单独作为装配单元的______________组成。

2. 从机构角度分析，机器是由具有______________的机构组成，构件是组成______________的最小单元体。

3. 工程机械传动系统有______________、______________、______________、______________等类型。

第 4 章 结构设计与合理性

本章学习目标

◇结合万向台钳,培养学生绘制和阅读简单装配图的能力;
◇培养设计零件结构合理性的能力;
◇培养测绘零件的能力。

本章学习内容

◇分析摩托车的零件类型;
◇读装配图及由装配图拆画零件图;
◇零件与装配结构工艺的合理性。

实践教学研究

◇拆装发动机,分析发动机零件之间的装配顺序;
◇拆装万向台钳,分析其零部件之间的装配顺序。

扫一扫

现代工程发动机实践感想

关键词:摩托车、测绘、齿轮、合理性

4.1 发动机零件

4.1.1 零件类型

机器主要由零件和部件组成,发动机是摩托车机器中的一个重要部件,机器零件按照外形特点,一般大致分为五种:长杆、轴类零件;盘盖套类零件;叉架类零件;箱体类零件;板类零件。

4.1.2 零件视图表达

通常轴类、盘套类零件根据加工位置安排主视图,叉架类零件、箱体类零件按照工作位置安排主视图,但是也不是一成不变的。图 4-1 为发动机拆装课堂,图 4-2 为发动机零件。

轴类零件一般用一个主视图,其他用个局部剖视图或断面图等表达即可。摩托车发动机齿轮轴零件图见图 4-3(a)。盘套类零件一般用两个视图表达即可,叉架类零件、箱体类零件由于形状复杂,所以用 3 个或更多视图才能表达清楚,如图 4-3(b)钳口零件图。图 4-4 为减速器箱体所示三维图。

(a)

(b)

图 4-1　发动机测绘实践教学课堂

(a) 轴类零件

(b) 盖类零件

(c) 齿轮零件

(d) 叉架类零件

(e) 箱体类零件

图 4-2　发动机零件类型

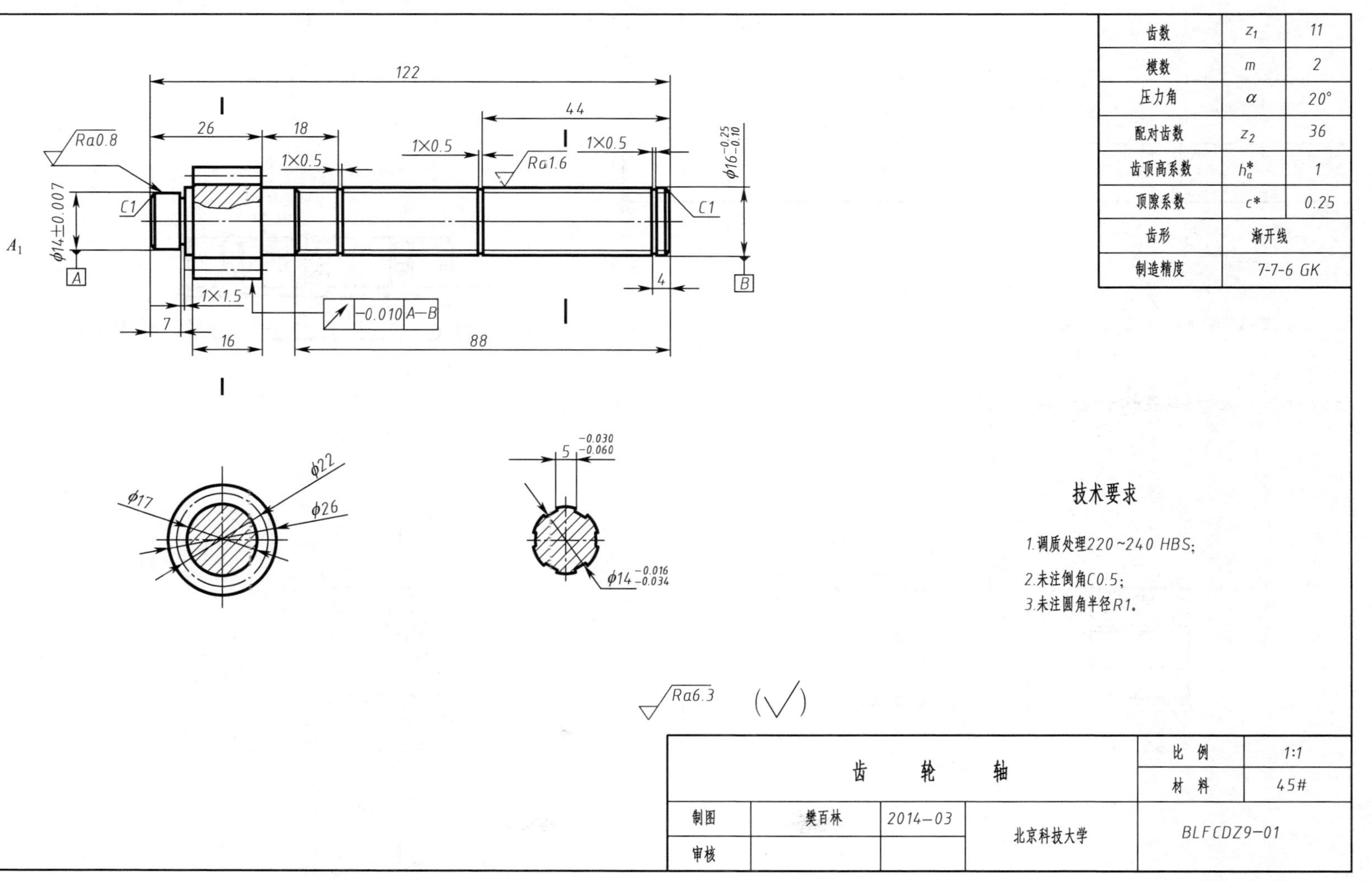

(a) 摩托车发动机齿轮轴零件图

图 4-3　零件图

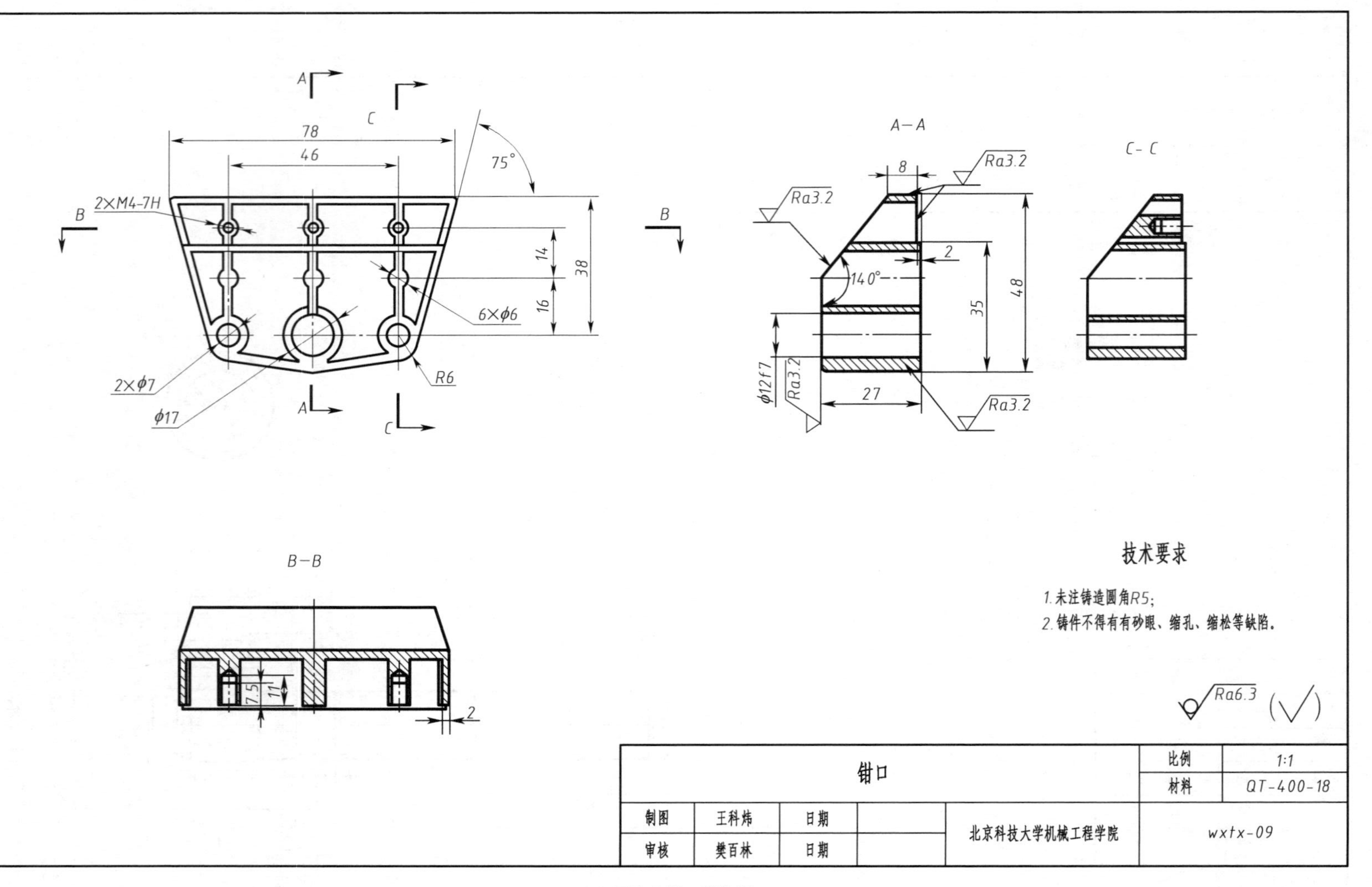

(b) 万向台钳口零件图

图 4-3 零件图(续)

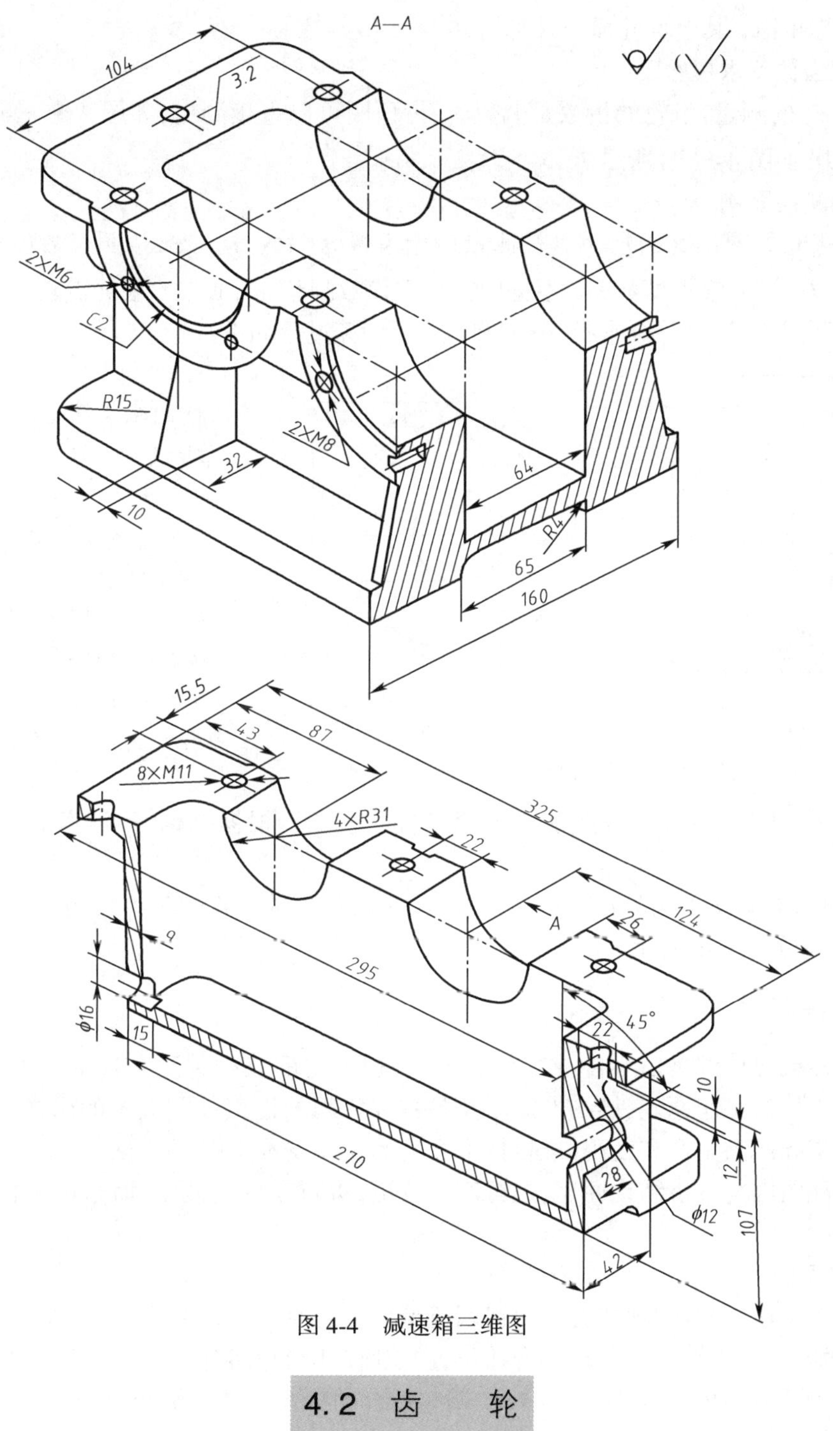

图 4-4　减速箱三维图

4.2 齿　　轮

4.2.1　齿轮测绘

对标准齿轮进行测绘,是为了获得齿轮的齿数、模数等基本参数值,其中齿数 z、齿顶圆 d_a

可以直接测量得出，其他尺寸需要计算得知。

1. 根据齿数反求模数

齿顶圆 d_a 的测量：齿轮的齿数是偶数时，齿顶圆可以直接测出，如图 4-5(a)所示，若奇数时，$d_a=2H+D$，如图 4-5(b)所示。

2. 齿轮测绘案例

发动机齿轮如图 4-2(c)所示。被测量齿轮齿数为偶数，$z_1=23$，按照奇数齿轮测量方法，量取 $D=16$，$H=14$，反求模数 m，根据国家标准模数圆整 $m=1.75$，根据齿轮计算公式，计算出齿轮的齿顶圆直径、齿根圆直径、分度圆直径，计算过程如下。

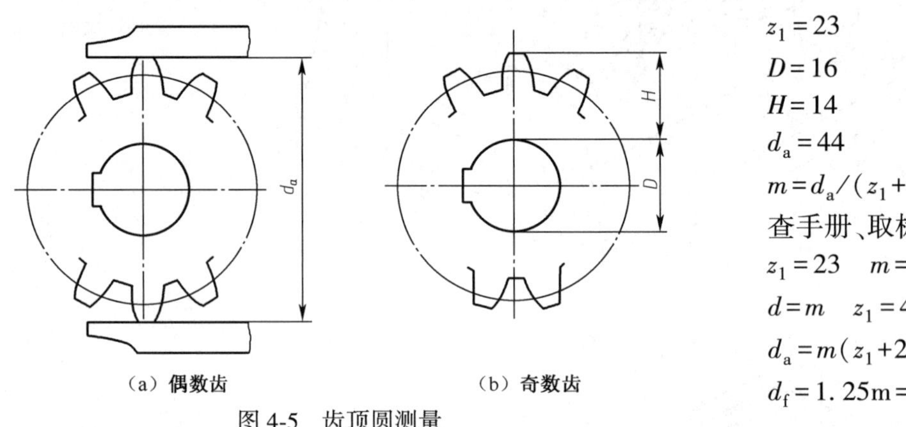

图 4-5 齿顶圆测量

$z_1=23$

$D=16$

$H=14$

$d_a=44$

$m=d_a/(z_1+2)=1.76$

查手册、取标准模数 $m=1.75$

$z_1=23 \quad m=1.75 \quad d=20°$

$d=m \quad z_1=40.25$

$d_a=m(z_1+2)=43.75$

$d_f=1.25m=35.875$

(1)齿轮属于盘类零件，按照加工位置安排主视图。根据结构特点，考虑安排视图表达方案。

(2)根据计算得知的齿轮齿顶圆、分度圆尺寸以及测量齿轮的其他结构尺寸，查阅相关手册，齿轮零件图如图 4-6 所示。

4.2.2 零件的设计

任何机器或部件都是由零件或零件和部件，按一定的装配关系和技术要求装配而成的。表达机器或部件的工作原理、结构性能以及各零件之间的连接装配关系的图样，称为装配图。装配图也是指导产品生产和使用、进行技术交流的重要技术文件。

根据装配图内容分析结构原理，进行产品改进，进行零件的测绘和设计，下面以万向台钳简单说明。

1. 工作原理

万向台钳工作原理：多功能万向台钳属机械加工的通用装夹工具，其工作原理是：

转动手柄，调整座垫上下移动到合适位置，使座垫吸附安装在工作台面；松开旋柄，钳身可以在水平面和垂直面内 360°范围内转动，调整适合的工作角度。旋转手杆，带动螺杆旋转，螺杆带动钳口做轴向移动，调整钳口开口度。

2. 万向台钳结构组成

通过了解相关的技术信息资料和技术说明等，在掌握万向台钳的功用和工作原理基础上，进一步分析部件的结构组成。

模数
m
1.75
齿数
z
23
压力角
α
20
精度
7GJ
GB 10095.1
R5
φ26
30°
Ra3.2
比例
2:1
材料
45
fcd-11
齿　轮
北京科技大学
制图
樊百林
日期
2015-4
审核
日期
φ36
Ra1.6
0.012 B
0.012 A
11
8
6
φ16
φ40.25
φ43.75
技术要求
1.未注倒角C2;
2.热处理，齿面硬度 50-65HRC;
3.表面去毛刺。

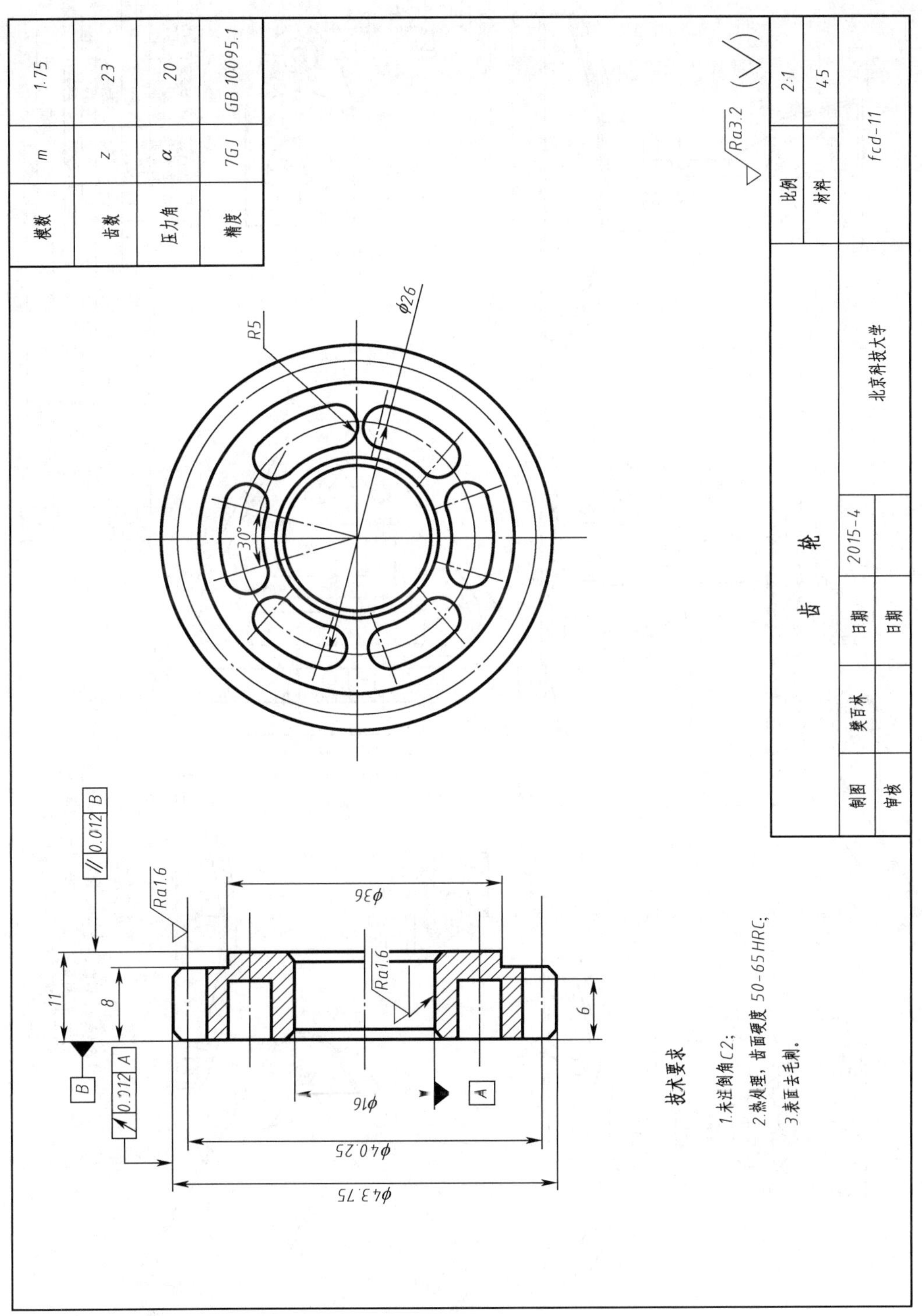

图 4-6　齿轮零件图样

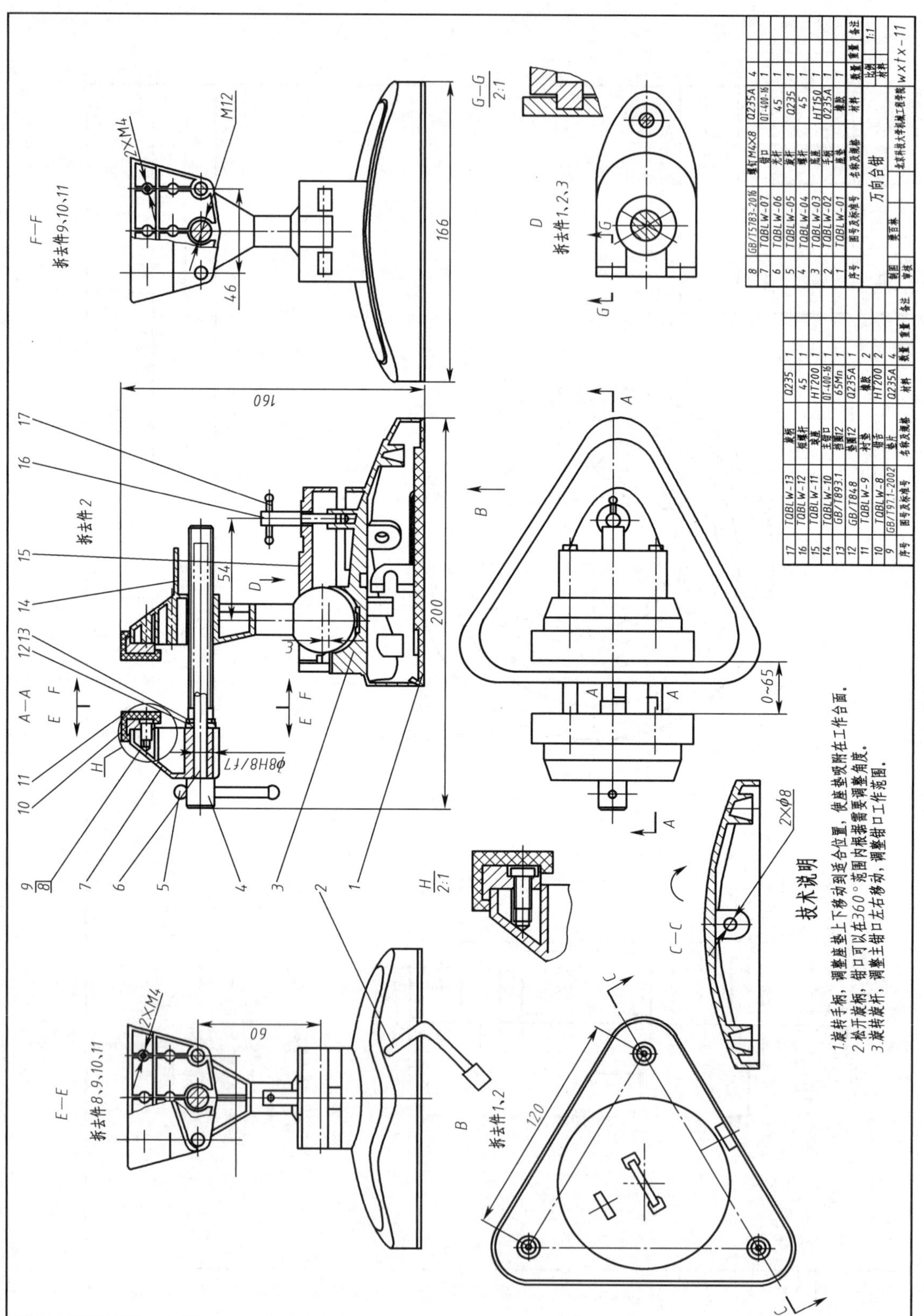

图 4-7 万向台钳

从外形观察万向台钳主要由 13 个零部件组成(见图 4-9)。为了分析方便起见,根据功能和装配单元对万向台钳部件进行分析。如果打开万向台钳,我们发现内部仍然有 3 个零件。所以万向台钳共有 17 个零件组成如图 4-8 所示。

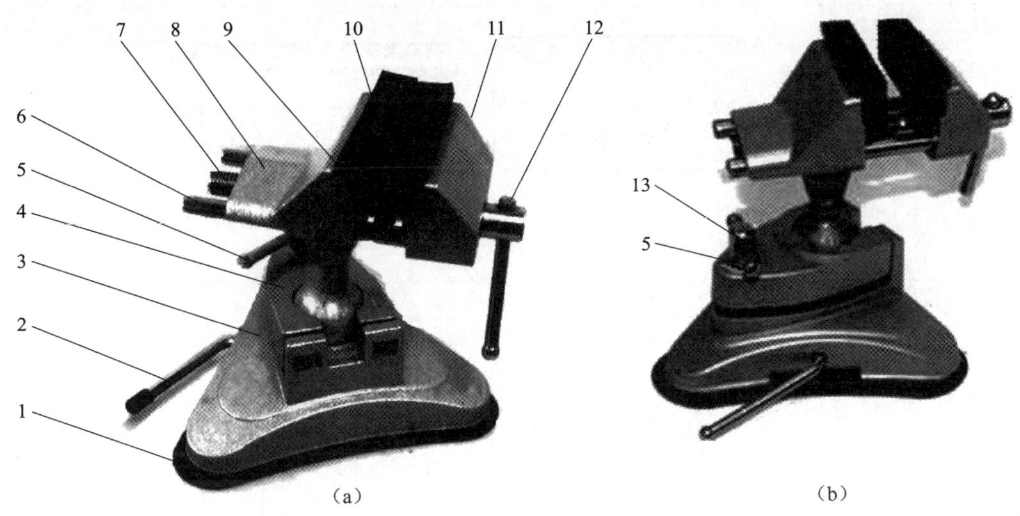

图 4-8　万向台钳组成示意图

1—座垫;2—手柄;3—底座;4—螺杆;5—旋杆;6—光杆;7—钳口;8—螺钉;9—垫片;10—钳舌;11—衬垫;12—垫圈;13—挡圈

3. 钳口零件

分析装配图,读懂结构,通过对各零件的功用和结构仔细分析,进一步熟悉各零件间的装配关系,特别注意零件间的配合关系以及配合性质。

钳口是万向台钳的一个主要零件,其功用是夹持物件。根据外形特征分析,主钳口属于叉架类零件,铸造成型。拆画钳口零件,其零件图如图 4-3(b)所示。

4.3　装配结构合理性

4.3.1　工艺结构设计合理性

为了保证加工质量和装拆方便,在设计产品时应考虑零件设计的结构工艺性,见表 4-1。

表 4-1　零件工艺结构设计合理性

结　构	图　例
零件工艺结构设计	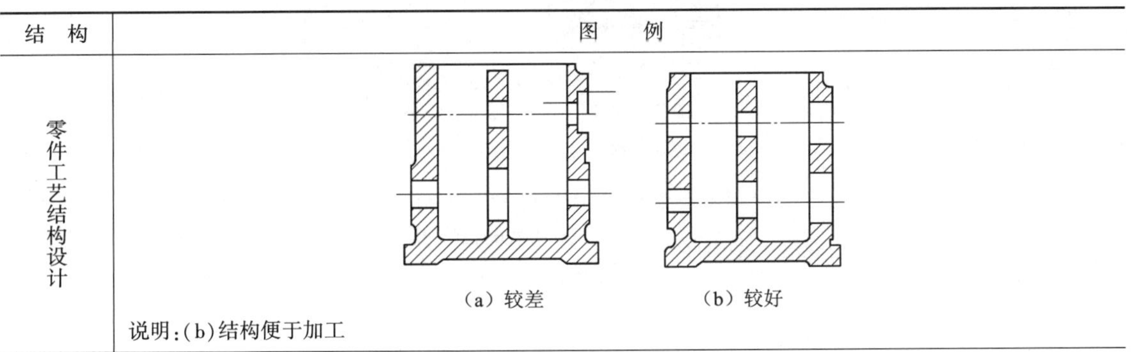 (a) 较差　(b) 较好 说明:(b)结构便于加工

续上表

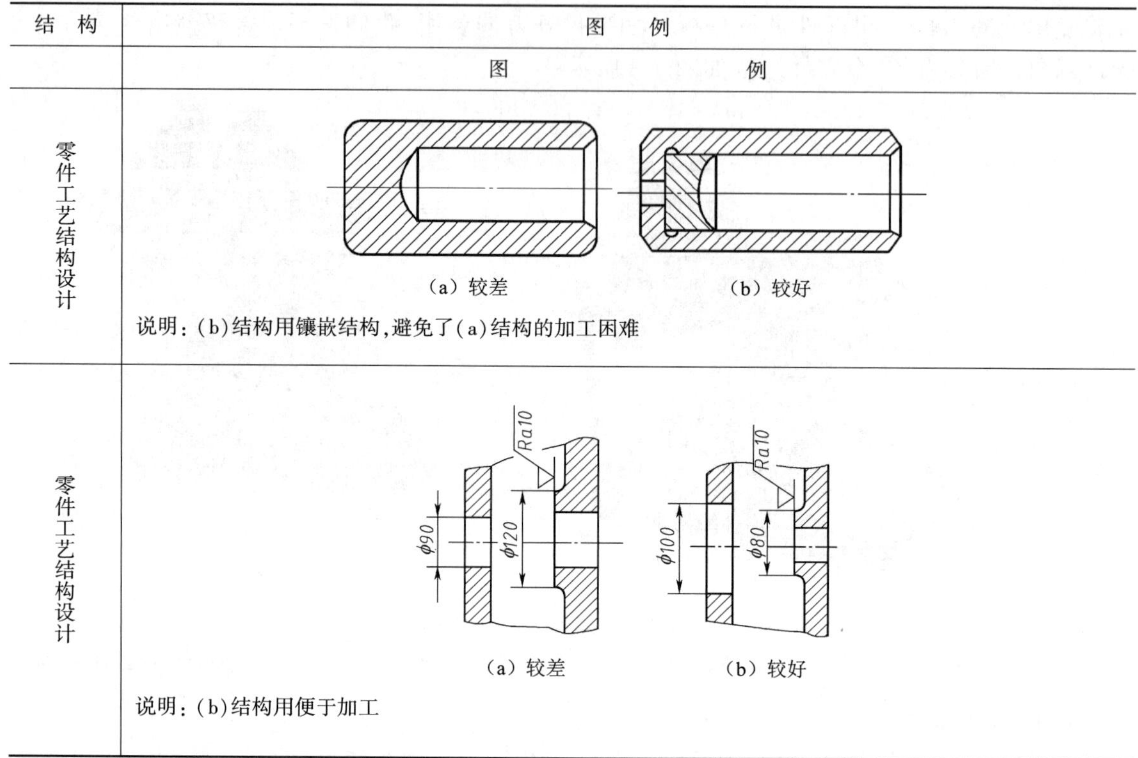

结　构	图　例
	图　　例
零件工艺结构设计	(a) 较差　(b) 较好 说明：(b)结构用镶嵌结构，避免了(a)结构的加工困难
零件工艺结构设计	(a) 较差　(b) 较好 说明：(b)结构用便于加工

4.3.2 装配结构设计合理性

为了保证装配质量和装拆方便，在设计产品和绘制装配图时应考虑装配结构的合理性，常见的装配合理性结构见表 4-2。

表 4-2　装配结构合理性

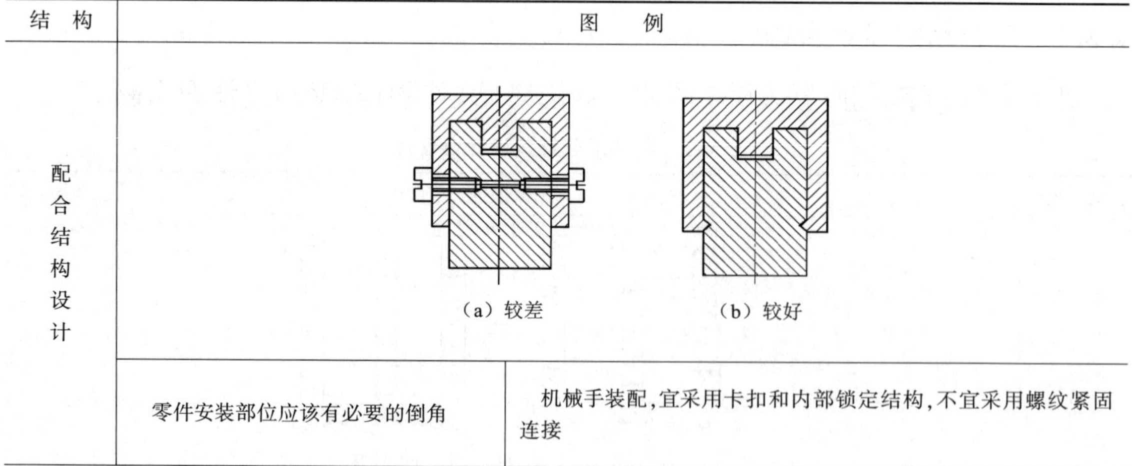

结　构	图　例	
配合结构设计	(a) 较差	(b) 较好
	零件安装部位应该有必要的倒角	机械手装配，宜采用卡扣和内部锁定结构，不宜采用螺纹紧固连接

续上表

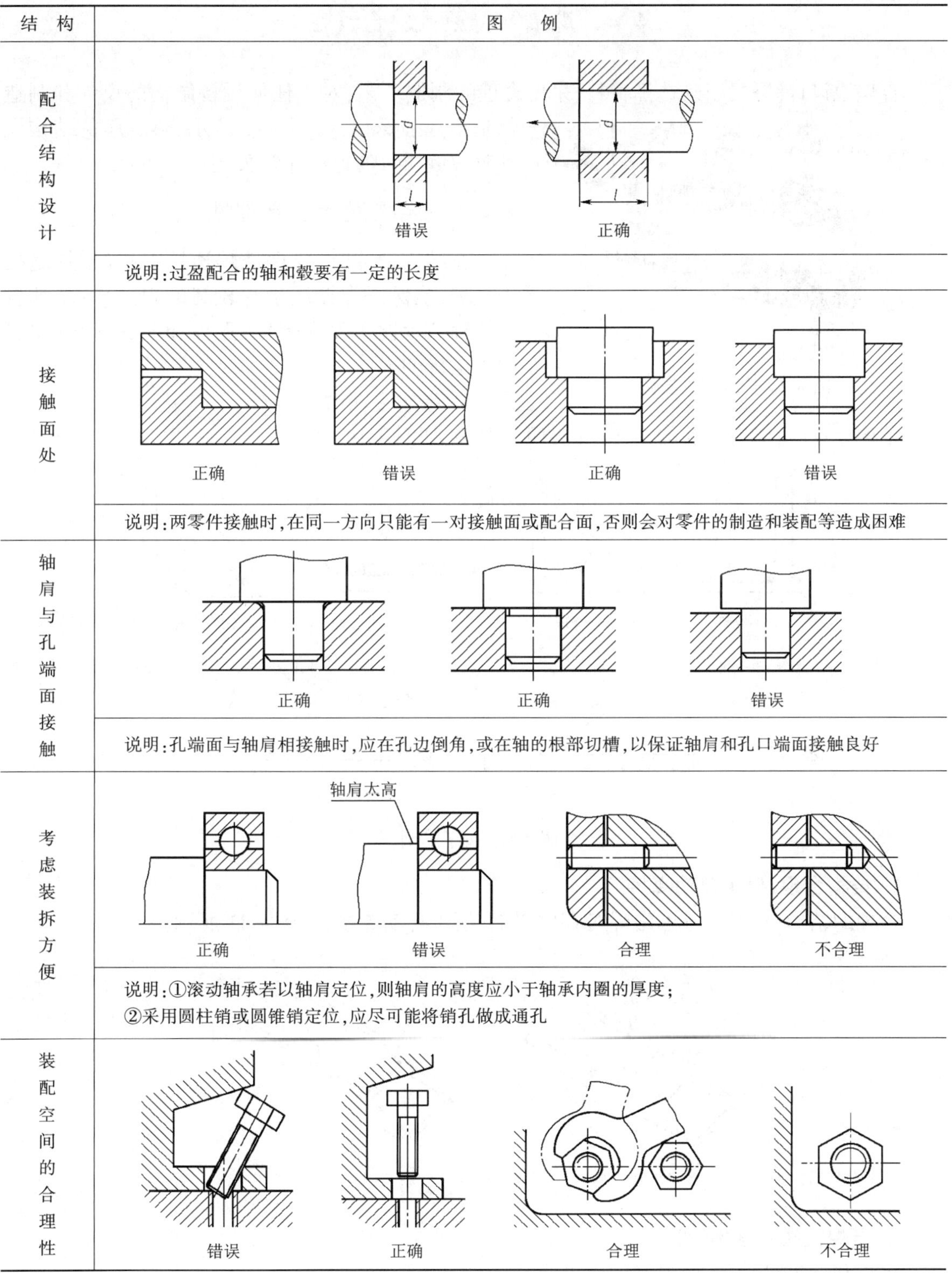

结　构	图　　例
配合结构设计	错误　正确
	说明：过盈配合的轴和毂要有一定的长度
接触面处	正确　错误　正确　错误
	说明：两零件接触时，在同一方向只能有一对接触面或配合面，否则会对零件的制造和装配等造成困难
轴肩与孔端面接触	正确　正确　错误
	说明：孔端面与轴肩相接触时，应在孔边倒角，或在轴的根部切槽，以保证轴肩和孔口端面接触良好
考虑装拆方便	轴肩太高 正确　错误　合理　不合理
	说明：①滚动轴承若以轴肩定位，则轴肩的高度应小于轴承内圈的厚度； ②采用圆柱销或圆锥销定位，应尽可能将销孔做成通孔
装配空间的合理性	错误　正确　合理　不合理

4.4 焊接结构设计的合理性

合理地设计结构，正确选择材料，采用合理的制造工艺，对于任何设备结构的设计和制造都是十分必要的。如图 4-9 所示，热水胆的结构设计对焊缝质量的保证非常关键。

图 4-9 热水胆焊接件

4.4.1 结构设计的合理性

在结构设计时，要保证焊透性；尽量使焊缝处于平焊，能保证焊接质量和较高的生产率；埋弧自动焊缝位置便于保存焊剂；点焊和缝焊，焊缝位置便于电极伸入。

1. 结构合理 便于操作

结构设计时，应有足够的操作空间，便于焊接，如图 4-10 所示。

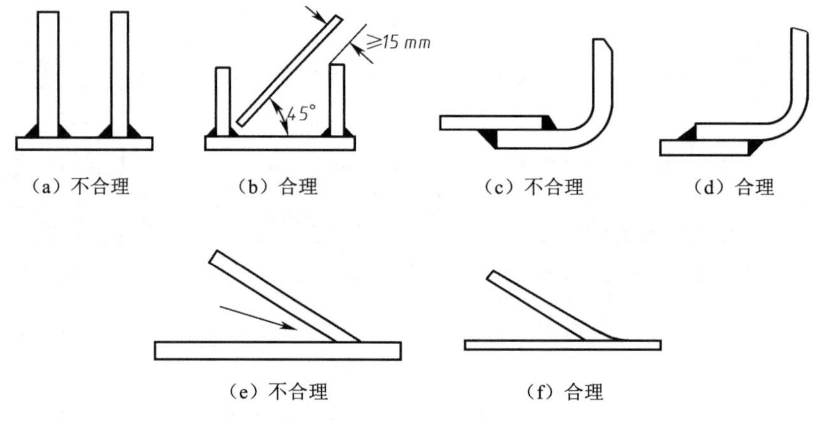

图 4-10 结构设计

2. 结构合理，便于自动焊接

合理的结构设计，应考虑施焊时存放焊剂，便于自动焊接，如图 4-11 所示。

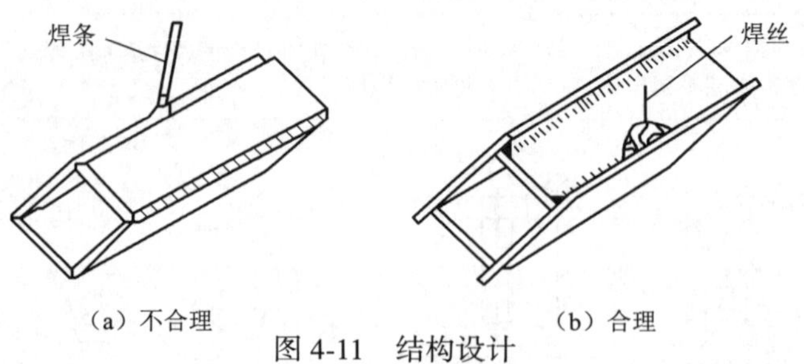

图 4-11 结构设计

3. 点焊接头的结构设计

点焊和缝焊时，要考虑电极伸入方便，如图 4-12 所示。

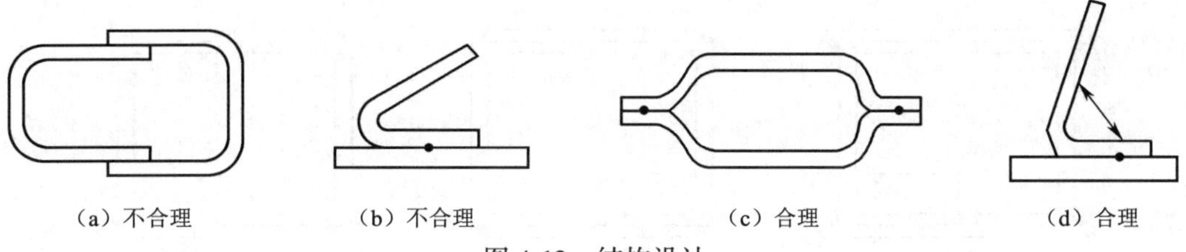

（a）不合理　（b）不合理　（c）合理　（d）合理

图 4-12　结构设计

4. 避免焊缝集中交叉的结构设计

焊缝布置不合理，过热严重，会使焊接接头性能严重下降，焊接残余应力增大，甚至引起裂纹，因此不能采用十字焊缝，如图 4-13 和图 4-14 所示。

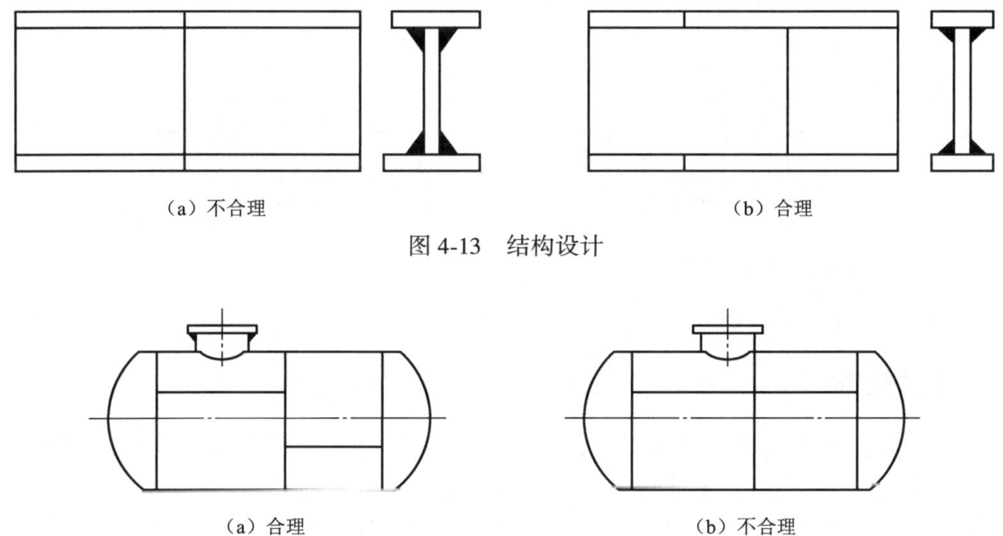

（a）不合理　（b）合理

图 4-13　结构设计

（a）合理　（b）不合理

图 4-14　压力容器的结构设计

中、高压容器如图 4-15 所示，其封头设计应按照图 4-14 所示合理进行设计。

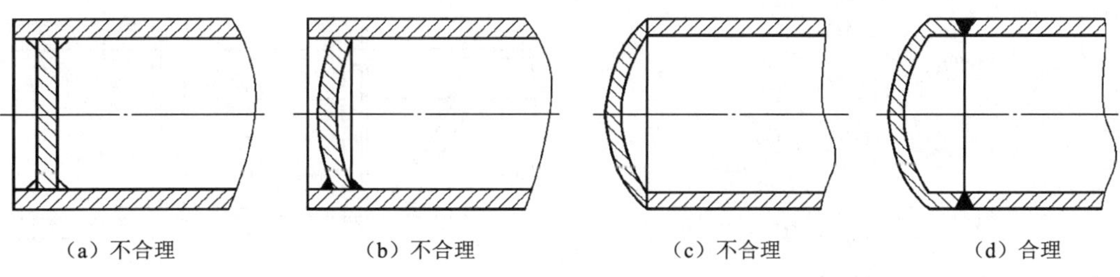

（a）不合理　（b）不合理　（c）不合理　（d）合理

图 4-15　封头设计

5. 设计结构时，应尽量使焊缝对称。

设计结构时，应尽量使焊缝对称，以减少焊接变形，如图 4-16 所示。

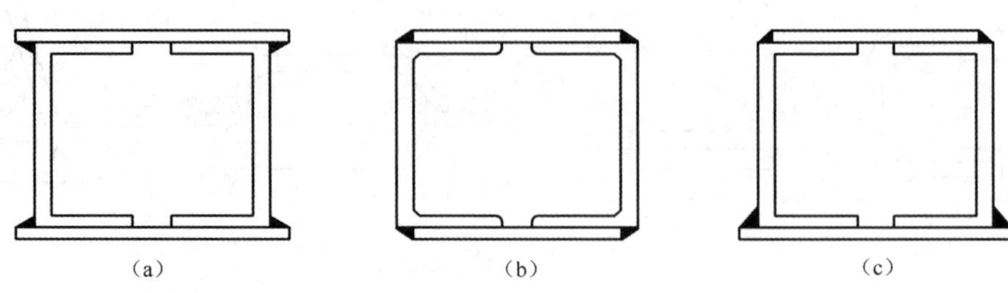

图 4-16　方形梁柱设计示例

6. 结构设计时,接头应远离加工表面。

在结构设计时,应考虑接头远离加工表面,如图 4-17 所示。

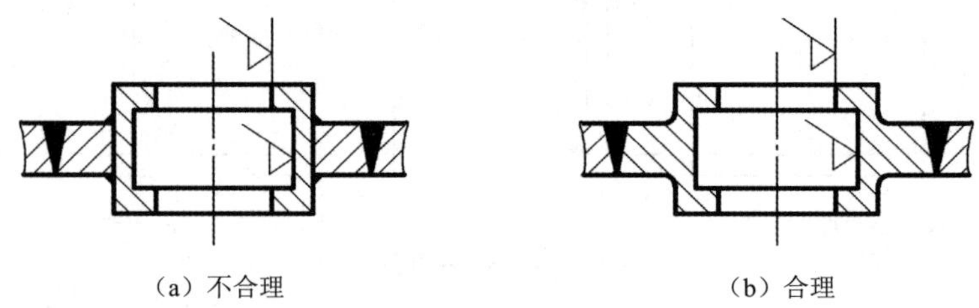

图 4-17　接头远离加工表面

4.4.2　接头型式

常见的基本接头型式有对接、搭接、角接和 T 形接头等。接头型式的选择是根据结构的形状和焊接生产工艺而定,要考虑易于保证焊接质量和尽量降低成本。

为保证接头两侧受热均匀,确保焊接质量,要求接头两侧板厚或截面相同或相近,如图 4-18 所示。

对于厂房屋架、桥梁、起重机吊臂等桁架结构,多用搭接接头,如图 4-19 所示。

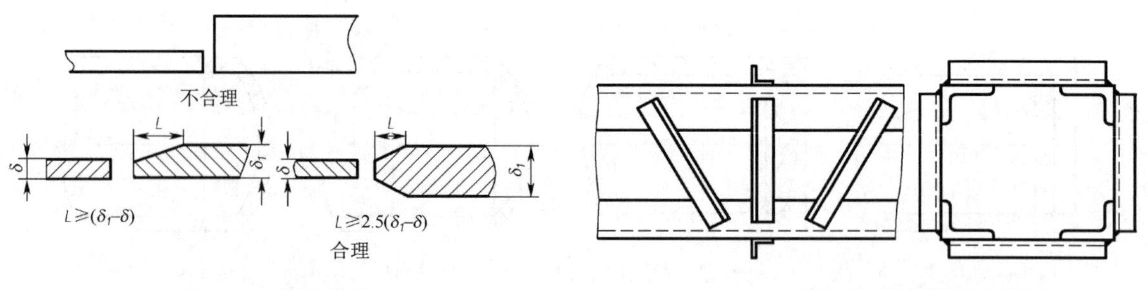

图 4-18　接头型式

图 4-19　工程起重机吊臂结构简图

合理地选择焊接接头型式、正确进行焊接结构的设计,合理布置焊缝,以减少焊接变形,可以保证焊接质量,提高生产率。

工程焊接零件结构图样应用如图 4-20 所示。

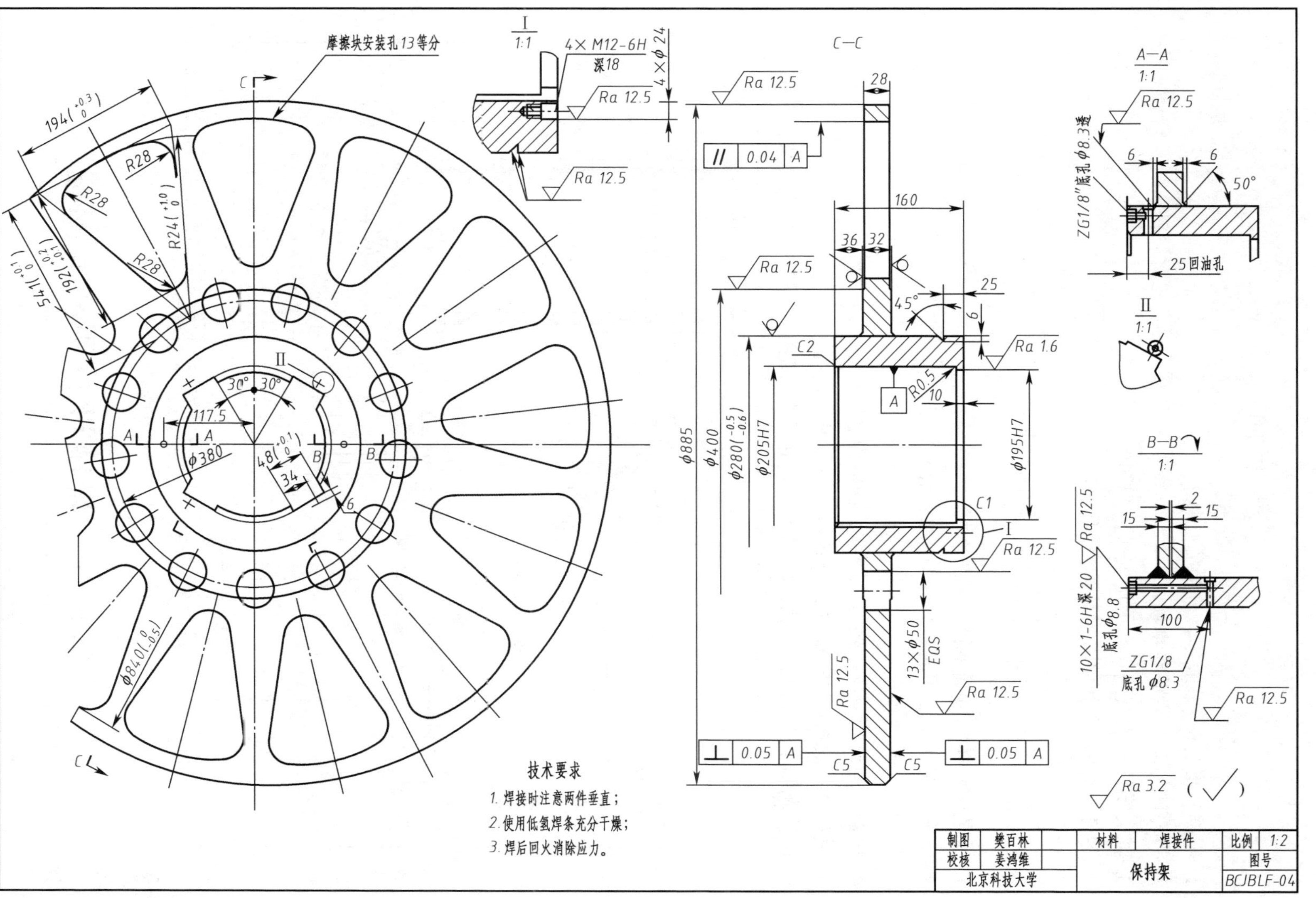

图 4-20　工程焊接零件图

思 考 题

1. 根据外形特征，一般零件分为哪几种？
2. 齿轮测绘应注意哪些事项？
3. 轴类零件一般按照什么原则安排主视图？
4. 零件设计时，应如何考虑装配空间？

习　　题

1. 读装配图 4-7，拆画主钳口零件图样。
2. 万向台钳底座使用时发现气压不足，请改进设计？
3. 测绘摩托车曲轴箱，绘制零件图。
4. 机器结构设计中应主要考虑哪些方面的内容？
5. 设计 $\phi 8$ m，板厚 48 mm 的石油球罐，并用视图表达。
6. 阅读题图 1，分析底座机架装配图中，采用了什么型材？采用了什么焊接接头形式？

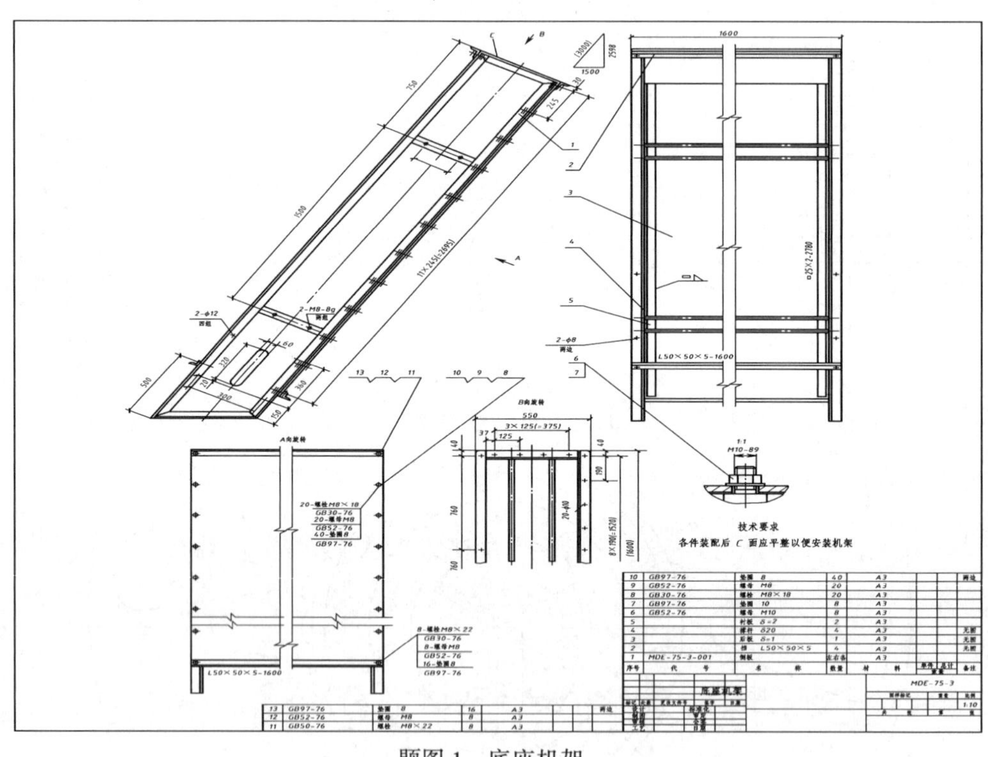

题图 1　底座机架

扫一扫

第 5 章　机械设备图样的阅读

第 5 章　机械设备图样的阅读

该章内容请扫描二维码。

第 2 篇　工程设计中的传动性

第 6 章　工程中的带传动

本章学习目标

◇初步培养带传动正确的设计思想和设计方法;

◇通过观察工程实例中带传动打滑的弊与利,培养分析工程问题的能力;

◇培养较熟练地应用标准、规范、手册等技术资料的能力;

◇通过观察工程实例,培养带传动系统的设计能力,以及带传动系统的使用和维护能力。

扫一扫

现代工程发动机实践感想

本章学习内容

◇带传动的类型、工作原理、特点及应用;

◇带传动的受力分析、应力分析与应力分布图、弹性滑动和打滑的基本理论;

◇带传动的失效形式、设计准则、普通 V 带传动的设计方法和参数选择原则;

◇带标记、带标准与 V 带轮的结构。

实践教学研究

◇观察汽车发动机上所使用的带传动,属于哪类带传动;

◇了解发动机上带张紧的布置方式。

关键词: 带、带轮、V 带、带速

6.1　概　　述

6.1.1　带传动的应用

带传动是工程中常用的一种传动设备,主要用于传递运动和动力。它是机械传动中重要的传动形式,也是机电设备中传动用零、部件之一,种类多,用途广,如图 6-1 所示。

6.1.2　带传动的类型

带传动从不同角度,一般分为两类:

视 频

带传动及其应用

(a)

(b)

图 6-1 带传动及其应用

(1) 按照传动带的横截面形状,带分为平带传动,V 带传动和圆带传动,如图 6-2 所示。V 带传动又分为普通 V 带传动、窄 V 带传动、多楔带传动、联组 V 带传动、齿形 V 带传动,如图 6-2(b)、(c)所示。圆带的牵引能力小,常用于仪器和家用器械中[见图 6-2(d)]。

(2)根据传动带工作原理不同。分为力闭合摩擦型带传动和齿形开合啮合带传动(又称同步带传动)如图 6-2(e)所示。啮合齿形带传动广泛作为空间小、散热要求高的汽车发动机的辅助传动装置。

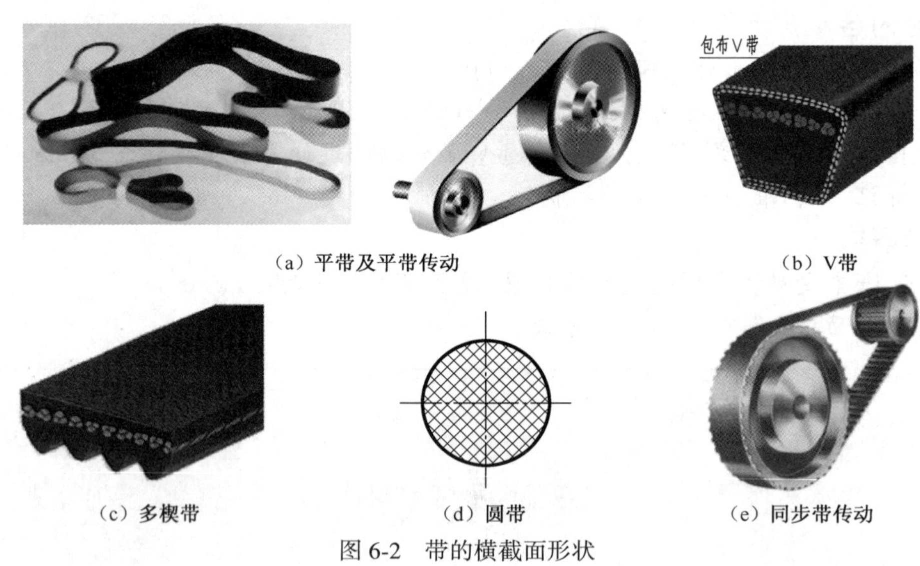

(a) 平带及平带传动　(b) V带

(c) 多楔带　(d) 圆带　(e) 同步带传动

图 6-2 带的横截面形状

6.1.3 带传动的特点

1. 带传动的优点

①带具有良好的弹性,可缓和冲击,吸收振动;

②过载时,带在轮面间打滑,可以防止其他零件损坏,起到安全保护作用;

③适用于中心距较大的传动;

④结构简单，成本低廉。

2. 带传动的缺点

①由于带工作时有弹性滑动，因此带传动的传动比不准确，不能用于要求传动比精确的场合；

②外廓尺寸较大，不紧凑；

③效率低，V 带传动的效率一般为 0.94~0.96；

④带的寿命较短，作用在轴上的力较大；

⑤由于带与带轮间的摩擦，可能产生火花，不宜用于易燃易爆的地方。

6.2　摩擦型带传动的理论分析

6.2.1　带传动的工作原理

带传动通常是由主动轮 1、从动轮 2 和张紧在两轮上的环形带 3 所组成（见图 6-3）。

带安装后，带被张紧，带中产生张紧力 F_0，于是在带与带轮的接触面间产生了正压力［见图 6-3(a)］。当主动轮转动时，靠带与带轮之间产生的摩擦力 $\sum F_i$［见图 6-3(b)］带动从动轮回转，从而传递运动和转矩。可见带传动是靠摩擦力进行工作的。

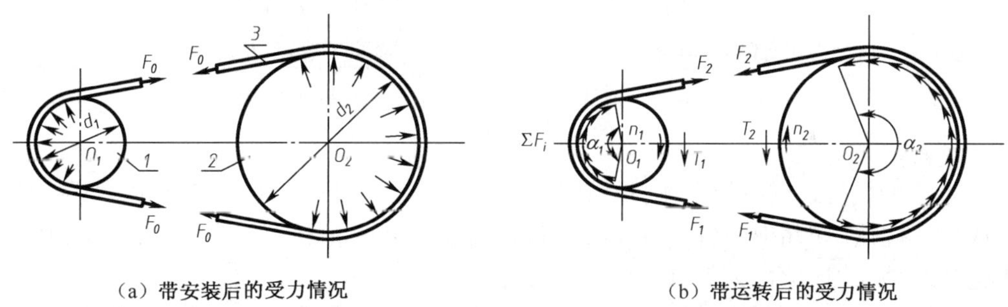

（a）带安装后的受力情况　　（b）带运转后的受力情况

图 6-3　带传动组成及工作原理分析

平带的横截面为扁平矩形，工作时带的环形内表面与轮缘相接触［见图 6-4(a)］。V 带的横截面为梯形，工作时其两侧面与轮槽的侧面相接触，而 V 带与轮槽槽底不接触［见图 6-4(b)］。由于轮槽的楔形效应，初拉力相同时，V 带传动较平带传动能产生更大的摩擦力，故具有较大的牵引能力。多楔带以其扁平部分为基体，下面有几条等距纵向槽，其工作面为楔形纵向槽的侧面［见图 6-4(c)］，这种带兼有平带的弯曲应力小和 V 带的摩擦力大的优点，常用于传递动力较大而又要求结构紧凑的场合。

通常，带传动应用于对传动比无严格要求、中心距较大的中小功率传动中，如工业机械、农业机械、建筑机械、汽车和自动化设备等。目前，V 带传动应用最广，一般带速为 5~25 m/s，传动比 $i \leqslant 7$。近年来，平带传动的应用已大为减少，但在多轴传动或高速情况下，平带传动仍然是很有效的。

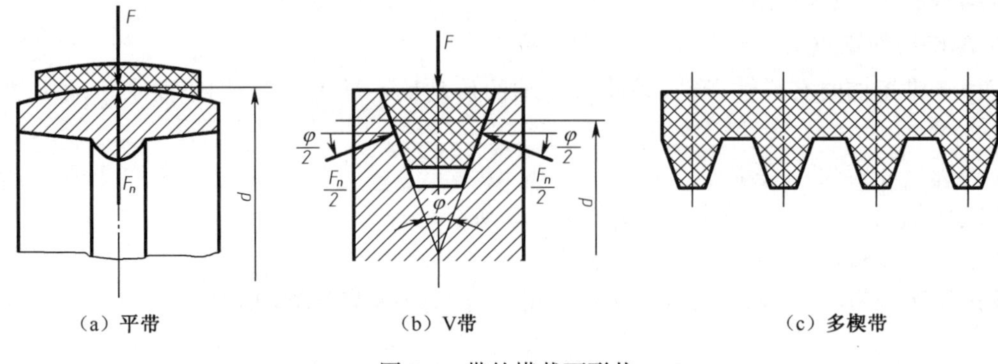

图 6-4 带的横截面形状

6.2.2 V 带的结构和型号

V 带已标准化,它的横截面如图 6-5 所示,由顶胶、抗拉体(承载层)、底胶和包布四部分组成。

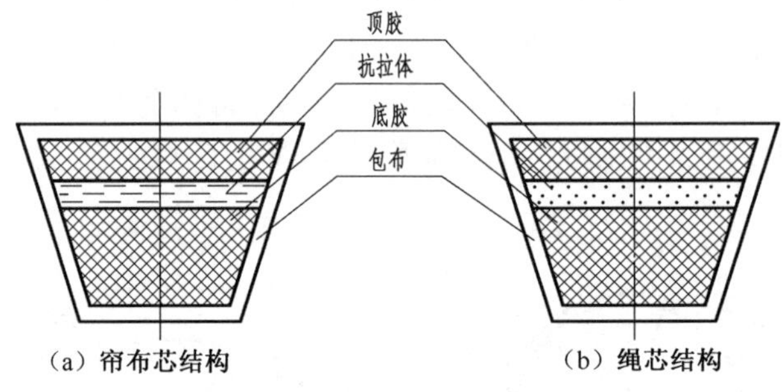

图 6-5 V 带的结构

抗拉体是承受负载拉力的主体,顶胶和底胶分别承受弯曲时的拉力和压力,外层由橡胶帆布包围成形。抗拉体由帘布或线绳组成,绳芯结构柔软易弯有利于提高寿命。抗拉体的材料可采用化学纤维或棉织物,前者的承载能力较强。

根据 GB/T 11544—2012 的规定,我国生产的普通 V 带采用基准宽度制。普通 V 带型号有 Y、Z、A、B、C、D、E 七种,其截面尺寸见表 6-1。当带受纵向弯曲时,在带中保持原长度不变的周线称为节线。由全部节线构成的面称为节面,带的节面宽度称为节宽(b_p),节面的周长称为带的基准长度 L_d。

6.2.3 带传动的工作情况分析

如前所述,带必须以一定的初拉力张紧在带轮上。静止时,带两边的拉力都等于初拉力 F_0[见图 6-3(a)]。传动时,由于带与轮面间摩擦力的作用,带两边的拉力不再相等,绕进主动轮的一边,拉力由 F_0 增加到 F_1,称为紧边,F_1 为紧边拉力,而另一边带的拉力由 F_0 减为 F_2,称为松边,F_2 为松边拉力[见图 6-3(b)]。带传动的有效拉力 F(单位为 N)为

$$F=F_1-F_2=\frac{1\ 000P}{v} \tag{6-1}$$

式中　P——主动轮传递的功率，kW；

v——带速，m/s。

表 6-1　普通 V 带截面尺寸

带型	节宽 b_p/mm	顶宽 b/mm	高度 h/mm	楔角 α	单位长度质量 $m/(\mathrm{kg\cdot m^{-1}})$
Y	5.3	6.0	4.0	40°	0.04
Z	8.5	10.0	6.0		0.06
A	11.0	13.0	8.0		0.10
B	14.0	17.0	11.0		0.17
C	19.0	22.0	14.0		0.30
D	27.0	32.0	19.0		0.60
E	32.0	38.0	23.0		0.87

注：窄 V 带的相对高度 $h/b_p \approx 0.9$。

不考虑传动过程中带的离心惯性力，F_1、F_2 与包角 α 之间的关系式为

$$F_1 = F_2 e^{f'\alpha} \tag{6-2}$$

式中　e——自然对数的底（e=2.718…）；

f'——带与带轮之间的当量摩擦系数；

α——带在带轮上的包角，rad。

联立式(6-1)和式(6-2)，得式(6-3)

$$\left.\begin{aligned} F_1 &= F\frac{e^{f'\alpha}}{e^{f'\alpha}-1} \\ F_2 &= F\frac{1}{e^{f'\alpha}-1} \end{aligned}\right\} \tag{6-3}$$

设环形带的总长度不变，则带工作时紧边增加的长度与松边减少的长度相等，由此得

$$F_1 - F_0 = F_0 - F_2$$

即

$$F_1 + F_2 = 2F_0 \tag{6-4}$$

将式(6-3)代入式(6-4)，经整理得带传动最大有效拉力为

$$F = 2F_0\left(1-\frac{2}{e^{f'\alpha}+1}\right) \tag{6-5}$$

由式(6-5)可见，影响带传动承载能力的主要因素是多方面的。

6.2.4　影响带动承载能力的因素

1. 初拉力 F_0

增加初拉力 F_0 可提高传动能力，但 F_0 过大，则带的张紧应力过大，胶带寿命低，轴和轴承受力大；F_0 过小，则摩擦力小，容易发生打滑。单根 V 带最合适的初拉力 F_0（单位为 N）可用下式求得

$$F_0 = 500\frac{P_e}{vz}\left(\frac{2.5-K_\alpha}{K_\alpha}\right)+mv^2 \tag{6-6}$$

式中 z——V 带根数；

m——V 带单位长度的质量，kg/m，见表 6-1；

K_α——包角 α 修正系数，见表 6-2；

v——V 带速度，m/s；

P_e——计算功率，kW，

$$P_e = K_A P \tag{6-7}$$

其中 K_A 为工作情况系数，见表 6-3。

表 6-2 包角修正系数 K_α

包角 α/(°)	180	170	160	150	140	130	120	110	100	90
K_α	1.00	0.98	0.95	0.92	0.89	0.86	0.82	0.78	0.74	0.69

表 6-3 工作情况系数 K_A

载荷性质	工作机	原动机					
		电动机（交流启动、三角启动、直流并励）、四缸以上的内燃机			电动机（联机交流启动、直流复励或串励）、四缸以下的内燃机		
		每天工时数/h					
		<10	10~16	>16	<10	10~16	>16
载荷变动很小	液体搅拌机、通风机和鼓风机（≤7.5 kW）、离心式水泵和压缩机、轻负荷输送机	1.0	1.1	1.2	1.1	1.2	1.3
载荷变动小	带式输送机（不均匀负荷）、通风机（>7.5 kW）、旋转式水泵和压缩机（非离心式）、发电机、金属切削机床、印刷机、旋转筛、锯木机和木工机械	1.1	1.2	1.3	1.2	1.3	1.4
载荷变动较大	制砖机、斗式提升机、往复式水泵和压缩机、起重机、磨粉机、冲剪机床、橡胶机械、振动筛、纺织机械、重载输送机	1.2	1.3	1.4	1.4	1.5	1.6
载荷变动很大	破碎机（旋转式、颚式等）、磨碎机（球磨、棒磨、管磨）	1.3	1.4	1.5	1.5	1.6	1.8

2. 包角 α

包角 α 愈大，带传动的有效拉力 F 愈大，由于大轮包角 α_2 大于等于小带轮包角 α_1，故摩擦力的最大值 $\sum F_{max}$ 取决于 α_1。因此，为了保证带传动的承载能力，α_1 不能太小。对于 V 带传动，一般 $\alpha_1 \geqslant 120°$（特殊情况下允许 $\alpha_1 \geqslant 90°$）。对于两轴连心线呈水平或接近水平位置的带传动，应使松边在上，以增大包角。

3. 当量摩擦系数 f'

当量摩擦系数 f' 越大，传递的有效拉力 F 就越大。f' 与带、带轮材料和表面粗糙度及 V 带轮槽楔角等有关。若平型带传动的摩擦系数 $f=0.3$，则 V 带传动的当量摩擦系数 $f' \approx 0.9$。

4. 带速 v

由式(6-1)和式(6-5)得带的传动功率（单位为 kW）为

$$P=\frac{F_0 v}{500}\left(1-\frac{2}{e^{f'\alpha}+1}\right)$$

由上式可见：传动功率 P 随带速 v 的增大而增大，但当 v 过大时，带与带轮间的正压力减小，摩擦力减小，所能传递的功率 P 也减小；当 v 过小时，传递的功率也减小，不能充分发挥带的工作能力。所以，带速 v 一般为 5~25 m/s。

6.2.5　带的应力分析

传动时，带中应力由以下三部分组成，如图 6-6 所示带的应力分布。

1. 紧边和松边拉力产生的拉应力

紧边拉应力　$\sigma_1=\frac{F_1}{A}$

松边拉应力　$\sigma_2=\frac{F_2}{A}$

式中　A——带的横截面积，mm^2。

2. 离心力产生的拉应力

当带以线速度 v 沿带轮轮缘做圆周运动时，带本身的质量将引起离心力。由于离心力的作用，带中产生的离心拉力在带的横截面上就要产生离心应力 σ_c。这个应力可用下式计算：

$$\sigma_c=\frac{mv^2}{A}=\rho v^2$$

离心应力与带的单位长度质量 m 或密度 ρ 成正比，与速度 v 的二次方成正比，故高速时宜采用轻质带，以减小离心应力。

3. 弯曲应力

带绕在带轮的部分发生弯曲变形，因带在小带轮上的弯曲变形比在大带轮上的大，所以带在小带轮上的弯曲应力 σ_{b1} 大于大带轮上的弯曲应力 σ_{b2}。

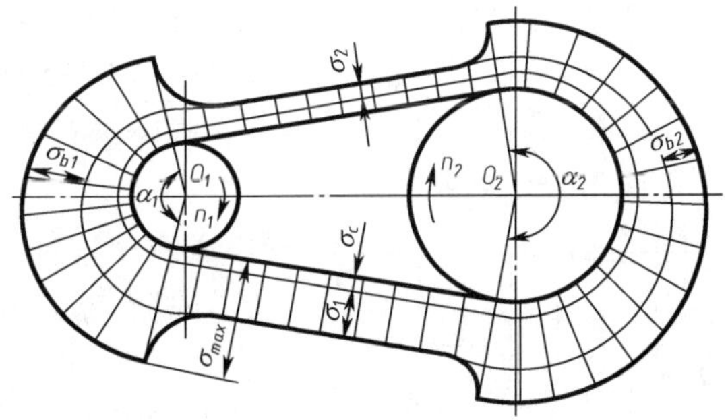

图 6-6　带的应力分布

图 6-6 表示带的应力分布情况，传动时，带的应力是变化的。当应力循环次数达到一定值后，将使带产生疲劳破坏。最大应力 σ_{max} 发生在紧边进入小带轮处。

$$\sigma_{max}=\sigma_1+\sigma_{b1}+\sigma_c$$

一般情况下，弯曲应力 σ_{b1} 最大，为了减小 σ_{max}，小带轮的基准直径不宜太小。

6.2.6　带传动的弹性滑动

由于带的弹性变形而引起的带与带轮间的滑动，称为弹性滑动。

弹性滑动将引起下列后果：

①从动轮的圆周速度低于主动轮的圆周速度；

②降低传动效率；

③引起带的磨损和带的温升，降低带的寿命。

带受拉后要产生弹性变形。由于带在工作时紧边与松边的拉力不同，因此弹性变形的程度也不同。在主动轮上，带由紧边运动到松边时，带所受拉力由 F_1 逐渐减小到 F_2，带的弹性变形相应地逐渐减小，即带在主动轮上的运动是一面随着带轮前进，一面又在向后收缩，带在绕过主动轮的过程中，其速度就落后于带轮的速度 v_1。这就说明，在带与带轮之间发生了相对滑动。相对滑动也在从动轮处发生，情况正好相反，带速 v 超前于从动轮的速度 v_2，即带与从动轮间也发生了相对滑动。

6.2.7 带传动的打滑

弹性滑动和打滑是两个截然不同的概念。

打滑是指由过载引起的全面滑动，应当避免。弹性滑动是由拉力差引起的，只要传递圆周力，出现紧边和松边，就一定会发生弹性滑动，所以弹性滑动是不可避免的，是带传动正常工作时固有的特性。

设 d_1、d_2 为主、从动轮的直径，单位为 mm；n_1、n_2 为主、从动轮的转速，单位为 r/min，则两轮的圆周速度分别为

$$v_1=\frac{\pi d_1 n_1}{60\times 1\ 000} \qquad v_2=\frac{\pi d_2 n_2}{60\times 1\ 000} \tag{6-8}$$

由于弹性滑动是不可避免的，所以 v_2 总是低于 v_1。传动中由于带的滑动引起的从动轮圆周速度降低率称为滑动率 ε，即

$$\varepsilon=\frac{v_1-v_2}{v_1}=\frac{d_1 n_1-d_2 n_2}{d_1 n_1}$$

由此得带传动的传动比为

$$i=\frac{n_1}{n_2}=\frac{d_2}{d_1(1-\varepsilon)} \tag{6-9}$$

或从动轮的转速为

$$n_2=\frac{n_1 d_1(1-\varepsilon)}{d_2}$$

由于 V 带传动的滑动率 $\varepsilon=0.01\sim0.02$，其值比较小，故在一般设计中可不予考虑。

6.3 V 带传动的设计计算

6.3.1 V 带传动的工作能力

V 带传动的主要失效形式为传动的打滑和带的疲劳破坏。因此，其设计准则是在保证带传动不打滑的条件下具有一定的疲劳强度和寿命。

由式(6-1)和式(6-3)可导出即将打滑时单根普通 V 带能传递的功率为

$$P=\frac{Fv}{1\ 000}=F_1\left(1-\frac{1}{e^{f'\alpha}}\right)\frac{v}{1\ 000}=\sigma_1 A\left(1-\frac{1}{e^{f'\alpha}}\right)\frac{v}{1\ 000} \tag{6-10}$$

为了使带具有一定的疲劳寿命,应使 $\sigma_{max}=\sigma_1+\sigma_{b1}+\sigma_c\leqslant[\sigma]$, 即

$$\sigma_1\leqslant[\sigma]-\sigma_{b1}-\sigma_c \tag{6-11}$$

式中　$[\sigma]$——在带长确定且 $i=1$ 等特定条件下带的许用应力。

将式(6-11)代入式(6-10)得带传动在既不打滑又有一定寿命时,单根 V 带能传递的功率 P_1 为

$$P_1=([\sigma]-\sigma_{b1}-\sigma_c)\left(1-\frac{1}{e^{f'\alpha}}\right)\frac{Av}{1\ 000} \tag{6-12}$$

P_1 称为单根 V 带的基本额定功率。在载荷平稳、包角 $\alpha=\pi$(即 $i=l$)、带长 L_d 为特定长度、抗拉体为化学纤维绳芯结构的条件下,由式(6-12)可求得单根普通 V 带所能传递的功率 P_1,见表 6-4(摘自 GB/T 13575.1—2022)。表 6-5 为单根普通 V 带 $i\neq1$ 时额定功率的增量 ΔP_1。因 $i>1$ 时,从动轮直径比主动轮大,V 带绕过大轮时的弯曲应力较绕过小轮时小,故其传动能力有所提高。

表 6-4　单根普通 V 带的基本额定功率 P_1(包角 $\alpha=\pi$、特定基准长度、载荷平稳)　　kW

型号	小带轮基准直径 d_1/mm	小带轮转速 $n_1/(\mathrm{r\cdot min^{-1}})$									
		400	700	800	950	1 200	1 450	1 600	2 000	2 400	2 800
Z	50	0.06	0.09	0.10	0.12	0.14	0.16	0.17	0.20	0.22	0.26
	56	0.06	0.11	0.12	0.14	0.17	0.19	0.20	0.25	0.30	0.33
	63	0.08	0.13	0.15	0.18	0.22	0.25	0.27	0.32	0.37	0.41
	71	0.09	0.17	0.20	0.23	0.27	0.30	0.33	0.39	0.46	0.50
	80	0.14	0.20	0.22	0.26	0.30	0.35	0.39	0.44	0.50	0.56
	90	0.14	0.22	0.24	0.28	0.33	0.36	0.40	0.48	0.54	0.60
A	75	0.26	0.40	0.45	0.51	0.60	0.68	0.73	0.84	0.92	1.00
	90	0.39	0.61	0.68	0.77	0.93	1.07	1.15	1.34	1.50	1.64
	100	0.47	0.74	0.83	0.95	1.14	1.32	1.42	1.66	1.87	2.05
	112	0.56	0.90	1.00	1.15	1.39	1.61	1.74	2.04	2.30	2.51
	125	0.67	1.07	1.19	1.37	1.66	1.92	2.07	2.44	2.74	2.98
	140	0.78	1.26	1.41	1.62	1.96	2.28	2.45	2.87	3.22	3.48
	160	0.94	1.51	1.69	1.95	2.36	2.73	2.54	3.42	3.80	4.06
	180	1.09	1.76	1.97	2.27	2.74	3.16	3.40	3.93	4.32	4.54

续上表

型号	小带轮基准直径 d_1/mm	小带轮转速 n_1/(r·min^{-1})									
		400	700	800	950	1 200	1 450	1 600	2 000	2 400	2 800
B	125	0.84	1.30	1.44	1.64	1.93	2.19	2.33	2.64	2.85	2.96
	140	1.05	1.64	1.82	2.08	2.47	2.82	3.00	3.42	3.70	3.85
	160	1.32	2.09	2.32	2.66	3.17	3.62	3.86	4.40	4.75	4.89
	180	1.59	2.53	2.81	3.22	3.85	4.39	4.68	5.30	5.67	5.76
	200	1.85	2.96	3.30	3.77	4.50	5.13	5.46	6.13	6.47	6.43
	224	2.17	3.47	3.86	4.42	5.26	5.97	6.33	7.02	7.25	6.95
	250	2.50	4.00	4.46	5.10	6.04	6.82	7.20	7.87	7.89	7.14
	280	2.89	4.61	5.13	5.85	6.90	7.76	8.13	8.60	8.22	6.80
C	200	2.41	3.69	4.07	4.58	5.29	5.84	6.07	6.34	6.02	5.01
	224	2.99	4.64	5.12	5.78	6.71	7.45	7.75	8.06	7.57	6.08
	250	3.62	5.64	6.23	7.04	8.21	9.04	9.38	9.62	8.75	6.56
	280	4.32	6.76	7.52	8.49	9.81	10.72	11.06	11.04	9.50	6.13
	315	5.14	8.09	8.92	10.05	11.53	12.46	12.72	12.14	9.43	4.16
	355	6.05	9.50	10.46	11.73	13.31	14.12	14.19	12.59	7.98	—
	400	7.06	11.02	12.10	13.48	15.04	15.53	15.24	11.95	4.34	—
	450	8.20	12.63	13.80	15.23	16.59	16.47	15.57	9.64	—	—
D	355	9.24	13.70	14.83	16.15	17.25	16.77	15.63	—	—	—
	400	11.45	17.07	18.46	20.06	21.20	20.15	18.31	—	—	—
	450	13.85	20.63	22.25	24.01	24.84	22.02	19.59	—	—	—
	500	16.20	23.99	25.76	27.50	26.71	23.59	18.88	—	—	—
	560	18.95	27.73	29.55	31.04	29.67	22.58	15.13	—	—	—
	630	22.05	31.68	33.38	34.19	30.15	18.06	6.25	—	—	—
	710	25.45	35.59	36.87	36.35	27.88	7.99	—	—	—	—
	800	29.08	39.14	39.55	36.76	21.32					

注:本表摘自 GB/T 13575.1—2022。为了精简篇幅,表中未列出 Y 型和 E 型的数据,表中分挡也较粗。

表 6-5 单根普通 V 带 $i \neq 1$ 时额定功率的增量 ΔP_1 (kW)

型号	i 或 $1/i$	小带轮转速 n_1/(r·min^{-1})									
		400	700	800	950	1 200	1 450	1 600	2 000	2 400	2 800
Z	1.35~1.50	0.00	0.01	0.01	0.02	0.02	0.02	0.02	0.03	0.03	0.04
	1.51~1.99	0.01	0.01	0.02	0.02	0.02	0.02	0.03	0.03	0.04	0.04
	≥2.00	0.01	0.02	0.02	0.02	0.03	0.03	0.03	0.04	0.04	0.04

续上表

型号	i 或 1/i	小带轮转速 $n_1/(r\cdot min^{-1})$									
		400	700	800	950	1 200	1 450	1 600	2 000	2 400	2 800
A	1.35~1.51	0.04	0.07	0.08	0.08	0.11	0.13	0.15	0.19	0.23	0.26
	1.52~1.99	0.04	0.08	0.09	0.10	0.13	0.15	0.17	0.22	0.26	0.30
	≥2.00	0.05	0.09	0.10	0.11	0.15	0.17	0.19	0.24	0.29	0.34
B	1.35~1.51	0.10	0.17	0.20	0.23	0.30	0.36	0.39	0.49	0.59	0.69
	1.52~1.99	0.11	0.20	0.23	0.26	0.34	0.40	0.45	0.56	0.68	0.79
	≥2.00	0.13	0.22	0.25	0.30	0.38	0.46	0.51	0.63	0.76	0.89
C	1.35~1.51	0.27	0.48	0.55	0.65	0.82	0.99	1.10	1.37	1.65	1.92
	1.52~1.99	0.31	0.55	0.63	0.74	0.94	1.14	1.25	1.57	1.88	2.19
	≥2.00	0.35	0.62	0.71	0.83	1.06	1.27	1.41	1.76	2.12	2.47
D	1.35~1.51	0.97	1.70	1.95	2.31	2.92	3.52	3.89	—	—	—
	1.52~1.99	1.11	1.95	2.22	2.64	3.34	4.03	4.45	—	—	—
	≥2.00	1.25	2.19	2.50	2.97	3.75	4.53	5.00	—	—	—

注:本表摘自 GB/T 13575.1—2022。

6.3.2 V 带型号选择

根据小带轮转速 n_1 和计算功率 P_c 查图 6-7,可确定 V 带的型号。图中还给出了小带轮基准直径 d_1 的荐用范围。在两种型号相邻的区域,取截面尺寸小的带型,则带的根数较多,带的弯曲应力较小。如果认为带的根数太多,则可取大一型号的带,这时传动的尺寸(中心距、带轮直径)会增加,但带的根数减少。

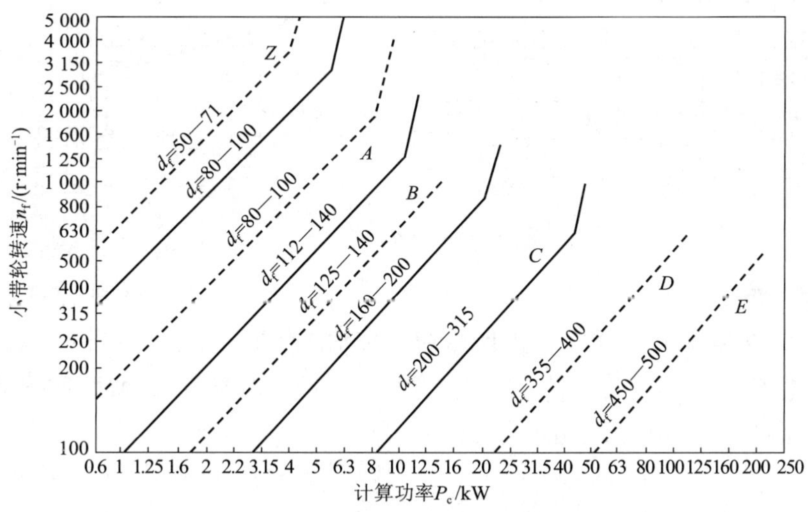

图 6-7　普通 V 带选型图

6.3.3 V 带根数的确定

当实际工作情况与试验条件不同时,需对额定功率加以修正。因此,V 带根数 z 可由下式确定

$$z=\frac{p_c}{(P_t+\Delta P_1)K_\alpha K_L} \tag{6-13}$$

式中 K_α——包角修正系数,见表 6-2;

K_L——带长修正系数,见表 6-7。

带的根数 z 不应过多,否则会使带受力不均匀,因此 z 不应超过最多使用根数 z_{max},表 6-6 为各种型号 V 带推荐的最多使用根数 z_{max}。

表 6-6 V 带最多使用根数 z_{max}

V 带型号	Y	Z	A	B	C	D	E
z_{max}	1	1	5	6	8	8	9

6.3.4 几何计算

1. 包角 α_1

由图 6-8 可算得小带轮包角 α_1 为

$$\alpha_1=180°-\frac{d_2-d_1}{a}\times 57.3° \tag{6-14}$$

式中 a——中心距,mm。

一般应使 $\alpha_1 \geqslant 120°$,否则可加大中心距或增设张紧轮。

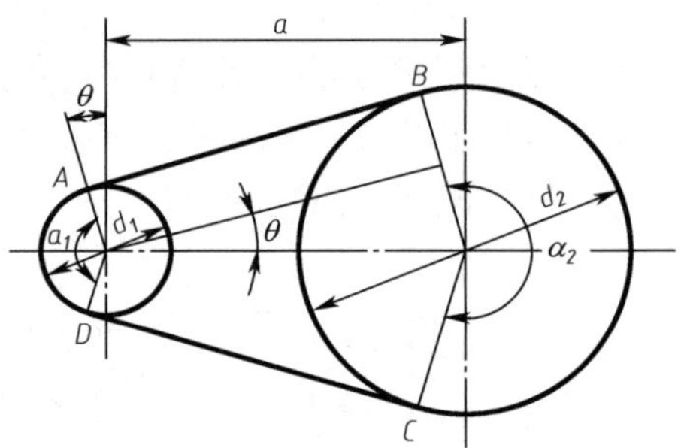

图 6-8 普通 V 带几何尺寸计算

2. 带的基准长度 L_d

由图 6-8 可得带的基准长度 L_d 的计算公式为

$$L_d \approx 2a+\frac{\pi}{2}(d_1+d_2)+\frac{(d_2-d_1)^2}{4a} \tag{6-15}$$

3. 带的中心距 a

中心距小,结构紧凑,但包角 α_1 也小,会降低传动工作能力。同时,当 v 一定时,单位时间内带的屈伸次数增加,带的寿命会降低。中心距大,带运行时易发生颤动,使传动不平稳。设计时一般需根据具体布局由下式初定中心距 a_0 为

$$0.7(d_1+d_2)<a_0<2(d_1+d_2) \tag{6-16}$$

以 a_0 代替式(6-15)中的 a,求出带长 L_{d0},查表 6-7 取相近的基准长度 L_d。

实际中心距 a 可按下式确定:

$$a \approx a_0 + \frac{L_d - L_{d_0}}{2} \tag{6-17}$$

中心距的调节范围为$(a-0.015L_d)\sim(a+0.03L_d)$。

表 6-7　V 带基准长度 L_d 和带长修正系数 K_L

基准长度 L_d/mm	K_L					基准长度 L_d/mm	K_L				
	Y	Z	A	B	C		A	B	C	D	E
200	0.81					2 000	1.03	0.98	0.88		
224	0.82					2 240	1.06	1.00	0.91		
250	0.84					2 500	1.09	1.03	0.93		
280	0.87					2 800	1.11	1.05	0.95	0.83	
315	0.89					3 150	1.13	1.07	0.97	0.86	
355	0.92					3 550	1.17	1.10	0.98	0.89	
400	0.96	0.87				4 000	1.19	1.13	1.02	0.91	
450	1.00	0.89				4 500		1.15	1.04	0.93	0.90
500	1.02	0.91				5 000		1.18	1.07	0.96	0.92
560		0.94				5 600			1.09	0.98	0.95
630		0.96	0.81			6 300			1.12	1.00	0.97
710		0.99	0.83			7 100			1.15	1.03	1.00
800		1.00	0.85			8 000			1.18	1.06	1.02
900		1.03	0.87	0.81		9 000			1.21	1.08	1.05
1 000		1.06	0.89	0.84		10 000			1.23	1.11	1.07
1 120		1.08	0.91	0.86		11 200				1.14	1.10
1 250		1.11	0.93	0.88		12 500				1.17	1.12
1 400		1.14	0.96	0.90		14 000				1.20	1.15
1 600		1.16	0.99	0.92	0.84	16 000				1.22	1.18
1 800		1.18	1.01	0.95	0.85						

普通 V 带标记：

SP 型窄 V 带标记：

SPB　　1600　　GB/T 13575.1—2022

型号　　基准长度　　标准号

表 6-8 为 SP 型窄 V 带基准长度。

表 6-8 SP 型窄 V 带基准长度（GB/T 11544—2012） mm

基准长度 L_d/mm	SPZ	SPA	SPB	SPC	基准长度 L_d/mm	SPZ	SPA	SPB	SPC	基准长度 L_d/mm	SPZ	SPA	SPB	SPC
	不同型号分布范围					不同型号分布范围					不同型号分布范围			
630	+				1 800	+	+	+		5 000			+	+
710	+				2 000	+	+	+	+	5 600			+	+
800	+	+			2 240	+	+	+	+	6 300			+	+
900	+	+			2 500	+	+	+	+	7 100			+	+
1 000	+	+			2 800	+	+	+	+	8 000			+	+
1 120	+	+			3 150	+	+	+	+	9 000				+
1 250	+	+	+		3 550	+	+	+	+	10 000				+
1 400	+	+	+		4 000		+	+	+	11 200				+
1 600	+	+	+		4 500		+	+	+	12 500				+

6.3.5 作用在轴上的载荷 F_Q

为了设计带轮的轴和轴承，需先计算带传动作用在轴上的载荷 F_Q，F_Q 可近似地由下式确定（见图 6-9）：

$$F_Q = 2zF_0\sin\frac{\alpha_1}{2} \tag{6-18}$$

式中 F_0——单根带的初拉力，按式（6-6）计算；

z——带的根数；

α_1——小带轮包角。

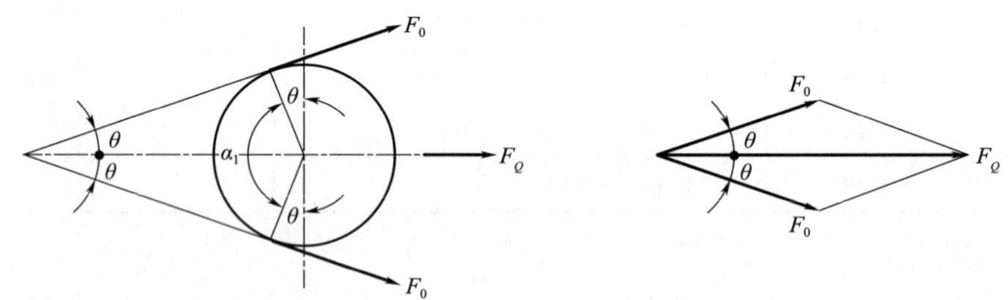

图 6-9 作用在轴上的力

6.3.6 V 带传动的设计计算步骤

V 带传动设计计算的主要内容是确定 V 带的型号、长度和根数，带轮的材料、结构和尺寸，传动中心距 a，作用在轴上的力 F_Q。

设计前,一般已知的条件是传动的用途和工作情况、原动机的种类和功率、主动轮和从动轮的转速或传动比、外廓尺寸方面的要求等。

设计计算步骤如下:

①确定计算功率 P_c;

②选择带的型号;

③选取小带轮与大带轮的基准直径 d_1 和 d_2;

④验算带速;

⑤确定中心距 a 和带的基准长度 L_d;

⑥验算包角 α_1;

⑦计算带的根数;

⑧计算作用在轴上的作用力 F_Q。

6.4　V 带轮结构和图样

6.4.1　V 带轮的结构

V 带轮由三个部分组成,即轮缘 1(用以安装传动带)、轮毂 3(用以安装在轴上)及轮辐或腹板 2(连接轮缘与轮毂),如图 6-10 所示。

轮毂部分是带轮与轴配合的位置,其孔径必须与支承轴径相同,而外径和长度可依经验公式计算。

轮辐是连接轮毂与轮缘的中间部分,其形式有腹板式和轮辐式两种。直径很小的带轮其轮缘和轮毂做成一体,称为实心带轮如图 6-11 所示。

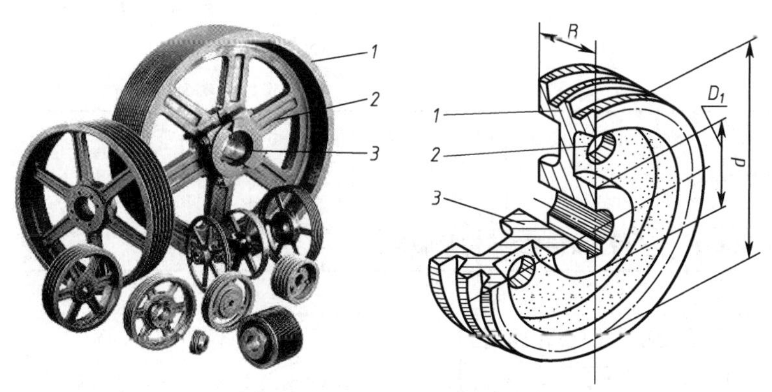

图 6-10　V 带轮的结构

1—轮缘;2—轮辐;3—轮毂

图 6-11　实心带轮

轮缘是带轮外圈的环形部分。V 带轮轮缘部分制有轮槽,其尺寸见表 6-9(GB/T 10412—2002)。为了减少带的磨损,槽侧面的表面粗糙度不应高于 $Ra3.2 \sim Ra1.6$ μm。为使带轮自身惯性力尽可能平衡,高速带轮的轮缘内表面也应加工。

表 6-9　V 带轮的轮缘尺寸

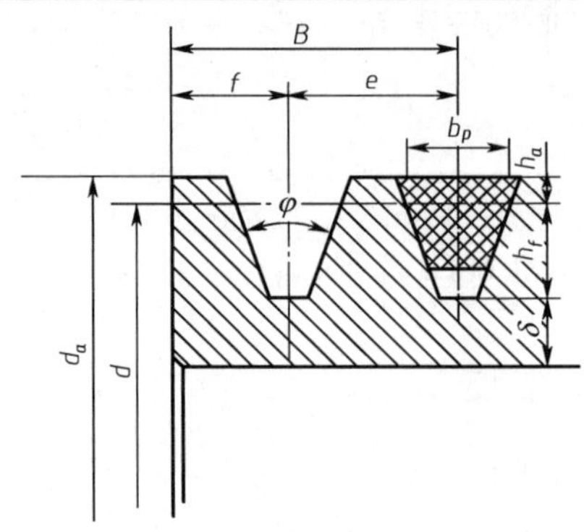

尺　寸	槽　型						
	Y	Z	A	B	C	D	E
b_p	5.3	8.5	11.0	14.0	19.0	27.0	32.0
h_{amin}	1.6	2.0	2.75	3.5	4.8	8.1	9.6
h_{fmin}	4.7	7.0	8.7	10.8	14.3	19.9	23.4
e	8±0.3	12±0.3	15±0.3	19±0.4	25.5±0.5	37±0.6	44.5±0.7
f_{min}	6	7	9	11.5	16	23	28
δ_{min}	5	5.5	6	7.5	10	12	15δ
B	$B=(z-1)e+2f$，z 为轮槽数						
d_a	$d_a=d+2h_a$						
φ	相应的 d						
32°	≤60						
34°	—	≤80	≤118	≤190	≤315	—	—
36°	>60	—	—	—	—	≤475	≤600
38°	—	>80	>118	>190	>315	>475	>600
偏差	±1°				±0.5°		

注：δ_{min} 是轮缘最小壁厚推荐值。

V 带轮的典型结构及其尺寸见表 6-10。

表 6-10　V 带轮的典型结构及图样

结　构	图　样
实心式 $d<(2.5\sim3)d_h$	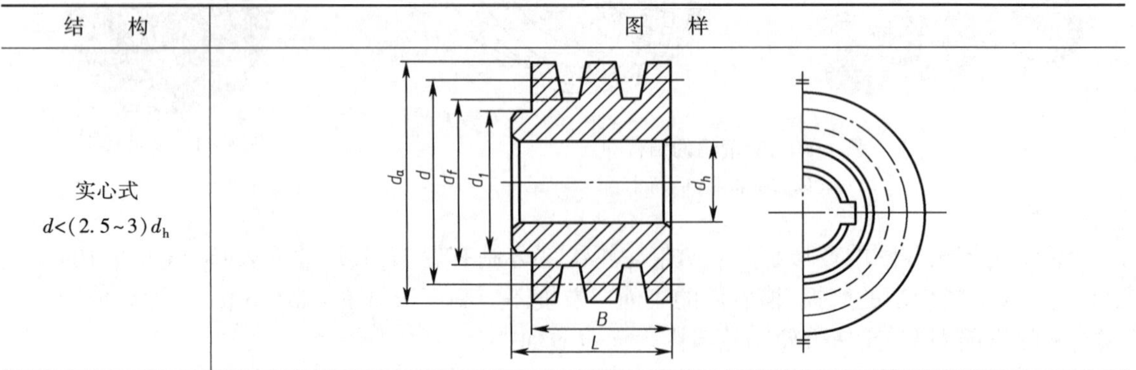

续上表

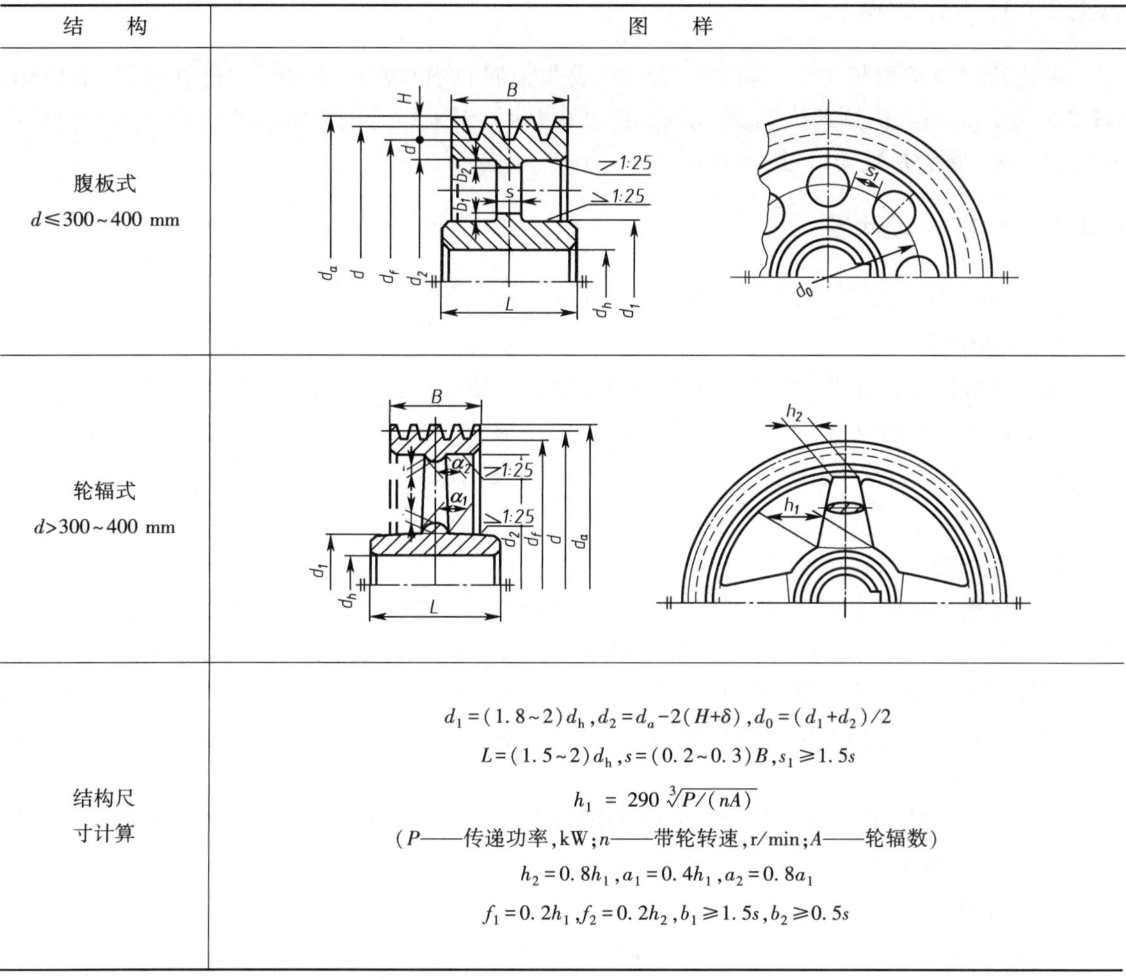

结　构	图　样
腹板式 $d \leqslant 300 \sim 400$ mm	
轮辐式 $d > 300 \sim 400$ mm	
结构尺寸计算	$d_1=(1.8\sim2)d_h, d_2=d_a-2(H+\delta), d_0=(d_1+d_2)/2$ $L=(1.5\sim2)d_h, s=(0.2\sim0.3)B, s_1 \geqslant 1.5s$ $h_1=290\sqrt[3]{P/(nA)}$ （P——传递功率，kW；n——带轮转速，r/min；A——轮辐数） $h_2=0.8h_1, a_1=0.4h_1, a_2=0.8a_1$ $f_1=0.2h_1, f_2=0.2h_2, b_1 \geqslant 1.5s, b_2 \geqslant 0.5s$

不同槽型 V 带轮的最小基准直径及直径系列见表 6-11。

表 6-11　V 带轮的最小基准直径　　（mm）

型　号	Y	Z	A	B	C	D	E
\	\	SPZ	SPA	SPB	SPC	\	\
d_{min}	20	50	75	125	200	355	500
		63	90	140	224		
d 系列	20　22.4　25　28　31.5　35.5　40　45　50　56　63　71　75　80(85)90　(95)100(106)112　(118)125　132　140　150　160(170)180　200(212)224　(236)250(265)280　300　315　355(375)　400　(425)450(475)500(530)560　600　630　670　710　750　800　(900)1 000　1 120　1 250　1 400　1 500　1 600　1 800　2 000　2 240　2 500。						

注：括号内的直径尽量不用，各种型号带适合的直径详细资料查有关手册。

6.4.2 V 带轮的材料

带轮的材料常用灰铸铁,有时也采用钢或非金属材料(塑料、木材)。铸铁带轮(HT150、HT200)允许的最大圆周速度为 25 m/s。速度更高时,可采用铸钢或钢板冲压后焊接。塑料带轮的重量轻,摩擦系数大,常用于机床中。

6.4.3 V 带轮零件图

绘制带轮零件图要注意视图选择、尺寸标注及技术要求等三方面问题。

1. 视图选择

选择主视图的原则是:为了使其符合加工位置并反映形体特征,通常是以零件的轴线水平放置的非圆剖视图作为主视图。为了表示轮缘、轮辐、轮毂三个组成部分的相对位置及轮毂内腔的形状,主视图通常采用全剖视图,左视图用来表示腹板孔或轮辐的数目、分布以及键槽尺寸。

2. 尺寸注法

带轮主要在车床上加工,因此直径方向尺寸应以轴线为基准。而轴向尺寸的基准一般可选其某一端面(见表 6-10 中的 B 和 L)或对称中心线(见表 6-10 中的 B、L、s、a_1 和 a_2)。

标注尺寸时应注意尽量标注在反映形状特征的视图上。如键槽的宽和深应标注在左视图上;均布在同一圆周上的几个相同的孔,可按"$n\times\phi d_0$"的形式标注。n 表示孔数,d_0 为孔的直径。

轮辐式的带轮,其轮辐和轮缘、轮辐和轮毂间均有过渡圆角,注尺寸时必须用细实线将轮廓线延长,在其交点处引出标注,见表 6-10。

3. 技术要求

在视图中无法标注的制造要求,如热处理要求,不允许的制造缺陷,静、动平衡要求等,都可在技术要求中提出,具体可参阅有关资料。

6.5 V 带传动的使用和维护

6.5.1 张紧装置

带工作一定时间后,要产生永久变形,导致张紧力逐渐减小,引起打滑。为使带传动能维持正常运转,需要有张紧装置重新将带张紧。

1. 自动张紧装置

将装有带轮的电动机安装在浮动的摆架上(见图 6-12),利用电动机的自重,使带轮随同电动机绕固定轴摆动,以自动保持张紧力。

2. 采用张紧轮的张紧装置

当中心距不能调节时,可用张紧轮将带张紧(见图 6-13、图 6-14)。张紧轮一般应放在松边的内侧，使带只受单向弯曲。同时，张紧轮还应尽量靠近大带轮，以免过分影响带在小带轮上的包角。张紧轮的轮槽尺寸与带轮的相同，且直径小于小带轮的直径。

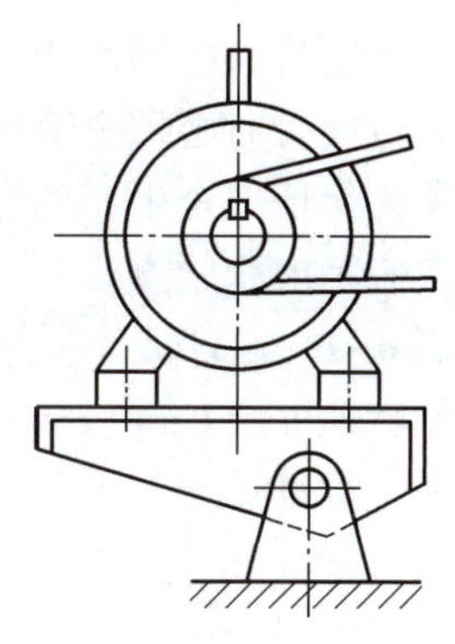
图 6-12　带的自动张紧装置

3. 定期张紧装置

采用定期改变中心距的方法来调节带的张紧力，使带重新张紧。在水平或倾斜不大的传动中，可用图 6-15(a)的方法，用调节螺钉 2 使装有带轮的电动机沿滑轨 1 移动。在垂直或接近垂直的传动中，可用图 6-15(b)所示的方法，将装有带轮的电动机安装在可调的摆架上。

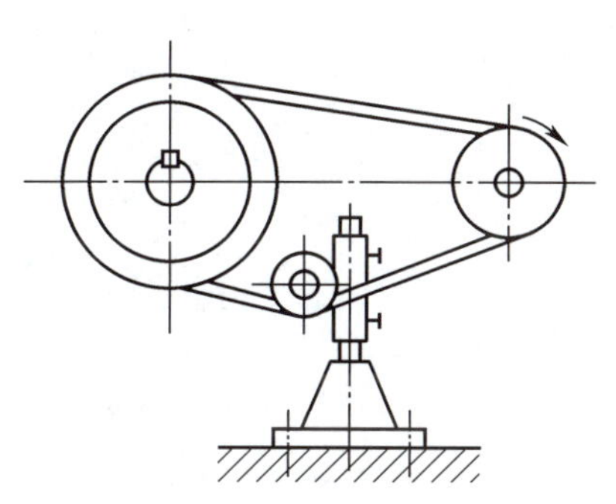
图 6-13　张紧轮装置

图 6-14　张紧轮应用

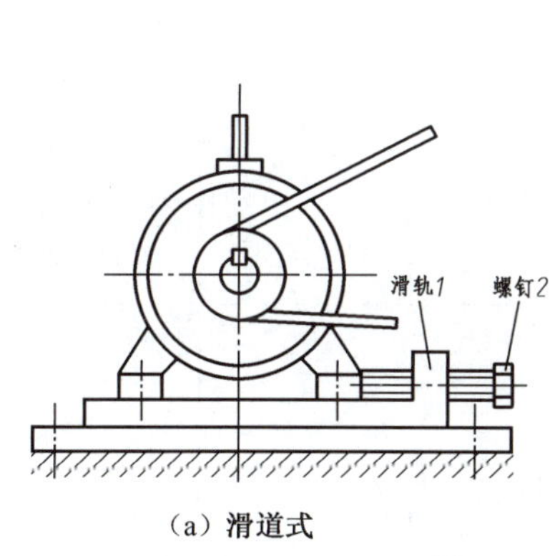

(a) 滑道式

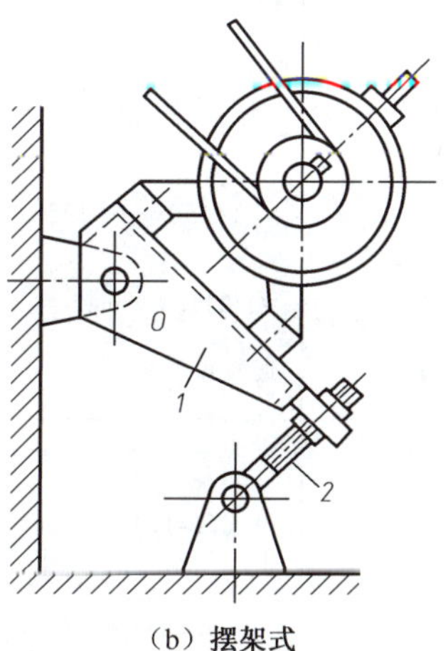

(b) 摆架式

图 6-15　带的定期张紧装置

6.5.2　安装、使用和维护

为了延长带的寿命，保证带传动的正常运转，对带传动的安装、使用和维护必须给予重视。具体要求主要有以下几点：

①安装带时应缩小中心距后套上带，然后再张紧之，不应硬撬，以免损坏带，降低使用寿命。

②严防带与矿物油、酸、碱等介质接触,以免变质。带也不宜在阳光下暴晒。

③更换带时必须全部同时更换。

④为保证安全生产,需设防护装置。

⑤应考虑张紧方式。

例 6-1 设计液体搅拌机用 V 带传动。动力机为 Y 系列电动机,传递的功率 $P=7.5$ kW,小带轮转速 $n_1=1\ 440$ r/min,传动比 $i=2.6$,三班制工作,要求中心距 a 不小于 400 mm。

解 设计过程如下:

计算项目	计算与根据	计算结果
一、定 V 带型号和带轮直径		
1. 工作情况系数	查表 6-3	$K_A=1.2$
2. 计算功率	由式(6-7)得 $P_c=K_AP=1.2\times7.5$ (kW)	$P_c=9$ kW
3. 带型	图 6-7	A 型
4. 小带轮直径	图 6-7 和表 6-11	取 $d_1=125$ mm
5. 大带轮直径	由式(6-9), $d_2\approx id_1=2.6\times125$ (mm) = 325 (mm)	
	查表 6-11	选 $d_2=315$ mm
二、计算带长		
1. 初定带长	初定 $a_0=450$ mm,符合式(6-16)的要求	
	由式(6-15)	
	$L_{d_0}=2a_0+\frac{\pi}{2}(d_1+d_2)+\frac{(d_2-d_1)^2}{4a_0}$	
	$=\left[2\times450+\frac{\pi}{2}(125+315)+\frac{(315-125)^2}{4\times450}\right]$ (mm)	
	$=1\ 611.2$ (mm)	
2. 带的基准长度	查表 6-7	选 $L_d=1\ 600$ mm
三、中心距和包角		
1. 中心距	由式(6-17)	
	$a=a_0+\frac{L_d-L_{d_0}}{2}=\left(450+\frac{1\ 600-1\ 611.2}{2}\right)$ (mm)	
	a 的调节范围为 444.4^{+48}_{-24} (mm)	$a=444.4$
		>400 mm
2. 小带轮包角	由式(6-14)	
	$\alpha_1=180^\circ-\frac{d_2-d_1}{a}\times57.3^\circ=180^\circ-\frac{315-125}{444.4}\times57.3^\circ$	$\alpha_1=155.5^\circ>120^\circ$

续上表

计算项目	计算与根据	计算结果
四、V 带根数		
1. 基本额定功率	查表 6-4	$P_1=1.91\ \text{kW}$
2. 功率增量	查表 6-5	$\Delta P_1=0.17\ \text{kW}$
包角修正系数	查表 6-2	$K_\alpha=0.94$
带长修正系数	查表 6-7	$K_L=0.99$
3. V 带根数	由式(6-13) $z=\dfrac{P_c}{(P_1+\Delta P_1)K_\alpha K_L}=\dfrac{9}{(1.91+0.17)\times0.94\times0.99}$ $=4.6$ 符合表 6-6 的要求	取 $z=5$ 根
五、轴上载荷		
1. 带速	由式(6-8) $v=\dfrac{\pi d_1 n_1}{60\times1\ 000}=\dfrac{\pi\times125\times1\ 440}{60\times1\ 000}\ (\text{m/s})$	$v=9.4\ \text{m/s}>5\ \text{m/s}$
2. V 带单位长度质量	查表 6-1	$m=0.10\ \text{kg/m}$
3. 初拉力	由式(6-6) $F_0=500\dfrac{P_c}{vz}\cdot\dfrac{2.5-K_\alpha}{K_\alpha}+mv^2$ $=\left[500\times\dfrac{9}{9.4\times5}\times\dfrac{2.5-0.94}{0.94}+0.10\times9.4^2\right](\text{N})$	$F_0=167.7\ \text{N}$
4. 轴上载荷	由式(6-18) $F_Q=2zF_0\sin\dfrac{\alpha_1}{2}=2\times5\times167.7\times\sin\dfrac{155.5^\circ}{2}(\text{N})$	$F_Q=1\ 638.8\ \text{N}$
六、带轮工作图	略	
1. 小带轮	见图 6-16	
2. 大带轮		

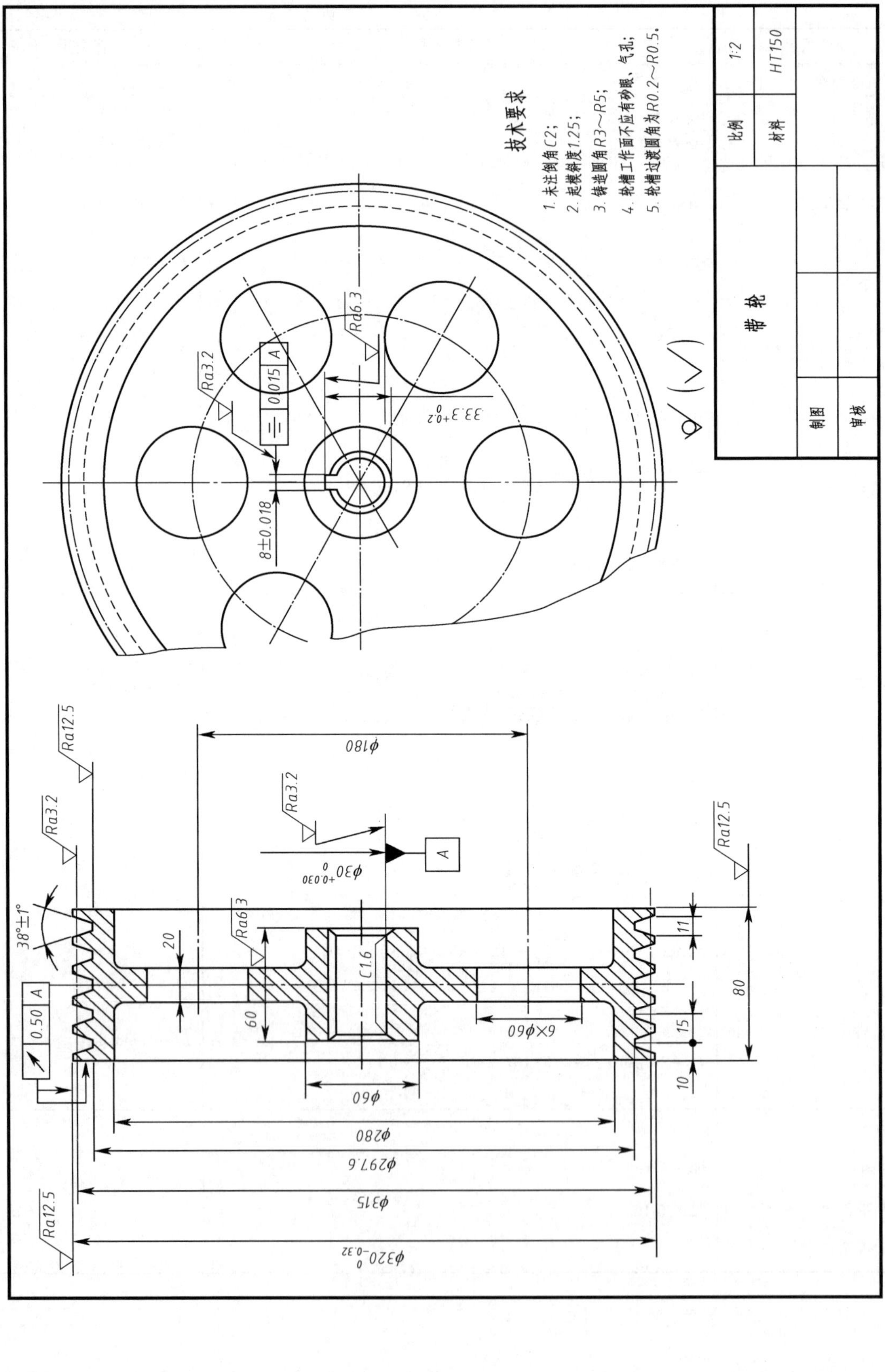

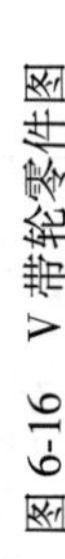
技术要求
1. 未注倒角C2;
2. 起模斜度1.25;
3. 铸造圆角R3～R5;
4. 轮槽工作面不应有砂眼、气孔;
5. 轮槽过渡圆角为R0.2～R0.5。
带轮
比例 1:2
材料 HT150
制图
审核

图 6-16 V 带轮零件图

6.6　其他带传动简介

6.6.1　同步带传动

与 V 带传动不同,同步带传动属于啮合传动,靠带与带轮上齿槽的啮合来传递运动和动力,在传动过程中,散热好,因此兼有普通带传动与啮合传动的优点,图 6-17 所示为同步带传动示意图。

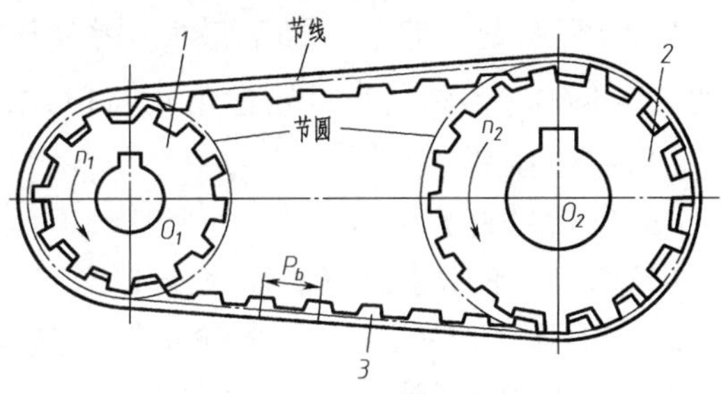

图 6-17　同步带传动示意图

1—主动带轮;2—从动带轮;3—同步带

同步带的抗拉体为多股绕制的钢丝或玻璃纤维绳,基体为橡胶或聚氨酯。因带在承载后变形很小,仍能保持带齿的节距不变,故同步带与带轮间没有相对滑动,能获得准确的传动比。这种带薄而轻,可用于高速传动。传动时,线速度可达 50 m/s,传动比可达 10,效率可达 98%,功率可达 100 kW。与齿轮传动及链传动相比,噪声小,能吸振,不必润滑。同步带的缺点是对制造和安装的精度要求较高,中心距要求较严格,制造成本也较高。

6.6.2　高速带传动

带速 v>30 m/s,高速轴转速 n_1 = 10 000~50 000 r/min 的带传动属于高速带传动。

高速带传动要求运行平稳,传动可靠并有一定的寿命。由于高速带的离心应力和挠曲次数增加,带都采用重量轻、薄而均匀、挠曲性好的环形平带,如麻织带、丝织带、绵纶编织带、薄型绵纶片复合平带及高速环形胶带等。

高速带轮要求重量轻、强度高、质量均匀、运转时空气阻力小等,通常采用钢或铝合金制造,带轮的各面均应进行精加工,并进行动平衡。

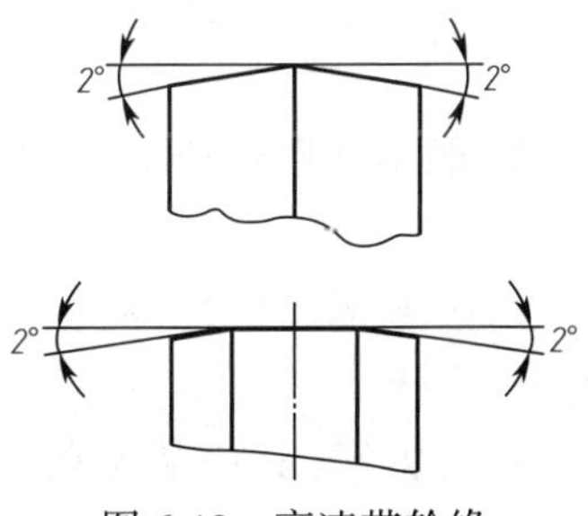

图 6-18　高速带轮缘

为防止掉带,大、小带轮轮缘表面应有凸度,制成鼓面或双锥面。轮缘表面还要加工出环形槽,以防止带与轮缘表面形成空气层而降低摩擦系数,影响正常传动,如图 6-18 所示高速带轮缘。

思 考 题

1. 带传动有哪些特点？适用于哪些场合？
2. 带传动的工作原理是什么？传动的能力大小与哪些因素有关？
3. 带上所受的应力分为哪几类？何处应力最大？
4. 带为什么要放在高速级？
5. 带传动的主要失效形式是什么？

6. 带为什么会打滑？会造成什么后果？若要避免带传动打滑，可采取什么措施？

7. 分析窄 V 带，在相同的传动尺寸下，传动功率是如何变化的？

8. 分析高速带特点，说明高速带应用在什么场合？

习　　题

1. 单根 A 型 V 带能传递的最大功率 $P=3.8$ kW，主动轮的基准直径 $d_1=180$ mm，主动轮转速 $n_1=1\ 600$ r/min，小带轮包角 $\alpha_1=135°$，胶带与带轮间的当量摩擦系数 $f=0.25$。求：

(1)有效拉力 F；　　(2)离心拉力 mv^2；

(3)紧边拉力 F_1；　　(4)松边拉力 F_2；

(5)最合宜的初拉力 F_0(设 $K_A=1.2$)；　　(6)轴上压力 F_Q。

2. 如题图 1 所示，采用张紧轮将带张紧，小带轮为主动轮，指出哪些是合理的，哪些是不合理的。为什么？(注：最小轮为张紧轮)

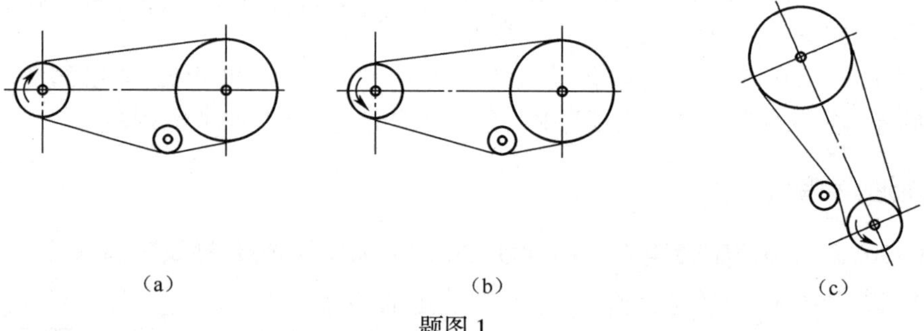

题图 1

3. 题图 2 所示带式输送机有两种传动方案，若工作情况相同，传递功率一样，试分析比较：

1)按方案(a)设计的单级齿轮减速器，如果改用方案(b)，减速器的哪根轴的强度要重新验算？为什么？

2)若方案(a)中的 V 带传动和方案(b)中的开式齿轮传动的传动比相等，两方案中电动机轴所受的载荷是否相同？为什么？

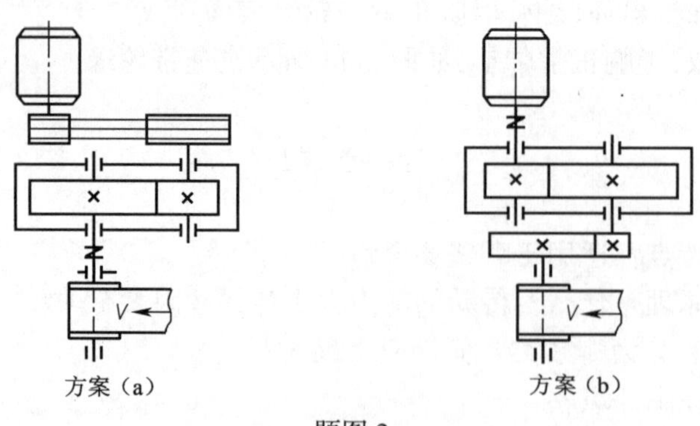

题图 2

第 7 章　工程中的链传动

本章学习目标

◇初步培养链传动正确的设计思想和设计方法；

◇培养合理选择滚子链的主要参数；

◇培养较熟练地应用标准、规范、手册等技术资料的能力；

◇通过观察工程实例，培养链传动系统的设计能力，以及链传动系统的使用和维护能力。

扫一扫

现代工程发动机实践感想

本章学习内容

◇链传动的受力分析，受力计算；

◇熟练应用滚子链国家标准 GB/T 1243—2006；

◇掌握滚子链的设计计算的基本理论及设计过程；

◇掌握链传动润滑方式的选择。

实践教学研究

◇观察发动机所使用的链传动，了解链传动的张紧布置方式；

◇观察自行车的链传动。

关键词：键条、链轮、传动比、润滑

7.1　概　　述

链传动广泛用于农业、矿山、冶金、建筑、化工和摩托车、自行车等各种固定式机械和运输机械中，如图 7-1 所示。

(a)

(b)

图 7-1　发动机链传动

7.1.1 链传动的特点

与摩擦型带传动相比,链传动具有如下优点:

①没有弹性滑动,平均传动比保持恒定。

②适应工作环境条件宽,特别适应于温度较高、湿度较大以及油、酸污染的环境。

③承载能力较强,在工况相同时,传动尺寸比较紧凑,工作更为可靠。

④张紧力小,作用在轴上的载荷较小。

⑤传动效率高;可做两轴中心距较大的传动;作用于轴和轴承上的载荷较带传动小。

链传动的缺点:

①动力传递为刚性,无弹性,因此,链传动的动力特性稍差。

②运动不平稳。链条各链节绕在链轮上的几何形态构成了一个正多边形,造成链上下抖动,水平方向速度有波动。

③链节进入与链轮啮合时发生冲击,造成冲击振动与噪声。

④链传动时,为了减小链条的磨损,对润滑条件要求严格,润滑油容易造成污染。

⑤只能传递平行轴间的运动和动力。

综上所述,链传动主要用于中心距较大、多轴传动、平均传动比要求准确、平稳性和环境条件较差的场合。

由于链传动是带有中间挠性件(链条)的啮合传动,因此,链传动的传递功率 $P \leqslant 100$ kW,链速 $v \leqslant 12 \sim 15$ m/s,传动比 $i \leqslant 8 \sim 10$,中心距 $a \leqslant 8$ m。

7.1.2 链传动组成

链传动由主、从动链轮 1、2 和连接它们的链条 3 组成(图 7-2),用以传递两平行轴之间的运动和动力。

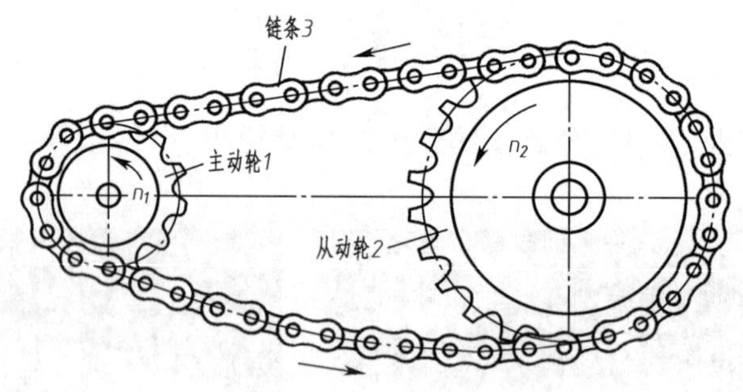

图 7-2 链传动

7.1.3 链条分类

按照用途的不同,链条分为三种基本类型:传动链、起重链、拉曳链三种。

传动链主要用于传递运动和动力;起重链用于起重机械和建筑机械中提升重物;拉曳链用于输送机械中输送或搬运物料。本章只讨论一般机械中常用的传动链。

7.2　传动链的结构、规格和材料

传动链按照结构特点,主要有滚子链和齿形链两种。这里主要介绍滚子链的基本知识。

7.2.1　滚子链结构

1. 滚子链组成

滚子链由内链板、外链板、滚子、套筒和销轴组成,如图 7-3 所示。

链板制成 8 字形,既减小质量,又符合等强度要求。两片外链板与两根销轴采用过盈连接,构成外链节;两片内链板与两个套筒也用过盈连接,构成内链节。内、外链节逐节交替连接,最后予以接头,构成封闭无端的链条。套筒与销轴用间隙配合,因而内、外链节可作用于屈伸运动。滚子与套筒也用间隙配合,目的是使链节与链轮轮齿接触时形成滚动摩擦以便减轻磨损。

在低速轻载情况下,磨损问题不是太大,可以不用滚子,这种链条称为套筒链,如自行车链即是。在重载情况下,可用加长销轴将若干链条并联构成多排链以提高链条的承载能力,但排数愈多,各链之间受载不均匀的现象愈严重,故一般不超过 4~6 排。

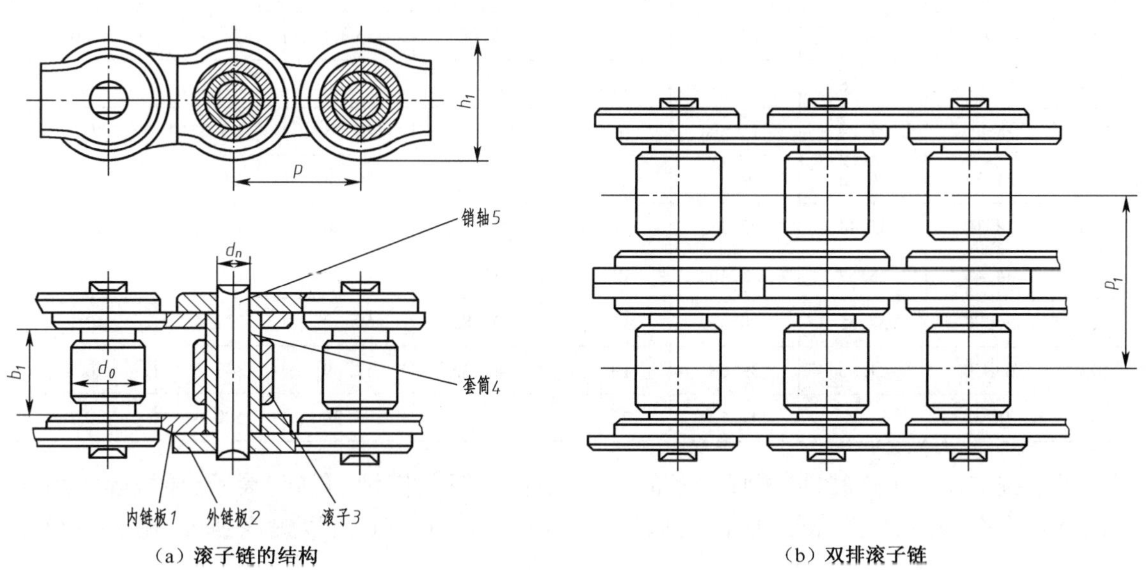

（a）滚子链的结构　　（b）双排滚子链

图 7-3　滚子链

2. 滚子链的接头型式

滚子链的接头型式有下列几种:

(1)接头采用开口销固定,用于大节距的链条,如图 7-4(b)所示。

(2)接头采用弹簧夹片固定,用于小节距的链条,如图 7-4(c)所示。链节数尽可能设计成偶数,这样内、外链板正好相接。若链节数为奇数,则接头处的链板将兼作内、外链板,形成如图 7-4(d)所示的过渡链片,此链片工作时受附加弯曲作用,对传动不利。

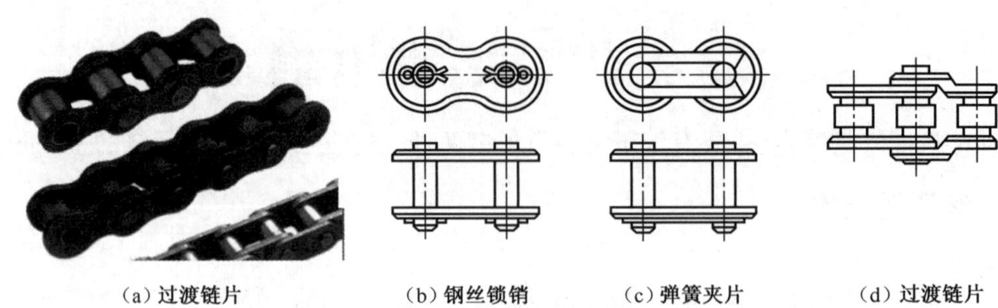

（a）过渡链片　（b）钢丝锁销　（c）弹簧夹片　（d）过渡链片

图 7-4　滚子链的接头型式

滚子链已标准化,最基本的参数是节距 p（即相邻滚子中心之间的距离）,其他尺寸均与节距成一定的比例关系。国标规定,滚子链按极限拉伸载荷的大小分为 A、B 两种系列。A 系列供设计和出口用,B 系列主要供维修用。表 7-1 为 A 系列滚子链的一些参数。

表 7-1　A 系列滚子链的规格及其一些主要参数(摘录)

链号	节距 p/mm	排距 p_t/mm	滚子外径 d_r/mm	销轴直径 d_0/mm	内链节内宽 b_1/mm	内链板高度 h_1/mm	抗拉强度（单排）Q/kN	每米质量（单排）q/(kN·m^{-1})
08A	12.70	14.38	7.95	3.96	7.85	12.07	13.8	0.6
10A	15.875	18.11	10.16	5.08	9.40	15.09	21.8	1.0
12A	19.05	22.78	11.91	5.94	12.57	18.08	31.1	1.5
16A	25.40	22.29	15.88	7.92	15.75	24.13	55.6	2.6
20A	31.75	36.76	19.05	9.53	18.90	30.18	86.7	3.8
24A	38.10	45.44	22.23	11.10	25.22	36.20	J24.6	5.6
28A	44.45	48.87	25.40	12.70	31.55	42.24	169.0	7.5
32A	50.80	58.55	28.58	14.27	37.85	60.33	222.4	10.1
40A	63.50	71.55	39.68	19.84	47.35	72.39	347.0	16.1
48A	76.20	87.83	47.63	23.80	47.35	72.39	500.4	22.6

鉴于链传动的工作特性,构成链条的各个元件如链板、销轴、套筒、滚子、导板等均用优质碳钢或合金钢制成,并经热处理达到较高的硬度（≥40 HRC）,以提高强度、耐磨性和冲击性。

7.2.2　链轮规格

1. 链轮结构

滚子链轮的结构型式如图 7-5 所示。小直径的链轮可采用板式,中等尺寸的链轮可采用孔板式,大直径的链轮多用组合式,齿圈焊接在或用螺栓连接在轮芯上。轮芯可用一般钢材或铸铁以节省贵重钢材。采用可拆连接的组合式链轮的另一优点是轮齿失效后只需更换齿圈即可。

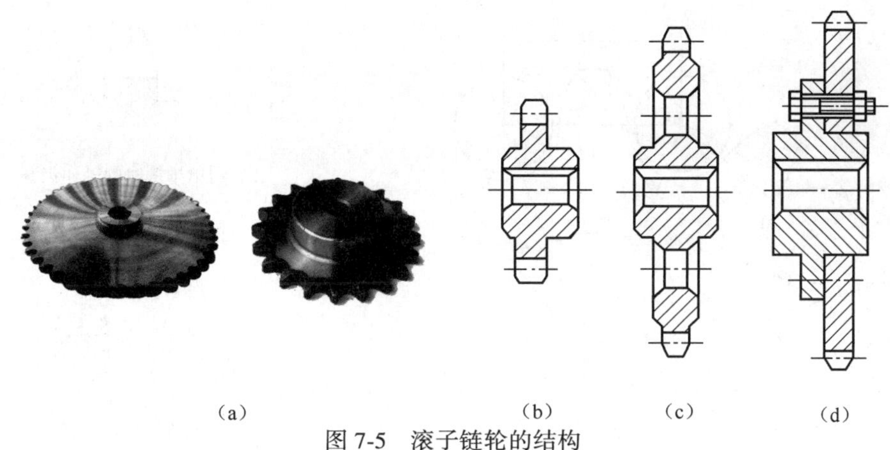

(a)　(b)　(c)　(d)

图 7-5　滚子链轮的结构

2. 链轮材料

链轮材料应具有足够的强度和耐磨性,常用的有灰铸铁,优质碳钢和合金钢。

灰铸铁一般不低于 HT200,热处理后硬度为 260~280 HB。

应用较多的是用优质碳钢和合金钢,详细参数见表 7-2。

高速轻载时可用夹布胶木,以使传动平稳和减少噪声。

表 7-2　链轮常用材料

链轮材料	热处理	齿面硬度	应用范围
15、20	渗碳、淬火、回火	50~60 HRC	$z \leq 25$ 有冲击载荷的链轮
35	正火	160~200 HBS	$z>25$ 的链轮
45、50、ZG310-570、45Mn	淬火、回火	40~50 HRC	无剧烈冲击的链轮
15Cr,20Cr	渗碳、淬火、回火	50~60 HRC	传递大功率的重要链轮($z<30$)
40Cr,35SiMn、35CrMo	淬火、回火	40~50 HRC	重要的、使用优质链条的链轮
Q235、Q275	焊接后退火	140 HBS	中速、中等功率,较大的链轮
不低于 HT200 的灰铸铁	淬火、回火	260~280 HRS	$z>50$ 的链轮
夹布胶木	—	—	$P<6$ kW,速度较高,要求传动平稳和噪声小的链轮

7.2.3　轮齿齿形参数与链速

1. 链轮轮齿的齿形参数

滚子链轮轮齿的齿形国家已标准化(GB/T 1243—2006),有双弧齿廓和三圆弧-直线齿廓两种,后者较为常用,由标准刀具切制。

当链轮轮齿采用标准齿廓时,链轮工作图上不必画出端面齿形,只需在图上注明"齿形按 GB/T 1243—2006 规定制造"即可。链轮的轴向齿形则需在工作图上绘出,其有关尺寸应符合 GB/T 1243—2006 的规定。图 7-6 所示为三圆弧-直线的滚子链链轮。

参数计算:

分度圆直径　$d=p/\sin(180°/z)$

齿顶圆直径　$d_a=p[0.54+\cot(180°/z)]$

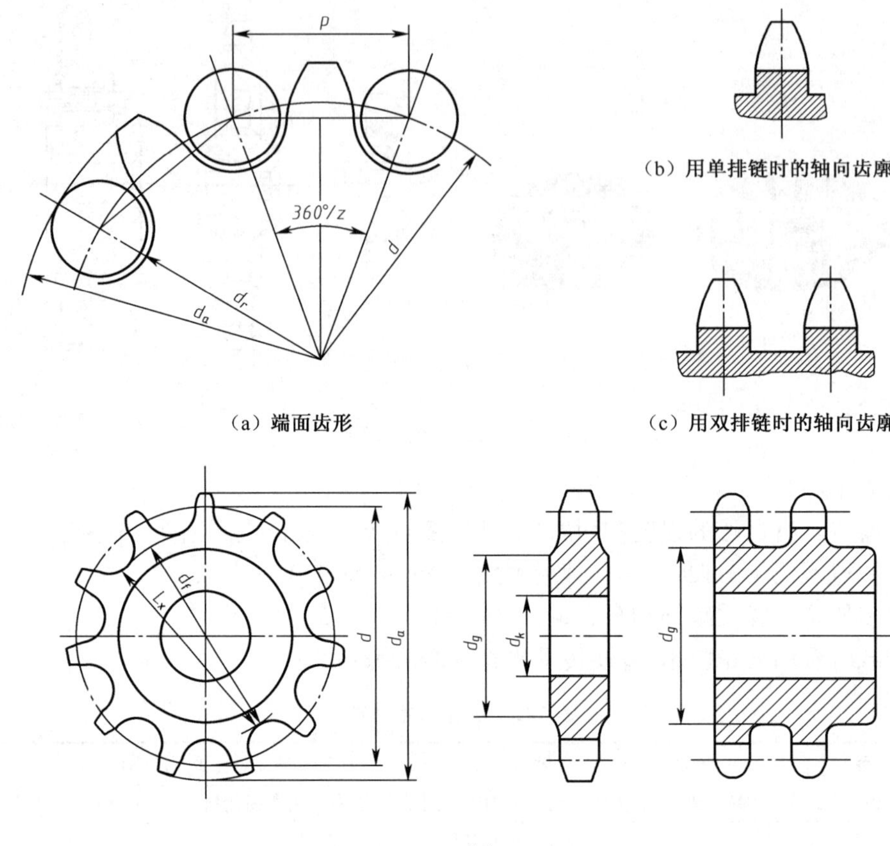

（a）端面齿形

（b）用单排链时的轴向齿廓

（c）用双排链时的轴向齿廓

（d）

图 7-6　滚子链轮轮齿的齿形

齿根圆直径　　$d_f = d - d_r$

最大齿根距离　　偶数齿　　$L_x = d_f$

奇数齿　　$L_x = d\cos\dfrac{90°}{z} - d_r$

齿侧凸缘(或排间槽)直径

$$d_g \leqslant p \cdot \cot\frac{180°}{z} - 1.04h - 0.76$$

式中，p 为节距；z 为齿数。

链轮的轴面齿形如图 7-6(d)所示，其几何尺寸可查有关手册。

2. 平均链速和平均传动比

链轮每转一周，链条行进 zp 距离，当主、从动链轮的转速分别为 n_1 和 n_2 时，得链速

$$v = z_1 p n_1 = z_2 p n_2 = 常数 \tag{7-1}$$

而传动比

$$i = n_1/n_2 = z_2/z_1 = 常数 \tag{7-2}$$

按上所得的链速 v 和传动比 i 均为平均链速和平均传动比。

3. 瞬时链速

链传动工作时，每一瞬时的链速和传动比都是变化的。

链条主动边处于如图 7-7 所示的水平位置时，主动边的链节在

$$\varphi_1=\varphi_{01}=90°-180°/z_1$$

时进入主动链轮，其沿 x 方向（水平方向）的分速度为

$$v_{h1}=0.5d_1\omega_1\sin\varphi_1$$

式中　ω_1——主动轮 1 的角速度。

当 $\varphi_1=90°\pm180°/z_1$ 时，得最小链速度为

$$v_{h1\min}=0.5d_1\omega_1\cos(180°/z_1)$$

当 $\varphi_1=90°$时，得最大链速为

$$v_{h1\max}=0.5d_1\omega_1$$

链传动工作时，链条沿 x 方向的速度是变化的，如图 7-7 所示 v_{h1} 的变化图形。

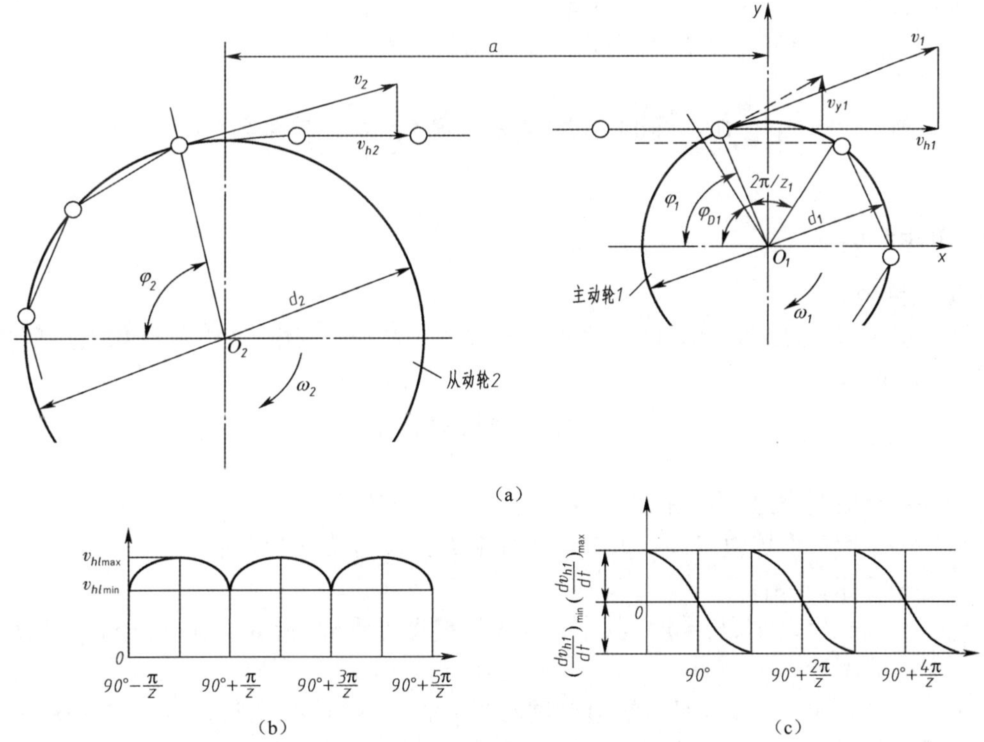

图 7-7　链传动中链速和加速度的分析

在从动链轮处，链条主动边沿 x 方向的分速度

$$v_{h2}=0.5d_2\omega_2\sin\varphi_2$$

式中　ω_2——从动轮 2 的角速度。

4. 瞬时传动比

不计链条的变形，则 $v_{h1}=v_{h2}$，于是得瞬时传动比

$$i_{\text{ins}}=d_2\sin\varphi_2/(d_1\sin\varphi_1)$$

中心距 a 与节距 p 之比即 a/p 为整倍数,则在

$\varphi_1=90°\pm180°/z_1,\varphi_2=90°\pm180°/z_2$ 时得最大瞬时传动比

$$i_{ins,max}=d_2\cos[(\pm180°/z_2)/d_1\cos(\pm180°/z_1)]$$

在 $\varphi_1=90°,\varphi_2=90°$时得最小瞬时传动比

$$i_{ins,min}=d_2/d_1$$

不均匀系数

$$\varepsilon_1=(i_{ins,max}-i_{ins,min})/i_{ins,max}\approx\pi^2(1-1/i^2)/(2z_1^2)$$

可见,只有当 $i=1$ 时,才有 $i_{ins,max}=i_{ins,min}=i$,即瞬时传动比才等于平均传动比而为常数。

如果中心距 a 与节距 p 之比值 $a/p=(k+0.5)p$,其中 k 为整数,则在 $\varphi_1=(90°-180°)/z_1$,$\varphi_2=90°$时得最大瞬时传动比为 $i_{ins,max}=d_2/[d_1\cos(180°/z_1)]$

在 $\varphi_1=90°,\varphi_2=(90°-180°)/z_2$ 时得最小瞬时传动比为

$$i_{ins,min}=d_2\cos(180°/z_2)/d_1$$

这时不均匀系数 $\varepsilon_1\approx\pi^2(1-1/i^2)/(2z_1^2)$

可见,不论 i 为何值,包括 $i=1$,瞬时传动比总是变值。

7.3 链的受力与滚子链传动主要参数

7.3.1 链的受力

1. 链的受力

与带传动相似,链传动工作时,链的两边形成紧边和松边,图 7-8 中紧边和松边所受的拉力分别为 F_1 和 F_2

$$F_1=F_t+F_c+F_f \tag{7-3}$$

$$F_2=F_c+F_f \tag{7-4}$$

式中 F_1——有效圆周力(有效拉力),N;

F_t——紧边工作拉力,$F_t=1\ 000P$,N(其中 P 为传递功率 kW);

v——链速,m/s;

F_c——离心拉力,N,$F_c=qv^2$(其中 q 为单排链每米质量 kg/m),当 $v\leqslant7$ m/s 时,F_c 可忽略不计;

F_f——悬垂拉力,N,F_f 是由链边自重而产生的,一般不大,可近似取为 $F_f\approx0.1F_t$。

以上受力分析没有考虑多边形效应以及链条进入链轮啮合时的冲击和运动误差引起的动载荷。

2. 链传动轴上的压轴力

链传动的压轴力较带传动小,由于离心拉力不作用在链轮轴上,所以略去离心力后,压轴力 $F_Q=F_t+2F_f$。又由于垂度拉力不大,故压轴力近似取

$$F_Q\approx(1.2-1.3)K_A\ F_t \tag{7-5}$$

式中 K_A——使用系数(见表 7-4);

F_t——紧边工作拉力。

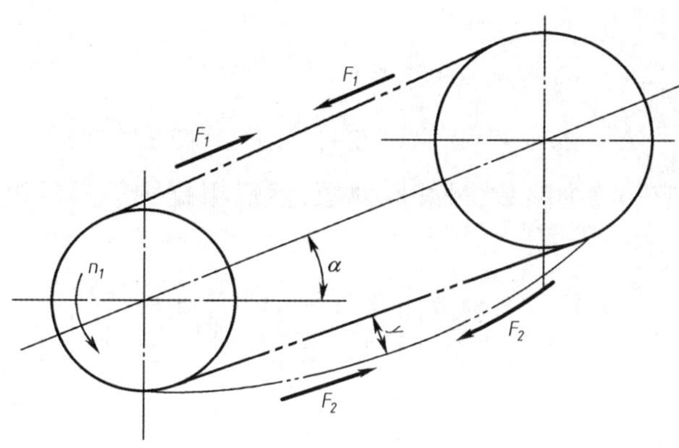

图 7-8　受力图

7.3.2　滚子链传动主要参数

1. 齿数 z_1 和 z_2 的确定

小链轮齿数 z_1 过少,会加剧传动的不均匀性和动载荷。因此,需要限制小链轮的最少齿数 $z_{1\min}$,通常取 $z_{1\min} \geqslant 9$。z_1 值亦不宜太多,否则会导致传动尺寸增大和质量增加。表 7-3 列出了小链轮齿数 z_1 的荐用值。

表 7-3　小链轮齿数 z_1 的荐用值

I	1	2	3	4	5	6
z_1	29	25	23	21	19	17

大链轮齿数 $z_2 = iz_1$,应使 $z_{\max} \leqslant 120$,因 z_2 过多,链条会在磨损后易从链轮上脱落下来,造成“脱链”现象。为使链节与轮齿获得均匀的磨损,链节数与齿数应保持奇-偶数的关系,或互为质数,由于链节数一般取为偶数,所以齿数宜取奇数。

2. 节距 p 的确定

节距 p 可根据 n_1 和 $[P]$ 查图选定。若坐标点(n_1,$[P]$)在许用功率图上有两种链号可供选用时,宜选用小的 p 值以减小动载荷。

3. 中心距 a

中心距过小,链的抗震能力差,链绕于链轮的包角亦小,且当链速一定时,链条单位时间内绕经链轮次数增多,应力循环次数增多,链的屈伸次数增多,工作寿命降低。中心距 a 又不能过大,否则链条运行时发生颤动,影响正常工作。最大和最小中心距 $a_{\max}$ 和 $a_{\min}$ 的规定如下:

$$a_{\max} \leqslant 80p \tag{7-6}$$

$$a_{\min} = 1.2(d_{a1}+d_{a2})/2+30\ \text{mm} \quad (i \leqslant 3\ 时)$$

$$a_{\min} = (9+i)/10 \cdot (d_{a1}+d_{a2})/2 \quad (i>3\ 时) \tag{7-7}$$

中心距 a 应满足下列条件式:

$$a_{\min} \leqslant a \leqslant a_{\max} \tag{7-8}$$

设计时需初定中心距 a_0,通常推荐取

$$a_0 = (30 \sim 50)p \tag{7-9}$$

4. 链节数 L_p

链长 L 用链节数 $L_p=(L/p)$ 表示，确定如下：

$$L_p=2a_0/p+(z_1+z_2)/2+[(z_1+z_2)/2\pi]^2p/a_0 \tag{7-10}$$

按上式算得的 L_p 应圆整为整数，最好取偶数，然后根据圆整后的链节数代入下式算得传动的理论中心距 a 为

$$a=\frac{p}{4}\left\{L_p=\frac{z_1+z_2}{2}+\left[\left(L_p-\frac{z_1+z_2}{2}\right)^2-8\left(\frac{z_1+z_2}{2}\right)^2\right]^{\frac{1}{2}}\right\} \tag{7-11}$$

实际中心距

$$a'=a+(2\sim5) \tag{7-12}$$

为使链条松边具有合理的垂度利于链与链轮顺利啮合，安装时应使实际中心距较理论中心距小 2~5 mm。对中心距可调节的链传动取小值；对中心距不可调节和没有张紧装置的链传动取大值。

7.4 低速链传动静强度计算与链的失效

7.4.1 低速链传动静强度计算

对于链速 v 小于 0.6 m/s 的低速链传动，主要失效形式是链条静力拉断，设计时应进行静强度计算。静强度安全系数 S_c 按式(7-13)计算

$$S_c=n\cdot Q/(K_A\cdot F_1)\geqslant4\sim8 \tag{7-13}$$

式中 S_c——安全系数；

n——链排数；

Q——单排滚子链的抗拉强度(kN)，见表 7-1；

K_A——工况系数，见表 7-4；

F_1——紧边拉力，N，近似取 $F_1=1.3F_t$；

F_t——有效圆周力，N，$F_t=1\,000P/v$；

P——传递功率，kW；

v——链速，m/s。

7.4.2 链的失效和许用功率

1. 链的失效

(1)链的疲劳破坏

工作时，链节在紧边时受力大，在松边时受力小，因此链条是在变应力下工作的，这会导致链板发生疲劳断裂或套筒、滚子表面产生疲劳点蚀。

(2)滚子和套筒冲击破坏

链传动工作时不可避免地发生冲击和振动，导致滚子和套筒发生冲击破坏，也属一种疲劳破坏。

(3)销轴与套筒的接触工作表面胶合

在冲击和振动载荷下,销轴与套筒的接触表面之间难以形成连续油膜,导致摩擦严重产生高温,在载荷作用下造成胶合。

(4)销轴与套筒的接触工作表面磨损

在润滑不良情况下,销轴与套筒的接触表面会因摩擦导致磨损,磨损后链条的节距变大,破坏了链条与链轮的正确啮合,且易发生“脱链”现象。

(5)链条静力拉断

在低速(链速 v<0.6 m/s)重载或较大的过载及冲击载荷下,链条会因静强度不足而发生断裂。

在上述五种失效形式中,对于润滑较好,装有防护罩和速度≥0.6 m/s 的链传动,链条通常不会发生静力拉断,磨损情况也不太严重。因此一般来说,链传动的承载能力主要依据疲劳破坏、滚子和套筒冲击破坏、销轴与套筒的接触工作表面胶合三种失效形式。

2. 许用功率

滚子链传动的实验研究表明,对于中等速度、润滑较好的链传动,承载能力主要受制于链板的疲劳断裂;当小链轮转速较高时,承载能力主要受制于滚子和套筒的冲击疲劳强度;转速再高,则承载能力受制于销轴和套筒的接触工作面的胶合强度。图 7-9 显示出了通过实验得到的极限功率曲线 $OABC$ 。考虑适当的安全裕度后,即得安全区边缘所示链传动的许用功率曲线[P]。

如图 7-10 所示是对各种节距的单排 A 系列滚子链进行试验并考虑安全裕度后所得到的许用功率曲线。试验是在一系列的规定条件下进行的,这些条件是:

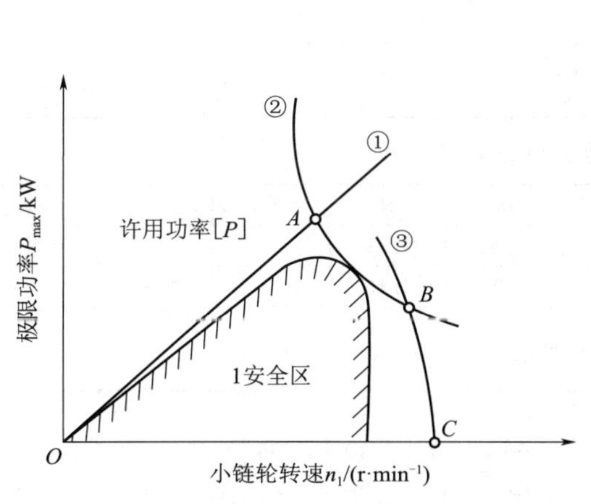

图 7-9　滚子链的极限功率曲线

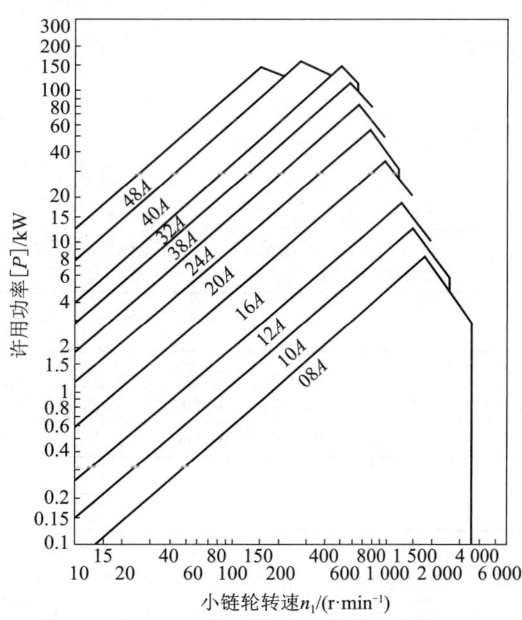

图 7-10　A 系列滚子链(v>0.6 m/s)的许用功率曲线

①两个链轮装在水平轴上并且共面;

②小链轮齿数 $z_1=19$;

③链节数 $L_p=100$；

④载荷平稳；

⑤按推荐的润滑方式；

⑥满载荷运转 1 500 h；

⑦链条因磨损而引起的相对伸长量不超过 3%；

⑧链速 $v>0.6$ m/s。

应当指出，若所设计的滚子链传动当其工况、小链轮齿数、链长、排数不符规定的试验条件时，则应分别予以修正，[P]值按下式确定：

$$[P]=K_A P/(K_z K_L K_P) \tag{7-14}$$

式中 P——所设计的链传动需要传递的名义功率，kW；

K_A——工况系数，见表 7-4；

K_z——小链轮齿数系数（见表 7-5）：当传动工作处于如图 7-10 所示许用曲线凸峰的左侧，即易产生链板疲劳断裂，取表 7-5 中的第三行 K_z 值；当传动工作处于凸峰右侧即易产生滚子、套筒冲击疲劳破坏，取表 7-5 中的第二行 K_z 值；

K_L——链长系数，见表 7-6；链传动受制于链板疲劳断裂时，取表 7-6 中的第一行 K_L 值，易产生滚子、套筒冲击破坏时，取表中的第二行 K_L 值；

K_p——排数系数（见表 7-7）：若所设计的链传动其润滑方式不符合荐用的润滑方式，则应降低[P]值。

表 7-4 工况系数 K_A

载荷种类	工作机	动力机		
		内燃机-液力传动	电动机或汽轮机	内燃机械传动
平稳载荷	液体搅拌机，中小型离心式鼓风机，离心式压缩机，轻型输送机，离心泵，均匀负载的一般机械	1.0	1.0	1.2
中等冲击	大型或不均匀负载的输送机，中型起重机和提升机，农业机械，食品机械，木工机械，粉碎机	1.2	1.3	1.4
较大冲击	工程机械，矿山机械，石油钻井机械，锻压机械，冲床，剪床，重型起重机械，振动机械	1.4	1.5	1.7

表 7-5 小链轮齿数系数 K_z

Z_1	9	11	13	15	17	19	21	23	25	27
K_z	0.446	0.554	0.664	0.775	0.887	1.00	1.11	1.23	1.34	1.46
K_z	0.326	0.441	0.566	0.701	0.846	1.00	1.16	1.33	1.51	1.69

表 7-6 链长系数 K_L

L_p	50	60	70	80	90	100	110	120	130	140	160	180	200	220
K_L	0.835	0.87	0.92	0.945	0.97	1.00	1.03	1.055	1.07	1.10	1.135	1.175	1.215	1.235
K_L	0.7	0.76	0.83	0.90	0.95	1.00	1.055	1.10	1.15	1.175	1.26	1.34	1.415	1.5

表 7-7 排数系数 K_p

排数	1	2	3	4	5	6
K_p	1	1.7	2.5	3.3	4.0	4.6

无润滑时，[P] 值降低 85%（且不能保证运转 1 500 h）；有润滑时，根据润滑良好程度和速度 v 值大小，[P] 降低不同的百分比，详细查有关设计手册。

根据 [P] 和小链轮的转速 n_1，就可按图 7-10 查定需用的 A 系列滚子链的链号。如果实际链速 $v < 0.6$ m/s 时，则需验算链的静强度。

7.5 链传动的布置、张紧和润滑

为了保证链传动正常可靠工作，除进行工作能力计算外，还应合理解决其布置、张紧和润滑的问题。

链传动的布置是否合理，对传动工作能力和工作寿命有较大影响。表 7-8 列出了链传动在不同情况下的合理布置简图及其说明。

表 7-8 链传动的正确布置

传动参数	$i=2\sim3$ $a=(30\sim50)p$ （i 与 a 均较佳）	$i>2$ $a<30p$ （i 大，a 小）
正确布置	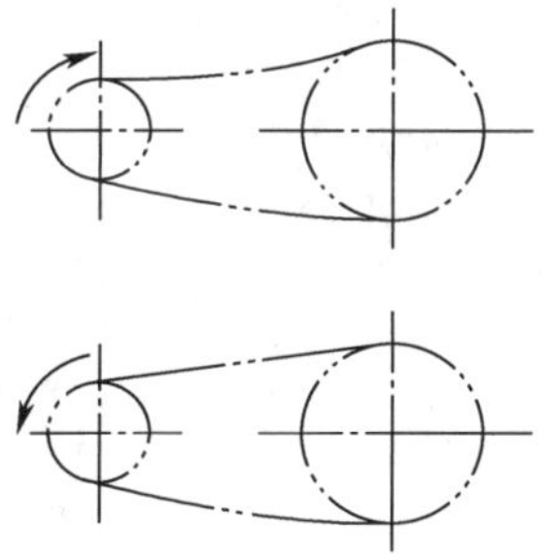	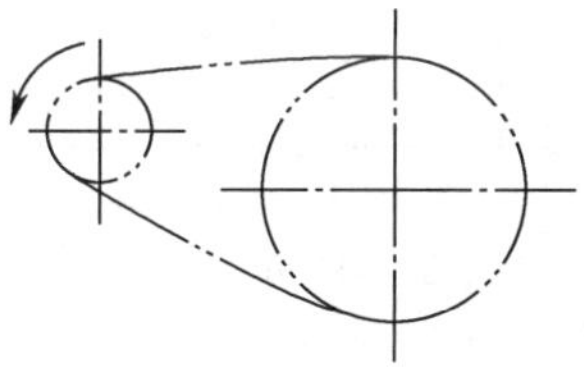
说明	两轮在同一水平面上，链条紧边在上、在下均可，但紧边在上较好	两轮轴线不在同一水平面上，链条松边不应在上面，否则松边垂度增大会造成链条与链轮轮齿发生干扰，破坏正常啮合
传动参数	$i<1.5$ $a>60p$ （i 小，a 大）	i，a 均为任意值 （垂直传动）
正确布置	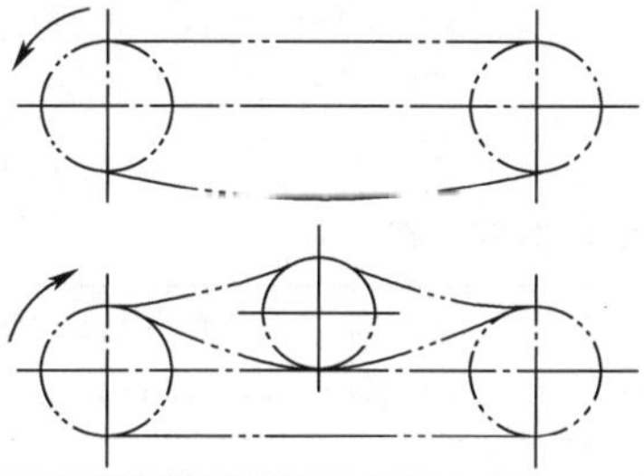	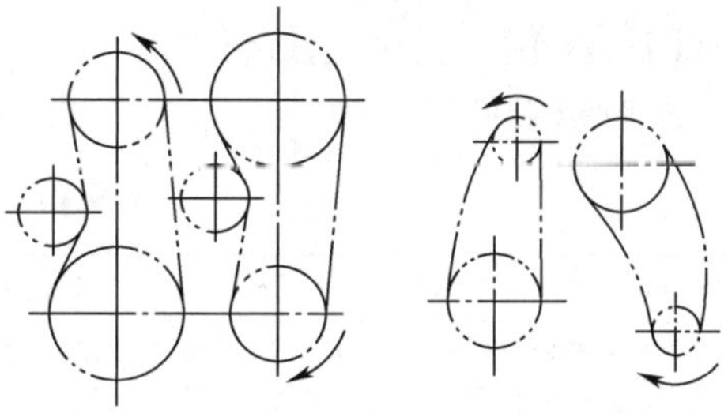
说明	两轮轴线在同一水平面上，链条松边不应在上面，否则链条垂度逐渐增大，引起松边和紧边相碰	两轮轴线在同一铅垂面内时，链条因磨损垂度增大，使与下面链轮的啮合齿数减少，降低传动能力。为此采用以下措施：中心距可调；设张紧装置；上下两轮错开，使不在同一铅垂面内

链传动张紧的目的,在于调节链条松边的垂度,增大包角和补偿链条磨损后的伸长,使链条和链轮啮合良好、减小冲击和振动。

常用的张紧方法有调整中心距法,张紧轮张紧法,去掉链节法。

张紧方法为设计中心距可调。当传动中心距不可调时,则采用张紧轮张紧装置以实现定期或自动张紧。张紧轮应设置在链条松边外侧最大垂度的地方。如张紧轮必须设置在紧边处,则应装于内侧,且其齿数不少于小链轮的齿数。

在特殊情况下,可以采用去掉 1~2 个链节的张紧方法,以恢复原来的链长。张紧装置的具体设计可参阅机械设计手册。

润滑对于链传动具有十分重要的作用,它能缓和冲击、减小摩擦和减轻磨损,使传动达到预期的使用寿命。链传动的润滑方式、使用说明及其选择见相关手册;链传动所适用的润滑油及其选择见表 7-9。

表 7-9　链传动所用的润滑油

<table>
<tr><th rowspan="2">润滑方式</th><th rowspan="2">环境温度/ ℃</th><th colspan="4">节距 p/mm</th></tr>
<tr><th>9. 525~15. 875</th><th>19. 05~25. 4</th><th>31. 75</th><th>38. 1~76. 2</th></tr>
<tr><td rowspan="4">Ⅰ、Ⅱ、Ⅲ</td><td>-10~0</td><td>N46</td><td colspan="2">N68</td><td>N100</td></tr>
<tr><td>0~40</td><td>N68</td><td colspan="2">N100</td><td>HQB-10</td></tr>
<tr><td>40~50</td><td>N100</td><td colspan="2">HQB-10</td><td>HQB-15</td></tr>
<tr><td>50~60</td><td>HQB-10</td><td colspan="2">HQB-15</td><td>HL-20</td></tr>
<tr><td rowspan="4">Ⅳ</td><td>-10~0</td><td colspan="2">N46</td><td colspan="2">N68</td></tr>
<tr><td>0~40</td><td colspan="2">N68</td><td colspan="2">N100</td></tr>
<tr><td>40~50</td><td colspan="2">N100</td><td colspan="2">HQB-10</td></tr>
<tr><td>50~60</td><td colspan="2">HQB-10</td><td colspan="2">HQB-45</td></tr>
</table>

7.6　A 系列滚子链传动的设计

例 7-1　设计一用于离心压缩机的系列滚子链传动,室温工作,电动机转速 $n_1=970$ r/min,压缩机转速 $n_2=330$ r/min,传递功率 $P=9.7$ kW。要求链传动的中心距不超过 800 mm,两轮轴线在同一水平面上,试设计链传动。

求解结果见表 7-10。

表 7-10　A 系列滚子链设计步骤

设计或计算项目	依据及说明	本章例题设计及计算结果
平均传动比 i	$i=n_1/n_2=z_1/z_2$,n_1 和 n_2 为原始数据	$i=970/330=2.94$
小链轮齿数 z_1	根据 i 公式确定	$z_1=25$
大链轮齿数 z_2	根据 i 和 z_1 按式 $z_2=iz_1$ 确定	$z_2=73$
初定中心距 a_0	按式(7-9)取定	$a_0=40p$
链节数 L_p	按式(7-10)确定,算得的 L_p 圆数为整数,最好为偶数	$L_p=130$

续上表

设计或计算项目	依据及说明	本章例题设计及计算结果
许用功率[P]	按式(7-14)确定,式中 F 为原始数据,K_A 查表 7-4 取定,K_2 查表 7-5 取定,K_L 查表 7-6 取定,K_P 查表 7-7 取定	$K_A=1, K_z=1.34$; $K_L=1.01; K_p=1$; $P=9.7$ kW;[P]$=6.765$ kW
节距 p	根据 n_1 和[P]查表 7-9 取定	10 A 滚子链 $p=15.875$ mm
链速 v	按 $v=n_1z_1p/(60\times1\ 000)$ (m/s)确定。 使 $v\leqslant15$ m/s。若 $v<0.6$ m/s,应验算链条的静强度	$v=6.4$ m/s<15 m/s
链条静强度	按式(7-13)$S_c=n\cdot Q/(k_A\cdot F_1)\geqslant4\sim8$	$v=6.4$ m/s>0.6 m/s,无须验算静强度
中心距 a 和实际安装中心距	按 $a_0=(30\sim50)p$ 式(7-9)确定中心距 a,确定最小中心距,应使 a 满足式(7-8),再按关系式(7-12)确定实际安装中心距 a'	$A=631.29$ mm<800 mm(题意) $a_{min}=338.74$ mm 满足式(7-8), $a'=628$ mm
大、小链轮结构设计	详见机械设计手册	从略
张紧装置设计	同上	从略
链传动外壳设计	同上	从略
润滑设计	—	N68 润滑油,油浴润滑
作用于轴上的力 F	$F=(1.2\sim1.3)K_AF_t$	1 743 N

思 考 题

1. 与带传动相比,链传动有哪些优缺点?
2. 链传动的主要失效形式是什么?设计准则是什么?
3. 为什么小链轮的齿数不能选择的过少,而大链轮的齿数又不能选择的过多?
4. 在一般情况下,链传动的瞬时传动比为什么不等于常数?在什么情况下它才等于常数?
5. 引起链传动速度不均匀的原因是什么?其主要影响因素有哪些?
6. 链传动的多边形效应的含义是什么?
7. 小链轮齿数 z_1 不允许太小,大链轮齿数 z_2 不允许太大。这是为什么?链轮齿数 z,链节距 p 对其有何影响?
8. 链传动为什么会发生脱链现象?

习　　题

1. 链传动的瞬时传动比等于常数的充要条件是(　　)。

A. 大链轮齿数 z_1 是小链轮齿数 z_2 的整数倍　　B. $z_2=z_1$

C. $z_2=z_1$,中心距 a 是节距 p 的整数倍　　D. $z_2=z_1, a=40p$

2. 链传动中,传动比过大,则链在小链轮上的包角过小。包角过小的缺点是(　　)。

A. 同时啮合的齿数少,链条和轮齿的磨损快,容易出现跳齿

B. 链条易被拉断,承载能力低

C. 传动的运动不均匀性和动载荷大

D. 链条铰链易胶合

3. 链条铰链(或铰链销轴)的磨损,使链节距伸长到一定程度时(或使链节距过度伸长时)会(　　)。

A. 导致内外链板破坏

B. 导致套筒破坏

C. 导致销轴破坏

D. 使链条铰链与轮齿的啮合情况变坏,从而爬高和跳齿现象

4. 设计一用于离心压缩机的系列滚子链传动,室温工作,电动机转速 n_1 = 970 r/min ,压缩机转速化 n_2 = 330 r/min ,传递功率 P = 13 kW。要求链传动的中心距不超过 1 000 mm,两轮轴线在同一水平面上,试设计链传动。

第 8 章　工程中的齿轮传动

本章学习目标

◇培养学生选择齿轮传动系统的能力，培养学生在工程教育中解决实际工程设计问题的能力；

◇培养学生在工程设备实际工况中，选用各类齿轮传动工况的设计能力。

扫一扫

现代工程发动机实践感想

本章学习内容

◇齿轮传动的特点和分类；

◇渐开线齿轮齿廓的形成和特点；

◇渐开线标准直齿圆柱齿轮基本参数、正确啮合条件及常用检验项目；

◇齿轮的精度、渐开线齿廓的加工特点；

◇标准直齿圆柱齿轮的基本参数和齿轮的强度计算及齿轮设计；

◇齿轮齿条的基本参数；

◇斜齿圆柱齿轮传动的基本理论；

◇锥齿轮传动的基本理论；

◇齿轮的画法。

实践教学研究

◇拆装摩托车发动机，分析传动系的传动路线和传动比；

◇拆装齿轮泵，分析齿轮传动的结构布置特点。

关键词：齿轮、齿条、分度圆、模数

8.1　概　　述

8.1.1　齿轮传动的应用

齿轮传动用于传递两轴间的运动和动力。与带、链传动相比，它具有传动比准确等特点，广泛应用在现在工程设备的机械传动中，如图 8-1 所示。

本章主要介绍直齿圆柱齿轮传动的工作原理、几何参数、切齿方法以及强度计算等内容，简要介绍斜齿圆柱齿轮、直齿锥齿轮传动的原理、几何参数计算以及强度计算，叙述齿轮的结构和图样绘制。

8.1.2　齿轮传动的特点

齿轮传动（见图 8-2）用于传递两轴间的运动和动力。与带、链传动相比，它具有传动比准

确、结构紧凑、工作可靠、效率高、寿命长、适用范围广等优点，但其制造精度要求严格、成本较高，且不适用于较大中心距的传动。

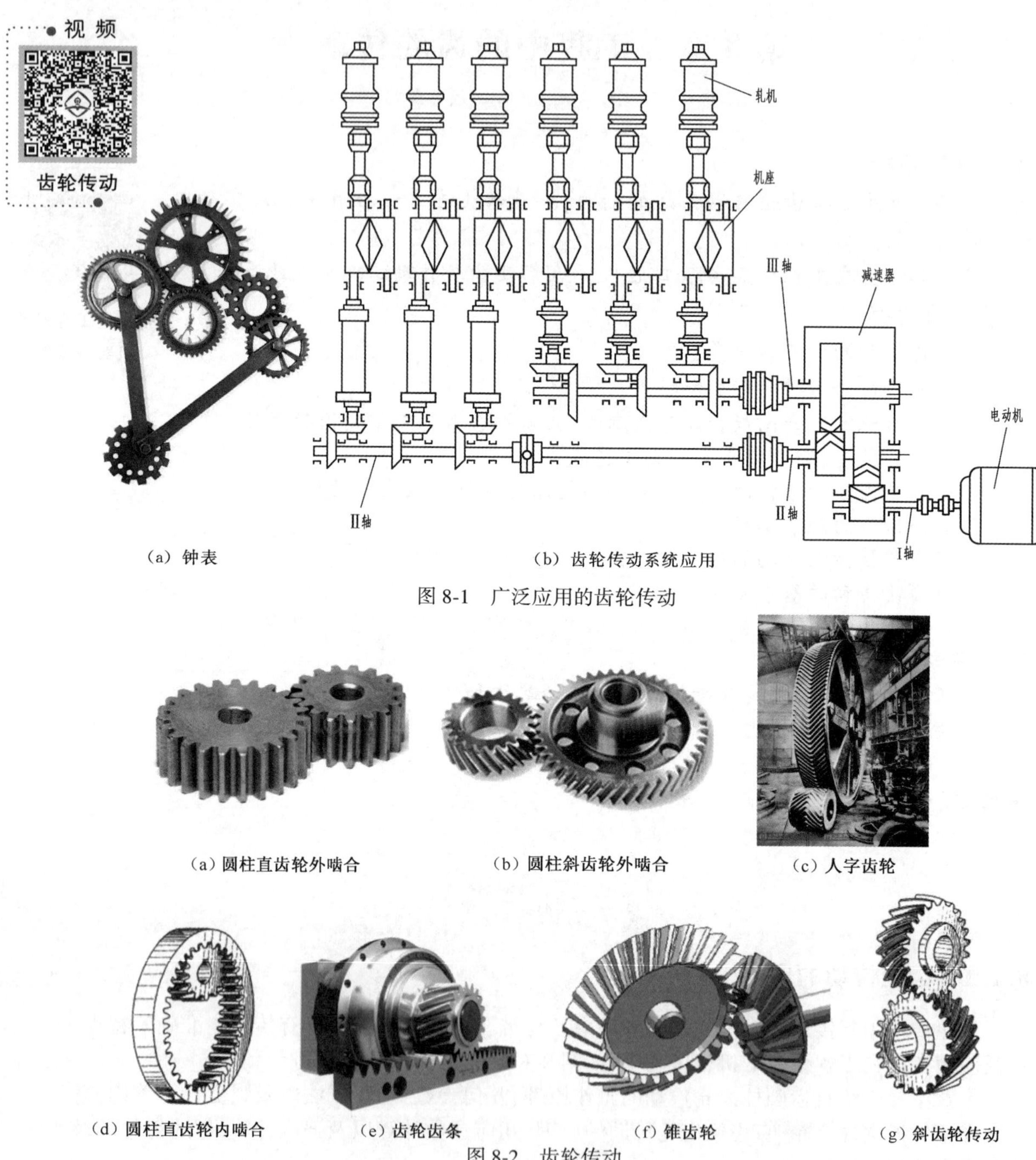

(a) 钟表　(b) 齿轮传动系统应用

图 8-1　广泛应用的齿轮传动

(a) 圆柱直齿轮外啮合　(b) 圆柱斜齿轮外啮合　(c) 人字齿轮

(d) 圆柱直齿轮内啮合　(e) 齿轮齿条　(f) 锥齿轮　(g) 斜齿轮传动

图 8-2　齿轮传动

8.1.3　齿轮传动的分类

齿轮传动类型很多，常见的分类是按两啮合齿轮轴线的相对位置、齿向、齿廓曲线、传动的工作条件和齿面硬度分类。

1. 按两啮合齿轮轴线的相对位置和齿向分类

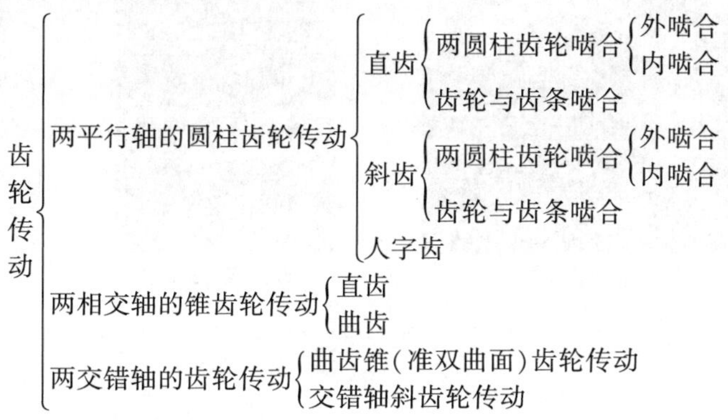

2. 按传动的工作条件分类

传动的工作条件又可分为开式齿轮传动和闭式齿轮传动。

①开式齿轮传动的齿轮是外露的,结构简单,但由于易落入灰砂和不能保证良好的润滑,故轮齿极易磨损。为克服此缺点,常加设简单的护罩。

②闭式齿轮传动的齿轮密闭于刚性大的箱壳内,润滑条件好,安装精确,可保证良好的工作,应用较广。

3. 按齿面硬度分类

按齿面硬度又分为软齿面(≤350 HBS)与硬齿面(>350 HBS)齿轮传动两类。

8.1.4　齿轮失效形式

齿轮和带相比,具有寿命长等优点,但是在工程设备使用过程中,由于各种工况原因,齿轮传动一定时间后存在失效情况。齿轮传动的失效主要表现为轮齿的破坏。

齿轮因传动装置有开式、闭式的不同和载荷、速度、齿面硬度的不同,其失效形式也不同,主要有轮齿折断、齿面点蚀、齿面胶合和齿面磨损等。

1. 轮齿折断

最常见的是弯曲疲劳折断,如图 8-3(a)、(b)、(c)所示,轮齿就像一个悬臂梁,受载后齿根处产生的弯曲应力最大,而且有应力集中,轮齿在啮合时受力,脱开时不受力,故轮齿受变应力的反复作用,齿根处产生疲劳裂纹,并逐步扩大,导致轮齿疲劳折断。在受到过载或冲击时,也会引起轮齿的突然折断。

2. 齿面磨损

齿轮传动中因落入灰砂、金属屑等磨粒性物质时,由于啮合齿面相对滑动而逐渐磨损。磨损后失去正确齿形,在运转中产生冲击和噪声,或使轮齿磨薄导致折断而报废。齿面磨损是开式齿轮传动的主要破坏形式。应注意环境清洁,防止磨粒侵入以减缓磨损的进程。

3. 齿面塑性变形

当轮齿材料较软,载荷及摩擦力又很大时,轮齿在啮合过程中齿面表层的材料就会沿着摩擦力方向产生塑性变形。由于主动轮上所受的摩擦力是背节线分别朝向齿顶及齿根作用的,故产生塑性变形后,齿面沿节线处形成凹沟。从动轮齿上所受的摩擦力方向则相反,塑性变形后，齿面沿节线处形成凸棱[图 8-3(d)]。

视频

疲劳折断

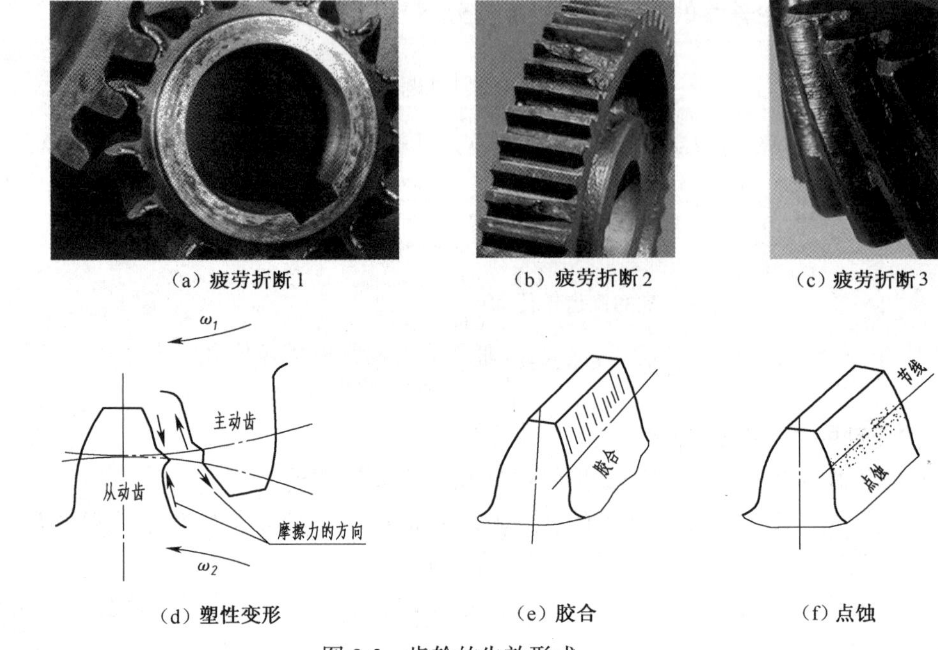

(a) 疲劳折断 1　(b) 疲劳折断 2　(c) 疲劳折断 3

(d) 塑性变形　(e) 胶合　(f) 点蚀

图 8-3　齿轮的失效形式

4. 齿面胶合

重载齿轮传动中，由于齿面间压力很大，润滑油膜不容易建立或容易破裂，造成齿面金属直接接触，出现粘焊现象。随着齿面间的相对滑动，较软的齿面被撕出与滑动方向一致的沟痕，称为胶合，如图 8-3(e)所示。胶合处产生局部瞬时高温，加剧粘焊程度，引起齿廓齿形的破坏，进而引起动载和噪声，以致齿面损坏报废。

5. 齿面点蚀

在润滑条件良好的闭式齿轮传动中，齿面会在节线附近靠向齿根处出现疲劳点蚀，如图 8-3(f)所示。产生疲劳点蚀的原因是：轮齿工作齿面产生近于脉动循环变化的表面接触应力，当接触应力超过表层材料的接触疲劳极限时，齿的表层就会产生微小的疲劳裂纹，并逐渐扩展，使金属的微粒剥落下来形成斑点，即疲劳点蚀。齿面点蚀后，齿廓形状被破坏而引起动载和噪声，同时也加剧磨损，以致报废。

开式齿轮传动一般不出现点蚀现象，因其磨损快，当表层尚未出现点蚀时已被磨去。

研究其失效形式，分析其失效原因，目的在于从中找出齿轮设计的准则，寻求防止或减缓失效的措施。

8.2　齿廓啮合基本定律

8.2.1　齿轮传动的基本要求

对齿轮传动的基本要求是：

(1)传动比恒定。即两轮瞬时角速度之比(传动比)必须保持不变。

(2)承载能力高。既要求齿轮尺寸小,重量轻,又要求其强度高,有足够的寿命。

为使齿轮传动满足以上要求,齿轮齿廓必须具有特定的形状,而且需要合理地选用材料及热处理方法和确定适当的结构尺寸。

如上所述,齿轮传动最主要的要求是两轮的传动比恒定(为常数),为此必须研究轮齿齿廓形状的基本要求。

8.2.2　齿廓啮合基本定律

如图 8-4 所示,以 O_1、O_2 为两轮的回转轴心,E_1、E_2 为两轮互相啮合的一对齿廓,设轮 1 以角速度 ω_1 绕轴心 O_1 顺时针旋转,推动齿轮 2 以角速度 ω_2 绕轴心 O_2 逆时针旋转。某一瞬时,它们在 K 点接触,其线速度分别为

$$\left.\begin{aligned} v_1 &= \omega_1 \overline{O_1K} \quad (\text{方向垂直于 } O_1K) \\ v_2 &= \omega_2 \overline{O_2K} \quad (\text{方向垂直于 } O_2K) \end{aligned}\right\}$$

过 K 作两齿廓的公法线 nn,则 v_1、v_2 在公法线上的速度分量为 v_{1n} 与 v_{2n},两者必须相等,即 $v_{1n}=v_{2n}(=v_n)$。如不等,当 $v_{1n}>v_{2n}$ 时,齿廓 E_1 将嵌入齿廓 E_2 中,这显然是不可能的;而当 $v_{1n}<v_{2n}$ 时,轮齿 E_1 与 E_2 将分离而不能传动,所以法向速度分量必须满足

$$v_1 \cos \alpha_{K_1} = v_2 \cos \alpha_{K_2}$$

由以上两式可得两轮的传动比为

$$i_{12}=\frac{\omega_1}{\omega_2}=\frac{v_1\overline{O_2K}}{v_2\overline{O_1K}}=\frac{\overline{O_2K}\cos \alpha_{K_2}}{\overline{O_1K}\cos \alpha_{K_1}}$$

过 O_1、O_2 分别作公法线 nn 的垂线,其垂足为 N_1 及 N_2,则

$$\overline{O_2K}\cos \alpha_{K_2}=\overline{O_2N_2},\quad \overline{O_1K}\cos \alpha_{K_1}=\overline{O_1N_1}$$

又因　　$\triangle O_2N_2C \sim \triangle O_1N_1C$

所以

$$i_{12}=\frac{\omega_1}{\omega_2}=\frac{\overline{O_2N_2}}{\overline{O_1N_1}}=\frac{\overline{O_2C}}{\overline{O_1C}} \tag{8-1}$$

式(8-1)表明:两轮的传动比与齿廓接触点处公法线分割中心线所得两线段的长度成反比,这一关系称为齿廓啮合基本定律。

连心线 O_1O_2 与两齿廓在接触点的公法线 nn 的交点 C 称为该对齿轮传动的节点。

由式(8-1)可知,如要求两轮传动比为常数,必须使 O_2C/O_1C=常数,即 C 应为连心线 O_1O_2 上的定点。所以,保持传动比恒定的条件是:无论两齿廓在何处接触,过接触点所作两齿廓的公法线都必须通过两轮

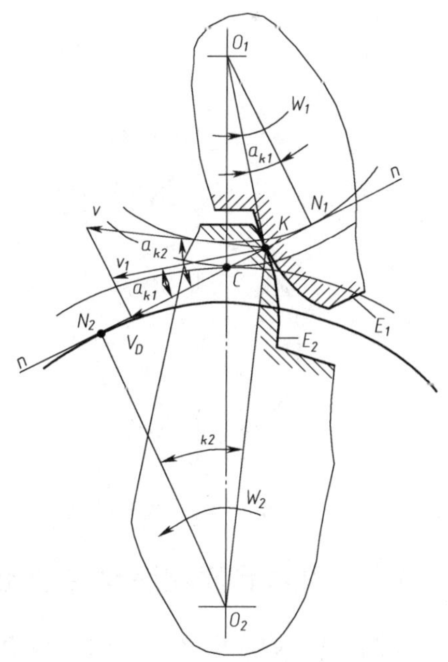

图 8-4　齿廓啮合

中心线上的一个固定点 C。

凡满足齿廓啮合基本定律的一对相互啮合的齿廓,称为共扼齿廓。能满足传动比恒定的共轭齿廓曲线有许多种,但在生产中必须综合考虑制造、安装、强度等各方面的因素,选择适当的曲线作为齿廓曲线。目前最常用的齿廓曲线为渐开线,也有采用摆线和圆弧的。本章只讨论渐开线齿轮传动。

8.3 渐开线齿廓的形成及特点

8.3.1 渐开线的形成与性质

当直线 NK 沿半径为 r_b 的圆作纯滚动时,直线上任一点 K 的轨迹 AKB 为该圆的渐开线,这个圆称为基圆,直线 NK 称为渐开线的发生线,如图 8-5 所示。

由渐开线的形成可知:

①发生线在基圆上滚过的线段长 $\overline{NK}$ 等于基圆上被滚过的一段弧长 $\widehat{NA}$,即 $\overline{NK}=\widehat{NA}$ 。

②渐开线上任意点的法线必与基圆相切。当发生线 NK 沿基圆作纯滚动时,N 点是它的瞬时转动中心,因此线段 NK 为渐开线上 K 点的曲率半径,N 点为其曲率中心,而直线 NK 为渐开线上 K 点的法线。又因发生线始终切于基圆,故渐开线上任意一点的法线必与基圆相切。

③渐开线上各点曲率半径不同,离基圆愈远,曲率半径愈大;离基圆愈近,曲率半径愈小。

④渐开线的形状仅与基圆的大小有关,如图 8-6 所示。基圆半径愈小则渐开线曲率半径愈小,基圆半径为无穷大时,渐开线变为一直线。

⑤基圆内无渐开线。

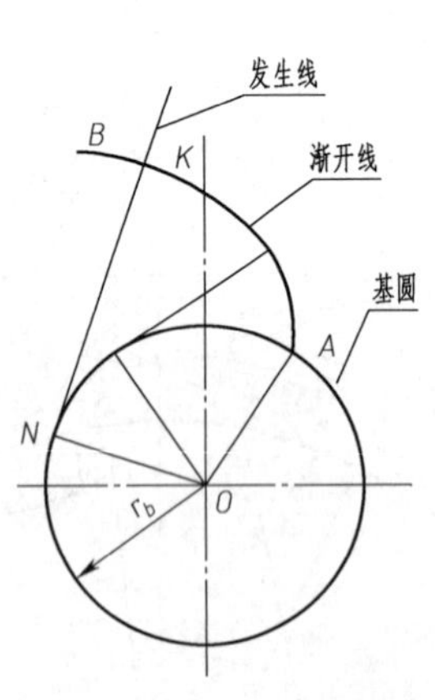

图 8-5 渐开线的形成

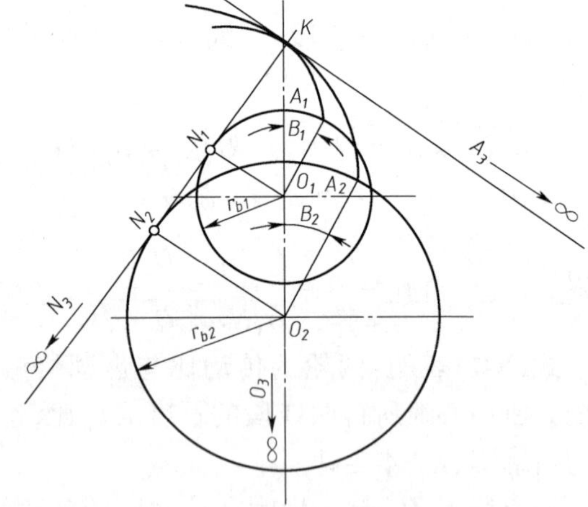

图 8-6 渐开线的形状

8.3.2 渐开线齿廓能满足传动比恒定的条件

设渐开线齿廓 E_1 和 E_2 在任意点 K 接触,过 K 点作两齿廓的公法线 nn 交两轮中心线 O_1O_2 于 C 点。因渐开线的公法线与基圆相切,故 nn 必与两轮基圆公切,切点分别为 N_1、

N_2，如图 8-6 所示。因两轮基圆已定（r_{b1}，r_{b2} 为定值），啮合过程中中心距 O_1O_2 不变，而作为两基圆某一方向的内公切线只有一条（N_1N_2），也就是说在啮合的任一瞬间，过啮合点的齿廓公法线 nn 都与 N_1N_2 重合，故与 O_1O_2 的交点必为定点。可见，渐开线齿廓满足传动比恒定条件。

过节点 C，分别以 O_1、O_2 为圆心，以 CO_1 和 CO_2 为半径所作的圆，称为两齿轮的节圆，其半径分别以 r_1'、r_2' 表示。由图 8-7 可知

$$\triangle O_2N_2C \sim \triangle O_1N_1C$$

$$i_{12}=\frac{\omega_1}{\omega_2}=\frac{\overline{O_2C}}{\overline{O_1C}}=\frac{r_2'}{r_1'}=\frac{r_{b2}}{r_{b1}} \tag{8-2}$$

此式说明渐开线齿轮的传动比等于两齿轮节圆半径的反比，也等于两齿轮基圆半径的反比。此式还说明一对齿轮传动时，它的一对节圆作纯滚动。

节圆是一对齿轮传动时出现了节点以后才定义的圆，所以单个齿轮没有节圆。

8.3.3　渐开线齿廓的压力角

在一对齿廓的啮合过程中，齿廓上任一点 K 的法线（压力方向线）与该点速度方向线所夹的锐角 α_K，称为齿廓在 K 点的压力角，如图 8-8 所示。

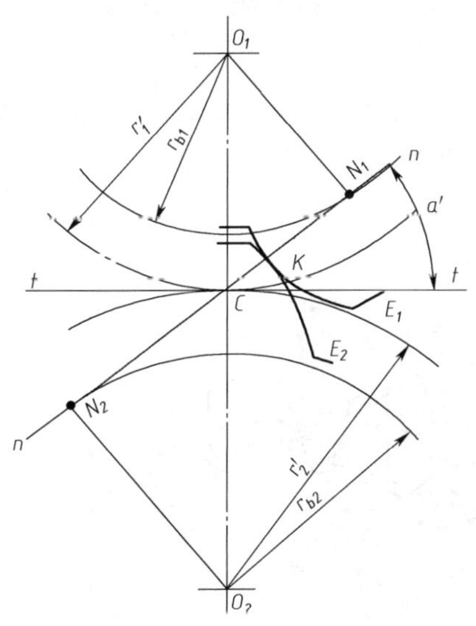

图 8-7　渐开线齿廓啮合

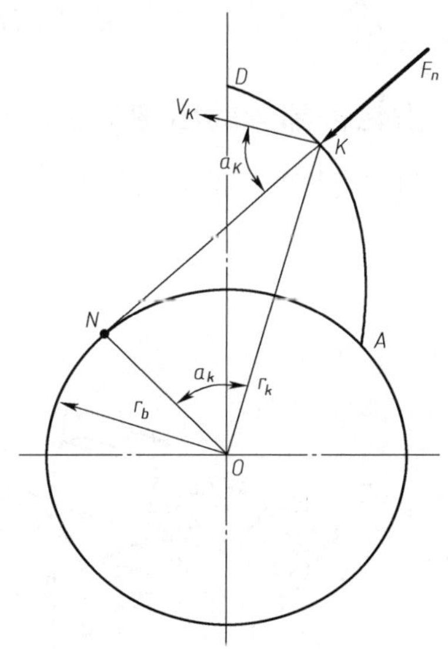

图 8-8　齿廓压力角

由图可以看出：压力角 α_K 愈小，则法向压力 F_n 沿接触点的速度 v_K 方向的分力就愈大，沿径向（KO 方向）的分力就愈小，所以在 OK 和传递转矩 T 一定（也即沿 v_K 方向分力一定）的条件下，α_K 愈小则 F_n 愈小，α_K 愈大则 F_n 愈大。因此，压力角的大小直接影响齿轮传动时轮齿的受力情况。

渐开线齿廓上 K 点的压力角 α_K 等于 $\angle KON$，因此

$$\cos\alpha_K=\frac{\overline{ON}}{\overline{OK}}=\frac{r_b}{r_K}$$

或

$$r_b=r_K\cos\alpha_K \tag{8-3}$$

上式说明渐开线齿廓上各点的压力角 α_K 是不相等的,它随着 r_K 的增大而增大。在基圆处,压力角等于零。

8.3.4 啮合角及渐开线齿轮传动的可分性

根据渐开线的性质,一对渐开线齿廓在任何位置啮合时,接触点的公法线都是两基圆的同一条内公切线 N_1N_2。也就是说,在一对渐开线齿轮的啮合过程中,啮合点都在 N_1N_2 直线上,N_1N_2 称为啮合线。

啮合线与过节点 C 所作两节圆的公切线 tt 的夹角称为啮合角,用 a' 表示,如图 8-7 所示。啮合角也即齿廓在节圆处的压力角。

当一对渐开线圆柱齿轮制成后,其基圆半径已经确定,由式(8-2)可知,其传动比 i 也就确定了,即使因为制造、安装的误差或轴承磨损导致中心距变更时,其传动比仍将保持不变(两轮的节圆半径虽发生变化,但其比值不变)。渐开线齿轮的这一特性称为渐开线齿轮传动的可分性,它给齿轮的制造与安装带来了很大的方便。

8.4 渐开线标准直齿圆柱齿轮各部分的名称及基本参数

8.4.1 齿轮各部分的名称

直齿圆柱齿轮的各部分名称参数及代号如图 8-9 所示。

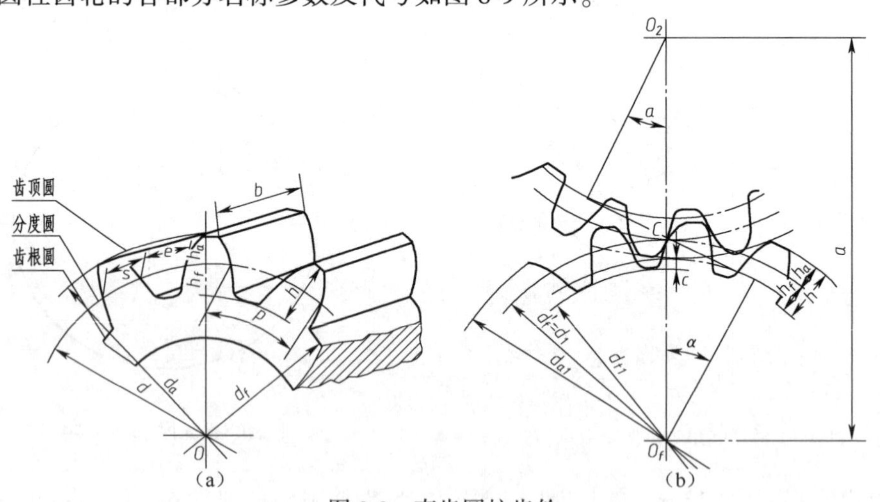

图 8-9　直齿圆柱齿轮

(1)齿顶圆:齿轮轮齿顶端所在的圆柱面与端面的交线称为齿顶圆,其直径以 d_a 表示。

(2)齿根圆:齿轮轮齿齿根所在的圆柱面与端面的交线称为齿根圆,其直径以 d_f 表示。

(3)齿宽 b:沿齿轮轴线方向量得的轮齿宽度称为齿宽。

(4)齿厚 s_K 与齿槽宽 e_K:在齿轮的任意圆周上,一个轮齿两侧间的弧长称为该圆上的齿厚,用 s_K 表示;相邻两齿之间的空间称为齿槽,一个齿槽两侧齿廓在该圆上所截取的弧长称为齿槽宽,以 e_K 表示。

(5)分度圆:为了便于设计和制造,在齿顶圆和齿根圆之间,取一个直径为 d(半径为 r)的圆作为基准圆,称之为分度圆(分度圆的严格定义见下文)。分度圆上的齿厚、齿槽宽分别用 s、e 表示,对于标准齿轮,其分度圆上的齿厚与齿槽宽相等,即 $s=e$。

(6)齿距:沿任意圆周所量得的相邻两齿同侧齿廓之间的弧长,称为该圆上的齿距,用 p_K 表示。显然,在同一圆周上的齿距就等于该圆上齿厚与齿槽宽之和,即 $p_K=s_K+e_K$。齿轮分度圆上的齿距,通常简称为齿距,用 p 表示,$p=s+e$。对标准齿轮,则有

$$e=s=\frac{p}{2} \tag{8-4}$$

(7)全齿高、齿顶高与齿根高:从分度圆到齿顶圆的径向齿高称为齿顶高,以 h_a 表示;从分度圆到齿根圆的径向齿高称为齿根高,以 h_f 表示;从齿根圆到齿顶圆的径向齿高称为全齿高,以 h 表示。

$$h=h_a+h_f \tag{8-5}$$

(8)顶隙:为了防止互相啮合的一对齿轮的齿顶与齿根相碰,并便于储存润滑油,应使齿顶高略小于齿根高,在一轮齿顶到另一轮齿根间留有径向间隙[见图 8-9(b)],称为顶隙,以 c 表示。

8.4.2　直齿圆柱齿轮的基本参数

1. 齿数 z

齿数是指在齿轮整个圆周上轮齿的总数。

2. 模数 m

分度圆的周长 $=\pi d=pz$,则有

$$d=\frac{p}{\pi}z$$

由于 π 是无理数,给齿轮的设计、制造及检测带来不便。为此,人为地将比值 p/π 取为一些简单的有理数,并称该比值为模数,用 m 表示,单位是 mm。因此,分度圆直径 $d=mz$,分度圆齿距 $p=\pi m$。

显然,m 愈大(即 p 愈大),则轮齿愈大,轮齿的抗弯能力也愈高。齿轮许多几何尺寸都规定为 m 的函数,所以它是轮齿几何尺寸计算的基本参数。

齿顶圆相同时不同模数齿轮的齿形如图 8-10(a)所示。加工齿轮的刀具的模数也应与被加工齿轮的模数相同,为了限制刀具的数量,实现刀具和量具的标准化,我国已规定了标准的模数系列,见表 8-1。

表 8-1　标准模数(GB/T 1357—2008)　　(mm)

第一系列	1	1.25 20	1.5	2	2.5	3	4	5	6	8	10　12
	16		25	32	40	50					
第二系列	1.135	1.375	1.75	2.25	2.75	3.5	4.5	5.5			
	(6.5)	7	9	11	14	18	22	28	35	45	

注:①本标准适用于渐开线圆柱齿轮,对于斜齿轮是指其法面模数。

②选用模数时,应优先采用第一系列;括号内的模数尽可能不用。

3. 压力角 α

如前所述,渐开线齿廓上各点的压力角 α_K 是不相等的,如图 8-10(b)所示。齿廓在分度圆上的压力角称为分度圆压力角,通常也把它称为齿轮的压力角,以 α 表示,它也是加工轮齿时所用刀具的刀具角。为了便于设计制造,分度圆压力角已标准化,我国规定的标准压力角为 $\alpha=20°$。

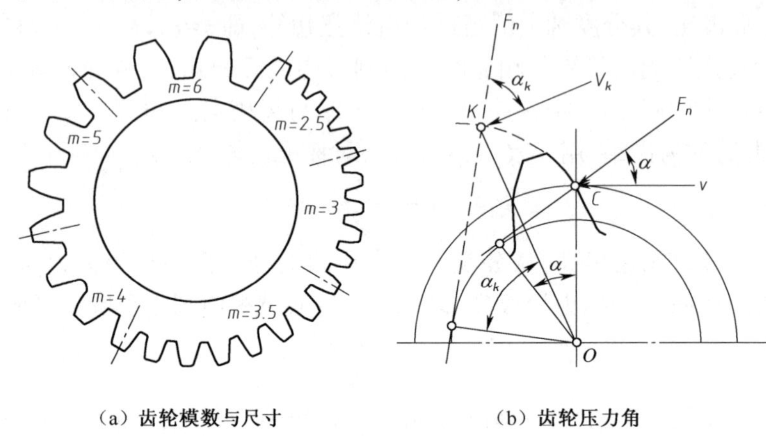

(a)齿轮模数与尺寸　　(b)齿轮压力角

图 8-10　齿轮模数与压力角

分度圆定义:分度圆就是齿轮上具有标准模数和标准压力角的圆。对于给定的齿轮,分度圆是唯一的。

4. 齿高系数和顶隙系数

轮齿的各部分高度都取为模数的倍数,对于标准圆柱齿轮,取

$$\left.\begin{aligned}&\text{齿顶高}\quad h_a=h_a^* m\\&\text{齿根高}\quad h_f=h_a+c=h_a^* m+c^* m=(h_a^*+c^*)m\end{aligned}\right\}\tag{8-6}$$

式中　h_a^*——齿顶高系数,标准规定正常齿 $h_a^*=1$,短齿 $h_a^*=0.8$;

c^*——顶隙系数,对于圆柱齿轮,标准规定正常齿 $c^*=0.25$,短齿 $c^*=0.3$。

8.4.3　标准直齿圆柱齿轮的几何尺寸计算公式

当齿轮的模数 m、压力角 α、齿顶高系数 h_a^*、顶隙系数 c^* 都是标准值,同时分度圆上齿厚 s 和齿槽宽 e 相等时,这样的齿轮称为标准齿轮。

一对标准齿轮传动正确安装时,两轮的分度圆相切,所以它也就是啮合时的节圆,节圆直径以 d' 表示,即 $d=d'$。对于多数非标准齿轮传动(正传动或负传动见 8.9 节),则 $d\neq d'$。

标准直齿圆柱齿轮的几何尺寸计算公式见表 8-2。

表 8-2　渐开线标准直齿圆柱齿轮几何尺寸计算公式

名称	符号	计算公式
分度圆直径	d	$d=mz$
齿顶高	h_a	$h_a=h_a^* m=m, h_a^*=1$
齿根高	h_f	$h_f=(h_a^*+c^*)m=1.25m, c^*=0.25$
全齿高	h	$h=h_a+h_f=2.25m$

续上表

名称	符号	计算公式
齿顶圆直	d_a	$d_a=d+2h_a=m(z+2)$
齿根圆直径	d_f	$d_f=d-2h_f=m(z-2.5)$
中心距	a	$a=\frac{d_1+d_2}{2}=\frac{m}{2}(z_1+z_2)$

8.4.4　齿条的齿形特点

当齿轮的齿数趋于无穷大时，其基圆和其他圆的半径也就趋于无穷大，此时各圆均变成一些相互平行的直线，渐开线齿廓也就变成了相互平行的直线齿廓，这就形成了齿条。

齿条（见图 8-11）具有如下特点：

（1）由于齿条齿廓为直线，所以齿廓线上各点的压力角均为标准值，且等于齿廓的倾斜角（也称为齿形角），对于标准齿条其值为 $\alpha=20°$。

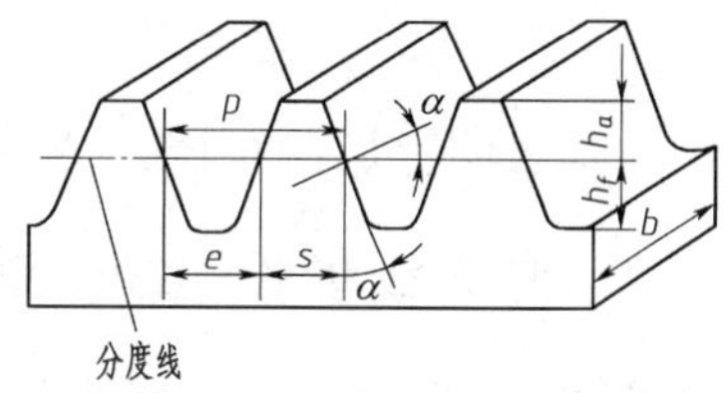

图 8-11　齿条的基本参数

（2）齿条两侧齿廓是由对称的斜直线组成的，因此，在平行于齿顶线的各条直线上具有相同的齿距，且有 $p=\pi m$。对于标准齿条而言，齿厚和齿槽宽相同的直线称为分度线，即 $s=\frac{\pi m}{2}$。

例 8-1　已知一标准直齿圆柱外齿轮 $m=2.5$ mm，$z=24$，求齿轮的几何尺寸。

解　由于为标准齿轮，故　　$h_a^*=1.0$、$c^*=0.25$、$\alpha=20°$

主要几何尺寸计算如下：

分度圆直径　　$d=mz=2.5\times24=60$（mm）

基圆直径以　　$d_b=mz\cos\alpha=2.5\times24\cos20°=56.38$（mm）

齿顶高　　$h_a=h_a^*m=1\times2.5=2.5$（mm）

齿根高　　$h_f=(h_a^*+c^*)m=(1+0.25)\times2.5=3.125$（mm）

齿全高　　$h=h_a+h_f=(2h_a^*+c^*)m=(2+0.25)\times2.5=5.625$（mm）

8.5　正确啮合的条件及重合度

8.5.1　渐开线齿轮正确啮合的条件

一对齿轮在正常工作过程中，当前一对齿在啮合线上的 K 点接触时，后一对齿在啮合线上 B_2 点接触，如图 8-12 所示。故两齿轮正确啮合的条件是：两个齿轮相邻齿的同侧齿廓在啮合线上的距离都应等于 B_2K。由渐开线的性质可知：齿轮相邻两齿同侧齿廓在法线上的距离等于其基圆上的齿距（基节），以 p_b 表示，故渐开线齿轮正确啮合的条件可写为

$$p_{b1}=p_{b2}$$

由于

$$p_{b1}=\frac{\pi d_{b1}}{z_1}=\frac{\pi d_1\cos\alpha_1}{z_1}$$
$$=p_1\cos\alpha_1=\pi m_1\cos\alpha_1$$
$$p_{b2}=\frac{\pi d_{b2}}{z_2}=\frac{\pi d_2\cos\alpha_2}{z_2}$$
$$=p_2\cos\alpha_2=\pi m_2\cos\alpha_2$$

故两轮正确啮合条件又可写为

$$m_1\cos\alpha_1=m_2\cos\alpha_2$$

由于 m 和 α 都是标准值,故满足上式的正确啮合条件为

$$\left.\begin{array}{l}m_1=m_2=m\\ \alpha_1=\alpha_2=\alpha\end{array}\right\}\tag{8-7}$$

上式表明:只有两齿轮的模数和压力角都相等时,才能正确啮合。

8.5.2 渐开线齿轮连续传动的条件

图 8-12 所示为一对相互啮合的齿轮,设轮 1 为主动轮,齿廓的啮合是由主动轮 1 的齿根与从动轮的齿顶接触开始,显然从动轮齿顶圆与啮合线的交点 B_2 是一对齿进入啮合的起始点。随着轮 1 推动轮 2 转动,两齿廓的啮合点沿着啮合线移动,当移动到主动轮齿顶圆与啮合线的交点 B_1 时(图 8-12 中虚线位置),这对齿廓即将分离,故 B_1 为这一对齿廓啮合的终止点。啮合线 N_1N_2 上的线段 B_1B_2 为齿廓啮合点的实际轨迹,称为实际啮合线。如果两轮顶圆增大,则啮合的起始点与终止点将向两端延伸,但因基圆内无渐开线,不能超过 N_1、N_2 点,故

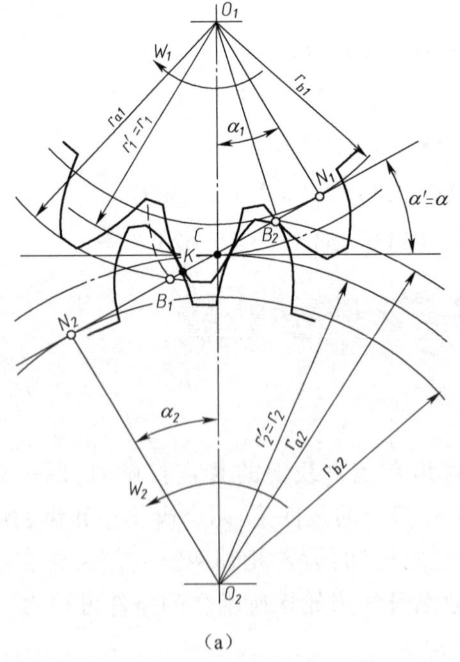

(a)

(b)

图 8-12 正确啮合 B_1B_2

N_1N_2 是理论上可能的最大啮合线段,称为理论啮合线。

当前一对轮齿啮合于 K 点,而后一对轮齿已达到啮合的起始点 B_2 时,则传动能够连续进行,如图 8-12 所示。若前一对齿超过 B_1 点,脱离啮合,而后一对轮齿尚未到达啮合的起始点 B_2,即未能进入啮合,这时传动发生中断,将引起冲击。所以,保证传动连续的条件是实际啮合线长度大于或至少等于相邻两齿同侧齿廓在啮合线上的距离 $\overline{KB_2}$。因 $\overline{KB_2}$ 等于基圆齿距 P_b,故连续传动的条件可写为

$$\overline{B_1B_2} \geqslant p_b \text{ 或 } \frac{\overline{B_1B_2}}{p_b} \geqslant 1$$

通常将实际啮合线长与基圆齿距的比值称为齿轮的重合度,用 ε 表示,即连续传动条件为

$$\varepsilon = \frac{\overline{B_1B_2}}{p_b} \geqslant 1 \tag{8-8}$$

理论上当 $\varepsilon=1$ 时就能保证齿轮连续传动,但由于齿轮的制造、安装误差和啮合时齿的变形等,实际上应使 $\varepsilon>1$。机械制造中常取 $\varepsilon \geqslant 1.1 \sim 1.4$。汽车、拖拉机的齿轮取低值,一般机械中的齿轮取高值。

8.6　公法线长度及固定弦齿厚

公法线长度和固定弦齿厚是对加工过程中或加工后的齿轮进行检验的两个项目。

8.6.1　公法线长度

发生线 A_1B_1 在基圆上做纯滚动,其两端点 A_1、B_1 的轨迹为对应的两条渐开线 E_A 与 E_B,如图 8-13(a)所示。根据渐开线特性,A_1B_1 和 A_2B_2 都是 E_A 和 E_B 的公法线,其长度

$$W = \overline{A_1B_1} = \overline{A_2B_2} = \overset{\frown}{AB} \text{ 常数} \tag{8-9}$$

显然,渐开线 E_A 和 E_B 在任意位置的公法线的长度均相等。如图 8-13(b)所示,当用卡尺的两个脚跨过 k 个轮齿(图中跨 3 齿),卡脚与相应齿廓相切时,两卡脚之间的距离为被测的公法线长度 W。由图 8-13(b)可知 $W=(k-1)p_b+s_b$,其中 p_b 为基节,s_b 为基圆的齿厚。可见通过测量公法线长的方法来检验基节或基圆齿厚,测量精度在一定条件下不受卡尺脚与齿廓接触点的位置所影响,且易于换算为分度圆上的齿距或齿厚。所以在齿轮加工中,对于模数较小的齿轮,广泛采用测量公法线平均长度偏差(即公法线长度的平均值与公称值之差)ΔW 来控制齿轮的侧隙(齿轮传动中两啮合齿非工作齿面间的间隙),并在零件图中标出公法线平均长度及其上、下极限偏差。

在测量时,卡尺的尺口最好分别与两对应的渐开线齿廓在分度圆附近相切,如图 8-13(c)所示。这就要求测量时跨齿数要适当。

表 8-3 给出了模数等于 1 mm 的标准齿轮跨齿数推荐值及其公法线长度 W',当模数为 m 时,其公法线长度应为

$$W = mW' \tag{8-10}$$

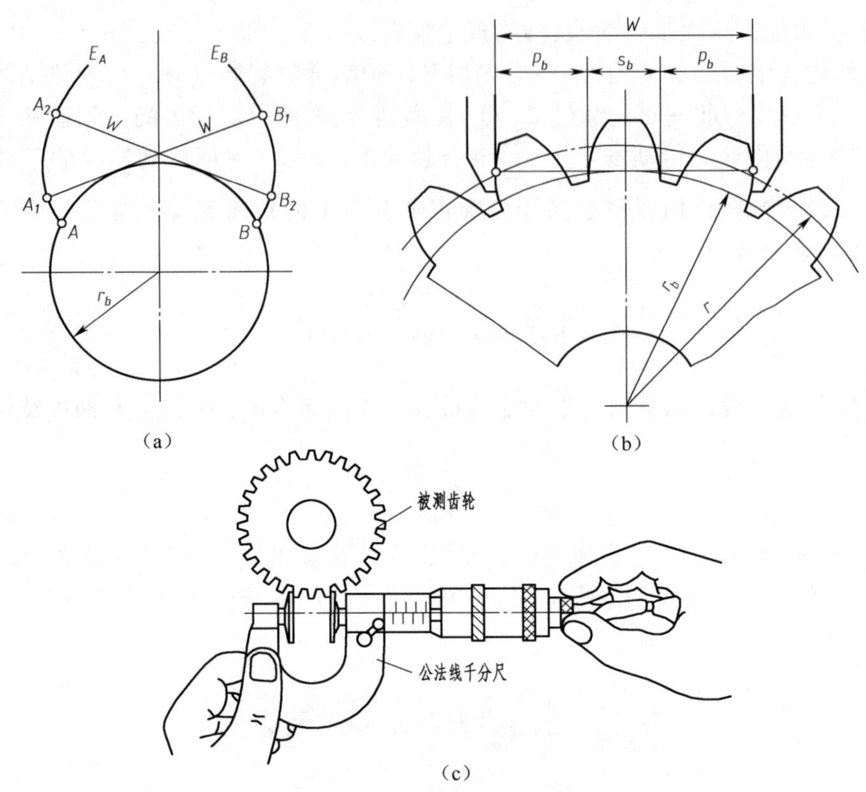

图 8-13 公法线长度和固定弦齿厚

表 8-3 公法线长度($m=1$ mm,$\alpha=20°$,$x=0$)

齿数 z	跨齿数 k	公法线长度 W'	齿数 z	跨齿数 k	公法线长度 W'
14	2	4. 624 3	33	4	10. 794 6
15	2	4. 638 3	34	4	10. 808 6
16	2	4. 652 3	35	5	13. 774 8
17	3	7. 618 4	36	5	13. 7888
18	3	7. 632 4	37	5	13. 802 8
19	3	7. 646 4	38	5	13. 816 8
20	3	7. 660 5	39	5	13. 830 8
21	3	7. 674 5	40	5	13. 844 8
22	3	7. 688 5	41	5	13. 858 8
23	3	7. 702 5	42	5	13. 872 8
24	3	7. 7165	43	5	13. 886 8
25	3	7. 730 5	44	6	16. 853
26	4	10. 696 6	45	6	16. 866 9
27	4	10. 710 6	46	6	16. 881
28	4	10. 724 6	47	6	16. 895
29	4	10. 738 6	48	6	16. 909
30	4	10. 752 6	49	6	16. 923
31	4	10. 766 6	50	6	16. 937
32	4	10. 780 6			

注:z>50 时,可查阅《机械零件设计手册》。

例 8-2　已知一渐开线标准直齿圆柱齿轮，$\alpha=20°$，$z=23$，$m=2.5$ mm，求其跨齿数及公法线长度。

解

计算与说明	主要结果
由表 8-3 查得 $m=1$ mm，$z=23$ 时，跨齿数 $k=3$， 公法线长度 $W'=7.7025$ $W=mW'=2.5\times7.7025=19.2563$ (mm)	$k=3$ $W=19.2563$ mm

8.6.2　固定弦齿厚

固定弦齿厚是指标准齿条的齿廓与齿轮齿廓对称相切时两切点之间的距离$\bar{s}_c$，如图 8-14 中的 AB，而固定弦至齿顶的距离，称为固定弦齿高，以 $\bar{h}_c$ 表示。

对模数相同、齿数不同的标准齿轮，它们的固定齿厚 $\bar{s}_c$ 及固定弦齿高$\bar{h}_c$ 为一常数。模数相同的齿轮具有相同的固定弦，这一特性对齿轮的生产和检验是很有利的。

8.6.3　分度圆弦齿厚

1. 分度圆弦齿厚的计算

GB/Z 18620.2—2008《径向综合编差、径向跳动、齿厚和侧隙的检验》中规定，齿厚偏差 ΔE_s 是指分度圆柱面上齿厚实际值与公称值之差。对于斜齿轮，指其法向齿厚。ΔE_s 是保证齿轮副侧隙的误差指标。由于分度圆弧齿厚不便于测量，所以实际上以分度圆弦齿厚来评定 ΔE_s。

如图 8-15(a)所示，同一轮齿左、右齿廓与分度圆的交点的连线为分度圆弦齿厚 $\bar{s}$，由齿顶至分度圆弦的距离为分度圆弦齿高$\bar{h}_a$，表 8-4 给出了当 $m=1$ mm、$x=0$ 时不同齿数的 $\bar{s}$ 与$\bar{h}_a$ 的数值。

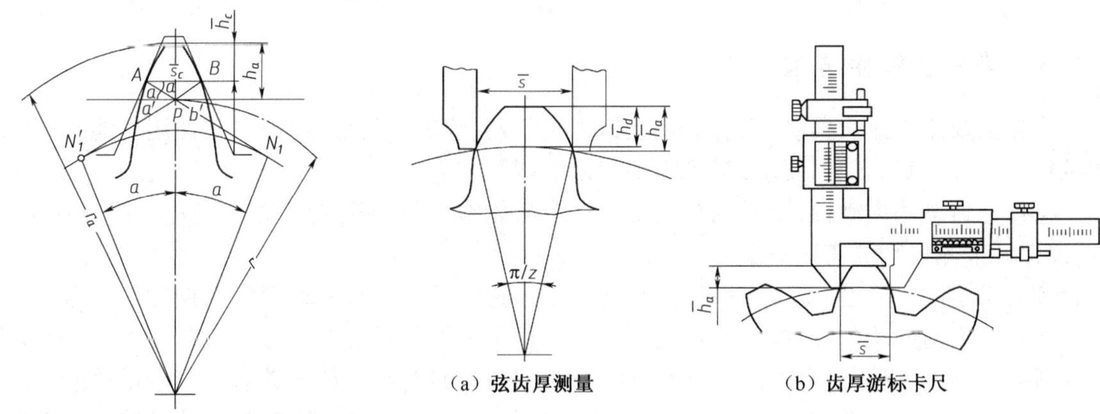

（a）弦齿厚测量
（b）齿厚游标卡尺

图 8-14　固定弦齿厚和固定弦齿高

图 8-15　齿厚测量

2. 分度圆弦齿厚的测量

分度圆弦齿厚常用齿厚游标卡尺测量，如图 8-15(b)所示。齿厚游标卡尺与普通游标卡尺的区别是多了一个垂直游标尺。测量时，考虑齿顶圆误差 Δr_a 对齿厚测量的影响，应按实际分度圆弦齿高$\overline{h'_a}$($\overline{h'_a}=\overline{h_a}+\Delta r_a$)来调整垂直刻尺的位置，则水平刻尺的示值$\overline{s'}$与公称值 $\bar{s}$ 之差，

即为齿厚偏差 ΔE_s。

$$\Delta E_s = \overline{s'} - \overline{s}$$

齿厚极限偏差参考值请查阅《机械零件设计手册》。

表 8-4 分度圆弦齿厚和分度圆弦齿高(摘录)

齿数 z	分度圆弦齿厚 $\overline{s}$	分度圆弦齿高 $\overline{h}_a$	齿数 z	分度圆弦齿厚 $\overline{s}$	分度圆弦齿高 $\overline{h}_a$
20	1.569 2	1.030 8	36	1.570 3	1.017 1
21	1.569 4	1.029 4	37	1.570 3	1.016 7
22	1.569 5	1.028 1	38	1.570 3	1.016 2
23	1.569 6	1.026 8	39	1.570 4	1.015 8
24	1.569 7	1.025 7	40	1.570 4	1.015 4
25	1.569 8	1.024 7	41	1.570 4	1.015 0
26	1.569 8	1.023 7	42	1.570 4	1.014 7
27	1.569 9	1.022 8	43	1.570 5	1.014 3
28	1.570 0	1.022 0	44	1.570 5	1.014 0
29	1.570 0	1.021 3	45	1.570 5	1.013 7
30	1.570 1	1.020 5	46	1.570 5	1.013 4
31	1.570 1	1.019 9	47	1.570 5	1.013 1
32	1.570 2	1.019 3	48	1.570 5	1.012 9
33	1.570 2	1.018 7	49	1.570 5	1.012 6
34	1.570 2	1.018 1	50	1.570 5	1.012 3
35	1.570 2	1.017 6			

8.7 齿轮的精度

8.7.1 齿轮的使用要求

齿轮主要用于减速器、机床、汽车、轧钢机及仪器、仪表中的齿轮传动,其使用功能不同,工作条件有差异。对其使用要求,都可归纳为以下四个方面:

①传递运动的准确性,即运动精度要求。指齿轮在一转范围内的速比变化不超过一定限度,以保证齿轮传动的速比恒定。

②传递运动平稳性,即工作平稳性精度要求。指工作时运转平稳,噪声、振动与冲击小。

③承受载荷的均匀性,即接触精度要求。为避免齿轮传动装置工作时载荷集中,减少齿面磨损,提高齿轮的使用寿命,要求齿轮承受的载荷分布均匀,从而使齿轮有较高的承载能力。

④齿轮副的侧隙要求。齿轮副的侧隙是指齿轮副在工作状态时非工作面间存在的空隙。齿轮副侧隙用来保证齿轮传动中啮合齿面间形成油膜润滑,补偿齿轮副的加工误差和安装误差,补偿受力变形和热变形。

8.7.2 齿轮的精度等级选择

《圆柱齿轮 ISO 齿面公差分级制 第 1 部分:齿面偏差的定义和允许值》(GB/T 10095.1—

2022)规定齿轮共有 13 个精度等级,用数字 0~12 由高到低依次排列。0~2 级是有待发展的精度等级,齿轮各项偏差的允许值很小。通常,将 3~5 级称为高精度,6~8 级称为中等精度,9~12 级称为低精度。

齿轮精度等级选择应根据传动用途、使用条件、圆周速度、传动功率及性能指标等要求确定。圆柱齿轮常用的精度等级范围见表 8-5。

表 8-5　圆柱齿轮常用精度等级范围

<table>
<tr><th colspan="2" rowspan="2">要素</th><th colspan="12">精度等级</th></tr>
<tr><th colspan="2">4</th><th colspan="2">5</th><th colspan="2">6</th><th colspan="2">7</th><th colspan="2">8</th><th colspan="2">9</th></tr>
<tr><td rowspan="2">圆周速度[①]/($m \cdot s^{-1}$)</td><td>直齿</td><td colspan="2">>30</td><td colspan="2">15~30</td><td colspan="2">10~15</td><td colspan="2">6~10</td><td colspan="2">≤6</td><td colspan="2">≤4</td></tr>
<tr><td>斜齿</td><td colspan="2">>50</td><td colspan="2">30~50</td><td colspan="2">15~30</td><td colspan="2">8~15</td><td colspan="2">≤8</td><td colspan="2">≤6</td></tr>
<tr><td colspan="2">应用范围</td><td colspan="2">用于高速且对运动平稳性、噪声有很高要求的齿轮,如高速汽轮机、航空发动机的齿轮;用于精密分度机构的末端齿轮</td><td colspan="2">用于高速且对运动平稳性、噪声有高要求的齿轮,如高速汽轮机、航空及船用齿轮;用于精密分度机构中间齿轮</td><td colspan="2">用于高速且对运动平稳性、噪声有较高要求的齿轮,如机床、机车、汽车、船舶及工业设备的重要齿轮,高速、中速减速器</td><td colspan="2">用于有平稳性、噪声要求的齿轮,如机床、机车、汽车、船舶及工业设备有可靠性要求的一般齿轮,中速减速器齿轮</td><td colspan="2">用于一般机械中,要求较平稳传动的齿轮,如冶金、矿山、石油、林业、农业、工程机械及普通减速齿轮</td><td colspan="2">用于速度较低、噪声要求不高的一般性工作齿轮</td></tr>
<tr><td colspan="2">切齿方法</td><td colspan="2">在高精密度机床上展成加工</td><td colspan="2">在精密机床上展成加工</td><td colspan="2">在高精度机床上展成加工</td><td colspan="2">在较高精度机床上展成加工</td><td colspan="2">在普通齿轮机床上展成加工</td><td colspan="2">一般展成或仿形法加工</td></tr>
<tr><td colspan="2">齿面终加工</td><td colspan="4">精密磨齿;精密滚齿后研齿或剃齿</td><td colspan="2">磨齿、精密滚齿或剃齿</td><td colspan="2">高精度切齿,对渗碳淬火齿轮要经磨齿、精刮、珩齿等</td><td colspan="2">不磨齿,必要时剃齿、刮齿或珩齿</td><td colspan="2">一般滚、插或铣齿加工</td></tr>
<tr><td colspan="2" rowspan="2">表面粗糙度 $Ra/\mu m$</td><td>硬化</td><td>调质</td><td>硬化</td><td>调质</td><td>硬化</td><td>调质</td><td>硬化</td><td>调质</td><td>硬化</td><td>调质</td><td>硬化</td><td>调质</td></tr>
<tr><td>≤0.4</td><td colspan="2">≤0.4</td><td>≤1.6</td><td>≤0.8</td><td colspan="2">≤1.6</td><td colspan="2">≤3.2</td><td>≤6.3</td><td>≤3.2</td><td>≤6.3</td></tr>
<tr><td colspan="2">单级传动效率</td><td colspan="5">0.99 以上</td><td colspan="2">0.98 以上</td><td colspan="2">0.97 以上</td><td colspan="3">0.96 以上</td></tr>
</table>

注:① 圆周速度指齿轮节圆的圆周速度。

标准将单个齿轮的有关精度分为三个公差组。第Ⅰ公差组包括主要影响齿轮传递运动准确性的有关公差项目,第Ⅱ公差组包括影响传动平稳性的有关公差项目,第Ⅲ公差组包括影响载荷分布均匀性的有关公差项目。齿轮副齿侧间隙的确定应根据齿轮传动装置所需要的最小和最大侧隙计算足够的齿厚减薄量,并以齿厚极限偏差或公法线平均长度极限偏差形式表示。

以上各组公差所需检查的项目以及它们的定义及性质,请参阅《机械零件设计手册》。

8.7.3　图样注写的规定

标准规定在齿轮零件图上应标注齿轮精度等级和齿厚极限偏差的字母代号或数值。齿轮的三个公差组精度皆为 7 级,其齿厚上偏差代号为 F,下偏差代号为 L,标注为

7 FL GB/T 10095.1

例 8-3 齿轮第Ⅰ公差组精度为 7 级,第Ⅱ公差组与第Ⅲ公差组精度皆为 6 级,齿厚上偏差代号为 G,下偏差代号为 M,应标注为

7-8-6GM GB/T 10095.1

8.8 渐开线齿廓的加工、根切与最少齿数

8.8.1 齿轮轮齿的加工方法

轮齿的加工方法主要有铸造法、模锻法、粉末冶金和切削加工法,其中以切削加工法使用最广泛,最常用的切削加工方法可分为成形法和展成法两大类。

1. 成形法

所谓成形法,是用具有渐开线齿形的成形铣刀,在铣床上直接切出轮齿,如图 8-16 所示。

这类加工方法简单,不需要专用机床,但生产效率低,精度差,故仅适用于单件或小批生产的低精度(9 级以下)齿轮,主要用于生产人字齿轮[见图 8-2(c)]。

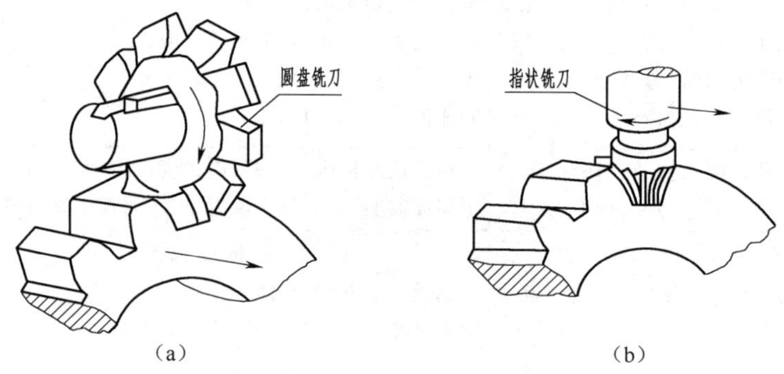

图 8-16 成形法加工齿轮

2. 展成法(也叫范成法)

展成法是利用一对齿轮(或齿轮与齿条)在啮合传动时,其齿廓互为包络的原理来加工的。如将其中的一个齿轮(或齿条)做成刀具,则可切出与之啮合的另一齿轮的齿廓。因此,对同一模数 m 和压力角 α 而齿数不同的齿轮就可用同一把刀具进行加工。展成法种类很多,常用的有插齿与滚齿。

(1)插齿

图 8-17(a)所示为用齿轮插刀加工齿轮的情况。在机床传动系统控制下,齿轮插刀和齿轮毛坯间以一对齿轮相互啮合的关系按恒定的速比做旋转运动,同时插刀作上下往复的切削运动以及其他进、退刀等辅助运动,直至切出全部轮齿为止。刀具的齿顶比正常齿轮高出 c^*m,以便切出具有标准齿根高的齿轮,保证该齿轮工作时获得顶隙。加工时齿廓形成过程如图 8-17(b)所示。用这种加工方法不仅可以加工外啮合齿轮,还可以加工内啮合齿轮。

图 8-18(a)所示为用齿条插刀加工齿轮的情况。齿条插刀的齿廓如图 8-19 所示。与齿轮插刀加工齿轮的原理相同,加工时轮坯回转,齿条刀水平移动,而且齿条刀水平移动速度与轮

坯分度圆处的圆周速度相等。与此同时,齿条刀沿轮坯轴线方向作上下往复的切削运动。

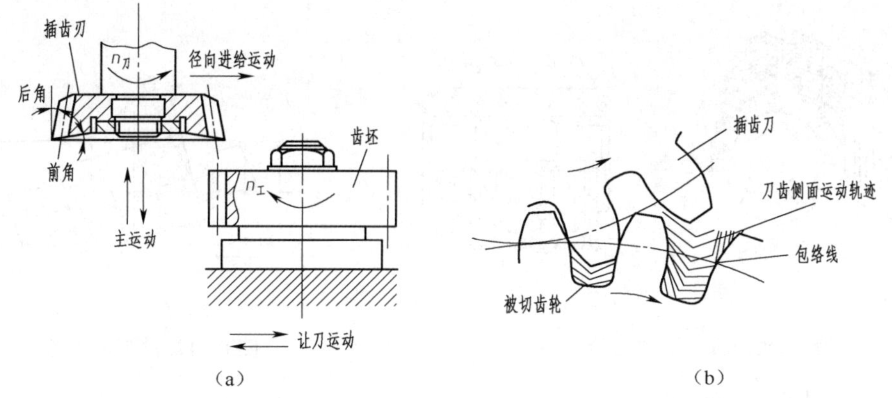

图 8-17　展成法加工齿轮

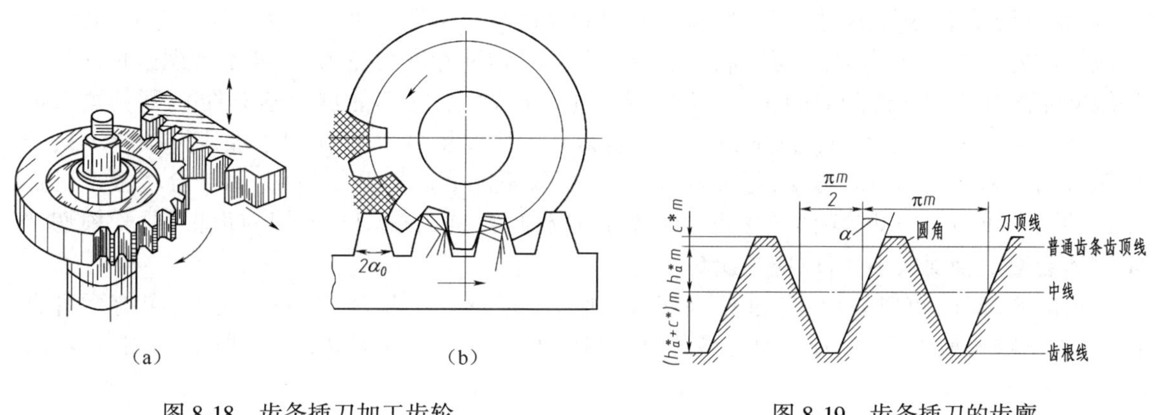

图 8-18　齿条插刀加工齿轮

图 8-19　齿条插刀的齿廓

其齿形的展成过程如图 8-18(b)所示,齿条刀两齿廓间的夹角为 $2\alpha_0$,α_0 称为刀具角,其大小与齿轮分度圆上的压力角相等。

在切制标准齿轮时,应令轮坯径向进给直至刀具中线与轮坯分度圆相切并保持纯滚动。这样切成的齿轮,分度圆齿厚与齿槽宽相等,即 $s=e=\frac{\pi m}{2}$,且模数和压力角与刀具的模数和压力角分别相等。

(2)滚齿

图 8-20 所示为用滚刀加工齿轮的情况。当滚刀转动时,在图示的水平剖面内相当于一直刃齿条与齿轮啮合,故和齿条插刀插齿一样,按展成原理切出齿轮轮齿的渐开线齿廓。

当滚切圆柱齿轮时,为使滚刀的螺旋线方向与被加工轮齿方向一致,在安装滚刀时,需使其轴线与轮坯端面成一角度,在加工直齿轮时,此角度即为滚刀的螺旋导程角,如图 8-21 所示。此导程角虽小,但却由此再次产生误差。因而,其加工精度不如齿条插刀。此外,滚齿只能加工外啮合齿轮。

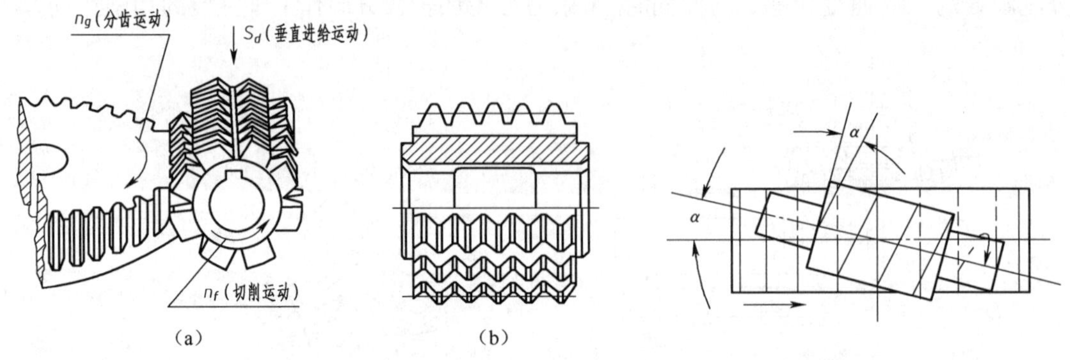

图 8-20 滚刀加工齿轮

图 8-21 滚刀的安装

8.8.2 根切和最少齿数

在模数和传动比给定的情况下,小齿轮的齿数越少,大齿轮齿数以及齿数和 z_1+z_2 也越少,齿轮机构的中心距、尺寸和重量也减小,因此设计时希望把 z_1 取得尽可能小。但是对于渐开线标准齿轮,其最少齿数是有限制的。以齿条刀具切削标准齿轮为例,若不考虑齿顶线与刀顶线间非渐开线圆角部分(这部分刀刃主要用于切出顶隙,它不能展成渐开线),则其关系如图 8-22 所示,图中 N_1 为啮合线的极限点。若刀具齿顶线超过 N_1 点(图中虚线齿条所示),则由基圆内无渐开线的性质可知,超过 N_1 的刀刃不仅不能展成渐开线齿廓,而且会将根部已加工出的渐开线切去一部分(如图中虚线齿廓),这种现象称为根切。根切使齿根削弱,根切严重时还会使重合度减小,所以应当避免。

由图 8-22(a)可以看出:要避免根切,应使刀具齿顶线不超过 N_1 点。为此,可有两种办法:一种是限制最少齿数,另一种是移动刀具的位置(变位)。如图 8-22(b)所示,图中 CO_1 表

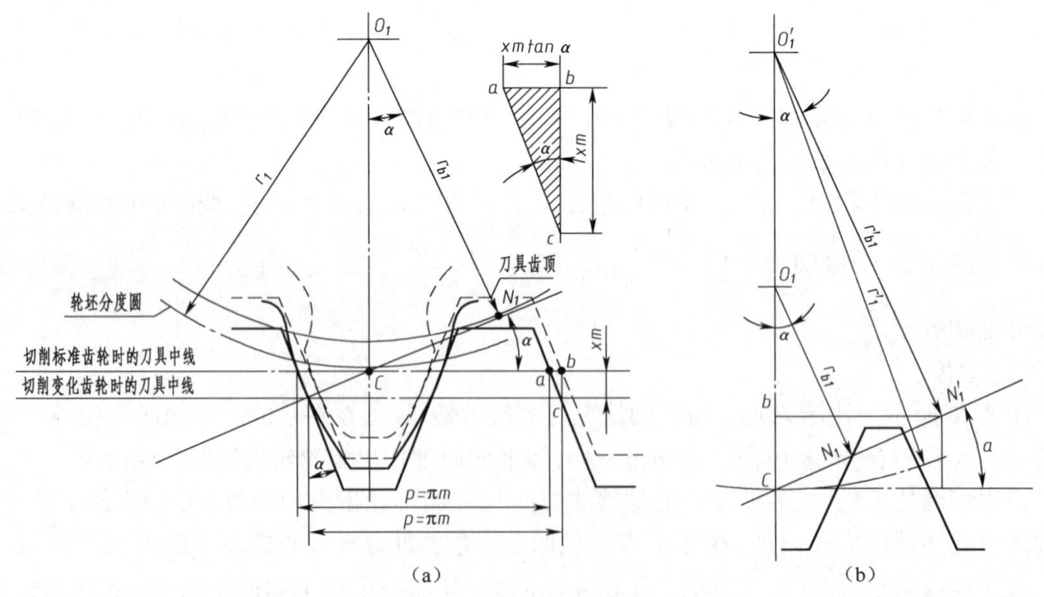

图 8-22 齿轮根切原理

示被切齿轮的分度圆半径,当其齿数增多,分度圆半径增大,轮坯中心线上移到 O_1' 处时,啮合线的极限点 N_1 也随之上移到 N_1' 处,达到齿条刀齿顶线的上方,从而避免根切。反之,齿轮齿数愈少,则极限点 N_1 下移,而根切也就愈严重。为了避免根切,从图 8-22(b)可见,应使

$$\overline{bc}>h_a^* m$$

整理可得,对用齿条型刀具(如滚刀)加工的齿轮其最少齿数为

$$z_{min}=\frac{2h_a^*}{\sin^2\alpha} \tag{8-11}$$

对于标准齿轮,当 $\alpha=20°, h_a^*=1$ 时,由上式可算得避免根切的最少齿数 $z_{min}=17$。

8.9　变位齿轮简介

标准齿轮存在下列主要缺点:

①标准齿轮的齿数必须大于或等于最少齿数 z_{min},否则会产生根切。

②标准齿轮不适用于实际中心距 a' 不等于标准中心距 a 的场合。当 $a'>a$ 时,采用标准齿轮虽仍然保持定角速比,但会出现过大的齿侧间隙,重合度也减小;当 $a'<a$ 时,因较大的齿厚不能嵌入较小的齿槽宽,致使标准齿轮无法安装。

③一对互相啮合的标准齿轮,小齿轮齿根厚度小于大齿轮齿根厚度,抗弯能力有明显差别。

为了弥补上述不足,在机械中出现了变位齿轮。它可以制成齿数少于 z_{min} 而无根切的齿轮,实现非标准中心距的无侧隙传动,使大、小齿轮的抗弯能力比较接近。

图 8-22(a)中,虚线表示用齿条插刀或滚刀切制齿数小于最少齿数的标准齿轮而发生根切的情形。这时刀具的中线与齿轮的分度圆相切,刀具的齿顶线超出了极限点 N_1。如果将刀具自轮坯中心向外移出一段距离 xm,使其齿顶线正好通过极限点 N_1,如图中实线所示,则切出的齿轮可以摆脱根切现象。这时与齿轮分度圆相切并作纯滚动的已经不是刀具的中线,而是与之平行的另一条直线(通称分度线)。用这种改变刀具相对位置的方法切制的齿轮称为变位齿轮。

以切削标准齿轮时的位置为基准,刀具的移动距离 xm 称为变位量,x 称为变位系数,并规定刀具远离轮坯中心时 x 为正值,称正变位;反之,刀具趋近轮坯中心时 x 为负值,称负变位。

用同一把齿条刀切出齿数相同的标准齿轮、正变位齿轮及负变位齿轮。它们的模数、压力角、分度圆、齿距及基圆等均相同。由于 x 的不同,虽然它们的齿廓渐开线均由相同的基圆展开,但所取的部位不同,如图 8-23 所示。同时,它们的齿顶高、齿根高、齿厚及槽宽各不相同。

图 8-22(a)中刀具作正变位,其分度线上的齿槽宽比中线上的齿槽宽增大了 $2\overline{ab}$,故齿轮的分度圆齿厚也增大了 $2\overline{ab}$,与此相对应,齿轮分度圆上的齿槽宽则减小了 $2\overline{ab}$。由图 8-22(a)可知

$$\overline{ab}=xm\tan\alpha \tag{8-12}$$

因此变位齿轮分度圆齿厚和齿槽宽的计算式分别为

$$s=\frac{\pi m}{2}+2xm\tan\alpha \tag{8-13}$$

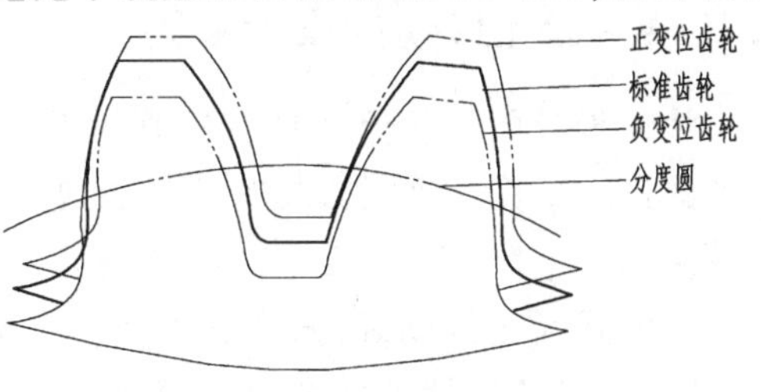

图 8-23　齿轮的变位

$$e=\frac{\pi m}{2}-2xm\tan\alpha \tag{8-14}$$

以上二式对正变位和负变位都适用。负变位时 x 以负值代入。

由上述可知,正变位不仅可制出齿数小于 z_{min} 且无根切的齿轮,而且还能增大齿厚,提高轮齿的抗弯强度。

根据相啮合的两齿轮变位系数之和的不同,变位齿轮传动可分为下列三种类型:

(1)零传动即 $x_1+x_2=0$,此时两轮中心距不变。故节圆直径 $d'=d$ 不变,啮合角不变。

当 $x_1=x_2=0$ 时,即为标准齿轮传动。

当 $x_1=-x_2$ 时,为等移距变位齿轮传动,因其齿顶圆半径与齿根圆半径有变化,齿顶高和齿根高已不同于标准齿轮的齿顶高和齿根高,故又称为高度变位传动。

(2)正传动即 $x_1+x_2>0$,其中心距大于标准中心距,多用于增加齿轮强度。

(3)负传动即 $x_1+x_2<0$,其中心距小于标准中心距,分度圆齿厚减小,多用于凑中心距。因正传动及负传动的节圆与分度圆不重合,故啮合角与分度圆上的压力角不等,即啮合角发生了变化,所以这两种传动又称为角度变位传动。

表 8-6 为高度变位齿轮传动的几何尺寸计算,学习时可与表 8-2 作对比。角度变位几何尺寸在此不列出,使用时请查阅有关手册。

表 8-6 正常齿高度变位齿轮传动的几何尺寸计算

序号	名称	符号	公式及数表
1	齿数	z_1、z_2	$z_1+z_2\geqslant 34$
2	变位系数	x_1、x_2	$\lvert x_1\rvert=\lvert x_2\rvert\neq 0,x_1+x_2=0,x_1\geqslant\frac{17-z_1}{17},x_2\geqslant\frac{17-z_2}{17}$
3	中心距	a'	$a'=a=\frac{m}{2}(z_1+z_2)$
4	啮合角	α'	$\alpha'=\alpha=20°$
5	节圆直径	d_1'、d_2'	$d_1'=d_1=mz_1,d_2'=d_2=mz_2$
6	齿顶圆直径	d_{a1}、d_{a2}	$d_{a1}=d_1+m(2+2x_1),d_{a2}=d_2+m(2+2x_2)$
7	齿根圆直径	d_{f1}、d_{f2}	$d_{f1}=d_1-m(2.5-2x_1),d_{f2}=d_2-m(2.5-2x_2)$

8.10 标准直齿圆柱齿轮的强度计算

8.10.1 齿轮传动的设计准则

为使设计的齿轮传动具有足够的工作能力,应针对不同的工作情况及失效形式分别确立相应的设计准则。通常以按齿根弯曲疲劳强度和齿面接触疲劳强度为主的两个准则进行设计计算。

对闭式齿轮传动,齿面为软齿面($\leqslant$350 HBS)时,先按接触疲劳强度进行设计确定主要尺寸,然后验算弯曲疲劳强度;当一对齿轮均为硬齿面(>350 HBS)时,先按弯曲疲劳强度进行设计,确定模数及主要尺寸,然后验算接触疲劳强度。对开式齿轮传动,则只按弯曲疲劳强度进行设计,用将模数增大 10% 的办法,来考虑磨粒磨损对轮齿强度削弱的影响。

8.10.2　轮齿的受力分析

图 8-24 所示为一对标准直齿圆柱齿轮在节点处接触时的受力情况。若略去摩擦力,则轮齿之间总压力 F_n 将沿啮合线作用。为了计算方便,将法向力 F_n 分解为互相垂直的两个分力:

$$\left.\begin{aligned}&\text{切向力}\quad F_t=\frac{2T_1}{d_1}\\&\text{径向力}\quad F_r=F_t\tan\alpha\end{aligned}\right\}\tag{8-15}$$

$$\text{法向力}\quad F_n=\frac{F_t}{\cos\alpha}=\frac{2T_1}{d_1\cos\alpha}\tag{8-16}$$

式中　T_1——小齿轮上的转矩,N · mm;

d_1——小齿轮分度圆直径,mm;

α——啮合角。

各力的单位均为 N,切向力 F_t 的方向在主动轮上与其转向相反,在从动轮上与其转向一致。而径向力 F_r 的方向均指向轮心。

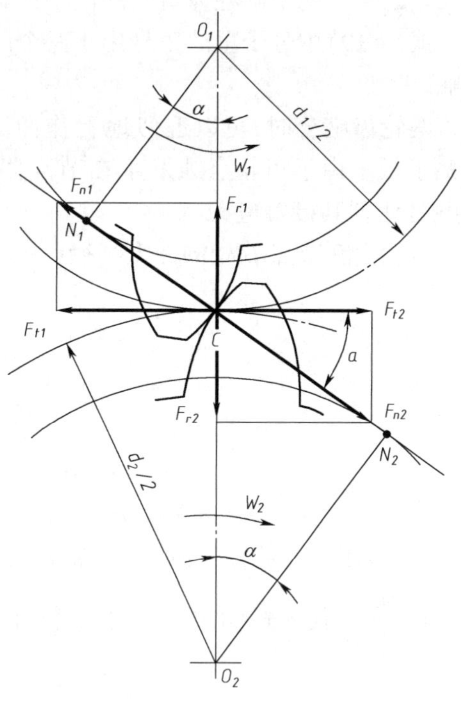

图 8-24　节点处的受力情况

8.10.3　齿轮接触强度计算

限制齿面接触应力,可以防止齿面点蚀破坏。轮齿在啮合过程中,齿廓接触点是不断变化的,但由于圆柱直齿轮在节点附近往往是单对齿啮合,轮齿受力较大,故点蚀首先出现在节点附近。因此,通常都会计算节点处的接触疲劳强度。为了计算齿面接触应力的大小,首先研究两个圆柱体接触应力计算。

如图 8-25 所示,在载荷 F_n 的作用下,接触区产生的最大接触应力可以根据弹性力学中的赫兹公式进行计算

$$\sigma_H=\sqrt{\frac{F_n\left(\dfrac{1}{\rho_1}\pm\dfrac{1}{\rho_2}\right)}{\pi L\left(\dfrac{1-\mu_1^2}{E_1}+\dfrac{1-\mu_2^2}{E_2}\right)}}\tag{8-17}$$

式中　F_n——作用在两个圆柱体上的压力,N;

L——两个圆柱体的长度,mm;

ρ_1,ρ_2——两个圆柱体的半径,mm;

E_1,E_2——两个圆柱体材料的弹性模量;

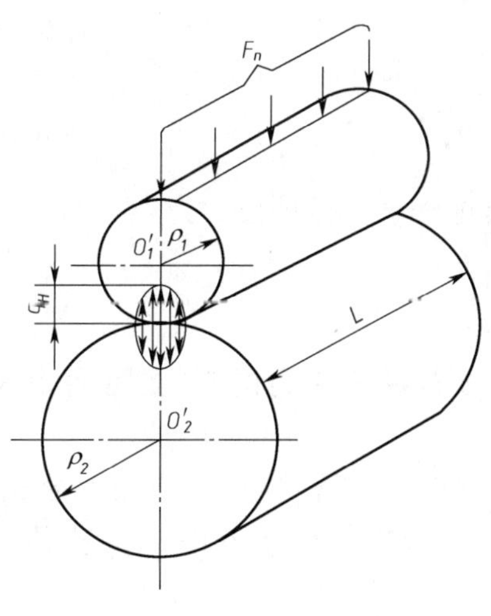

图 8-25　接触区应力

μ_1,μ_2——两个圆柱体材料的泊松比。

式(8-19)中分子里的正号用于两个凸圆柱体接触,负号用于一个凸圆柱与一个凹圆柱体接触。

两轮齿啮合时,可以近似地看作两圆柱体的接触,该圆柱体的半径即为接触点齿廓的曲率半径。由于齿轮点蚀发生在节点附近的齿根表面,为了简化计算,就按两轮齿在节点接触时计算其接触应力。

两轮齿在节点 C 处的曲率半径(图 8-24)为

$$\rho_1=\overline{N_1C}=\frac{d_1}{2}\sin\alpha$$

令

$$\rho_2=\overline{N_2C}=\frac{d_2}{2}\sin\alpha$$

整理得

$$\frac{1}{\rho_1}\pm\frac{1}{\rho_2}=\frac{\rho_2\pm\rho_1}{\rho_1\rho_2}=\frac{2(d_2\pm d_1)}{d_1d_2\sin\alpha}=\frac{u\pm1}{u}\cdot\frac{2}{d_1\sin\alpha}$$

式中,正号用于外啮合,负号用于内啮合。

将$\frac{1}{\rho_1}\pm\frac{1}{\rho_2}$代入式(8-17),并引入载荷系数 K 得

$$\sigma_{\mathrm{H}}=\sqrt{\frac{1}{\pi\left(\frac{1-\mu_1^2}{E_1}+\frac{1-\mu_2^2}{E_2}\right)}\cdot\frac{2}{\cos\alpha\sin\alpha}\cdot\frac{2KT_1}{d_1^2b}\cdot\frac{(u\pm1)}{u}}$$

令

$$z_E=\sqrt{\frac{1}{\pi\left(\frac{1-\mu_1^2}{E_1}+\frac{1-\mu_2^2}{E_2}\right)}}$$

$$z_{\mathrm{H}}=\sqrt{\frac{2}{\cos\alpha\sin\alpha}}$$

代入上式整理,得齿面接触强度验算公式为

$$\sigma_{\mathrm{H}}=z_Ez_{\mathrm{H}}\sqrt{\frac{2KT_1}{d_1^2b}\cdot\frac{(u+1)}{u}}\leqslant[\sigma_{\mathrm{H}}] \tag{8-18}$$

将 $b=\psi_dd_1$ 代入式(8-18),可得直齿圆柱齿轮按齿面接触强度的设计公式为

$$d_1=\sqrt[3]{\frac{2KT_1(u\pm1)}{\psi_{\mathrm{d}}u}\left(\frac{z_Ez_{\mathrm{H}}}{[\sigma_{\mathrm{H}}]}\right)^2} \tag{8-19}$$

式中 z_E——弹性系数,考虑材料弹性模量 E 和泊松比 μ 对赫兹应力的影响,可由表 8-7 查得;

z_{H}——节点区域系数,考虑节点处齿廓曲率半径的影响,对于标准直齿圆柱齿轮 $z_{\mathrm{H}}=2.5$,对于标准斜齿圆柱齿轮 $\beta=8°\sim15°$时,$z_{\mathrm{H}}=2.42\sim2.46$,$\beta$ 小时 z_{H} 取大值;

$[\sigma_{\mathrm{H}}]$——许用接触应力,MPa;

T_1——小齿轮的转矩,N · mm;

b——齿轮轮齿宽度，mm；

K——载荷系数，$K=K_A \cdot K_v \cdot K_\beta$；

K_A——使用系数，用以考虑齿轮系统外部原因（齿轮箱的使用场合、原动机和工作机的工作特性等）引起的动力过载的影响，其值可由表 8-8 选取；

K_v——动载系数，考虑由齿轮副的啮合振动引起的内部动力过载的影响，对于速度不太高的中等精度（7~9 级）齿轮，可取 $K_v=1.1\sim1.2$，直齿轮取大值，斜齿轮取小值；

K_β——齿向载荷分布系数，考虑载荷沿齿宽方向分布不均匀的影响，可由图 8-26 查得；

u——齿数比，$u>1$；

ψ_d——齿宽系数，按表 8-9 查取。

表 8-7　弹性系数 z_E　　（$\sqrt{(\text{MPa})}$）

配对材料	钢对钢	钢对铸钢	钢对铸铁	钢对球墨铸铁	铸铁对铸铁
z_E	189.8	188.9	165.4	181.4	146.0

表 8-8　减速齿轮装置的使用系数 K_A

原动机工作特性及其示例	工作机械工作特性及其实例		
	均匀平衡	中等振动	严重冲击
	如发电机、带式输送机、板式输送机、螺旋输送机、轻型升降机、电葫芦、机床进给机构、通风机、透平鼓风机、透平压缩机、均匀密度材料搅拌机	如机床主传动、重型升降机、起重机回转机构、矿山通风机、非均匀密度材料搅拌机、多缸柱塞泵、进料泵	如冲床、剪床、橡胶压榨机、轧机、挖掘机、重型离心机、重型进料泵、旋转钻机、压坯机、挖泥机
平均平稳（如电动机、蒸汽轮机）	1	1.25	1.75 或更大
轻微振动（如多缸内燃机）	1.25	1.5	2.00 或更大
中等振动（如单缸内燃机）	1.5	1.75	2.25 或更人

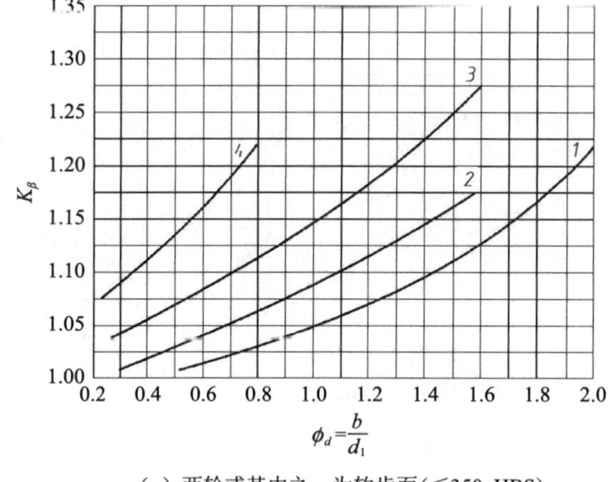

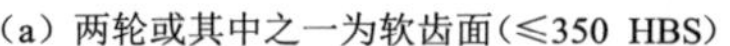
（a）两轮或其中之一为软齿面（≤350 HBS）

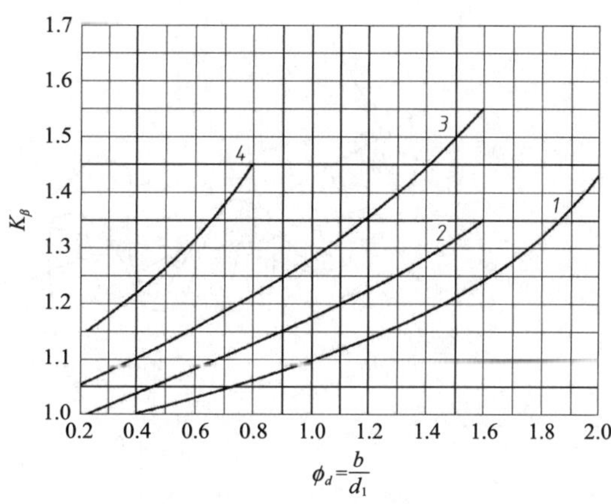

（b）两轮均为硬齿面（>350 HBS）

图 8-26　K_β 参数

1—齿轮对称布置于两轴承之间；2—齿轮非对称布置于两轴承间，且轴刚性较大；
3—齿轮非对称布置于两轴承间，且轴刚性较小；4—齿轮悬臂布置

表 8-9 齿宽系数 $\psi_d=b/d_1$

齿轮相对于轴承位置	软齿面	硬齿面
	齿面硬度≤350 HBS	齿面硬度>350 HBS
对称布置	0.8~1.4	0.4~0.9
非对称布置	0.6~1.2	0.6~0.6
悬臂布置	0.3~0.4	0.2~0.25

8.10.4 轮齿弯曲强度计算

为防止轮齿的折断必须限制轮齿根部的弯曲应力。一对齿轮啮合时，通常重合度 ε 在 1~2 之间。故在齿根或齿顶接触时应有两对齿受力，在节点附近只有一对齿受力，危险加载点为单齿对啮合区上界点。然而，对于制造精度不高的齿轮(如 7、8、9 级)，由于基节误差，最危险的情况是在齿顶啮合时只有一对轮齿受力，所以在齿根弯曲强度计算时，假定全部载荷作用在一个齿的齿顶上，并把轮齿看成悬臂梁，在法向力 F_n 的作用下齿根处产生的弯曲应力最大。其危险截面按 30°切线法确定，即作和齿廓中线成 30°。夹角的两条直线与齿根过渡曲线相切，如图 8-27(b)所示，两切点之间的距离 s_F 为齿根危险截面宽度。法向力 F_n 与齿廓中线的交点 M 至危险截面的距离 h_F 为弯曲力臂。按材料力学方法将 F_n 的作用点移到 M 点上，并分解为

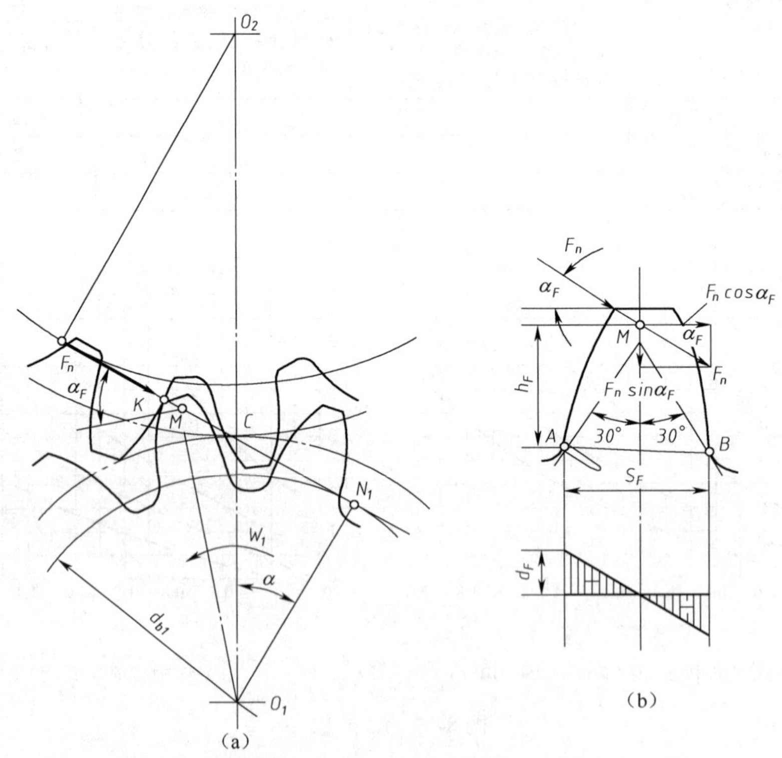

图 8-27 齿轮受力图

互相垂直的 $F_n\cos\alpha_F$(使轮齿受弯曲),$F_n\sin\alpha_F$(使轮齿受压)两个分力。由于 $F_n\sin\alpha_F$ 产生的压应力较小,简化计算时一般忽略不计,只按 $F_n\cos\alpha_F$ 进行弯曲强度计算,并对齿根部分应力集中的影响用应力修正系数 Y_{Sa},进行修正。根据图 8-27(b)所示,齿根危险截面的弯曲应力为

$$\sigma_F=\frac{M}{W}=\frac{F_n\cos\alpha_F h_F}{\frac{bs_F^2}{6}}=\frac{2KT_1 6(h_F/m)\cos\alpha_F}{dd_1 m(s_F/m)^2\cos\alpha}$$

令

$$Y_{Fa}=\frac{6(h_F/m)\cos\alpha_F}{(s_F/m)^2\cos\alpha}$$

考虑应力修正系数 Y_{Sa} 的影响,则弯曲强度的计算公式为

$$\sigma_F=\frac{2KT_1}{bd_1m}Y_{Fa}Y_{Sa}\leqslant[\sigma_F] \tag{8-20}$$

引入齿宽系数 $\psi_d=b/d_1$,可得轮齿弯曲强度的设计公式为

$$m\geqslant\sqrt[3]{\frac{2KT_1Y_{Fa}}{\psi dz_1^2[\sigma_F]}} \tag{8-21}$$

式中　Y_{FS}——复合齿形系数,$Y_{FS}=Y_{Fa}Y_{sa}$ 是与齿形有关的系数,与模数无关,只与齿数有关,可按表 8-10 查得;

$[\sigma_F]$——许用弯曲应力,MPa;

K、T_1、b、ψ_d——意义同前。

一般说来,配偶齿轮的齿数和材料不同,为使两轮的弯曲强度都能满足,需将 $Y_{FS1}/[\sigma_{F1}]$ 与 $Y_{FS2}/[\sigma_{F2}]$ 中较大值代入式中计算,求得模数 m 之后,应参照表 8-1 取成标准值。动力传动齿轮的模数不得小于 1.5~2。对于开式齿轮传动,为补偿齿面磨损,应将计算所得模数增大 10%~15%。

表 8-10　复合齿形系数 Y_{FS}

$z(z_v)$	17	18	19	20	21	22	23	24	25	26	27
Y_{FS}	4.51	4.45	4.41	4.36	4.33	4.30	4.27	4.24	4.21	4.19	4.17
$z(z_v)$	28	30	35	40	50	60	70	80	90	100	150
Y_{FS}	4.15	4.12	4.06	4.04	4.01	4	3.99	3.98	3.97	3.96	4

8.11　齿轮的常用材料和许用应力

8.11.1　齿轮的常用材料

设计齿轮时应使轮齿的齿面有较高的抗磨损、点蚀、胶合及塑性变形的能力,齿根要有较高的抗折断能力。所以,对材料的要求主要是齿面要硬,齿心要韧。

齿轮最常用的材料是钢,其次是铸铁,某些情况下也有采用尼龙、塑料和有色金属的。

1. 钢

因锻钢的质量比铸钢好,一般采用锻钢,当齿轮尺寸较大($d_a\geqslant$400~500 mm)不宜锻造时,采用铸钢齿轮。

齿轮材料按齿面硬度分为软齿面齿轮和硬齿面齿轮两类。

(1)齿面硬度≤350 HBS 为软齿面齿轮,这类齿轮是先进行热处理(调质或正火)后切齿,常用的材料有 45、40Cr、42SiMn、ZG35SiMn。

(2)齿面硬度>350 HBS 为硬齿面齿轮,这类齿轮在切齿后进行最终热处理(淬火、渗碳、氮化),必要时再进行磨削,消除因最终热处理产生的变形。所采用的钢材分为两类:一类是调质钢(中碳钢和中碳合金钢),另一类是渗碳钢(低碳钢和低碳合金钢,如 20、20Cr、20CrMnTi 等)。这类齿轮由于齿面硬度高,而齿心部又具有较好的韧性,因此齿面不仅耐磨,而且整个轮齿的抗冲击能力高,适用于要求尺寸较小的机械中。

2. 铸铁

铸铁性质较脆,所以抗弯强度和抗冲击性能差,一般用于工作平稳、速度较低、功率不大的开式传动,而球墨铸铁力学性能较高,有时可代替铸钢,常用的材料有 HT200、HT300 及 QT500-5。

常用的齿轮材料及热处理后的硬度等力学性能列于表 8-11 中。

表 8-11 几种常用的齿轮材料及热处理后的力学性能

材料	热处理方法	齿面硬度	σ_{Hmin}②/MPa	σ_{Flim}②/MPa
45	正火	162~217 HBS	0. 87HBS①+380	0. 7HBS+275
	调质	217~286 HBS		
	表面淬火	40~50 HRC	10HRC①+670	<52HRC 时,10. 5HRC+195 >52HRC 时,740
40Cr、40MnB	调质	240~285 HBS	1. 4HBS+350	0. 8HBS+380
40Cr、42SiMn	表面淬火	48~55 HRC	10HRC+670	<52HRC 时,10. 5HRC+195>52HRC 时,740
20Cr	渗碳淬火	56~62 HRC	1 500	860
ZG310-570	正火	163~207 HBS	0. 75HBS+320	0. 6HBS+220
HT300	—	187~255 HBS	HBS+135	0. 5HBS+20
QT500-5	—	147~241 HBS	1. 3HBS+240	0. 8HBS+220

注:①应力计算式中 HBS 和 HRC 分别表示材料的布氏和洛氏硬度值。

②σ_{Hlim},σ_{Flim} 的数值由不同材料实验而得,σ_{Hlim},σ_{Flim} 齿面接触疲劳极限和齿根弯曲疲劳极限可以查图 8-28、图 8-29。

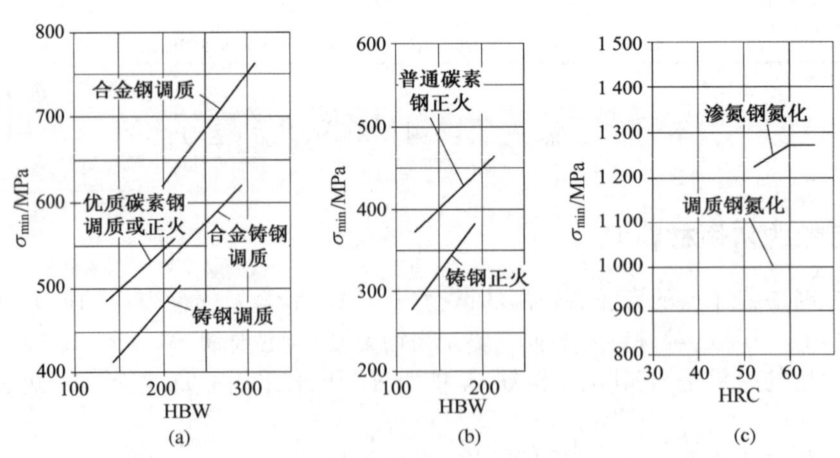

图 8-28 齿轮的接触疲劳极限

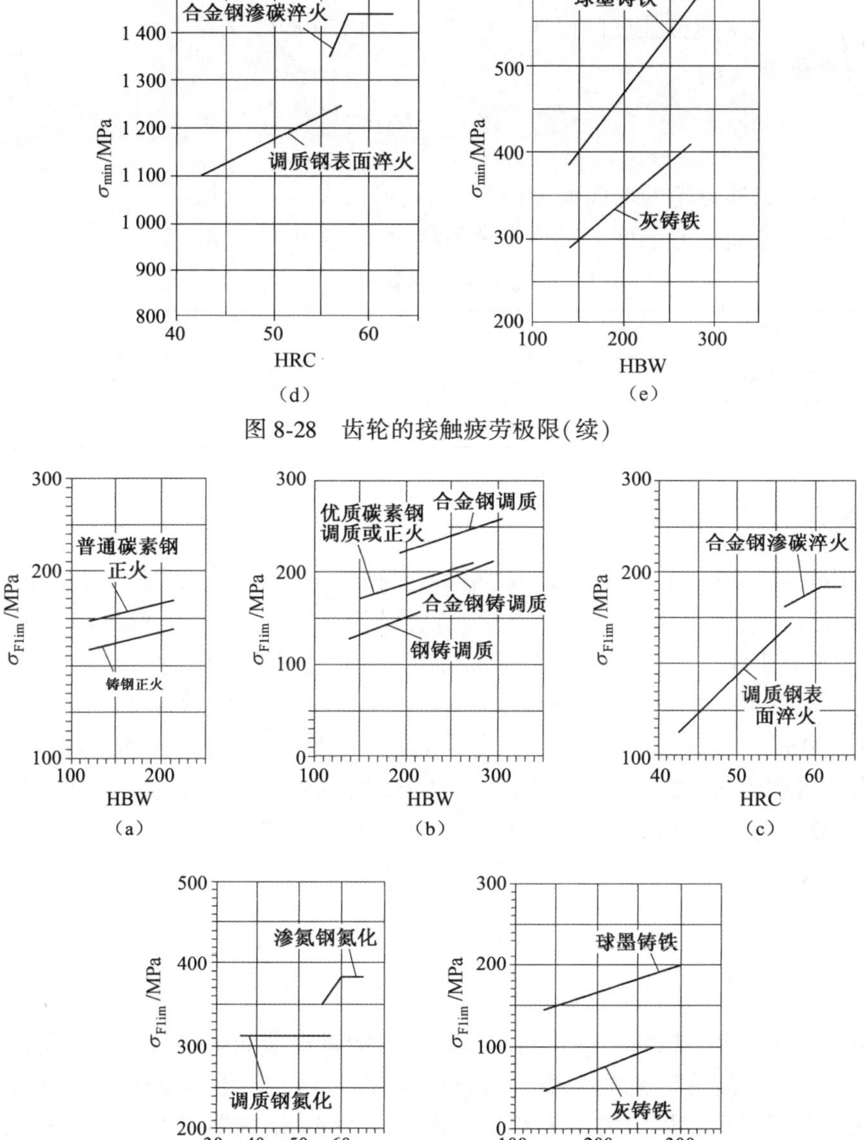

图 8-28　齿轮的接触疲劳极限(续)

图 8-29　齿轮的弯曲疲劳极限

由于小齿轮所受应力循环次数较多,为使大、小齿轮寿命相接近,对于软齿面齿轮,通常应使配对的小齿轮齿面硬度比大齿轮稍高一些,两齿轮齿面硬度差应保持在 30~50 HBS 或更多。

8.11.2　齿轮的许用应力

1. 许用接触应力[σ_H]

$$[\sigma_H]=\frac{\sigma_{Hlim}}{S_{Hmin}} \tag{8-22}$$

式中 σ_{Hlim}——试验齿轮的接触疲劳极限应力,可由表 8-11 选取;

S_{Hmim}——接触疲劳强度的最小安全系数,可由表 8-12 选取。

2. 许用弯曲应力 σ_F

$$[\sigma_F]=\frac{\sigma_{\text{Flim}}}{S_{\text{Fmin}}} \tag{8-23}$$

式中 σ_{Flim}——试验齿轮的弯曲疲劳极限应力,可由表 8-11 选取;

S_{Fmin}——弯曲疲劳强度的最小安全系数,可由表 8-12 选取。

表 8-12 最小安全系数 S_{Hmin} 及 S_{Fmin}

可靠程度	S_{Hmin}	S_{Fmin}
较高可靠性	1.25	1.5
一般可靠性	1.0	1.0

8.11.3 齿轮齿数 z 的选择

若保持齿轮传动的中心距 a 不变,增加齿数,除能增大重合度,改善传动的平稳性外,还可减小模数,降低齿高,因而减少金属切削量,节省制造费用。另外,降低齿高还能减小滑动速度,减少磨损及减小胶合。但模数小了,齿厚随之减薄,则要降低轮齿的弯曲强度。

在一定的齿数范围内,尤其是当承载能力主要取决于齿面接触强度时,以齿数多一些为好。

闭式齿轮传动一般转速较高,为了提高传动的平稳性,减小冲击振动,以齿数多一些为好,小齿轮的齿数可取为 $z_1=20\sim40$。开式(半开式)齿轮传动,由于轮齿主要为磨损失效,为使轮齿不致过小,故小齿轮不宜选用过多的齿数,一般可取 $z_1=17\sim20$。

为使轮齿免于根切,对于 $\alpha=20°$ 的标准直齿圆柱齿轮,应取 $z_1\geqslant17$。

小齿轮齿数确定后,按齿数比 $u=\dfrac{z_2}{z_1}$ 可确定大齿轮齿数 z_2。为了使各个啮合齿对磨损均匀,传动平稳,z_2 与 z_1 一般应互为质数。

例 8-4 设计一电动机驱动的带式运输机的两级减速器的高速级齿轮传动。已知传递的功率 $P_1=5.5$ kW,小齿轮转速 $n_1=960$ r/min,齿数比 $u=4.45$,单向运转,载荷平稳。

解 减速器可采用软齿面齿轮传动。小齿轮选用 45 钢调质,齿面平均硬度 240 HBS;大齿轮选用 45 钢正火,齿面平均硬度 200 HBS。

这是闭式软齿面齿轮传动,故先按接触疲劳强度设计,再校验其弯曲疲劳强度。设计步骤如下:

计算与说明	主要结果
一、按齿面接触强度设计 1. 许用接触应力 由表 8-11 查得极限应力 $\sigma_{\text{Hlim}}=0.87\text{HBS}+380$ (MPa) 由表 8-12 查得安全系数 S_{Hmin} 许用接触应力 $[\sigma_H]\dfrac{\sigma_{\text{Hlin}}}{S_H}$	$\sigma_{\text{Hlim1}}=589$ MPa $\sigma_{\text{Hlim2}}=554$ MPa $S_{\text{Hmin}}=1$ $[\sigma_{\text{H1}}]=584$ MPa $[\sigma_{\text{H2}}]=554$ MPa

续上表

计算与说明	主要结果
2. 计算小齿轮分度圆直径 小齿轮转矩 $T_1 = 9\ 550\times10^3\ \dfrac{P}{n_1}$ $= 9.55\times10^6\times\dfrac{5.5}{960}$ (N·mm) = 5.47×10^4 (N·mm) 由表 8-9 查取齿宽系数 载荷系数 $K = K_A K_V K_\beta$ 由表 8-7 查取弹性系数 z_E 取节点区域系数 z_H 小齿轮计算直径 $d_1 = \sqrt[3]{\dfrac{2KT_1(u+1)}{\psi_d u}\cdot\left(\dfrac{z_E z_H}{[\sigma_H]}\right)^2} =$ $\sqrt[3]{\dfrac{2\times1.25\times5.47\times10^4\times(4.45+1)}{1\times1.45}\times\left(\dfrac{189.8\times2.5}{504}\right)^2}$ (mm) = 54.57 (mm)	$T_1 = 5.47\times10^4$ N·mm $\Psi_d = 1$ $K_A = 1$ $K_V = 1.15$ $K_\beta = 1.09$ $K = 1.25$ $z_E = 189.8\ \sqrt{\text{MPa}}$ $z_H = 2.5$
二、确定几何尺寸 齿数 $z_2 = iz_1$ 传动比变动量　$\Delta i = \dfrac{i - \dfrac{z_2}{z_1}}{i}$ 模数 $m = \dfrac{d_1}{z_1} = \dfrac{54.57}{27}$ (mm) = 2.02 (mm)，查表 8-1 取标准值 分度圆直径 $d = mz$ 中心距　$a = \dfrac{1}{2}(d_1 + d_2) = \dfrac{1}{2}(54+236)$ (mm) 齿宽　$b = \psi_d d_1 = 1\times54$ (mm) $b_1 = b_2 + (5\sim10)$ (mm)	$z_1 = 27$ $z_2 = 118$，z_1、z_2 互为质数 $\Delta i = 1.8\% < 5\%$ $m = 2$ mm $d_1 = 54$ mm $d_2 = 236$ mm $a = 145$ mm $b_2 = 54$ mm $b_1 = 60$ mm
三、验算弯曲强度 1. 许用弯曲应力 由表 8-11，极限应力 $\sigma_{Flim} = 0.7HBS + 275$ (MPa) 由表 8-12，安全系数 S_{Flim} 许用弯曲应力 $[\sigma_F]\sigma_{Flim}/S_{Flim}$ 2. 验算弯曲应力 复合齿形系数由表 8-10 查取 $\sigma_{F1} = \dfrac{2KT_1}{bd_1 m}Y_{FS1} = \dfrac{2\times1.25\times5.47\times10^4\times4.17}{54\times54\times2}$ (MPa) $\sigma_{F2} = \sigma_{F1}\cdot\dfrac{Y_{FS2}}{Y_{FS1}} = 97.8\times\dfrac{3.97}{4.17}$ (MPa) $\sigma_{F1} < [\sigma_{F1}]$，$\sigma_{F2} < [\sigma_{F2}]$	$\sigma_{Flim1} = 443$ MPa $\sigma_{Flim2} = 415$ MPa $s_{Fmin} = 1.4$ $[\sigma_{F1}] = 316$ MPa $[\sigma_{F2}] = 296$ MPa $Y_{FS1} = 4.17$ $Y_{FS2} = 3.97$ $\sigma_{F1} = 97.8$ MPa $\sigma_{F2} = 93.1$ MPa 弯曲强度足够

8.12 斜齿圆柱齿轮传动

8.12.1 斜齿圆柱齿轮齿面的形成及啮合特点

对于直齿圆柱齿轮，其齿廓曲面实际是由发生面 S 绕基圆柱作纯滚动时，发生面上一条与基圆柱轴线平行的直线 KK 在空间运动的轨迹，如图 8-30(a)所示。

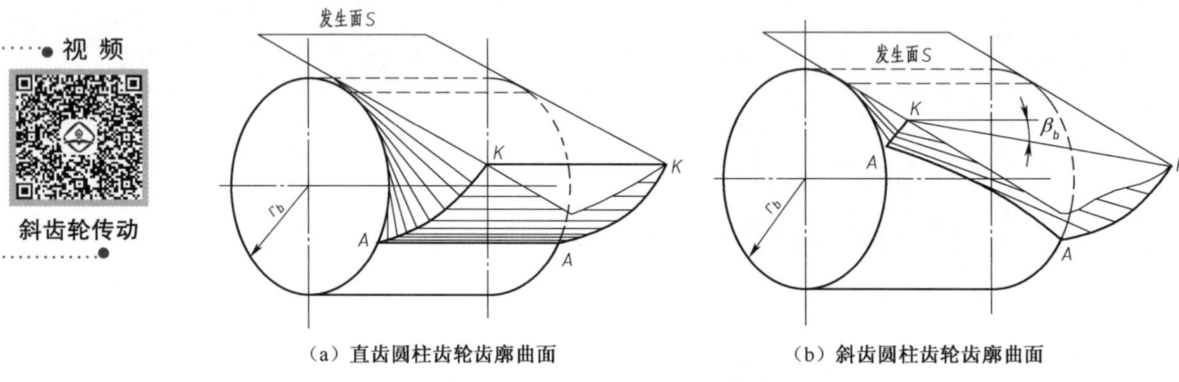

(a) 直齿圆柱齿轮齿廓曲面　　(b) 斜齿圆柱齿轮齿廓曲面

图 8-30 齿轮齿廓曲面

当一对直齿圆柱齿轮相啮合时，两轮齿廓沿着与轴线平行的直线接触，所以啮合齿廓是沿整个齿宽同时进入啮合或退出啮合，因而轮齿上的作用力是突然加上或突然卸去的，故容易引起冲击振动和噪声，传动平稳性差，对于高速传动则上述情况更为严重。为克服直齿轮传动的缺点，可采用斜齿轮。

斜齿轮齿廓曲面的形成原理与直齿轮相似，不同之处就是形成渐开线齿廓曲面的直线 KK 不是与基圆柱轴线平行，而是与它偏斜了一个角度 β_b，如图 8-31(b)所示。当发生面沿基圆柱纯滚动时，斜直线 KK 运动的轨迹为一渐开螺旋面，以此构成斜齿轮的齿廓曲面。用垂直于轴线的截面截渐开螺旋面时，交线为渐开线。斜直线 KK 与轴线的偏角 β_b 称为在基圆柱上的螺旋角。

图 8-31(a)所示为一对斜齿轮齿廓啮合的情况，当发生面沿两基圆柱滚动时，发生面上斜直线 KK 分别形成两轮的两个齿面（渐开螺旋面），两齿面沿此斜线 KK 接触。在其他接触位置，其接触线也都是平行于斜直线 KK 的直线，而且接触线始终在两基圆柱的内公切面上。因齿高有限，如图 8-31(c)所示，故啮合过程中齿廓接触线长度从 A 端面的一点啮合开始由短变长，又由长变短，直到 B 端面的一点啮合然后脱离，如图 8-31(c)中 1，2，3，4 斜线表示接触线长度在齿面上的变化。因为轮齿是斜的，所以两轮轮齿是沿齿向依次接触和离开的。当一端齿廓，如图 8-31(b)中 A 端，到达啮合终点而离开时，齿的另一端，如图 8-31 中 B 端，并未离开，甚至可能尚未进入啮合，因此同时啮合的齿数较直齿轮多，重合度比直齿轮大。与直齿圆柱齿轮相比，其传动较平稳，承载能力较强，适用于高速重载的传动。

斜齿轮的主要缺点是传动时产生轴向力 F_x［见图 8-32(a)］，为消除其影响，可采用图 8-32(b)所示的人字齿轮。人字齿轮可以看作是两个尺寸相等而轮齿倾斜方向相反的斜齿

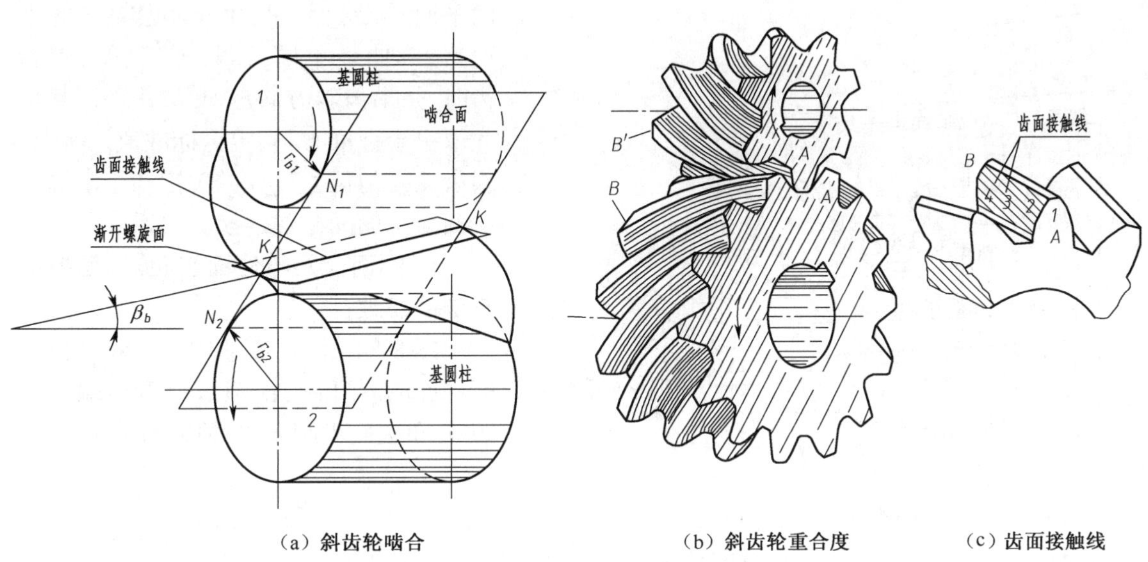

（a）斜齿轮啮合　（b）斜齿轮重合度　（c）齿面接触线

图 8-31　斜齿轮啮合与重合度

轮的组合，因而它们的轴向力可以互相抵消如图 8-32(c)所示。人字齿轮常用于矿山、冶金工业的大功率减速器中，其缺点是加工困难。

斜齿轮的正确啮合条件：

一对斜齿圆柱齿轮的正确啮合条件是两轮分度圆上压力角相等，模数相同，而且两轮分度圆上的螺旋角大小相等，方向相反，即 $\beta_1=-\beta_2$，如图 8-32 所示。图 8-33 所示为铣床加工斜齿轮。

扫一扫

图 **8-32**(a)

扫一扫

图 **8-32**(b)

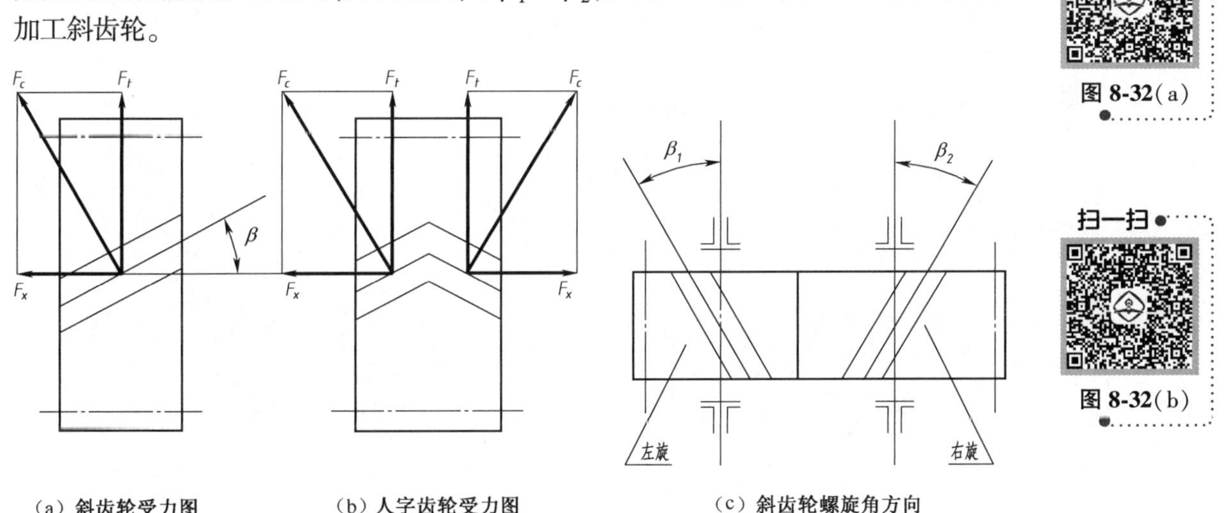

（a）斜齿轮受力图　（b）人字齿轮受力图　（c）斜齿轮螺旋角方向

图 8-32　斜齿轮受力与螺旋角

8.12.2　几何尺寸计算

因垂直齿轮轴线的截面轮廓为该截面与渐开螺旋面的截交线仍为渐开线，所以斜齿轮的端面齿廓曲线就是一个渐开线直齿圆柱齿轮的齿廓曲线，但斜齿轮的端面（垂直于齿轮轴线

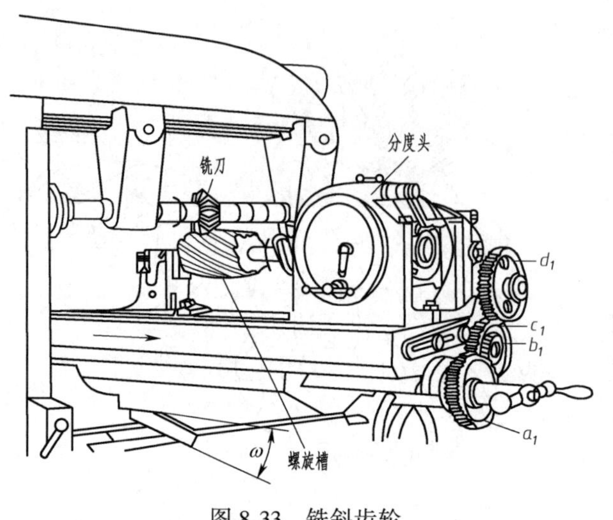

图 8-33　铣斜齿轮

的平面）与法面（垂直于轮齿斜向的平面）齿廓曲线不同，而且加工斜齿轮轮齿时，是沿齿斜方向走刀，故法面齿廓尺寸取决于标准刀具，定为标准值。所以，斜齿轮几何尺寸计算的关键在于掌握其端面与法面间参数的换算关系。

1. 端面齿距与法面齿距、端面模数与法面模数

图 8-34 所示为斜齿圆柱齿轮分度圆柱面的展开图，由图可以看出端面齿距 p_t 和法面齿距 p_n 的关系为

$$p_t = \frac{p_n}{\cos\beta} \tag{8-24}$$

式(8-24)两端各除以 π，即得端面模数 m_t 和法面模数 m_n 间的关系式

$$m_t = \frac{m_n}{\cos\beta} \tag{8-25}$$

由于法面尺寸与刀具一致，所以法面模数 m_n 和法面压力角 α_n 规定为标准值，$\alpha_n = 20°$，m_n 按表 8-1 选取标准模数。

2. 斜齿圆柱齿轮的几何尺寸

齿高与齿斜方向无关，故法面齿高与端面齿高相等，均为

$$h_a = h_a^* m_n$$

$$h_f = (h_a^* + c^*) m_n$$

如不加说明，斜齿轮的分度圆是指端面的分度圆，其直径表示为 d

$$d = m_t z = \frac{m_n}{\cos\beta} z \tag{8-26}$$

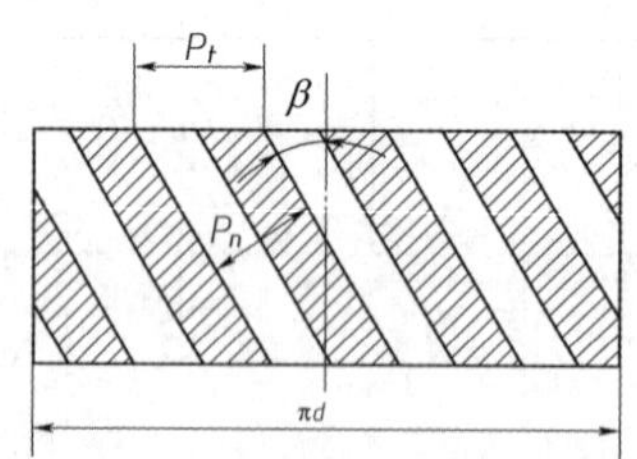

图 8-34　斜齿圆柱齿轮分度圆柱面的展开图

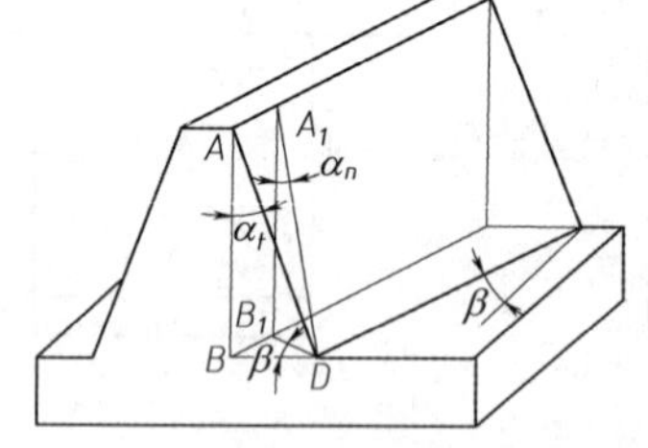

图 8-35　斜齿条的齿

图 8-35 所示为一斜齿条的一个齿，由图可以看出其法面 A_1B_1D 上压力角 α_n 与端面压力角 α_t 的关系为

$$\tan\alpha_1 = \frac{\overline{BD}}{\overline{AB}}$$

$$\tan\alpha_n = \frac{\overline{B_1D}}{\overline{A_1B_1}}$$

而

$$\overline{B_1D} = \overline{BD}\cos\beta,\quad \overline{A_1B_1} = \overline{AB}$$

故

$$\tan\alpha_t = \frac{\tan\alpha_n}{\cos\beta} \tag{8-27}$$

根据以上关系可以导出斜齿圆柱齿轮的全部几何尺寸计算公式，见表 8-13。

表 8-13　斜齿圆柱齿轮的全部几何尺寸计算公式

名称	代号	公式
法面模数	m_n	由齿轮传动承载能力确定，并按表 8-1 取标准值
端面模数	m_t	$m_t = \frac{m_n}{\cos\beta}$
法面压力角	α_n	$\alpha_n = 20°$
端面压力角	α_t	$\tan\alpha_1 = \frac{\tan\alpha_n}{\cos\beta}$
分度圆直径	d	$d = zm_t = \frac{zm_n}{\cos\beta}$
齿顶高	h_a	$h_a = h_a^* m_n$
齿根高	h_f	$h_f = (h_a^* + c^*) m_n$
全齿高	h	$h = h_a + h_f$
齿顶圆直径	d_a	$d_a = d + 2h_a$
齿根圆直径	d_f	$d_f = d - 2h_f$
中心距	a	$a = \frac{1}{2}(d_1 + d_2) = \frac{m_n(z_1 + z_2)}{2\cos\beta}$

8.12.3　斜齿圆柱齿轮的当量齿数

在进行强度计算和选择刀具时，必须知道斜齿轮的法面齿形。但精确求出法面齿形很复杂，常采用一种近似的方法来确定。

如图 8-36 所示，过分度圆柱面上 C 点作轮齿分度圆柱上螺旋线的法平面 nn，它与分度圆柱面的交线为一椭圆。椭圆的短轴半径为 $b=r$，长轴半径为 $a=r/\cos\beta$。由高等数学可知，椭圆在点 C 的曲率半径为

$$\rho = \frac{a^2}{b} = \frac{r}{\cos^2\beta}$$

以 ρ 为分度圆半径的直齿圆柱齿轮（模数 m_n、压力角 α_n）的渐开线齿形，可用来近似代替斜齿轮在 C 点处的法面齿形。该直齿圆柱齿轮称为当量齿轮，它的齿数

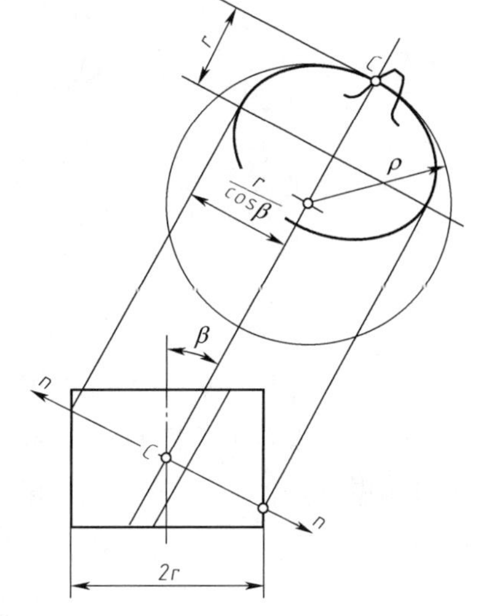

图 8-36　当量齿数

称为当量齿数，用 z_v 表示

$$z_v=\frac{2\rho}{m_n}=\frac{2r}{m_n\cos^2\beta}=\frac{zm_t}{m_n\cos^2\beta}=\frac{z}{\cos^3\beta} \tag{8-28}$$

式中　z——斜齿轮的实际齿数。

根据式(8-28)可得到正常齿标准斜齿轮不发生根切的最少齿数的计算公式

$$z_{min}=z_{vmin}\cos^3\beta \tag{8-29}$$

式中　z_{vmin}——当量齿轮不根切的最少齿数，$z_{vmin}=17$。

可见斜齿轮不发生根切的最少齿数比直齿轮少。例如当 $\alpha_n=20°$，$\beta=15°$时，$z_{min}=15$；$\beta=30°$时，$z_{min}=11$。

8.12.4　标准斜齿圆柱齿轮的强度计算

1. 轮齿受力分析

如图 8-37 所示，作法向剖面，用换面法求出该剖面齿形。略去摩擦力，只计算作用在斜齿轮轮齿上的法向力 F_n，它可分解为径向力 F_r 和法面周向力 F'。由俯视图可以看出此法面周向力 F' 又可分解为轴向力 F_x 和切向力 F_t，当已求出转矩 T_1 时，

扫一扫

图 8-37(b)
云图

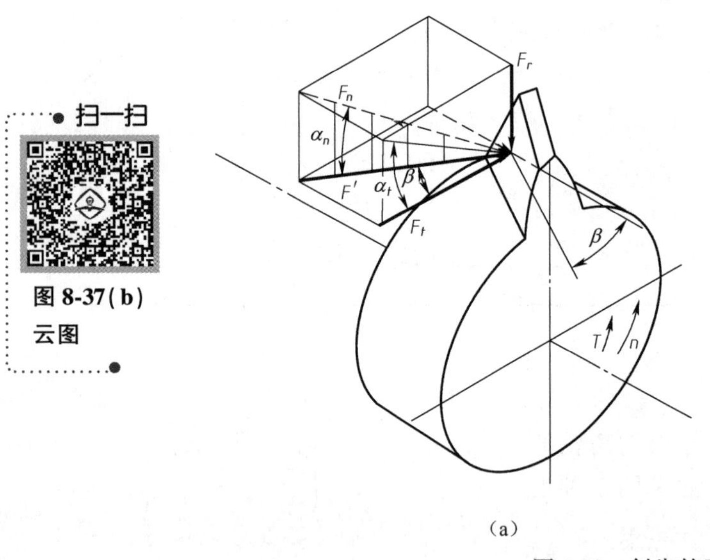

(a)

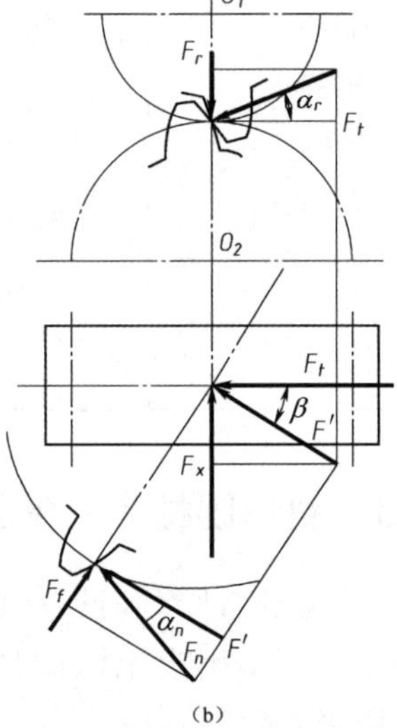

(b)

图 8-37　斜齿轮受力

$$F_t=\frac{2T_1}{d_1} \tag{8-30}$$

式中　T_1——作用在轮 1 上的转矩，N·mm；

d_1——齿轮分度圆直径，mm。

由此得

$$\left.\begin{aligned}F_x&=F_t\tan\beta\\F_r&=F'\tan\alpha_n=\frac{F_t\tan\alpha_n}{\cos\beta}\end{aligned}\right\} \tag{8-31}$$

$$F_n=\frac{F_1}{\cos\alpha_n\cos\beta} \tag{8-32}$$

为不使轴向力过大，常用斜齿轮的齿斜角 $\beta=8°\sim25°$。

斜齿圆柱齿轮切向力 F_t 和径向力 F_r 作用方向的判定方法与直齿圆柱齿轮相同，其轴向力 F_x 的方向可用左、右手法则判定，即对于左旋主动齿轮用左手四指的自然弯曲方向表示其转向，而拇指方向即为该主动轮所受轴向力 F_{x1} 的方向；对于右旋主动齿轮用右手四指的自然弯曲方向表示其转向，其拇指方向即为该主动轮所受轴向力的方向。从动轮的各个分力方向与主动轮相反，而大小相等。

2. 强度计算

一对斜齿圆柱齿轮传动的强度与其当量直齿圆柱齿轮传动的强度相近。因此，斜齿圆柱齿轮传动的齿面接触疲劳强度计算、齿根弯曲疲劳强度计算的计算公式应与直齿圆柱齿轮强度计算公式相近。

接触强度验算公式：

$$\sigma_H=z_Ez_Hz_\varepsilon\sqrt{\frac{2KT_1}{d_1^2b}\cdot\frac{u\pm1}{u}}\leqslant[\sigma_H] \tag{8-33}$$

接触强度设计公式：

$$d_1\geqslant\sqrt[3]{\frac{2KT_1(u\pm1)}{\psi_du}\cdot\left(\frac{z_Ez_Hz_\varepsilon}{[\sigma_H]}\right)^2} \tag{8-34}$$

弯曲强度验算公式：

$$\sigma_F=\frac{2KT_1}{bd_1m_n}Y_{FS}Y_\beta\leqslant[\sigma_F] \tag{8-35}$$

弯曲强度设计公式：

$$m_n\geqslant\sqrt[3]{\frac{2KT_1\cos^2\beta Y_{FS}Y_\beta}{\psi_dz_1^2[\sigma_F]}} \tag{8-36}$$

式中　z_ε——重合度影响系数，当 $\beta=8°\sim25°$时，可近似取值 0.78～0.92，β 角大时 z_ε 取小值；

Y_β——螺旋角系数，由图 8-38 查得；

Y_{FS}——复合齿形系数，按当量齿数 $z_v=z/\cos^3\beta$，由表 8-10 查得。

上式中其他符号与直齿轮相同。

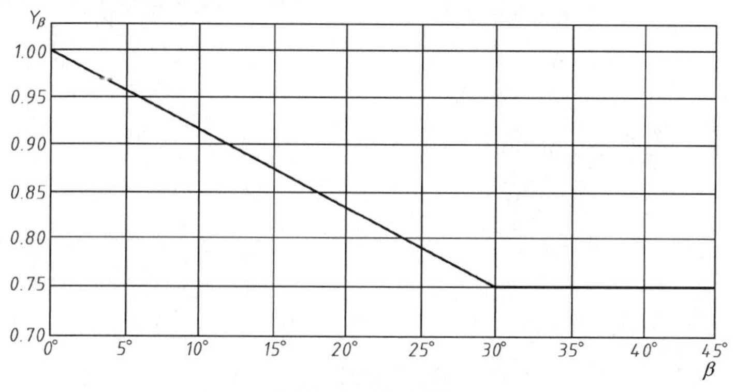

图 8-38　Y_β 参数

8.13 锥齿轮传动

8.13.1 锥齿轮传动的特点与应用

锥齿轮是在圆锥上制出轮齿而成的，主要用于两相交轴之间的传动，通常两轴交角 $\sum=90°$，如图 8-39 所示。一对锥齿轮的啮合运动相当于一对节圆锥的纯滚动，如图 8-40(a)所示。显然，是与圆柱齿轮上的分度圆柱、齿顶圆柱、齿根圆柱、基圆柱等有相同作用的部分，在锥齿轮上相应为分度圆锥、齿顶圆锥、齿根圆锥、基圆锥。因此，轮齿尺寸朝锥顶方向逐渐缩小。齿廓曲面是以 O 为球心的球面渐开线曲面，即构成该曲面的渐开线分布在以 O 为球心的球面上。

（a）圆锥齿轮啮合

（b）圆锥齿轮转向器

图 8-39 圆锥齿轮应用

如果两轮的节锥角（对于标准锥齿轮即为分度圆锥锥顶半角）分别为 δ_1 和 δ_2，则 $\delta_1+\delta_2=\sum$。两节圆锥相切于 OC（见图 8-40），OC 为两节圆锥的母线长，称为节锥距，以 R 表示。由图可知 $d_1=2R\sin\delta_1$；$d_2=2R\sin\delta_2$；根据两节圆锥在接触点 C 的速度相等，可求得其传动比 i 为

$$v_c=\frac{d_1}{2}\omega_1=\frac{d_2}{2}\omega_2$$

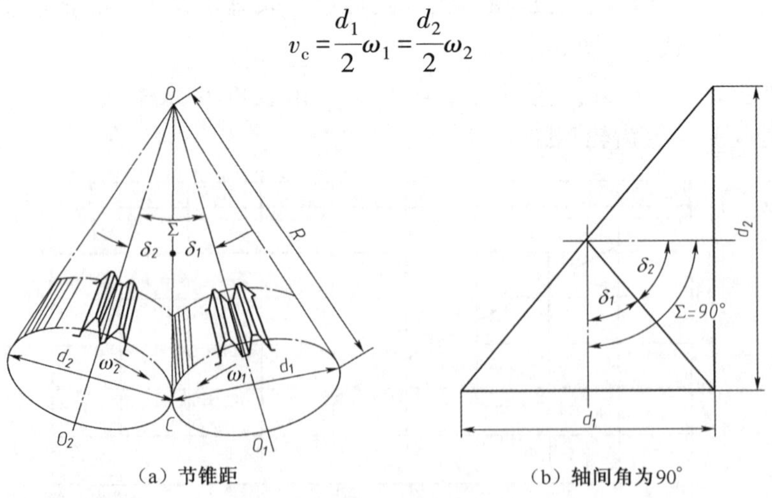

（a）节锥距　　（b）轴间角为90°

图 8-40 节锥距与轴间角

故
$$i_{12}=\frac{\omega_1}{\omega_2}=\frac{d_2}{d_1}=\frac{z_2}{z_1}=\frac{\sin\delta_2}{\sin\delta_1} \tag{8-37}$$

当两轴间角 $\Sigma=\delta_1+\delta_2=90°$ 时[见图 8-40(b)],
$$i_{12}=\frac{\omega_1}{\omega_2}=\frac{d_2}{d_1}=\frac{z_2}{z_1}=\tan\delta_2=\cot\delta_1 \tag{8-38}$$

8.13.2　锥齿轮传动的几何尺寸

直齿锥齿轮传动的几何尺寸计算以大端尺寸为准,以大端模数为标准模数。因为大端尺寸大,并且容易测量,同时也便于估计传动的外廓尺寸。图 8-41 给出了标准直齿锥齿轮的主要几何尺寸,它们的计算公式列于表 8-14。

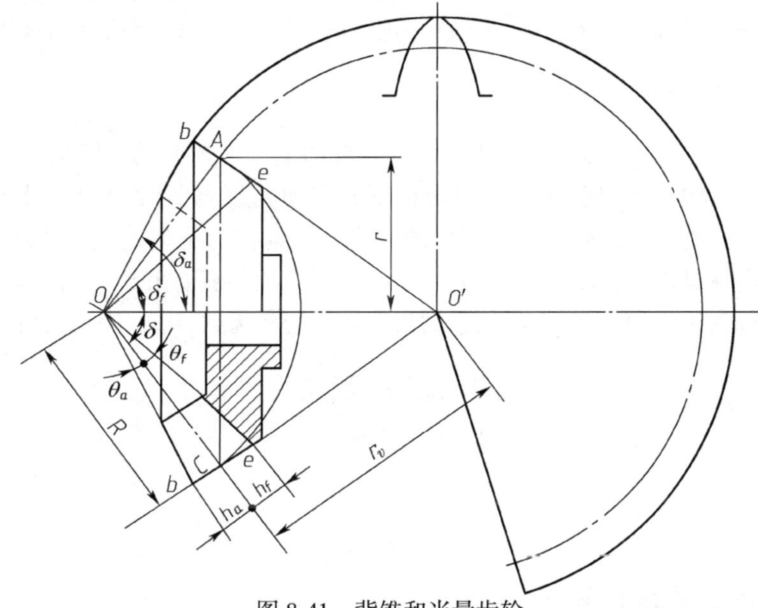

图 8-41　背锥和当量齿轮

表 8-14　锥齿轮几何计算公式

名称	代号	公式及数据
大端模数	m	根据强度计算或结构要求确定,并按表 8-1 取标准值
压力角	α	$\alpha=20°$
分锥角	δ	$\tan\delta_1=\frac{z_1}{z_2}=\frac{1}{i}$,　$\tan\delta_2=i$
分度圆直径	d	$d=zm$
分锥距	R	$R=\sqrt{\left(\frac{d_1}{2}\right)^2+\left(\frac{d_2}{2}\right)^2}=\frac{m}{2}\sqrt{z_1^2+z_2^2}$
齿宽	b	$b=\psi_R R$(齿宽系数 $\psi_R=0.25\sim0.33$,常用 $\psi_R=0.3$)
齿顶高	h_a	$h_a=h_a^* m(h_a^*=1)$
齿根高	h_f	$h_f=(h_a^*+c^*)m=1.2m(c^*=0.2)$
全齿高	h	$h=h_a+h_f=2.2m$
齿顶圆直径	d_a	$d_a=d+2m\cos\delta$

续上表

名称	代号	公式及数据
齿根圆直径	d_f	$d_f=d-2.4m\cos\delta$
齿顶角	θ_a	$\tan\theta_a=\dfrac{h_a}{R}$
齿根角	θ_f	$\tan\theta_f=\dfrac{h_f}{R}$
顶锥角	δ_a	$\delta_a=\delta+\delta_a$
根锥角	δ_f	$\delta_f=\delta-\delta_f$

8.13.3 背锥与当量齿数

图 8-41 所示为一锥齿轮，OAC、Obb、Oee 分别为分度圆锥、顶圆锥及根圆锥的投影。过 C 点作 OC 的垂线交圆锥轴线于 O'，则以 OO' 为轴，以 $O'C$ 为母线所作的一个圆锥称为背锥，其投影是 $O'AC$，背锥距为 $O'C=\dfrac{d}{2\cos\delta}$。

以 OC 为半径，O 为球心作球面，则锥齿轮的齿廓曲面与该球面的交线是球面渐开线。如果以 O 为投射中心，将球面渐开线（实际上是球面渐开齿面）投射到背锥面上，则该投影和球面渐开线极为近似，再将背锥展开，以背锥展开后的齿形近似地作为锥齿轮大端的球面渐开线齿形。背锥展开后的齿形就是以背锥距 $O'C$ 为分度圆半径，具有大端模数和压力角的圆柱齿轮的齿形。此展开后的齿轮称为锥齿轮的当量齿轮，它的齿数称为当量齿数，用 z_v 表示。由图 8-41 可得

$$r_v=\frac{r}{\cos\delta}=\frac{mz}{2\cos\delta}$$

而

$$r_v=\frac{mz_v}{2}$$

故

$$z_v=\frac{z}{\cos\delta} \tag{8-39}$$

8.13.4 锥齿轮的强度计算

1. 轮齿受力分析

为简化计算，通常假定载荷是集中作用在锥齿轮齿宽中间的节点上，其方向位于该节点处法向平面内的齿轮齿廓的公法线方向上，如图 8-42 所示。由图可知，F_n 可分解为圆周方向的切向力 F_{t1}、垂直于轴向的径向力 F_{r1} 和平行于轴向的轴向力 F_{x1}。

$$\left.\begin{aligned} F_{t1}&=\frac{2T_1}{d_{m1}}\\ F_{r1}&=F_{t1}\tan\alpha\cos\delta_1\\ F_{x1}&=F_{t1}\tan\alpha\sin\delta_1\\ F_n&=\frac{F_{t1}}{\cos\alpha}=\frac{2T_1}{d_{m1}\cos\alpha}\end{aligned}\right\} \tag{8-40}$$

式中 T_1——小锥齿轮传递的转矩，N · mm；

d_{m1}——小锥齿轮的平均节圆直径，mm，$d_{m1}=d_1(1-0.5\psi_R)$；

ψ_R——齿宽系数，$\psi_R = b/R$。

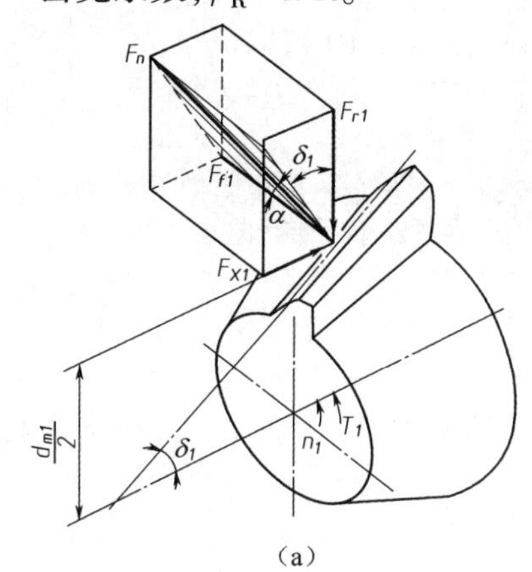

（a）

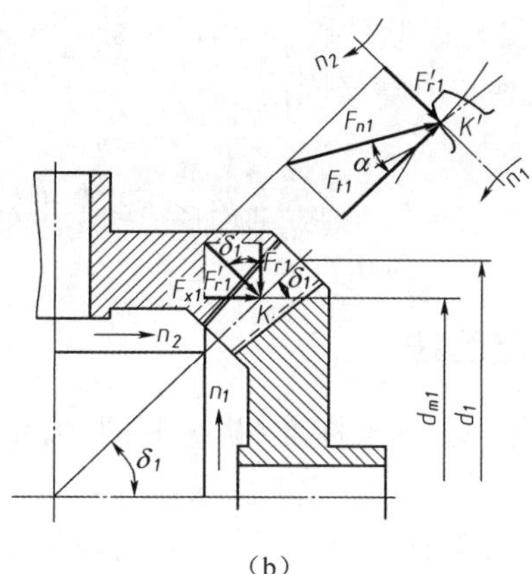

（b）

图 8-42　轮齿受力图

因主动轮与从动轮作用力大小相等，方向相反，即 $F_{n1} = -F_{n2}$，如图 8-43 所示。由图可知，切向力方向在主动轮上与其运动方向相反，在从动轮上与其运动方向一致，径向力都指向轮心，而轴向力均指向轮的大端，且

$$F_{r1} = F_{x2}$$

$$F_{x1} = F_{r2}$$

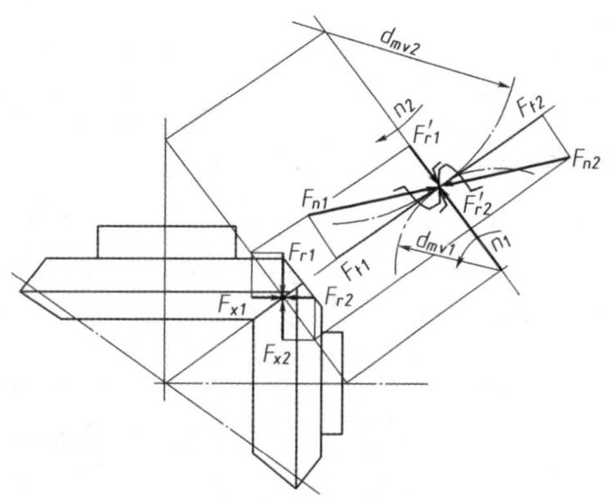

图 8-43　当量圆柱齿轮

2. 锥齿轮的强度计算

与轮齿受力分析所作的假定一致，可近似认为一对直齿锥齿轮传动和位于平均节圆节点处法面内的一对当量圆柱齿轮传动（见图 8-43）的强度相等，其强度计算公式可沿用直齿圆柱齿轮的原始公式推导而得，即

接触强度验算公式：

$$\sigma_H = z_E z_H = \sqrt{\frac{2KT_1}{bd_{m1}^2} \cdot \frac{\sqrt{u^2+1}}{u}} \leqslant [\sigma_H] \tag{8-41}$$

接触强度设计公式：

$$d_1 \geqslant \sqrt[3]{\frac{4KT_1}{u\psi_R} \cdot \left[\frac{z_E z_H}{(1-0.5\psi_R)[\sigma_H]}\right]^2} \tag{8-42}$$

弯曲强度验算公式：

$$\sigma_F = \frac{2KT_1}{bd_{m1}m_m} Y_{FS} \leqslant [\sigma_F] \tag{8-43}$$

弯曲强度设计公式：

$$m \geqslant \sqrt[3]{\frac{4KT_1 Y_{FS}}{\psi_R (1-0.5\psi_R)^2 Z_1^2 \sqrt{u^2+1}\,[\sigma_F]}} \tag{8-44}$$

式中　m——大端模数；

m_m——平均模数，$m_m = m(1-0.5\psi_R)$；

Y_{FS}——复合齿形系数，按当量齿数 $z_v = z/\cos\delta$ 由表 8-10 查取。

上式中其他符号意义同前。

8.14 齿轮的规定画法、结构及图样

8.14.1 规定画法

为使绘图简便，国家标准《机械制图 齿轮表示法》GB/T 4459.2—2003 对齿轮的画法作了如下规定。

1. 圆柱齿轮画法

单个齿轮一般用两个视图表示，其规定画法如图 8-44 所示。

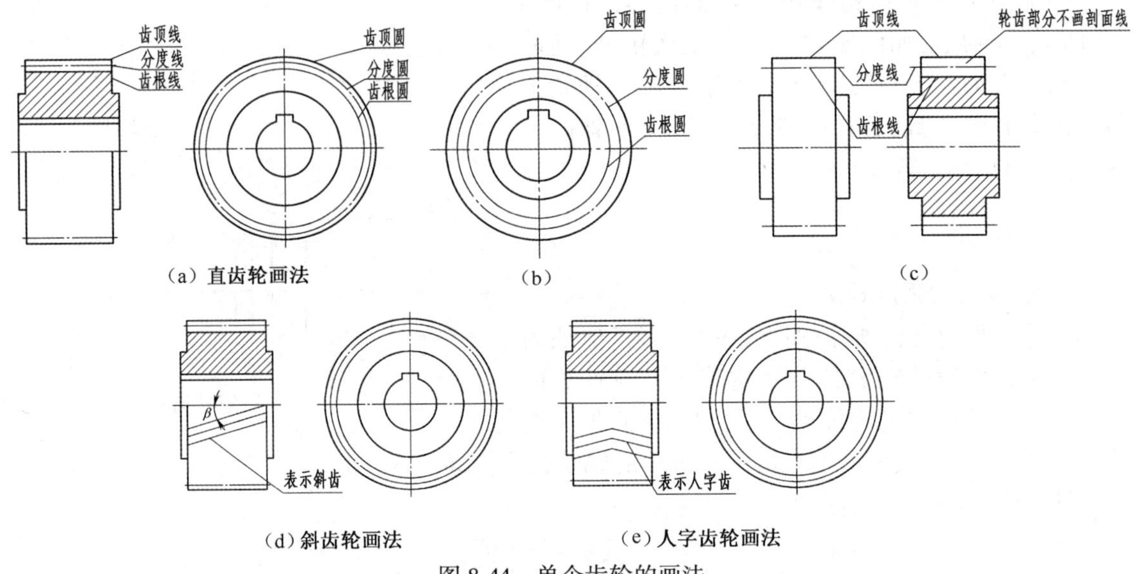

图 8-44 单个齿轮的画法

①在绘制视图时，分度圆用细点画线绘制，齿顶圆用粗实线、齿根圆用细实线绘制（也可省略不画），如图 8-44(a)、(b) 所示。

②若画成剖视图时，轮齿部分按不剖处理，将齿根线画成粗实线，如图 8-44(a)、(c) 所示。

③斜齿或人字齿一般多画成半剖视或局部剖视图，在不剖的部分画出三条与齿斜方向一致且与轴线夹 β 角的细实线，表示轮齿的倾斜方向与分度圆上的螺旋角 β，如图 8-44(d)、(e) 所示。

2. 两圆柱齿轮啮合的画法

两标准齿轮啮合时，两轮的分度圆处于相切的位置。除啮合区外，其余部分均按单个齿轮绘制如图 8-45 所示。啮合区的规定画法如下：

①在非圆的外形图中，啮合区只在节线位置画一条粗实线如图 8-45(b) 所示，在圆视图中，啮合区内的两齿轮的齿顶圆均用粗实线绘制，用细点画线画出相切的两个节圆，如图 8-45(c)

所示,也可省略不画,如图 8-45(d)所示。

②在剖视图中,规定将啮合区一个齿轮的轮齿用粗实线画出,另一个齿轮的轮齿被遮挡部分用虚线画出,也可省略不画,如图 8-45(e)、(f)和图 8-46 所示。

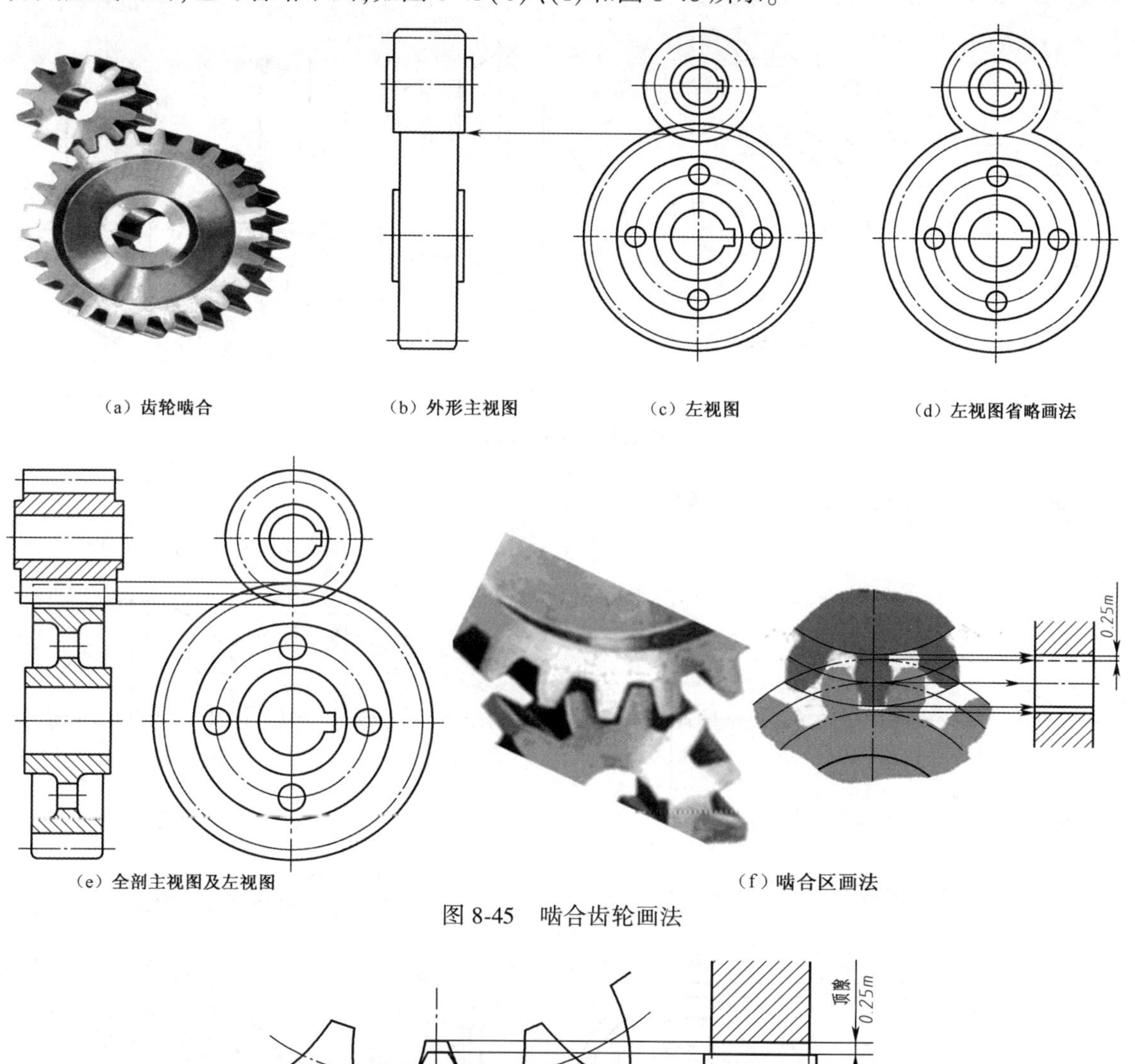

(a) 齿轮啮合　(b) 外形主视图　(c) 左视图　(d) 左视图省略画法

(e) 全剖主视图及左视图　(f) 啮合区画法

图 8-45　啮合齿轮画法

图 8-46　啮合齿轮画法

注意:一个齿轮的齿顶线与另一个齿轮的齿根线之间应有 0.25m 的间隙,如图 8-45(f)所示。

3. 锥齿轮的画法

(1)单个锥齿轮画法

锥齿轮的画法基本上与圆柱齿轮相同,如图 8-47 所示,不同之处在于其投影为圆的视图上锥齿轮毛坯各可见轮廓圆均用粗实线绘制，因而画出大端与小端的齿顶圆。但是，只用细点画线画出大端的分度圆，而齿根圆及小端的分度圆均不画，与圆柱齿轮一样，在外形图上用三条细实线表示出齿的倾斜方向。

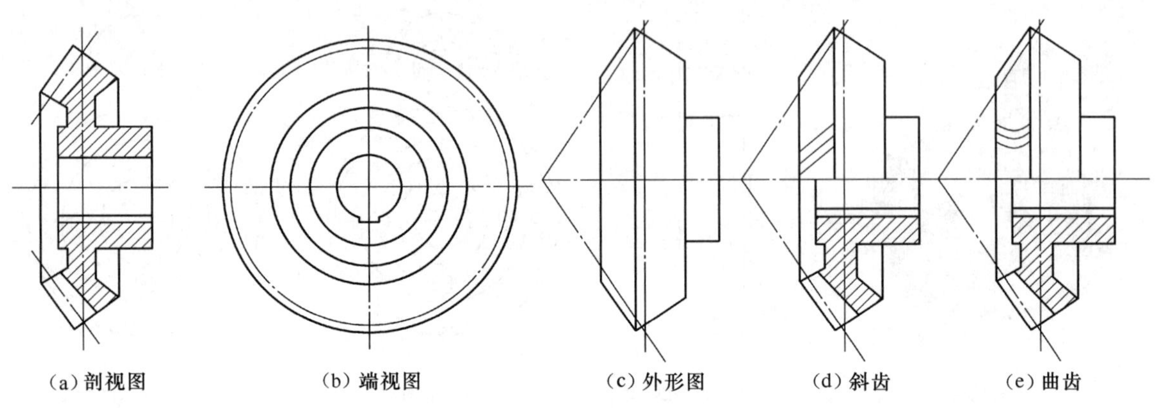

图 8-47　锥齿轮画法

单个锥齿轮的画图步骤如图 8-48 所示。

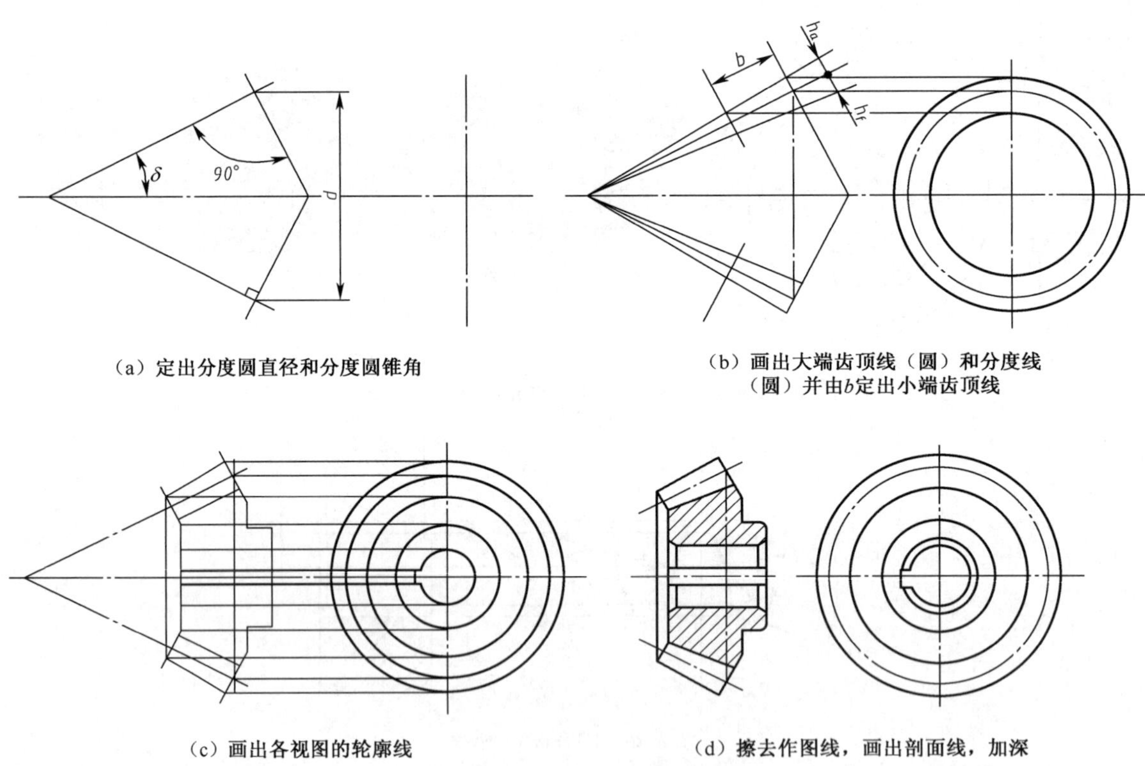

图 8-48　锥齿轮的画图步骤

(2) 两啮合锥齿轮画法

剖视图及外形图上啮合区画法均与圆柱齿轮相同，投影为圆的视图基本上与单个锥齿轮画法一样，但被小锥齿轮所挡的部分图线一律不画，如图 8-49 所示。

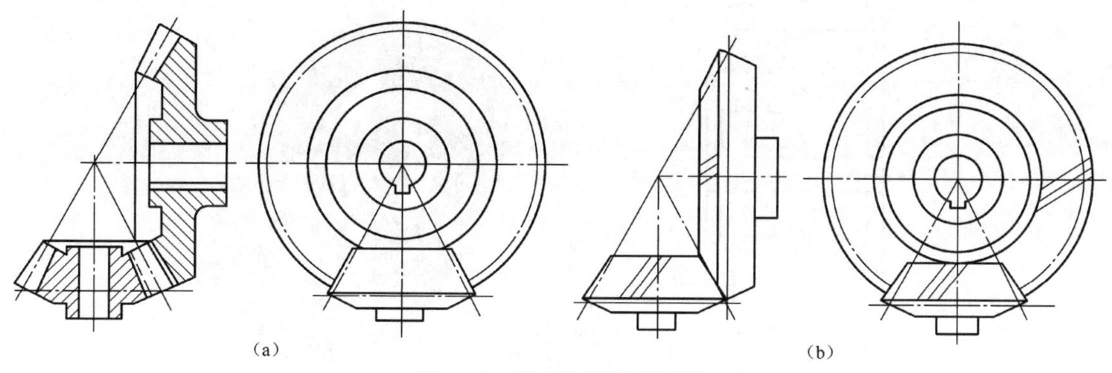

图 8-49　两啮合锥齿轮画法

8. 14. 2　齿轮的常见结构

每一个零件通常由三部分(工作部分、支承部分和连接部分)组成,通过强度计算只能确定其工作部分——轮缘上轮齿的主要尺寸,而轮辐(连接部分)和轮毂(支承部分)等的结构形式和尺寸,则要根据工艺要求和经验资料来确定。

按毛坯制造方法的不同,齿轮可分为锻造、铸造、组合齿轮和焊接齿轮几种,它们的结构特点和确定各部分尺寸的原则也各不相同。当齿顶圆直径 $d_a \leqslant 400 \sim 600$ mm 时,一般采用锻造。

(1)$d_a<2d_h$,即当 d_a 与轴的直径 d_h 相差不大,或齿根与键槽的距离 $x<2.5m$(m 为模数)时,如图 8-50 所示,一般将齿轮与轴做成一体,称为齿轮轴,如图 8-51 所示。当齿轮的直径比轴的直径大得较多时,应将齿轮与轴分开。

(2)当 $d_a \leqslant 200$ mm 时,可做成圆盘式结构,如图 8-52(a)所示。

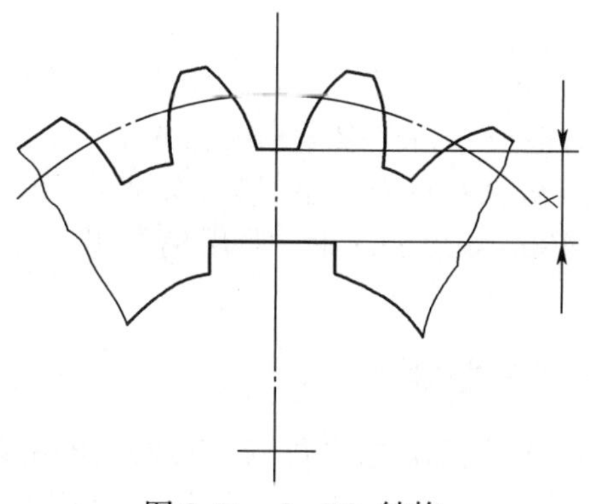

图 8-50　$d_a<2d_h$ 结构

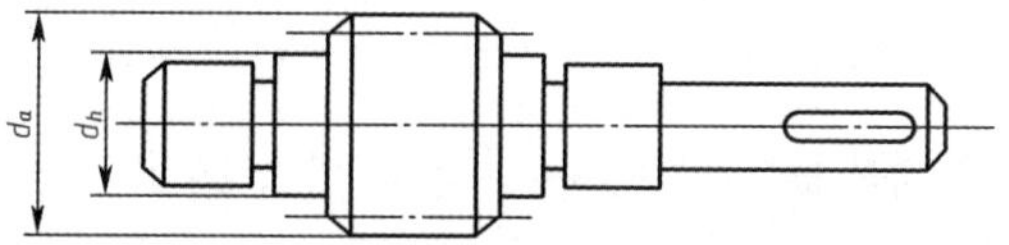

图 8-51　齿轮轴

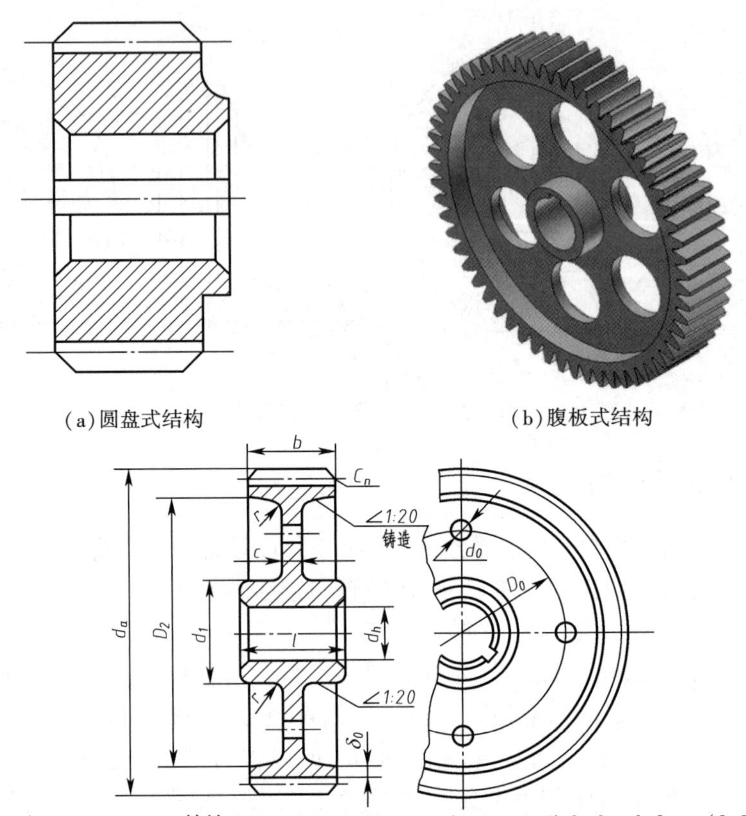

（a）圆盘式结构　　（b）腹板式结构

$d_1 = 1.6d_h$(钢)；$d_1 = 1.8d_h$(铸铁)；$D_2 = d_a - 10m_n$；$t = (1.2 \sim 1.5)d_h$，$l \geqslant b$；$\delta_0 = (2.5 \sim 4)m_n$ 但不小于 8 ~ 10 mm；$n = 0.5m_n$；$D_0 = 0.5(d_1 + D_2)$；$d_0 = 0.25(D_2 - d_1)$；$c = (0.2 \sim 0.3)b$，铸造取小值，自由锻取大值，但不小于 10 mm；$r \approx 0.5c$

（c）　腹板式结构

图 8-52　腹板式结构

(3)当 200 mm≤d_a≤500 mm 时，可做成腹板式结构，如图 8-52(b)所示。

图 8-52 为 d_a≤500 mm 的锻造和铸造腹板式齿轮的结构。对轮辐式的齿轮的结构尺寸以及锥齿轮的结构尺寸，可参考《机械零件设计手册》有关部分所给出的经验数据确定。

(4)若齿顶圆直径 d_a>400 ~ 600 mm 时，常用铸造齿轮，其结构有腹板式和轮辐式两种。

8.14.3　正确处理几何尺寸的数据

齿轮传动的几何尺寸数据应分情况标准化、圆整或求出精确数值。例如，模数必须标准化，中心距、齿宽应圆整，啮合几何尺寸(节圆、分度圆、齿顶圆等)必须求出精确值，一般应准确到小数点后两位。中心距与大小齿轮节圆半径之和应相符。

8.14.4　齿轮工作图

齿轮工作图是制造齿轮的依据，它除了按一般零件图给出齿轮的视图、尺寸、表面结构、几何公差以及技术要求外，尚需给出啮合特性表。在表中给出确定齿轮轮齿的主要参数(如齿数 z、模数 m、分度圆上螺旋角 β、压力角 α、齿顶高系数 h_a^* 等)以及齿轮的精度等级和检测项目、数据等，如图 8-53 所示。

齿数 | z | 94
法向模数 | m_n | 2.5
齿形角 | α | 20°
螺旋方向
分度圆上的螺旋角 | β | 0°
齿形
齿顶高系数 | h_a^* | 1
顶隙系数 | c^* | 0.25
变位系数 | x | 0
精度等级 | 8-8-76K
中心距 | a | 145
相啮合齿轮图号
误差检验项目
齿圈径向跳动公差 | F_r | 0.063
公法线长度变动公差 | F_w | 0.050
齿距极限偏差 | f_{pt} | 0.022
基节极限偏差 | f_{pb} | ±0.021
公法线长度极其偏差 | $7079_{-0.264}^{-0.132}$
跨测齿数 | k | 11
55
Pa3.2
Ra3.2
0.022 A
Ra1.6
12
4×φ35
Ra6.3
14±0.021
Ra3.2
φ80
φ50H7
C2
φ212
φ235
φ240
$53.8_{0}^{-0.2}$
φ146
R8
∠1:20
C1.25
Ra12.5
Ra25
齿轮
比例
质量
材料
ZD-02
7G310-570
制图
描图
审核
技术要求
1.正火处理170~210 HBS;
2.未注倒角C1。

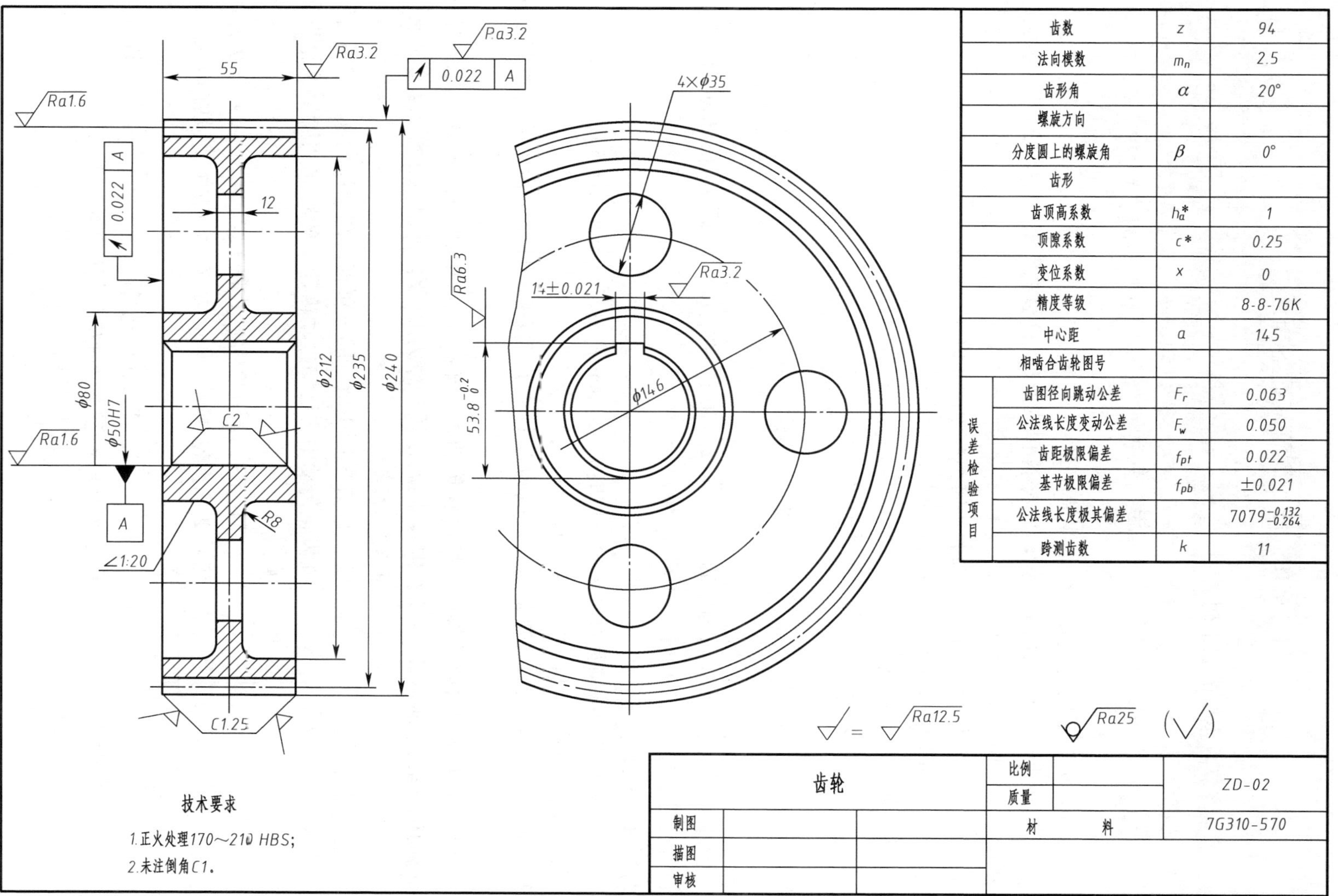

图 8-53　齿轮零件图

扫一扫

8.15 谐波减速器概述

8.15 谐波减速器概述

该节内容扫描二维码。

思考题

1. 直齿圆柱标准齿轮的正确啮合条件是什么?
2. 一对相互啮合的齿轮,如果两齿轮的材料和热处理情况均相同,则它们的工作接触应力和许用接触应力均存在什么关系?
3. 标准直齿圆锥齿轮,规定以哪端的几何参数为标准值?
4. 圆锥齿轮的正确啮合条件是什么?
5. 试述齿轮的传动特点。
6. 齿轮有哪些失效形式?设计准则是什么?

习题

1. 一对渐开线标准直齿圆柱齿轮的 $m=2$ mm,$z_1=20$,$z_2=40$,安装中心距 $a'=60.3$ mm,试求

(1)分度圆直径 d_1 和 d_2,节圆直径 d_1' 和 d_2'。

(2)标准中心距。

2. 有一对标准渐开线斜齿圆柱齿轮,已知:$m_n=4$ mm,$\beta=12°$,$z_1=20$,$z_2=50$。问:

(1)它们能否安装在中心距 $a'=142$ mm 的两轴上?

(2)若无法安装,则它们的螺旋角 β 要改为多大时才能安装?此时两齿轮分度圆直径各为多少?

3. 设计一单级减速器中的斜齿圆柱齿轮传动。已知$n_1=1\ 460$ r/min,$P=10$ kW,$i=3.5$,$z_1=25$,电动机驱动,单向运转,载荷有中等冲击,使用寿命为 10 年。两班制工作,齿轮在轴承间对称布置。

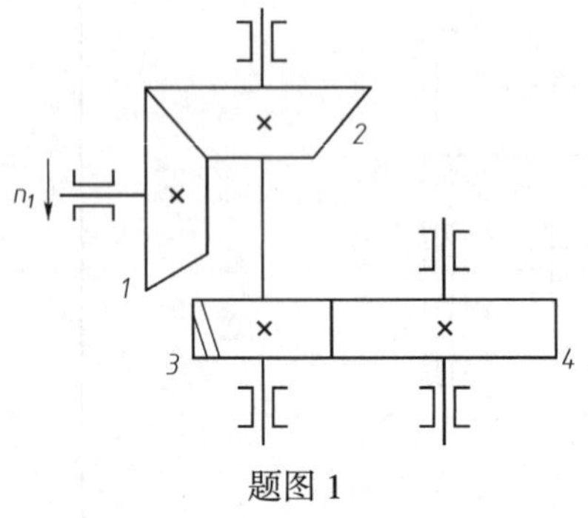

题图 1

4. 在题图 1 所示的一对直齿圆锥齿轮和一对斜齿圆柱齿轮传动中。已知主动齿轮 1 的转向和齿轮 3 轮齿的旋向。

(1)在 1,2 齿轮啮合处和 3,4 齿轮啮合处分别标出齿轮 2 和齿轮 3 所受径向力 F_r、切向力 F_t、轴向力 F_a 的方向。

(2)从 2,3 齿轮所受的轴向力考虑,齿轮 3 的轮齿旋向是否合理?若不合理应如何改正?

第9章　工程中的蜗杆传动

本章学习目标

◇了解蜗杆传动的特点,基本参数和几何尺寸计算;
◇了解蜗杆传动的失效形式,掌握强度计算和热平衡计算方法;
◇掌握蜗杆蜗轮的规定画法。

扫一扫

现代工程发动机实践感想

本章学习内容

◇蜗杆传动的类型、特点和应用;
◇普通圆柱蜗杆传动的主要参数和几何尺寸计算;
◇普通圆柱蜗杆传动的运动分析和受力分析;
◇普通圆柱蜗杆传动的强度计算及材料选择;
◇蜗杆传动的效率与散热;
◇蜗杆蜗轮的规定画法。

实践教学研究

◇观察几种蜗杆传动减速器;
◇观察实验室蜗杆传动机构。

关键词:蜗杆、蜗轮、节圆、模数

9.1　概　　述

9.1.1　蜗杆传动的应用

蜗杆传动由蜗杆和蜗轮组成,用以传递两交错轴线间的运动和动力,两轴间的交错角通常为90°,如图9-1所示。

蜗杆传动常用在传动比大且要求结构紧凑或自锁的场合。在机床、汽车、冶金、矿山和起重运输机械设备等的传动系统及仪表中应用广泛。蜗杆传动通常以蜗杆主动,用作减速。例如在机床工业中,蜗杆传动是低速转动工作台和分度机构最常用的传动形式;在起重运输机械中,各种提升设备、电梯和自动扶梯也都采用了蜗杆传动。在离心机、内燃机增压器等少数机械中,以蜗轮主动,用作增速。

9.1.2　蜗杆传动的类型

根据蜗杆形状不同,蜗杆传动可以分为圆柱蜗杆传动[见图9-2(a)]、环面蜗杆传动

[见图 9-2(b)]和锥蜗杆传动[见图 9-2(c)]三大类。

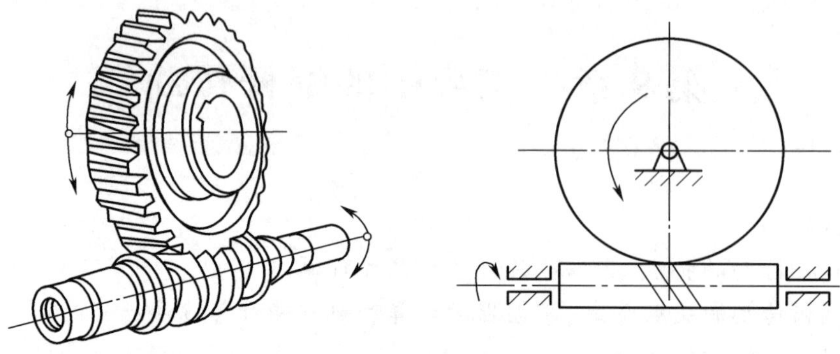

图 9-1 蜗杆传动

(a)圆柱蜗杆传动

(b)环面蜗杆传动

(c)锥蜗杆传动

图 9-2 蜗杆传动类型

根据齿面形状不同,圆柱蜗杆传动分为普通圆柱蜗杆传动和圆弧圆柱蜗杆传动两类。

普通圆柱蜗杆传动有多种类型,包括阿基米德蜗杆传动和渐开线蜗杆传动。普通圆柱蜗杆多用直母线刀刃的车刀在车床上切制,随刀具的安装位置不同,可获得在垂直轴线的横截面上有不同齿廓的蜗杆。刀刃顶平面通过蜗杆轴线时,切制出的蜗杆称为阿基米德蜗杆。刀刃顶平面与基圆柱相切时,切制出的蜗杆称为渐开线蜗杆。

阿基米德蜗杆在轴向断面Ⅰ—Ⅰ内具有直齿廓,而在法向断面 N—N 内齿廓外凸;在垂直于轴线的断面(端面)上,齿廓曲线为阿基米德螺旋线,如图 9-3 所示。因为其加工和测量方便,所以在无磨削加工的情况下应用。

视 频

蜗杆加工

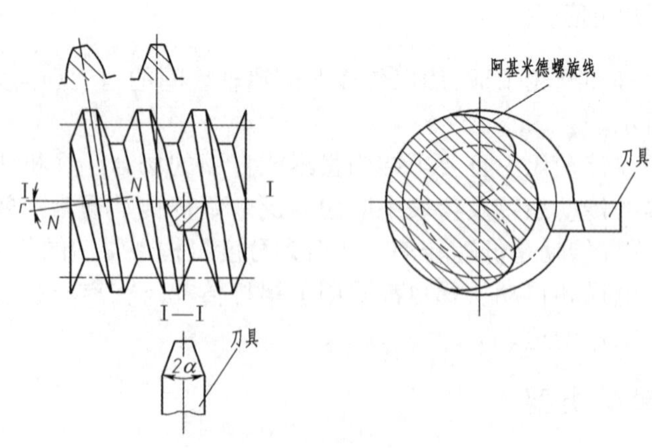

图 9-3 阿基米德蜗杆

渐开线蜗杆在切于基圆柱的断面内一侧为直线齿廓，另一侧为凸曲齿廓。在垂直于轴线的断面上，齿廓曲面为渐开线，如图 9-4 所示。这种蜗杆可用平面砂轮沿螺旋面磨削，精度高。

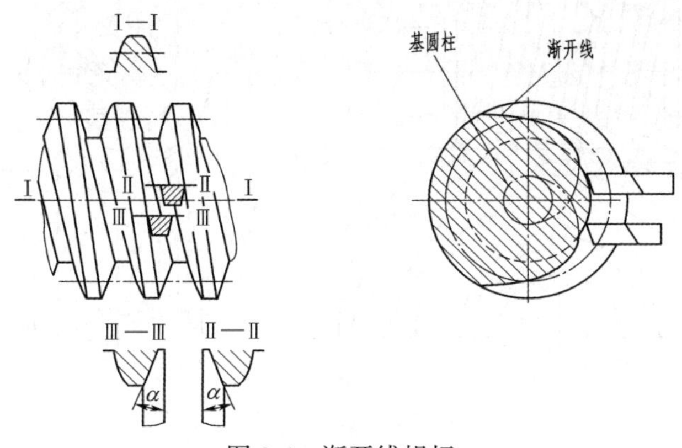

图 9-4　渐开线蜗杆

9.1.3　蜗杆传动的特点及应用

与齿轮传动相比较，蜗杆传动具有以下特点：

(1) 传动比大，结构紧凑。在动力传动中，单级传动比 i 通常为 8~80；只传递运动时，如在某些分度机构和仪表中，i 可达 1 000。

(2) 传动平稳，噪声小。蜗杆的齿是连续不断的螺旋齿，它和蜗轮轮齿啮合过程是连续的，而且同时啮合的齿对数又较多，因此工作平稳，噪声小。

(3) 具有自锁性。当蜗杆的导程角小于啮合轮齿间的当量摩擦角时，可实现自锁。

(4) 传动效率低。蜗杆与蜗轮齿面间相对滑动速度大，齿面摩擦严重，故传动效率比较低，一般只有 0.7~0.9，自锁蜗杆传动的效率一般不大于 0.5。

(5) 制造成本高。为了降低摩擦，减小磨损，提高齿面抗胶合能力，蜗轮齿圈常用贵重的铜合金制造，成本较高。

9.2　普通圆柱蜗杆传动的主要参数和几何尺寸计算

垂直于蜗轮轴线并包含蜗杆轴线的平面，称为主平面，如图 9-5 所示。

当蜗杆为阿基米德蜗杆时，在主平面内蜗杆蜗轮的啮合相当于渐开线齿条齿轮的啮合。所以，蜗杆传动的设计和制造均以主平面内的参数和几何关系为准。

9.2.1　普通圆柱蜗杆传动的主要参数及其选择

1. 模数 m 和压力角 α

蜗杆和蜗轮啮合时，蜗轮的节圆与蜗杆的节线（蜗杆分度圆素线）作纯滚动，故在主平面上，蜗杆的轴向齿距 p_{x1} 应等于蜗轮分度圆上的齿距 p_{t2}，所以蜗杆轴向模数 m_{x1} 必须等于蜗轮的端面模数 m_{t2}，为了制造方便，与齿轮一样，模数与压力角均已标准化，我国规定的标准压力角 $\alpha=20°$，标准模数见表 9-1。

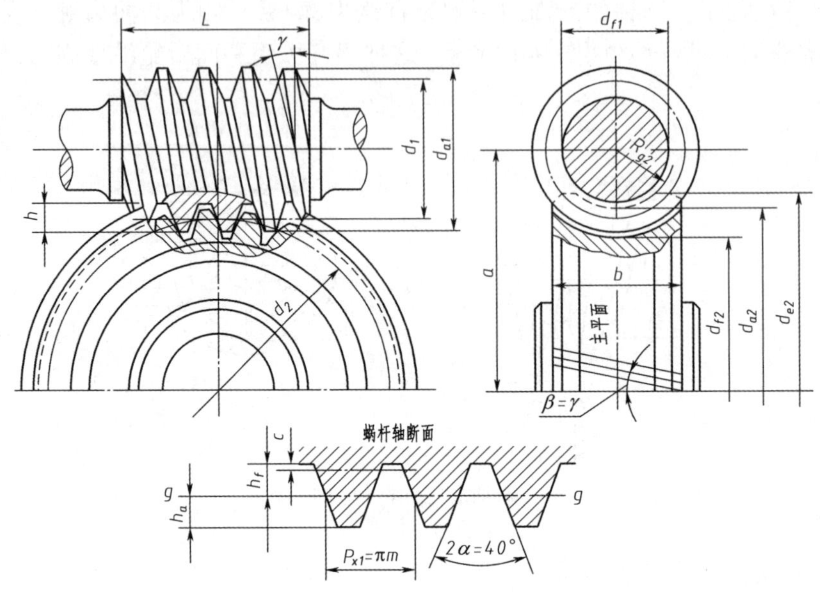

图 9-5 主平面与几何参数

2. 蜗杆分度圆直径 d_1 和分度圆导程角 γ

蜗杆分度圆柱面上螺旋线的展开图如图 9-6 所示，图中：γ 为分度圆上螺旋线的导程角（即升角）；p_{x1} 为蜗杆轴向齿距；d_1 为蜗杆分度圆直径；s 为蜗杆螺纹的导程；z_1 为蜗杆头数（即螺旋线数）。

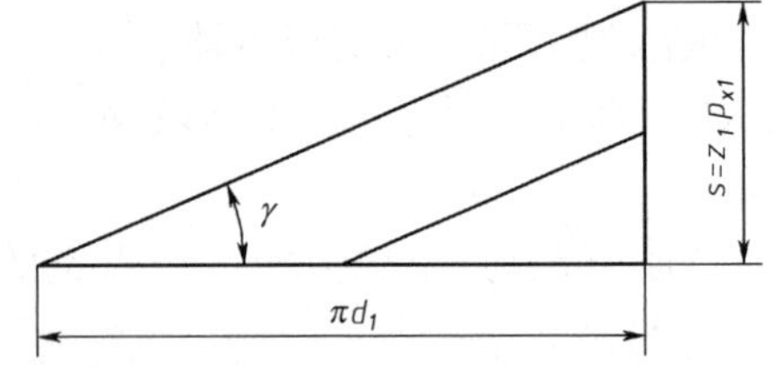

图 9-6 蜗杆分度圆螺旋线展开

由图可知 $\tan\gamma=\dfrac{z_1 p_{x1}}{\pi d_1}=\dfrac{z_1 m}{d_1}$

或

$$d_1=\frac{z_1}{\tan\gamma}m \tag{9-1}$$

由式(9-1)可知：m 一定时，取不同的 z_1 值和 γ 值，会得到许多不同的蜗杆直径 d_1。而用滚切法切制蜗轮时，刀具参数应和蜗杆参数相同（仅外径比蜗杆外径大两倍顶隙），所以，为减少滚刀数量，便于刀具标准化，规定 d_1 为标准值，见表 9-1。

一般情况下，蜗杆螺旋线采用右旋。

3. 传动比 i、蜗杆头数 z_1 与蜗轮齿数 z_2

蜗杆传动通常以蜗杆为主动件，其传动比 i 为

$$i=\frac{n_1}{n_2}=\frac{z_2}{z_1} \tag{9-2}$$

式中 n_1, n_2——蜗杆和蜗轮的转速，r/min。

蜗杆头数 z_1 的选择要考虑传动比、效率、加工制造三方面因素。z_1 愈少，传动比 i 愈大，传动效率愈低；z_1 愈多，则传动效率愈高，但难于制造。通常，$z_1=1\sim4$，当有自锁要求时，取 $z_1=1$。

表 9-1 圆柱蜗杆的模数 m 和分度圆直径 d_1 的搭配

模数 m/mm	分度圆直径 d_1/mm	蜗杆线数 z_1	m^2d_1/mm^3
1	18	1(自锁)	18
1.25	20	1	31.25
	22.4	1(自锁)	35
1.6	20	1,2,4	51.2
	28	1(自锁)	71.68
2	22.4	1,2,4	89.6
	(28)	1,2,4	112
	35.5	1(自锁)	142
2.5	28	1,2,4,6	175
	(35.5)	1,2,4	221.9
	45	1(自锁)	281
3.15	35.5	1,2,4,6	352.5
	(45)	1,2,4	446.5
	56	1(自锁)	556
4	40	1,2,4,6	640
	(50)	1,2,4	800
	71	1(自锁)	1 136
5	(40)	1,2,4	1 000
	50	1,2,4,6	1 250
	(63)	1,2,4	1 575
	90	1(自锁)	2 250
6.3	(50)	1,2,4	1 985
	63	1,2,4,6	2 500
	(80)	1,2,4	3 175
	112	1(自锁)	4 445
8	(63)	1,2,4	4 032
	80	1,2,4,6	5 120
	(100)	1,2,4	6 400
	140	1(自锁)	8 960
10	(71)	1,2,4	7 100
	90	1,2,4,6	9 000
	(112)	1,2,4	11 200
	160	1(自锁)	16 000
12.5	(90)	1,2,4	14 062
	112	1,2,4	17 500
	(140)	1,2,4	21 875
	200	1(自锁)	31 250
16	(112)	1,2,4	28 672
	140	1,2,4	35 840
	(180)	1,2,4	46 080
	250	1(自锁)	64 000
20	(140)	1,2,4,	56 000
	160	1,2,4	64 000
	(224)	1,2,4	89 600
	315	1(自锁)	12 600
25	(180)	1,2,4	112 500
	200	1,2,4	125 000
	(280)	1,2,4	175 000
	400	1(自锁)	250 000
31.5	(200)	1,2,4	198 450
	250	1,2,4	248 060
	(315)	1,2,4	312 560
	400	1	396 900
40	250	1,2,4	400 000
	355	1,2,4	568 000
	400	1,2,4	640 000

注:①本表摘自《圆柱蜗杆传动基本参数》GB/T 10085—2018。

②括号内数字尽可能不采用。

蜗轮的齿数 $z_2=iz_1$。对于动力传动,常取 $z_1>1$,$z_2=28\sim80$。z_2 不宜过多,否则蜗轮尺寸增大,蜗杆的长度也会增加,将降低蜗杆的刚度;z_2 也不宜少于 28,否则会使轮齿产生根切,并且影响啮合精度。

z_1 与 z_2 可根据传动比 i 参照表 9-2 的推荐值选取。

表 9-2　z_1、z_2 推荐数值

传动比 i	7~8	9~13	14~27	28~40	≥40
蜗杆线数 z_1	4	3,4	2,3	1,2	1
蜗轮齿数 z_2	28~32	27~52	28~81	28~80	≥40

4. 齿顶高系数 h_a^* 和顶隙系数 c^*

蜗轮蜗杆的齿顶高系数 $h_a^*=1$,顶隙系数 $c^*=0.2$。

9.2.2　几何尺寸计算

标准蜗杆传动的几何尺寸计算公式列于表 9-3。

表 9-3　标准蜗杆传动几何尺寸计算公式(参看图 9-5)

名　　称	符号	蜗　　杆	蜗　　轮
分度圆直径	d	d_1 标准值	$d_2=mz_2$
蜗杆齿顶圆及蜗轮喉圆直径	d_a	$d_{a1}=d_1+2m$	$d_{a2}=m(z_2+2)$
齿根圆直径	d_f	$d_{f1}=d_1-2.4m$	$d_{f2}=m(z_2-2.4)$
蜗轮外圆直径	d_{e2}		$d_{e2}=m(z_2+3)$
蜗轮轮缘宽度	b		$b=(0.65\sim0.75)d_{a1}$
中心距	a	$a=\frac{1}{2}(d_1+d_2)$	
蜗杆分度圆柱上螺旋导程角	γ	$\tan\gamma=mz_1/d_1$	
蜗杆轴向齿距和蜗轮分度圆齿距	p	$p=p_{x1}=p_{t2}=\pi m$	
分度圆上齿厚	s	$s_1=0.45\pi m$	$s_2=0.55\pi m$
蜗杆螺旋部分长度	L	$z_1=1$、2 时 $L=(12+0.1z_2)m$; $z_1=3$、4 时 $L=(13+0.1z_2)m$; 磨削蜗杆加长量: 当 $m<10$ 时加长 25; 当 $m=10\sim16$ 时加长 35; 当 $m>16$ 时加长 45	

9.2.3　蜗杆传动的正确啮合条件

与齿轮相仿,蜗杆传动的正确啮合条件是:在主平面内,蜗杆的轴向模数 m_{x1} 等于蜗轮的端面模数 m_{t2};蜗杆的轴向压力角 α_{x1} 等于蜗轮的端面压力角 α_{t2},即

$$m_{x1}=m_{t2}=m;\quad \alpha_{x1}=\alpha_{t2}=\alpha$$

又因两轴的交错角 $\Sigma=90°$,所以蜗杆分度圆柱上的螺旋线的导程角 γ 应等于蜗轮分度圆上的螺旋角 β,两者的旋向必须相同,即 $\gamma=\beta$。

9.3　普通圆柱蜗杆传动的运动分析和受力分析

9.3.1　蜗杆传动的运动分析

蜗杆传动和螺旋传动相似，所以，即使蜗杆蜗轮在节点处啮合时，轮齿之间仍有很大的相对滑动，节点处的相对滑动速度用 v_s 表示，其方向平行于齿的斜向，如图 9-7 所示，由图可知

$$v_s=\frac{v_1}{\cos\gamma}=\frac{d_1\omega_1}{2\times1\ 000\cos\gamma}=\frac{\pi d_1 n_1}{60\times1\ 000\cos\gamma} \tag{9-3}$$

式中　d_1——蜗杆分度圆直径，mm；

ω_1——蜗杆的角速度，rad/s，$\omega_1=\frac{\pi n_1}{30}$；

γ——蜗杆分度圆柱上螺旋线导程角，范围一般为 3.5°～33°；

n_1——蜗杆转速，r/min。

相对滑动速度对啮合处的润滑、齿面的失效、传动效率和发热都有很大的影响。一般取 $v_s\leq$ 15 m/s 。

9.3.2　蜗杆传动的受力分析

1. 蜗轮的回转方向

在进行蜗杆传动的受力分析时，首先要确定蜗杆、蜗轮的转向。因为通常是蜗杆主动，故只需根据蜗杆的转向和螺旋线方向（通常蜗杆的螺旋线方向为右旋）来确定蜗轮的转向，其规则如下：蜗杆为右旋时用右手（左旋时用左手）四指的弯曲方向表示蜗杆的转向，与拇指指向相反的方向表示蜗轮节点处的切线速度方向，从而可以确定蜗轮的转向。例如在图 9-7 所示的蜗杆传动中，当右旋的蜗杆沿箭头方向旋转时，蜗轮将按顺时针方向旋转，如箭头所示。

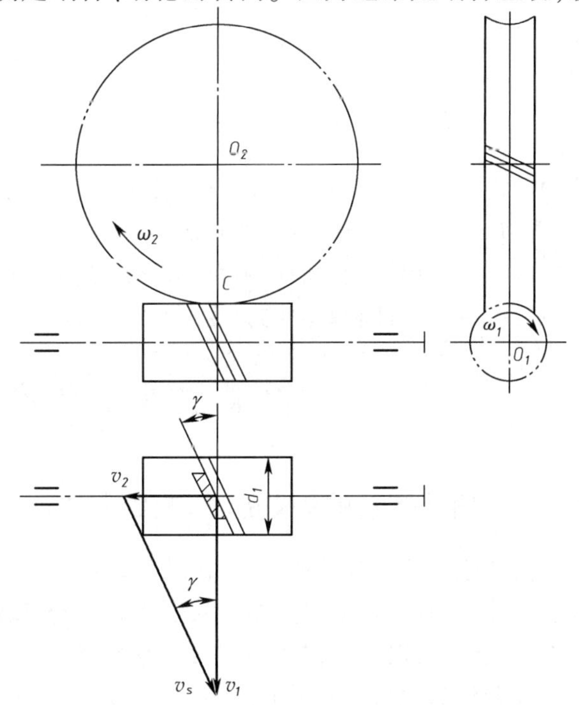

图 9-7　蜗杆传动的相对滑动速度

2. 受力分析

蜗杆传动的受力情况与斜齿圆柱齿轮传动相似，如图 9-8 所示。当蜗杆为主动件时，如图 9-9 所示，作用于啮合节点处齿廓曲面的法向力 F_n 可分解为三个互相垂直的分力：切向力 F_{t1}、轴向力 F_{x1}、和径向力 F_{r1}。由于两轴间交错角一般为 90°，此时，蜗杆的切向力 F_{t1} 与蜗轮的轴向力 F_{x2} 大小相等，方向相反 ；蜗杆蜗轮的径向力 F_{r1}、

F_{r2} 大小相等,分别指向各自的轴心;蜗杆的轴向力 F_{x1} 和蜗轮的切向力 F_{t2} 大小相等,方向相反。

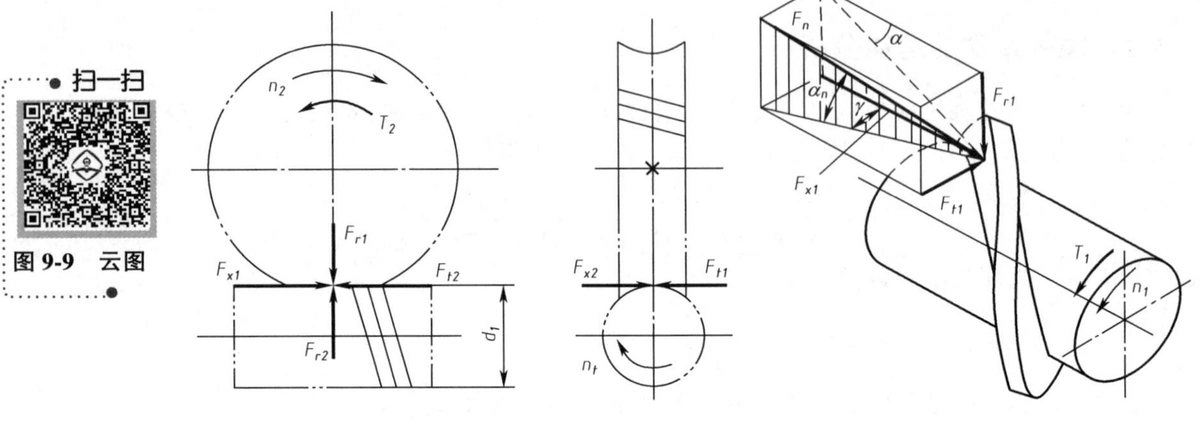

图 9-8 蜗杆传动受力

图 9-9 蜗杆受力分析

蜗杆传动的切向力指向的确定与齿轮相同,即:在主动件蜗杆上与其运动方向相反;在从动件蜗轮上与其运动方向一致。

当不计摩擦力的影响时,各力的计算公式如下:

$$F_{t1}=-F_{x2}=\frac{2T_1}{d_1} \tag{9-4}$$

$$F_{t2}=-F_{x1}=\frac{2T_2}{d_2} \tag{9-5}$$

$$F_{r1}=-F_{r2}=-F_{t2}\tan\alpha \tag{9-6}$$

式中 T_1——作用于蜗杆上的额定转矩,N · mm;

T_2——作用于蜗轮上的转矩,N · mm ,$T_2=T_1 i\eta$ (η 为蜗杆传动效率,i 为传动比);

α——蜗杆轴截面压力角,亦即蜗轮端面压力角,$\alpha=20°$;

d_1,d_2——蜗杆和蜗轮的分度圆直径,mm。

9.4 普通圆柱蜗杆传动的强度计算

9.4.1 蜗杆传动的失效形式与设计准则

由于蜗杆传动滑动速度大,传动效率低,产生热量多,润滑油因油温升高而变稀,使润滑条件变坏,所以蜗杆传动的主要失效形式有齿面磨损、胶合、点蚀等。对于开式传动,磨损破坏为主要失效形式;对于闭式传动,胶合、点蚀破坏为主要失效形式。

胶合和磨损目前尚无成熟的计算方法。考虑到胶合、磨损随滑动速度及接触应力的增大而加剧,为防止胶合与减缓磨损,常采取以下措施:①用减磨材料制造蜗轮;②采用合适的润滑方式和润滑材料；③限制齿面的接触应力。

因而对于闭式蜗杆传动，通常是按齿面接触疲劳强度计算，在选择许用应力时，适当考虑胶合和磨损失效因素的影响。同时，对闭式传动要进行热平衡计算。对于开式蜗杆传动，则为防止轮齿磨薄后产生齿根断裂而进行齿根弯曲疲劳强度设计计算。由于蜗杆螺牙不易破坏，一般不对其进行强度计算，而蜗杆轴应按齿根圆直径用轴的计算方法验算其强度与刚度。

9.4.2　齿面接触强度计算

把蜗杆传动近似地看成是斜齿轮齿条传动，再用推导齿轮传动接触强度计算公式的办法，即可得到普通圆柱蜗杆传动接触强度验算公式

$$\sigma_H = 480\sqrt{\frac{KT_2\cos\gamma}{d_1 d_2^2}} \leqslant [\sigma_H]\ (\text{MPa}) \tag{9-7}$$

由上式可导出设计计算公式

$$m^2 d_1 \leqslant KT_2\cos\gamma\left(\frac{480}{z_2[\sigma_H]}\right)^2 \tag{9-8}$$

式中　T_2——作用于蜗轮上的转矩，N · mm；

K——载荷系数，一般取 $K=1\sim1.4$，当载荷平稳，滑动速度 $v_s\leqslant3$ m/s 及精度较高时，K 取低值，否则，K 取高值；

z_2——蜗轮齿数，根据 i 参考表 9-2 中的 z_1、z_2 推荐数值确定；

γ——蜗杆分度圆导程角，设计时可按蜗杆线数确定（当 $z_1=1$ 时，$\gamma=6°$；当 $z_1=2$ 时，$\gamma=10°$；当 $z_1=4$ 时，$\gamma=25°$）；

$[\sigma_H]$——蜗轮的许用接触应力，MPa，查表 9-6；

m——模数，mm，根据计算得到的 m^2d_1，查表 9-1 确定 m 及 d_1。

9.4.3　蜗轮轮齿弯曲强度计算

蜗轮轮齿形状复杂，难于确定轮齿的危险剖面和实际弯曲应力。通常仿照斜齿圆柱齿轮轮齿弯曲强度计算方法用下式近似验算其弯曲强度。

$$\sigma_F = \frac{1.56KT_2}{d_1 d_2 m}\cdot Y_{Fa} \leqslant [\sigma_F] \tag{9-9}$$

由式(9-9)代入 $d_2=mz_2$ 可导出设计计算公式

$$m^2 d_1 \geqslant \frac{1.56KT_2}{z_2[\sigma_F]}\cdot Y_{Fa} \tag{9-10}$$

式中　T_2——作用于蜗轮上的转矩 N · mm；

K——载荷系数，一般取 $K=1\sim1.4$，当载荷平稳，滑动速度 $v_s\leqslant3$ m/s 及精度较高时，K 取低值，否则，K 取高值；

z_2——蜗轮齿数，根据 i 参考表 9-2 确定；

Y_{Fa}——蜗轮的齿形系数,用当量齿数 $z_v=z_2/\cos^3\gamma$, 按表 9-4 选取;

$[\sigma_F]$——蜗轮的许用弯曲应力,MPa,查表 9-6;

m——模数,mm, 根据算得的 m^2d_1,查表 9-1 确定 m 及 d_1。

表 9-4　蜗轮的齿形系数 Y_{Fa}

z_v	20	24	26	28	30	32	35	37
Y_{Fa}	2.24	2.12	2.10	2.04	1.99	1.94	1.86	1.82
z_v	40	45	50	60	80	100	150	300
Y_{Fa}	1.76	1.68	1.64	1.59	1.52	1.47	1.44	1.40

9.5　蜗杆传动的材料选择和许用应力

9.5.1　蜗杆和蜗轮的常用材料

由蜗杆传动的失效形式可知,选择蜗杆和蜗轮材料组合时,不但要求有足够的强度,而且要有良好的减摩、耐磨和抗胶合的能力。实践表明,较理想的蜗杆副材料是:青铜蜗轮齿圈匹配淬硬磨削的钢制蜗杆。

蜗杆一般是用碳素钢或合金钢(见表 9-5)制造,要求齿面光洁并具有较高的硬度。对于高速重载的传动,蜗杆常用低碳合金钢(如 20Cr、20CrMnTi)经渗碳后,表面淬火使硬度达 58 ~63 HRC,再经磨削。对中速中载传动,蜗杆常用 45 钢、40Cr、35SiMn 等,表面经高频淬火使硬度达 45~55 HRC,再磨削。对一般蜗杆可采用 45、40 等碳钢调质处理(硬度为 220~270 HBS)。

表 9-5　蜗杆常用材料

材料牌号	热处理	硬度	齿面粗糙度 *Ra*
45,35SiMn ,42SiMn, 40Cr,37SiMnMoV,38SiMnMo	表面淬火	45~55 HRC	1.6~0.8
20MnVB,20SiMnVB,20Cr,20CrMnTi	渗碳淬火	58~63 HRC	1.6~0.8
45(用于不重要的传动)	调质	<270 HBS	6.3

由于滑动速度大,所以制造蜗轮的材料应选用减摩性能好的铜合金,如铸造锡青铜(ZCuSn10P1,ZCuSn6Zn6Pb3)、铸造铝铁青铜(ZCuAl10Fe3)等;对低速轻载的传动,也可用球墨铸铁或灰铸铁,如灰铸铁 HT150、HT200 等。锡青铜的抗胶合、减摩及耐磨性能最好,但价格较高,常用于 $v_s>6$ m/s 的重要传动;铝铁青铜具有足够的强度,并耐冲击,价格便宜,但抗胶合及耐磨性能不如锡青铜,一般用于 $v_s\leqslant 6$ m/s 的传动;灰铸铁用于 $v_s\leqslant 2$ m/s 的不重要场合。

9.5.2　蜗轮的许用应力

常用的蜗轮材料许用接触应力$[\sigma_H]$和许用弯曲应力$[\sigma_F]$值见表 9-6。

表 9-6　蜗轮材料的许用接触应力[σ_H]和许用弯曲应力[σ_F]

<table>
<tr><th rowspan="3">蜗轮材料</th><th rowspan="3">铸造方法</th><th rowspan="3">适用的滑动速度 v_s/(m·s^{-1})</th><th colspan="2">力学性能</th><th colspan="7">[σ_H]</th><th colspan="2">[σ_F]</th></tr>
<tr><th rowspan="2">σ_s</th><th rowspan="2">σ_b</th><th colspan="7">蜗杆齿面硬度</th><th rowspan="2">单向受载</th><th rowspan="2">双向受载</th></tr>
<tr><th colspan="4">≤350 HBS</th><th colspan="3">>45 HRC</th></tr>
<tr><td>ZCuSn10P1
(铸锡青铜)</td><td>砂模
金属模</td><td>≤12
≤25</td><td>130
170</td><td>220
310</td><td colspan="4">180
200</td><td colspan="3">200
220</td><td>51
70</td><td>32
40</td></tr>
<tr><td>ZCuSn5Pb5Z5
(铸锡青铜)</td><td>砂模
金属模</td><td>≤10
≤12</td><td>90
100</td><td>200
250</td><td colspan="4">110
135</td><td colspan="3">125
150</td><td>33
40</td><td>24
29</td></tr>
<tr><td rowspan="3">ZCuAl10Fe3
(铸铝青铜)</td><td rowspan="3">砂模
金属模</td><td rowspan="3">≤10</td><td rowspan="3">180
200</td><td rowspan="3">490
540</td><td colspan="7">滑动速度 v_s/(m·s^{-1})</td><td rowspan="3">82
90</td><td rowspan="3">64
80</td></tr>
<tr><td>0.5</td><td>1</td><td>2</td><td>3</td><td>4</td><td>6</td><td>8</td></tr>
<tr><td>250</td><td>230</td><td>210</td><td>180</td><td>160</td><td>120</td><td>90</td></tr>
<tr><td>ZCuZn38Mn2Pb2
(铸锰黄铜)</td><td>砂模
金属模</td><td>≤10</td><td>—</td><td>245
345</td><td>215</td><td>200</td><td>180</td><td>150</td><td>135</td><td>95</td><td>75</td><td>62
—</td><td>56
—</td></tr>
<tr><td>HT150(灰铸铁)</td><td>砂模</td><td>≤2</td><td>—</td><td>150</td><td>110</td><td>90</td><td>70</td><td>—</td><td>—</td><td>—</td><td>—</td><td>40</td><td>25</td></tr>
<tr><td>HT200(灰铸铁)</td><td>砂模</td><td>≤2~5</td><td>—</td><td>200</td><td>130</td><td>115</td><td>90</td><td>70</td><td>—</td><td>—</td><td>—</td><td>48</td><td>30</td></tr>
<tr><td>HT250(灰铸铁)</td><td>砂模</td><td>≤2~5</td><td>—</td><td>250</td><td>135</td><td>120</td><td>95</td><td>75</td><td>65</td><td>—</td><td>—</td><td>56</td><td>35</td></tr>
</table>

9.6　蜗杆传动的效率、散热与润滑

9.6.1　蜗杆传动的效率

闭式蜗杆传动的功率损耗包括三部分:齿面间啮合摩擦损耗、蜗杆轴上轴承的摩擦损耗和搅动箱体内润滑油的溅油损耗。当蜗杆主动时,总效率为

$$\eta=\eta_1\eta_2\eta_3$$

$$\eta_1=\frac{\tan\gamma}{\tan(\gamma+\rho_v)} \tag{9-11}$$

式中　η_1——啮合效率,是影响蜗杆传动效率的主要因素。ρ_v 为当量摩擦角,可按蜗杆传动的材料及滑动速度查表 9-7 得出;γ 为普通圆柱蜗杆分度圆上的导程角,是影响啮合效率的最主要的参数之一。在 γ 值的常用范围内,η_1 随 γ 增大而提高,故为提高传动效率,常采用多头蜗杆,但 γ 过大会导致加工蜗杆困难,当 $\gamma>28°$后,效率提高很少,所以蜗杆的导程角 γ 一般都小于 28°。

η_2,η_3——轴承效率和搅油效率,一般取 $\eta_2\eta_3=0.95\sim0.96$。

在开始设计时,为了近似地求出蜗轮轴上的转矩 T_2,闭式蜗杆传动的总效率可取表 9-8 中

的数值;而开式传动中,当 $z_1=1\sim2$ 时,$\eta=0.6\sim0.7$。

表 9-7 当量摩擦系数 f_v 和当量摩擦角 ρ_v

蜗轮材料	锡青铜				无锡青铜	
蜗杆齿面硬度	>45 HRC		其他		>45 HRC	
滑动速度 $v_s/(\mathrm{m\cdot s^{-1}})$	f_v	ρ_v	f_v	ρ_v	f_v	ρ_v
1	0.045	2°35′	0.055	3°09′	0.07	4°00′
2	0.035	2°00′	0.045	2°35′	0.055	3°09′
3	0.028	1°36′	0.035	2°00′	0.045	2°35′
4	0.024	1°22′	0.031	1°47′	0.04	2°17′
5	0.022	1°16′	0.029	1°40′	0.035	2°00′
8	0.018	1°02′	0.026	1°29′	0.03	1°43′

注:1. 如滑动速度与表中数值不一致时,可用插入法求得 f_v、ρ_v。

2. 蜗轮材料为灰铸铁时,可按无锡青铜查取 f_v、ρ_v。

表 9-8 普通闭式蜗杆传动效率 η 的参考值

蜗杆线数 z_1	1	2	3	4
传动效率 η	0.7~0.75	0.75~0.82	0.82~0.87	0.87~0.92

9.6.2 蜗杆传动的热平衡计算

因为蜗杆传动滑动速度大,传动效率低,发热量大。若散热不及时,易导致温升过高使得润滑油变稀,破坏了齿面间润滑油膜的形成,造成齿面磨损加剧,甚至发生胶合。因此,闭式蜗杆传动要进行热平衡计算,以便采取有效的散热方法,保证油温在规定的范围内。

由摩擦损耗的功率变为热能,借助箱体外壁散热,当发热速度与散热速度相等时,就达到了热平衡。单位时间内由摩擦损耗的功率产生的热量为

$$H_1=1\,000(1-\eta)P_1 \tag{9-12}$$

式中 P_1——蜗杆传动的功率,kW;

η——蜗杆传动的总效率。

而以自然冷却方式,单位时间内由箱体外壁散发到周围空气中的热量为

$$H_2=K_sA(t-t_0) \tag{9-13}$$

式中 K_s——散热系数,其数值表示单位面积、单位时间、温差 1 ℃所能散发的热量,根据箱体周围的通风条件一般取 $K_s=10\sim17\ \mathrm{W/(m^2\cdot℃)}$,通风条件好时取大值;

A——散热面积,$\mathrm{m^2}$,指箱体内壁能被油飞溅到,外壁又能被周围空气所冷却的箱体表面积、凸缘和散热片面积按 50% 计算;

t——润滑油的工作温度,一般限制在 60~70 ℃,最高不超过 80 ℃;

t_0——周围空气温度,常温情况下可取 20 ℃。

根据热平衡条件 $H_1=H_2$,可求得润滑油的工作温度 t 为

$$t=\frac{1\ 000P_1(1-\eta)}{K_sA}+t_0 \tag{9-14}$$

也可以求得保持正常工作油温所必需的散热面积 A 为

$$A=\frac{1\ 000(1-\eta)P_1}{K_s(t-t_0)} \tag{9-15}$$

若润滑油的工作温度超过 80 ℃，或有效的散热面积不足时，则需采取散热措施，以提高其散热能力。常用的措施有：

(1)在箱体外壁加散热片以增大散热面积；

(2)在蜗杆轴上安装风扇[见图 9-10(a)]；

(3)在箱体油池内铺设冷却水管，用循环水冷却[见图 9-10(b)]；

(4)采用压力喷油循环润滑。油泵将高温的润滑油抽到箱体外，经过滤器、冷却器冷却后，喷射到传动的啮合部位[见图 9-10(c)]。

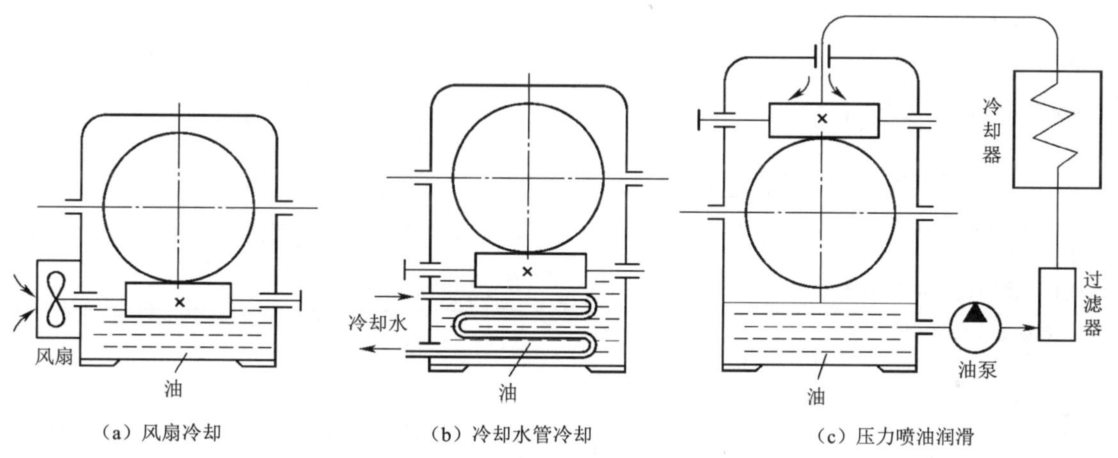

(a) 风扇冷却　(b) 冷却水管冷却　(c) 压力喷油润滑

图 9-10　提高蜗杆传动散热能力的措施

9.6.3　蜗杆传动的润滑

为提高传动效率，避免胶合和减少磨损，润滑十分重要，有关润滑的黏度及润滑方法的选择，可按滑动速度和载荷类型参考表 9-9 确定。

表 9-9　蜗杆传动润滑油黏度和润滑方法

适宜滑动速度 $v_s/(\mathrm{m\cdot s^{-1}})$	≤1.5	1.5~3.5	3.5~10	>10
润滑油黏度 $\gamma_{40}/(\mathrm{mm^2\cdot s^{-1}})$	>612	414~506	288~352	198~242

注：蜗杆上置时，可将表中黏度提高 30%~50%；重载蜗杆传动取大值，反之取小值。

例 9-1　设计一搅拌机用的普通圆柱蜗杆传动。已知输入轴传递功率 $P_1=10$ kW，转速 $n_1=1\ 450$ r/min，传动比 $i=20$，单向传动，载荷较平稳，有不大的冲击，大批量生产。

解　采用闭式传动，按选择材料、确定许用应力、对蜗轮进行齿面接触强度设计、对蜗轮轮齿进行弯曲强度验算、进行热平衡计算等步骤。列表如下：

<table>
<tr><th>计算及说明</th><th>主 要 结 果</th></tr>
<tr><td>1. 选择材料,确定许用应力
蜗杆选择 45 钢表面淬火,齿面硬度为 45~55 HRC,蜗轮齿圈选择 ZCuSn10P1, 金属模铸造,轮芯采用 HT100 制造。
许用接触应力从表 9-6 中查取
许用弯曲应力从表 9-6 中查取</td><td>

$[\sigma_H]=220$ MPa
$[\sigma_F]=70$ MPa</td></tr>
<tr><td>2. 按蜗轮齿面接触强度设计
蜗杆线数 z_1 由表 9-2 中查取
蜗轮齿数 $z_2=iz_1=20\times2$
蜗轮转速 $n_2=n_1/i=1\ 450/20$
根据表 9-8,取传动效率 $\eta=0.8$
蜗轮轴转矩 $T_2=9.55\times10^6$
$=9.55\times10^6\times\frac{10\times0.8}{72.5}$ (N·mm)
载荷系数
取蜗杆导程角
计算 m^2d_1 的值
$m^2d_1\geqslant KT_2\cos\gamma\left(\frac{480}{z_2[\sigma_H]}\right)^2$
$=1.2\times1.05\times10^6\times\cos10°\times\left(\frac{480}{40\times220}\right)^2$
$=3\ 692$ (mm^3)
模数由表 9-1 取标准值
蜗杆分度圆直径由表 9-1 选取</td><td>
$z_1=2$
$z_2=40$
$n_2=72.5$ r/min

$T_2=1.05\times10^6$ N·mm
$K=1.2$
$\gamma=10°$

$m^2d_1\geqslant 3\ 692\ mm^3$
$m=8$ mm
$d_1=80$ mm</td></tr>
<tr><td>3. 确定主要几何尺寸
蜗杆导程角 $\tan\gamma=mz_1/d_1=8\times2/80=0.2$
蜗轮分度圆直径 $d_2=mz_2=8\times40$ (mm) = 320 (mm)
中心矩 $a=\frac{1}{2}(d_1+d_2)=\frac{1}{2}\times(80+320)$ (mm) = 200 (mm)</td><td>
$\gamma=11°17'40''$
$d_2=320$ mm
$a=200$ mm</td></tr>
<tr><td>4. 验证蜗轮轮齿弯曲强度
蜗轮当量齿数 $z_v=z_2/\cos^3\gamma=40/\cos^3 11°17'40''$
齿形系数由表 9-4 查取
蜗轮轮齿弯曲应力
$\sigma_F=\frac{1.56\cdot KT_2}{d_1d_2m}\cdot Y_{Fa}$
$=\frac{1.56\times1.2\times1.05\times10^6\times1.72}{80\times320\times8}$ (MPa)
$=16.51$ (MPa)
$\sigma_F<[\sigma_F]$</td><td>
$z_v=42.42$
$Y_{Fa}=1.72$

$\sigma_F=16.51$ MPa</td></tr>
<tr><td>5. 热平衡计算
滑动速度 $v_s=\frac{\pi d_1n_1}{60\times1\ 000\cos\gamma}$
$=\frac{\pi\times80\times1450}{60\times1\ 000\times\cos11°17'40''}$
$=6.19$ (m/s)
当量摩擦角由表 9-7 查取</td><td>
安全
$v_s=6.19$ m/s

$\rho_v=1°10''$</td></tr>
</table>

续上表

计算及说明	主　要　结　果
啮合效率 $\eta_1=\dfrac{\tan\gamma}{\tan(\gamma+\rho_v)}$	$\eta_1=0.90$
取轴承效率 η_2 和搅油效率 η_3	$\eta_2\cdot\eta_3=0.96$
总效率 $\eta=\eta_1\eta_2\eta_3$	$\eta=0.86$
所必需的散热面积 $A=\dfrac{1\ 000(1-\eta)P_1}{K_s(t-t_0)}$ $=\dfrac{1\ 000\times(1-0.86)\times10}{10\times(80-20)}$ $=2.3\ (m^2)$	$A=2.3\ m^2$

9.7　蜗杆和蜗轮的结构、规定画法和图样

9.7.1　蜗杆和蜗轮的常见结构

1. 蜗杆的结构

蜗杆一般与轴做成一体，称为蜗杆轴。按蜗杆的螺旋齿面加工方法不同，可分为车制蜗杆和铣制蜗杆两类。图 9-11(a)所示为车制蜗杆，为车削螺旋部分，轴上应有退刀槽，轴径 $d_h=d_{f1}-(2\sim4)$ mm。图 9-11(b)所示为铣制蜗杆，无需有退刀槽，轴径 d_h 可大于 d_{f1}。

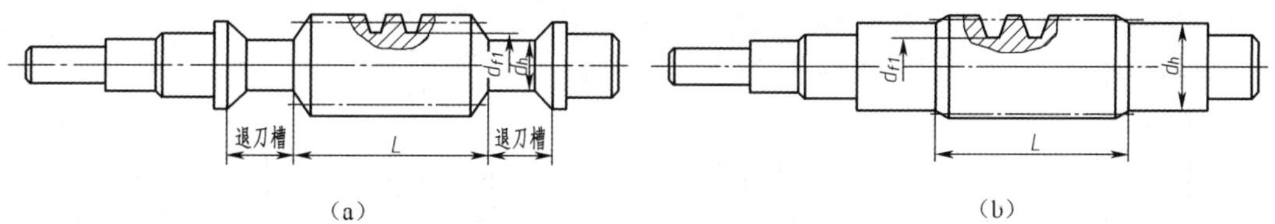

图 9-11　圆柱蜗杆结构形式

当蜗杆的螺旋部分直径较大时($d_{f1}>1.7d_h$)，可将蜗杆与轴分开制作，然后装配在一起。

2. 蜗轮的结构

蜗轮的结构有整体式和组合式两种。为了节省贵重的有色金属，大多数蜗轮做成组合式。

图 9-12(a)所示为整体式蜗轮，适用于铸铁蜗轮、铝合金蜗轮或直径小于 100 mm 的青铜蜗轮。

图 9-12(b)所示为组合式过盈连接蜗轮，这种结构常由青铜齿圈与铸铁轮芯组成，两者之间常采用 H7/s6 或 H7/r6 配合，并加轴肩作轴向定位，为防止齿圈沿圆周方向或沿轴向窜动，另加 6~12 个骑缝螺钉固定。这种结构多用于尺寸不大或工作温度变化较小的蜗轮，以免热胀影响配合的质量。

对于尺寸较大或易磨损需经常更换齿圈的蜗轮，为了装拆方便，可采用组合式螺栓连接蜗轮，这种结构的青铜齿圈与铸铁轮芯可采用过渡配合 H7/j6，用普通螺栓连接；或采用间隙配合 H7/h6，用铰制孔用螺栓连接。

对于成批生产的蜗轮，可以采用组合式浇注蜗轮，这种结构的青铜齿圈浇注在铸铁轮芯

上,然后切齿。

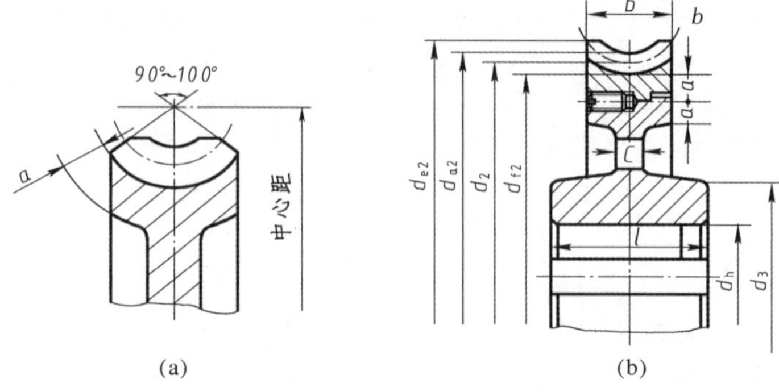

图 9-12　蜗轮结构形式

9.7.2　蜗杆和蜗轮的规定画法

单个蜗杆和蜗轮的画法同圆柱齿轮相同,蜗轮轮齿部分画法见图 9-11 圆柱蜗杆结构形式,图 9-12 蜗轮结构形式。蜗杆、蜗轮的啮合画法见表 9-10。

表 9-10　蜗杆和蜗轮的啮合画法

剖视图	外形图
	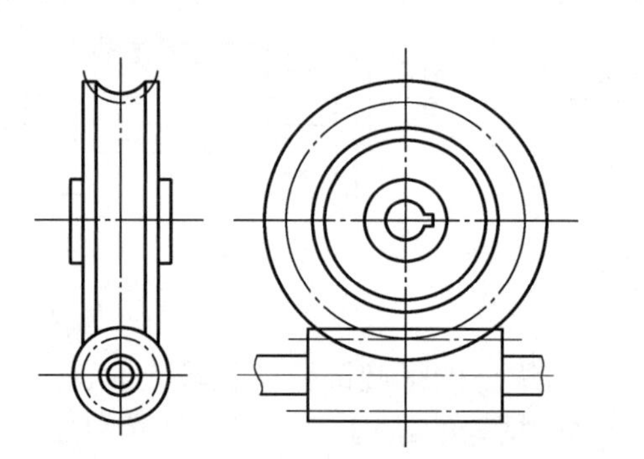
1. 在剖视图中,蜗杆齿顶圆齿用粗实线绘制,蜗轮齿顶圆被遮住部分不画; 2. 在蜗轮反映圆的视图中,啮合区作局部剖视,用粗实线绘制蜗杆的齿顶圆、齿根圆和蜗轮的喉圆。蜗轮外圆、喉圆被蜗杆遮住部分不画; 3. 节圆和节线相切	1. 在蜗轮反映圆的视图中的啮合区内,蜗杆的齿顶圆和蜗轮的外圆均用粗实线绘制,齿根圆均不画; 2. 平行蜗轮轴线视图中,蜗轮被蜗杆遮住部分不画; 3. 节圆和节线相切

9.7.3　蜗杆和蜗轮的零件图

蜗杆蜗轮的零件图除了表示零件结构的图形、尺寸和表面粗糙度、形状位置公差以及技术要求外,还需给出啮合特性表,在表中给出蜗杆蜗轮的主要参数、精度等级和检验项目等。

蜗杆零件图参阅图 9-13。组合式蜗轮零件图参阅图 9-14。

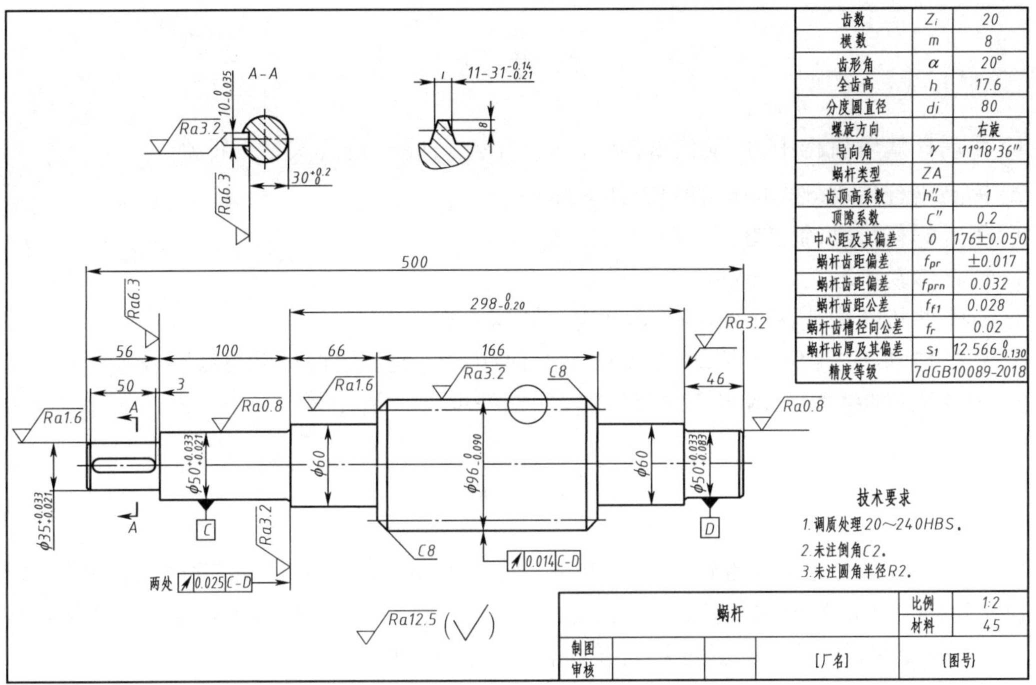

图 9-13　蜗杆零件图

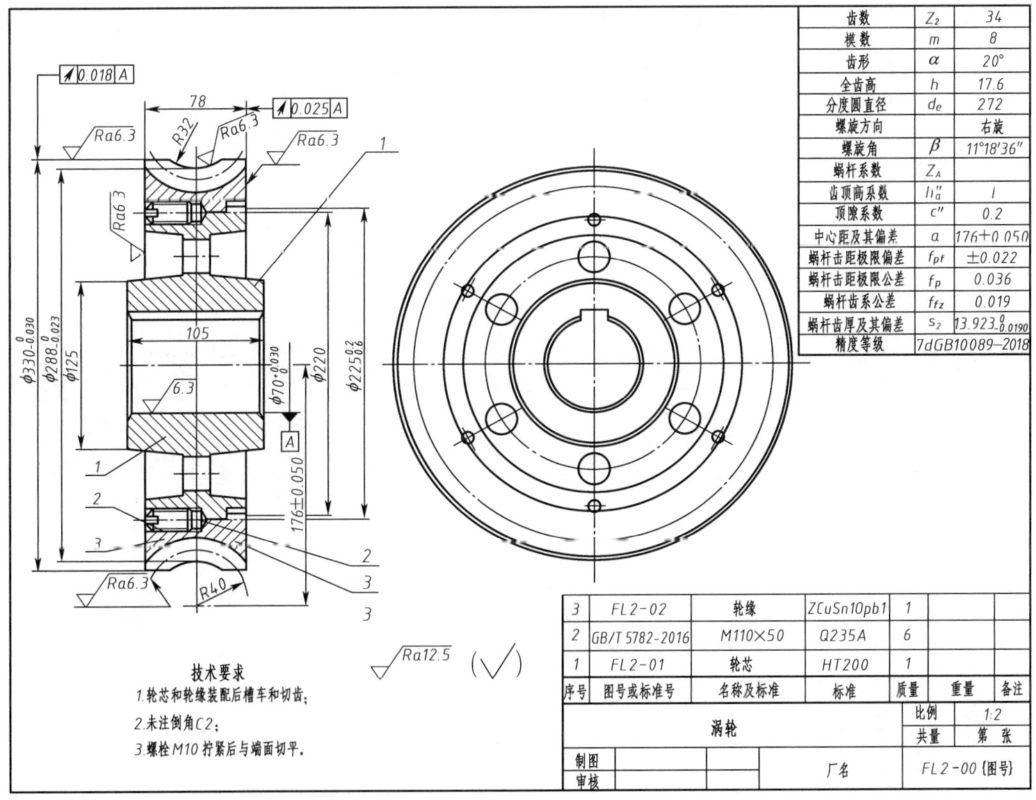

图 9-14　组合式蜗轮零件图

思考题

1. 在蜗杆蜗轮机构中,传动比 $i_{12}=z_2/z_1=d_2/d_1$,此表达公式是否正确。
2. 提高蜗杆传动效率的最有效方法有哪些?
3. 闭式蜗杆传动的主要失效形式是什么?
4. 蜗杆传动中较为理想的材料组合是什么?
5. 有哪些机器中应用了蜗杆传动机构?铣床中有吗?
6. 蜗杆传动与齿轮齿条传动、螺旋传动有何相似之处?蜗杆传动有哪些特点?
7. 选择蜗杆和蜗轮材料组合时,较理想的蜗杆副材料是什么?

习　　题

题图1所示为斜齿圆柱齿轮和蜗杆传动。已知主动齿轮1的转向,欲使蜗轮4顺时针转动。试确定蜗杆3的螺旋线的旋向,并在1,2齿轮的啮合处和蜗杆蜗轮啮合处分别标出齿轮2和蜗杆3所受的径向力 F_r、切向力 F_t、轴向力 F_a 的方向。

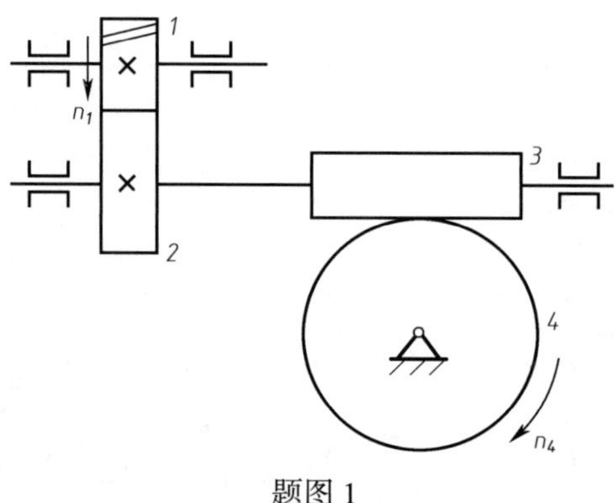

题图1

第 10 章　工程中的轮系

本章学习目标

◇正确判断轮系的类型，掌握轮系传动比的计算方法，确定主从动轮的转向关系；

◇根据工作要求选择轮系的类型并确定各轮的齿数。

本章学习内容

◇各类轮系的组成、功能、传动原理和运动特点；

◇判断轮系的类型；

◇定轴轮系和周转轮系传动比的计算方法。

实践教学研究

◇参观发动机，了解发动机中的轮系结构；

◇观察轮系在日常生活和工程设备中的应用。

扫一扫

现代工程发动机实践感想

关键词：轮系、定轴轮系、传动比、惰轮

10.1　概　　述

10.1.1　轮系的应用

在工程设备中，为了满足各种不同的使用要求，经常采用若干个彼此啮合的齿轮进行传动，在主动轴与从动轴之间获得预期大小的传动比和转向关系。这种由一系列齿轮所组成的传动系统称为轮系，如图 10-1 所示。

10.1.2　轮系的特点

1. 用于两轴相距较远的传动。

如图 10-1(c)所示。从电机到主轴的距离相对较远，通过齿轮啮合运动实现较远距离运动的传递。

2. 获得较大的传动比。

通过两齿轮分度圆直径的变化，实现较大的传动比。

3. 实现变速传动。

当主动轴的转速不变，而要求从动轴有几个不同的转速时，可以用适当排列的轮系来实现。如图 10-1(c)所示。从电机到主轴，通过齿轮啮合运动实现主轴多种转速的变化。

(a) 轮系

(b) 减速器

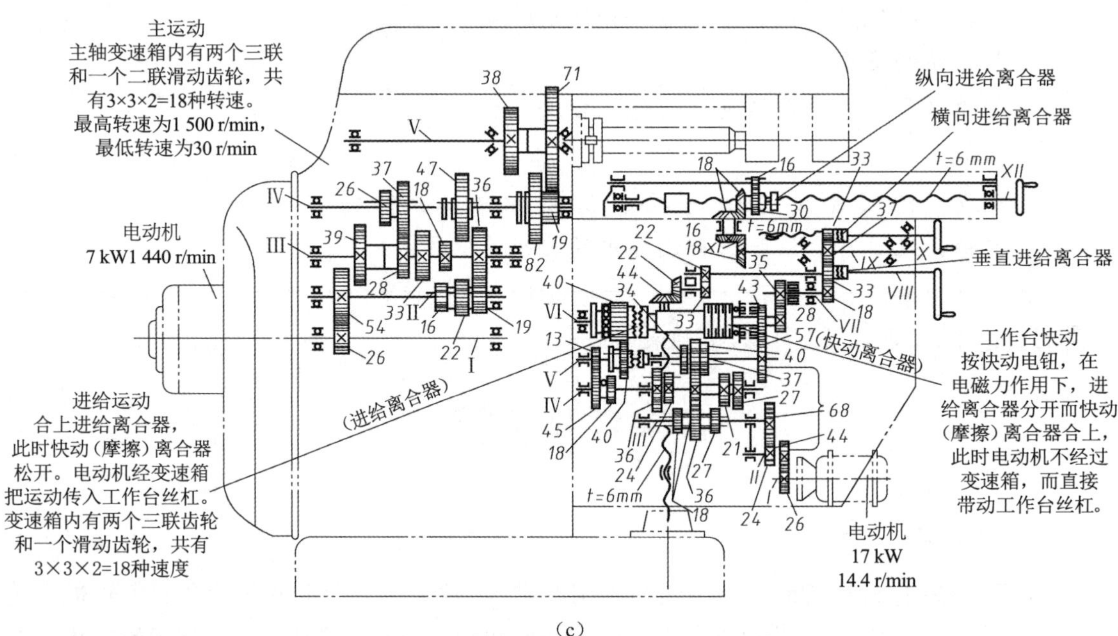

(c)

图 10-1 轮系应用

注:图中数字为齿轮的齿数

4. 改变从动轮的转向

当主动轴的转动方向不变,而要求从动轴的转动方向改变时,可以增加齿轮改变从动轮的转向,如图 10-2 所示。

5. 实现分路传动

利用定轴轮系,通过主动轴上的若干齿轮,分别把运动传给多个工作部位,从而实现分路传动。

图 10-3 所示为滚齿机工作台中的传动机构,由电动机带动主动轴转动,通过该轴上的齿轮 1 和 3 分两路将运动传给滚刀 A 和轮坯 9,从而使刀具和轮坯之间具有确定的对滚关系。

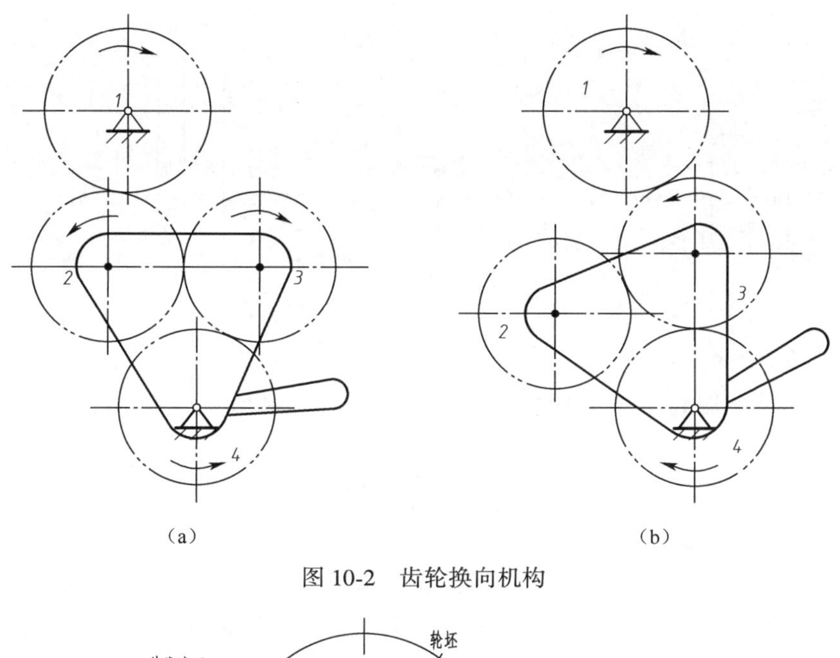

图 10-2　齿轮换向机构

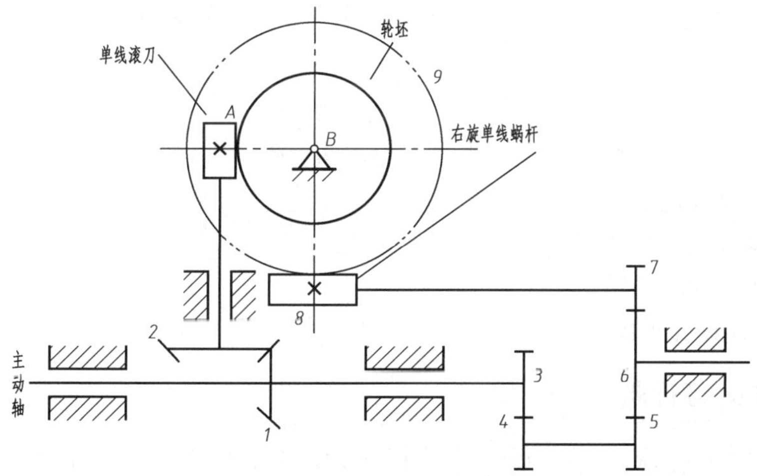

图 10-3　滚齿机工作台中的传动机构

10.1.3　轮系的分类

根据轮系中各轮几何轴线在运转过程中相对位置是否固定,可将轮系分为三类,定轴轮系、周转轮系和复合轮系。

定轴轮系:如果轮系中所有齿轮的轴线相对机架都是固定的,则这种轮系称为定轴轮系或普通轮系,如图 10-1 所示。

周转轮系:如果轮系中有某几个齿轮(最少应有一个齿轮)的轴线相对机架是不固定的,而是绕其他固定轴线转动,则这种轮系称为周转轮系,如图 10-4 所示,齿轮 2 的轴线可以绕固定轴线 OO 转动。

复合轮系:在传动系中既含有定轴轮系又含有周转轮系的传动系称之为复合轮系,如图 10-5 所示。

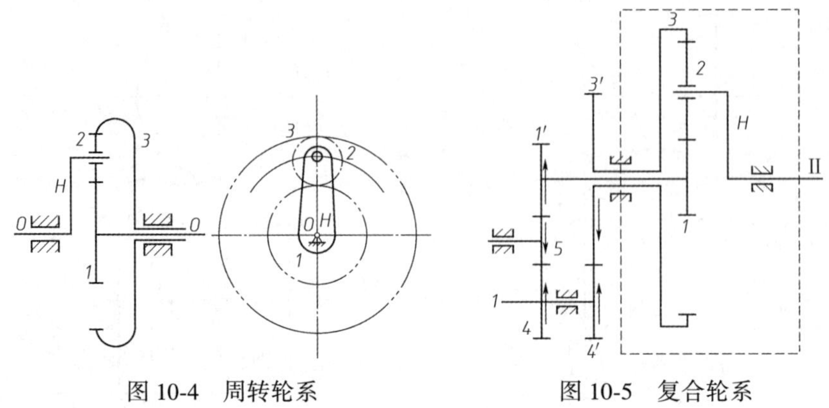

图 10-4　周转轮系　　　图 10-5　复合轮系

10.2　定轴轮系的传动比

轮系中主动轴与最末一根从动轴的转速之比(角速度之比)称为轮系的传动比。

传动比通常用 i_{12} 或 i_{ab} 表示,传动比 i 是指主动齿轮的转速 n_a 与从动齿轮的转速 n_b 之比,即

$$i_{12}=i_{ab}=\frac{\omega_a}{\omega_b}=\frac{n_a}{n_b}=\frac{n_1}{n_2} \tag{10-1}$$

式中　ω_a——主动齿轮的角速度;

ω_b——动齿轮的角速度;

n_a,n_1——主动齿轮的转速;

n_b,n_2——从动齿轮的转速。

10.2.1　传动比与转向

如图 10-6 所示,一对外啮合圆柱齿轮传动,其两轮转向相反,在传动比值前加“-”号表示，于是

$$i=-\frac{n_a}{n_b}=-\frac{z_2}{z_1} \tag{10-2}$$

图 10-7 所示为一对内啮合圆柱齿轮传动,其两轮转向相同,在传动比值前加“+”号表示,于是

$$i=\frac{n_a}{n_b}=+\frac{z_2}{z_1} \tag{10-3}$$

式中　n_1,n_2——主动齿轮、从动齿轮的转速;

z_1,z_2——主动轮、从动轮的齿数。

由此可得出结论:一对定轴圆柱齿轮啮合的传动比等于两轮齿数的反比,内啮合加正号,外啮合加负号。

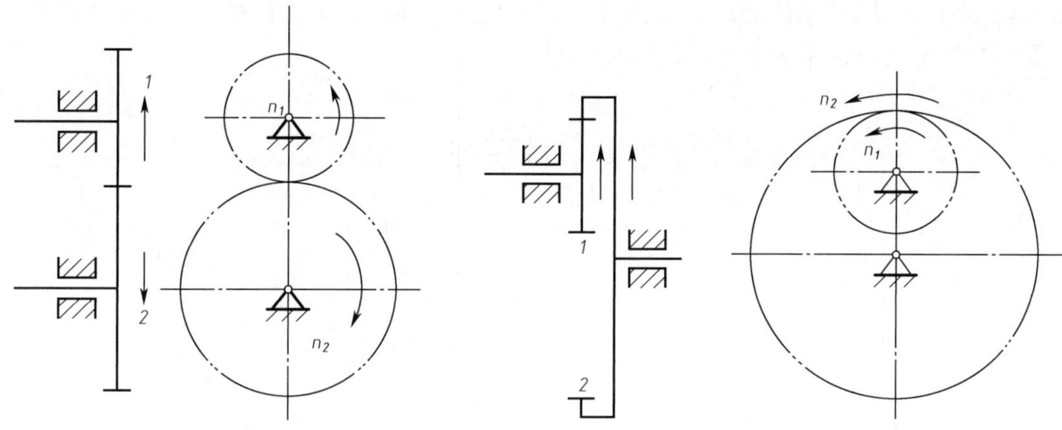

图 10-6　定轴轮系(外啮合)　　　图 10-7　定轴轮系(内啮合)

10.2.2　定轴轮系的传动比

如图 10-8 所示的轮系为一定轴轮系,它由三对外啮合圆柱齿轮和一对内啮合圆柱齿轮串联组成。I 为第一主动轴,V 为最末从动轴。其总传动比可由各对啮合齿轮的传动比求得。假设各轮齿数为 $z_1, z_2, z_{2'}, z_3, z_4$ 和 z_5,各轴的转速为 n_1, n_2, n_3, n_4 和 n_5。则

$$i_{12}=\frac{n_1}{n_2}=-\frac{z_2}{z_1} \qquad i_{2'3}=\frac{n_{2'}}{n_3}=+\frac{z_3}{z_{2'}}$$

$$i_{3'4}=\frac{n_{3'}}{n_4}=-\frac{z_4}{z_{3'}} \qquad i_{45}=\frac{n_4}{n_5}=-\frac{z_5}{z_4}$$

将上述各式连乘,得

$$i_{12}i_{2'3}i_{3'4}i_{45}=\frac{n_1 n_{2'} n_{3'} n_4}{n_2 n_3 n_4 n_5}=\left(-\frac{z_2}{z_1}\right)\cdot\left(+\frac{z_3}{z_{2'}}\right)\cdot\left(-\frac{z_4}{z_{3'}}\right)\cdot\left(-\frac{z_5}{z_4}\right)$$

因 $n_2=n_{2'}, n_3=n_{3'}$,故轮系的总传动比 i_{15} 为

$$i_{15}=\frac{n_1}{n_5}=i_{12}i_{2'3}i_{3'4}i_{45}=(-1)^3\ \frac{z_2 z_3 z_4 z_5}{z_1 z_{2'} z_{3'} z_4}=-\frac{z_2 z_3 z_5}{z_1 z_{2'} z_{3'}} \tag{10-4}$$

由式(10-4)可知:定轴轮系的总传动比等于组成该轮系的各对齿轮传动比的连乘积,其数值等于所有从动轮齿数的连乘积与所有主动轮齿数的连乘积之比。总传动比的正负号决定于该轮系中外啮合齿轮的对数 m(因内啮合传动比不变号),m 表示从第一个主动轮到最末一个从动轮间转动方向改变的次数,故总传动比的正负号可用 $(-1)^m$ 来决定。在图 10-8 所示的轮系中,外啮合齿轮共有三对,故总传动比的正负号应为 $(-1)^3$。

在图 10-8 所示的轮系中,齿轮 4 在与齿轮 3′和 5 的啮合中既是从动轮(对齿轮 3′来说)又是主动轮,对齿轮 5 而言,因此从式(10-4)中可看出齿轮 4 对整个轮系的总传动比的数值没有什么影响(在分子、分母中均有 z_4),它的存在仅影响传动比的符号,即只影响从动轴的转动方向。轮系中的这种齿轮称为惰轮(或称为介轮)。应用惰轮不仅可改变从动轴的转动方向,还可以起到增大两轴间距离的作用。

应当指出,用正负号确定齿轮转向的方法,只适用全部由圆柱齿轮组成的轮系。如轮系中

有锥齿轮、蜗杆传动，其总传动比数值的计算仍可用式(10-4)，但式中的$(-1)^m$不再适用，此时需要用画箭头的方法来表示各轮的转向(见图 10-9)。

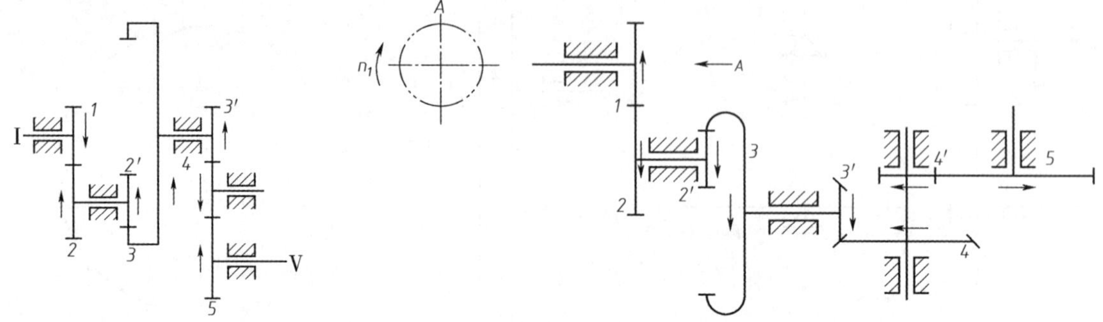

图 10-8　定轴轮系　　　　图 10-9　轮系中齿轮的转向

例 10-1　已知各轮齿数为$z_1=20$，$z_2=40$，$z_{2'}=20$，$z_3=60$，$z_{3'}=2$，$z_4=30$，如图 10-10 所示的轮系。若$n_1=1\ 000$ r/min，轮 I 旋转方向如 A 向视图所示，求轮 4 的转速及各轮的转向。

解　因为轮系中有蜗轮蜗杆，所以只能用式(10-4)计算轮系传动比的数值，而根据蜗杆的旋转方向和旋向判断蜗轮 4 的转向。轮系中各轮的转向如图 10-10 箭头标注。

根据式(10-4)可得

$$i_{14}=\frac{n_1}{n_4}=\frac{z_2z_3z_4}{z_1z_{2'}z_{3'}}=\frac{40\times60\times20}{20\times20\times2}=90$$

$$n_4=\frac{n_1}{i_{14}}=1.1\ (\text{r/min})$$

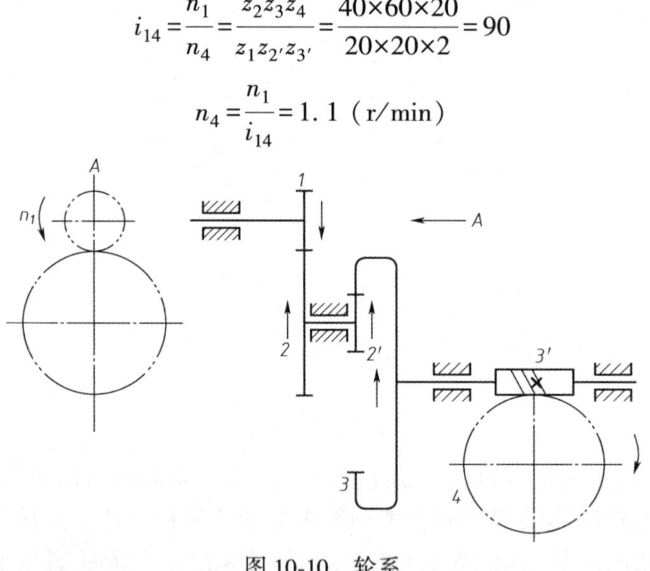

图 10-10　轮系

10.2.3　定轴轮系减速器齿轮布置

减速器是工程设计中广泛应用的典型的定轴轮系部件。一般减速器分类如下：

减速器按照齿轮形状可分为圆柱齿轮(包括直齿、斜齿和人字齿轮)减速器、锥齿轮减速器、蜗杆减速器以及它们的组合——圆锥圆柱齿轮减速器、蜗杆圆柱齿轮减速器等。

减速器按照传动级数又可分为单级、两级和多级减速器等。

单级圆柱齿轮减速器如图 10-11(a)所示，一般传动比$i=1\sim8$，直齿轮一般传动比$i\leqslant5$；斜齿轮可大些，$i\leqslant8$。如果传动比$i>8$，应采用两级圆柱齿轮减速器如图 10-11 所示。

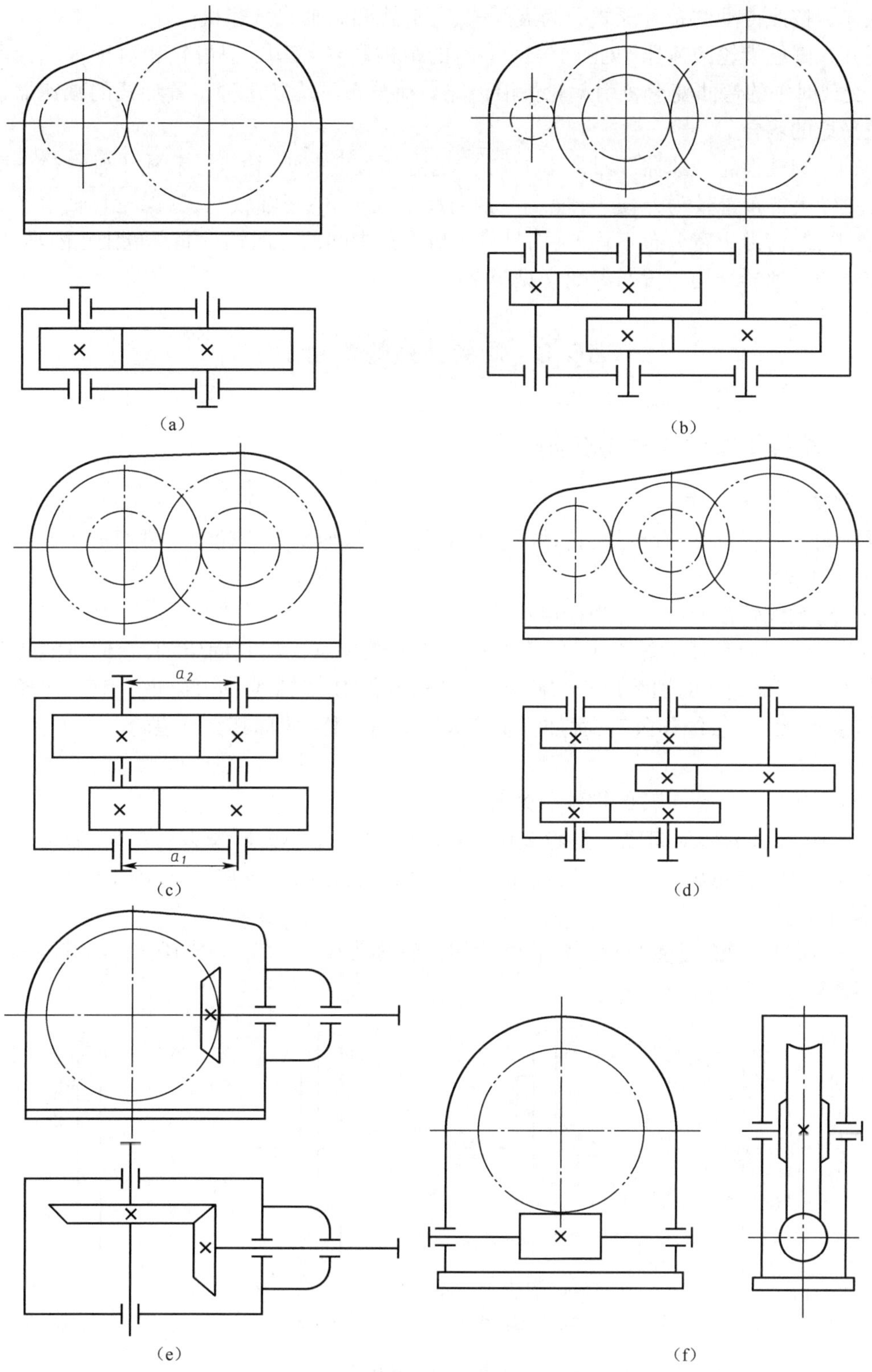

图 10-11　减速器

减速器按照传动的布置形式分为展开式、分流式和同轴式减速机。

展开式圆柱齿轮减速器[见图 10-11(b)]的结构紧凑、简单,但齿轮相对于轴承为不对称布置,受载时轴的弯曲变形将引起轮齿沿齿宽载荷分布不均。这种布置形式的减速器适用于载荷较平稳的场合。

同轴式圆柱齿轮减速器[见图 10-11(c)]的箱体长度较短,输入轴和输出轴 2 位于同一轴线上,使得设备布置较为方便、合理。但轴向尺寸较长,中间轴较长,其齿轮与轴承不对称布置,刚性差,载荷沿齿宽分布不均匀,而且位于减速器中间部分的轴承润滑也比较困难。

详细的减速器结构布置与参数详见第 23 章。

10.3 周转轮系的传动比

10.3.1 周转轮系的组成与分类

1. 周转轮系的组成

周转轮系中,通常由行星轮,转臂(构件 H 或称行星架),中心轮等构件组成。

(1)行星轮

绕固定轴线转动的齿轮称为行星轮。

如图 10-12(a)所示的轮系中,齿轮 1 和 3 的轴线相对机架是固定的,它们只能绕其自身的轴线转动;而齿轮 2 的轴线位于构件上,它将随构件 H 绕轴线 O_H 转动。因此,齿轮 2 既绕轴线自转,又绕 O_H 轴线作公转,犹如行星绕太阳运行一样,故称其为行星轮;

(2)转臂

支持行星轮公转或自转的构件称为转臂。

如图 10-12(b)所示,带动行星轮 2 作公转的构件 H 则称为转臂或行星架;通常以中心轮和转臂 H 作为运动的输入和输出构件,故称其为周转轮系的基本构件,如图 10-12(b)的 H。

(3)中心轮

轴线固定的齿轮,直接与行星轮相啮合的齿轮称为中心轮。如图 10-12(a)中的中心轮 1 和中心轮 3。

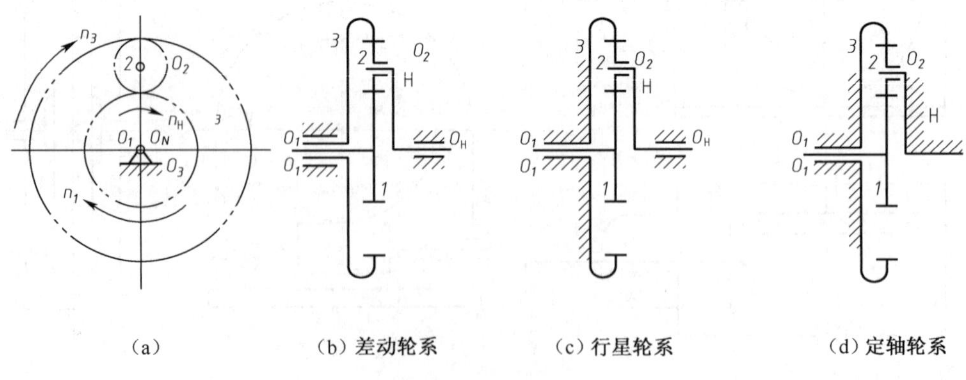

图 10-12 周转轮系

特别注意:构成单个周转轮系,中心轮的数目不超过两个,转臂只有一个,转臂与两中心轮的几何轴线必须重合,否则周转轮系不能转动。

2. 周转轮系的分类

根据周转轮系所具有的原动构件数目的不同,周转轮系可分为差动轮系和行星轮系两类。

(1)差动轮系

周转轮系的自由度是 2,需要两个原动构件,这种轮系称为差动轮系。

如图 10-12(a)、(b)所示的周转轮系中,在三个基本构件中,必须给定两个构件的运动,才能求出第三个构件的运动。

(2)行星轮系

周转轮系的自由度是 1,这种轮系称为行星轮系。

在图 10-12(c)所示的周转轮系中,若将中心轮 3 固定(即 $n_3=0$),因此只要给定构件 1 和 H 中任一构件的运动,就可以求出另一构件的运动,这种轮系为行星轮系。

如果在图 10-12(a)所示的周转轮系中,使构件 H 固定不动,即轮系化为图 10-12(d),即 $n_H=0$,此时行星轮 2 只能绕其固定轴线 O_2 转动,绕轴线 O_1 的公转没有了,这样周转轮系就变成了定轴轮系。

10.3.2　周转轮系的传动比

在周转轮系中,由于行星轮的运动是既有绕轴线 O_1 的公转,又有绕其自身轴线 O_2 的自转,而不是只绕固定轴线的简单转动,因此轮系中各活动构件之间的传动比大小和方向不能直接利用定轴轮系传动比的计算方法求解。

根据工程力学中的相对运动原理可知,如给整个周转轮系加一公共转速后,其各构件间的相对运动不变。在整个周转轮系加上 n_H 的转速,转臂 H 就可以看成是不动的,而周转轮系就转化成定轴轮系,如图 10-13 所示。于是利用定轴轮系的方法来计算周转轮系的传动比,这个通过假想转化后的定轴轮系便称为原周转轮系的转化轮系。

图 10-13(a)、(b)所示为一周转轮系,各齿轮和 H 杆的转速各为 n_1、n_2、n_3 和 n_H,图 10-13(c)所示为该周转轮系的转化轮系。转化前、后轮系中各构件的转速见表 10-1。

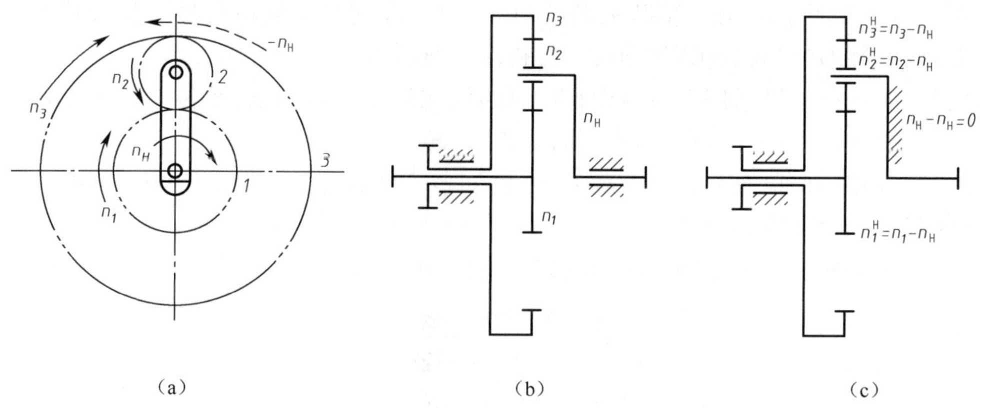

图 10-13　周转轮系及其转化轮系

表 10-1 周转轮系转化轮系的转速

构件	原来的转速	转化轮系中的转速
1	n_1	$n_1^H=n_1-n_H$
2	n_2	$n_2^H=n_2-n_H$
3	n_3	$n_3^H=n_3-n_H$
H	n_H	$n_H^H=n_H-n_H=0$

转化轮系中的转速 n_1^H,n_2^H,n_3^H 和 n_H^H 的右上方都带有上标 H 表示这些转速是各构件相对于转臂 H 的相对转速。

由于转化轮系是定轴轮系,故可用计算定轴轮系传动比的方法来求转化轮系的传动比。转化轮系中两中心轮的传动比为

$$i_{13}^H=\frac{n_1^H}{n_3^H}=\frac{n_1-n_H}{n_3-n_H}=-\frac{z_2z_3}{z_1z_2}=-\frac{z_3}{z_1}$$

式中,齿数前面的“ - ”号表示在转化轮系中齿轮 1 与齿轮 3 的转向相反。

将上述分析推广到一般情形。设周转轮系中任意两个齿轮 G 和 K 的转速为 n_G 和 n_K,则它们与转臂 H 的转速的关系为

$$i_{GK}^H=\frac{n_G-n_H}{n_K-n_H}=(-1)^m\frac{\text{从齿轮 G 到 K 间所有从动轮齿轮的乘积}}{\text{从齿轮 G 到 K 间所有主动轮齿数的乘积}} \tag{10-5}$$

上式为周转轮系三个构件的转速与轮系中有关齿轮齿数及外啮合次数间的关系式。对于差动轮系,若已知各轮的齿数及转速 n_G、n_K 和 n_H 中的任意两值时,利用上式便可将另一值求出。对于行星轮系,由于其中必有一个中心轮是固定不动的,即其转速为零,所以只要给定一个构件的转速,便可利用上式求出另一构件的转速或两者的传动比。

应用式(10-5)计算周转轮系时,应注意下列两点:

①n_G、n_K 和 n_H 必须是在平行平面内的转速,即齿轮 G、K 及转臂 H 的回转轴线必须互相平行或重合;

②将 n_G、n_K 和 n_H 的已知数值代入公式时,必须代入其本身的正负号。假设其中之一转向为正,其他构件的转向与其相同者取正号,相反者取负号。

上述公式和分析同样适用于由锥齿轮组成的周转轮系,但转化轮系传动比的正负号应该用画箭头的方法确定,首末两轮转向相同时为正号,转向相反时为负号。

例 10-2 如图 10-14 所示的行星轮系中,已知各轮齿数为 $z_1=40$,$z_2=20$,$z_3=80$。试计算中心轮 1 和转臂 H 间的传动比 i_{1H}。

解 因为中心轮 3 固定不动,故由式(10-5)得

$$i_{13}^H=\frac{n_1-n_H}{-n_H}=-\frac{z_2z_4}{z_1z_3}$$

即

$$i_{13}^H=\frac{n_1-n_H}{-n_H}=-\frac{n_1}{n_H}+1=1-i_1^H$$

又
$$i_{13}^{\mathrm{H}}=-\frac{z_2z_3}{z_1z_2}=-\frac{z_3}{z_1}=-\frac{80}{40}=-2$$

故
$$i_1^{\mathrm{H}}=1-i_{13}^{\mathrm{H}}=1-(-2)=3$$

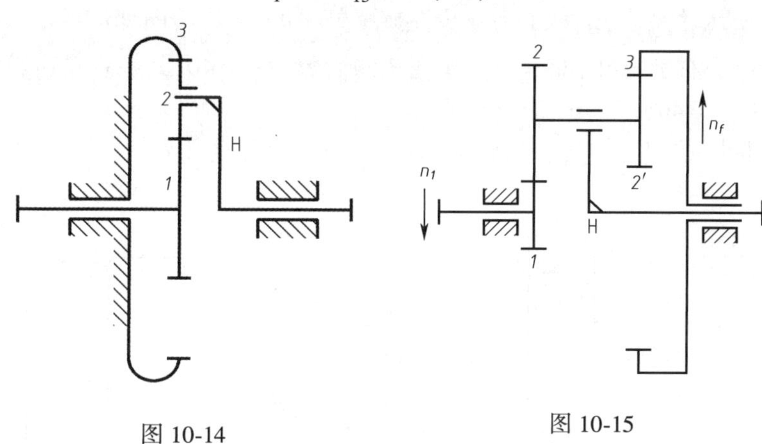

图 10-14　　　　图 10-15

例 10-3　已知各轮的齿数为 $z_1=15$，$z_2=25$，$z_{2'}=20$，$z_3=60$，$n_1=200$ r/min，$n_3=50$ r/min，如图 10-15 所示的差动轮系，转向如图上箭头所示。试求转臂 H 的转速 n_H 及转向。

解　设转速 n_1 为正，因 n_3 的转向与 n_1 相反，故转速 n_3 为负，则

$$i_{12}^{\mathrm{H}}=\frac{n_1-n_{\mathrm{H}}}{n_3-n_{\mathrm{H}}}=-\frac{z_2z_3}{z_1z_2}$$

从而得

$$\frac{200-n_{\mathrm{H}}}{-50-n_{\mathrm{H}}}=-\frac{25\times60}{15\times20}=-5$$

解得
$$n_{\mathrm{H}}=-8.33\ \mathrm{r/min}$$

式中，负号表示 n_{H} 的转向与 n_1 的转向相反，而与 n_3 的转向相同。

扫一扫

10.4　混合轮系及其传动比

10.4　混合轮系及其传动比

该节内容扫描二维码。

思 考 题

1. 轮系在工程实际中的主要功用是什么？
2. 定轴轮系和周转轮系各有何特点？
3. 在定轴轮系中，如何确定首、末两轮转向间的关系？
4. 如何运用各种传动机构中的构件实现转动运动变为移动运动形式？
5. 惰轮的作用是什么？

习　　题

1. 在题图 1 所示轮系中，蜗杆 1 为双头左旋蜗杆，即 $z_1=2$，转向如图所示。蜗轮的齿数为 $z_2=50$，蜗杆 2 为单头右旋蜗杆，即 $z_{2'}=1$，蜗轮 3 的齿数为 $z_3=40$，其余各轮齿数为 $z_{3'}=30$，$z_4=20$，$z_{4'}=26$，$z_5=18$，$z_{5'}=46$，$z_6=16$，$z_7=22$，求 i_{17}。

2. 试用箭头标明题图 2 中各轮的转向，并指出哪一个是惰轮？

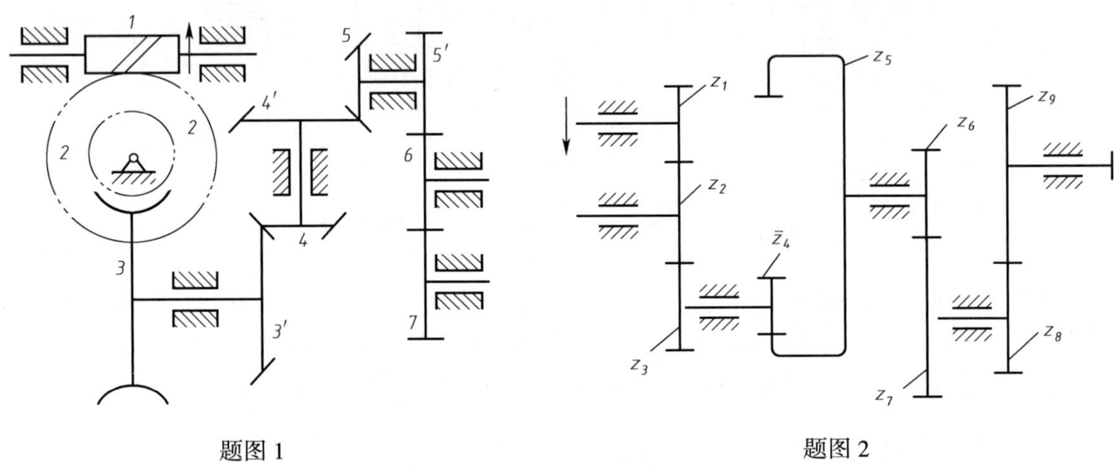

题图 1　　题图 2

第 11 章　工程中的平面连杆机构

本章学习目标

◇通过对机器的机构分析,掌握机器的功能和机构,培养对中等复杂机器的机构认识意识;

◇培养选择曲柄滑块机构的能力,培养工程教育中解决实际工程设计问题的能力;

◇掌握平面连杆机构的基本类型、性质特点、演化形式和应用;

◇根据实际需求,确定满足要求的连杆机构的类型,培养选择合适的设计方法,设计连杆机构的能力。

扫一扫

现代工程发动机实践感想

本章学习内容

◇平面连杆机构的组成、基本形式和演化方法;

◇平面连杆机构的工作特性;

◇平面连杆机构的传动特点及其功能;

◇平面四杆机构设计的基本问题;

◇机构在一定条件下,是可以相互转化的,研究机构的转化原理,掌握机构的工作本质。

实践教学研究

◇分析摩托车发动机中的机构,由哪种类型的机构组成?

◇分析铰链四杆机构模型,这些机构在什么工程设备中得到应用?

关键词:连杆、传动角、机构、压力角

11.1　概　　述

机械(Machincry)是机器(Machine)和机构(Mechanism)的总称,机器是由单一机构、多个同一机构或多种机构所组成。各种机械中经常使用的机构称为常用机构,如平面连杆机构、凸轮机构、齿轮机构和棘轮机构等。

11.1.1　机构应用

机构在工程设备中的应用非常广泛如图 11-1 所示, 牛头刨床是一部典型的机器,由若干能够完成确定运动的机构组成,在牛头刨床中,连杆机构(摆动导杆机构)用来改变运动形式并实现切削运动,棘轮机构以及丝杠传动用来控制、调节并实现工作台的横向进给运动,用另

一丝杠传动来实现工作台的垂直进给运动。机构在生活中的应用如图 11-2 所示，机构在车辆工程中的应用如图 11-3 所示。

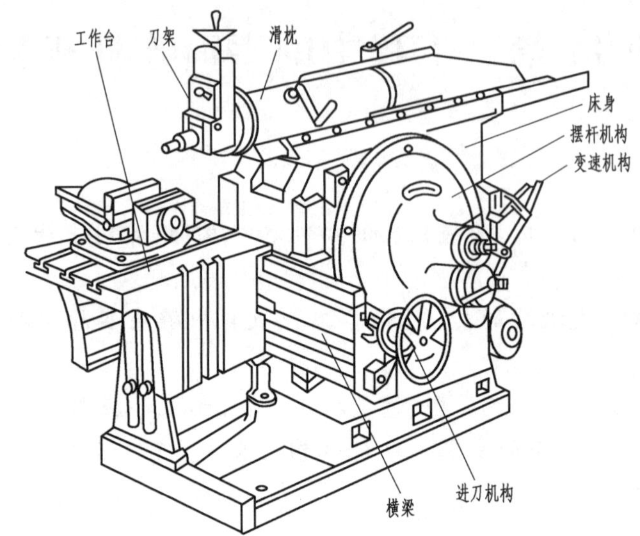

图 11-1　工程设备中机构的应用

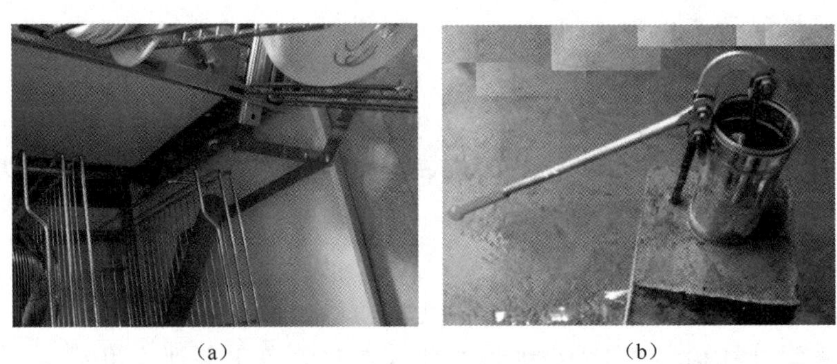

（a）　　（b）

图 11-2　机构在生活中的应用

（a）车辆中机构的应用　　（b）曲柄连杆机构

图 11-3　机构应用

11.1.2　机构运动副

1. 机构

机构是由两个或两个以上构件通过活动连接形成的构件系统。机构是具有相对运动的构件组合体,是由构件和运动副两个要素组成的。所谓构件是指机器中组成机构的最基本的运动单元。

2. 运动副

两构件直接接触并能相互产生相对运动的活动连接称为运动副。

运动副分为平面运动副和空间运动副;平面运动副如移动副、转动副;空间运动副如螺旋副、圆锥齿轮副。

两构件间的运动副所起的作用是限制构件间的相对运动,使相对运动自由度的数目减少,这种限制作用称为约束,而仍具有的相对运动称为自由度。

平面运动高副为点、线接触,如图 11-4 所示。

平面运动低副为面接触,如图 11-5 所示。

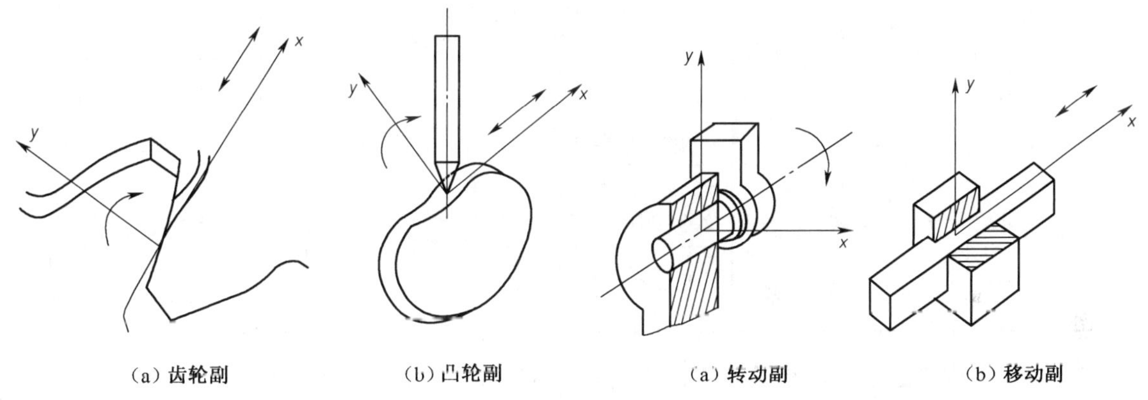

(a) 齿轮副　(b) 凸轮副　(a) 转动副　(b) 移动副

图 11-4　平面运动高副　　图 11-5　平面运动低副

转动副即两个构件间只能做相对旋转运动的运动副。

移动副即两个构件间只能做相对移动运动的运动副。

构件间仅能做相对螺旋运动(既转动又沿转动轴轴线移动)的运动副称为螺旋副。

表 11-1 为常用机构构件运动副的符号。

表 11-1　常用机构构件、运动副代表符号

	两运动构件形成的运动副	两构件之一为机架时所形成的运动副
转动副		

续上表

	两运动构件形成的运动副		两构件之一为机架时所形成的运动副	
移动副				
构件	二副元素构件	三副元素构件		多副元素构件
凸轮 及其他机构	凸轮机构	棘轮机构		带传动
齿轮机构	外齿轮	内齿轮	圆锥齿轮	蜗杆蜗轮

由若干个构件通过运动副连接组成相对可运动的构件系统称为运动链。如果运动链中的各构件构成首末封闭的系统则称为闭式链，如图 11-6(a)所示，否则称为开式链，如图 11-6(b)所示。在一般机构中，大多采用闭式链，而机器人机构中大多采用开式链。

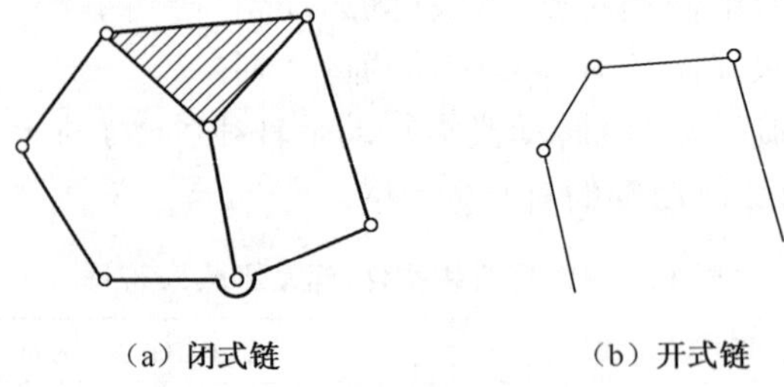

图 11-6　运动链

11.1.3　机构分类

①按组成的各构件间相对运动的不同，机构可分为平面机构和空间机构。

平面机构有平面连杆机构、圆柱齿轮机构等；空间机构有空间连杆机构、蜗轮蜗杆机构等。

②按运动副类别可分为低副机构(如连杆机构等)和高副机构(如凸轮机构等)。

③按结构特征可分为连杆机构、齿轮机构、摩擦轮机构、棘轮机构等。

④按所转换的运动或力的特征可分为匀速和非匀速转动机构、直线运动机构、换向机构、间歇运动机构等。

⑤按功用可分为安全保险机构、联锁机构、擒纵机构等。

设计机构时,需要绘制机构运动简图,即利用简单的线条和符号代替构件和运动副,按一定的比例表示各运动副之间相对位置的简单图形,此简单图形称为机构运动简图。利用机构运动简图,可方便地求出机构上各点的速度、加速度、位移等运动参数,同时也可以表达复杂机器的组成和传动原理,便于进行机构的运动和受力分析。

平面连杆机构、凸轮机构、蜗轮蜗杆机构和棘轮机构是组成机器常用的几种主要机构,除这些主要机构外,在各种机器和仪器中还应用了许多其他形式和用途的机构,它们的种类很多,一般统称为其他常用机构,如槽轮机构、不完全齿轮机构、组合机构等,这里主要介绍平面连杆机构。

11.2　平面连杆机构的基本类型和特性

平面连杆机构由若干刚性构件用平面低副(回转副或移动副)连接而成,各构件在相互平行的平面内运动。

平面连杆机构具有构造简单、加工方便、承载能力大以及零件磨损小等优点,并能实现多种运动轨迹曲线和平面运动规律,因此广泛地用于各种机械及仪器中。但是,由于平面连杆机构的运动链较长,构件数和运动副数较多,而且在低副中存在间隙,因此会引起较大的运动积累误差,从而影响运动精度。此外,平面连杆机构的设计比较复杂,通常难以精确地实现复杂的运动规律与运动轨迹。

平面连杆机构中的构件在结构形状上可能是杆状、板状如图 11-7 中所示的动颚、箱体、支架或金属构件等,但多数构件是杆状或杆的变形,故称它们为杆。平面连杆机构中应用最广的是平面四杆机构,它也是多杆机构的基础。这里只介绍平面四杆机构的相关知识。

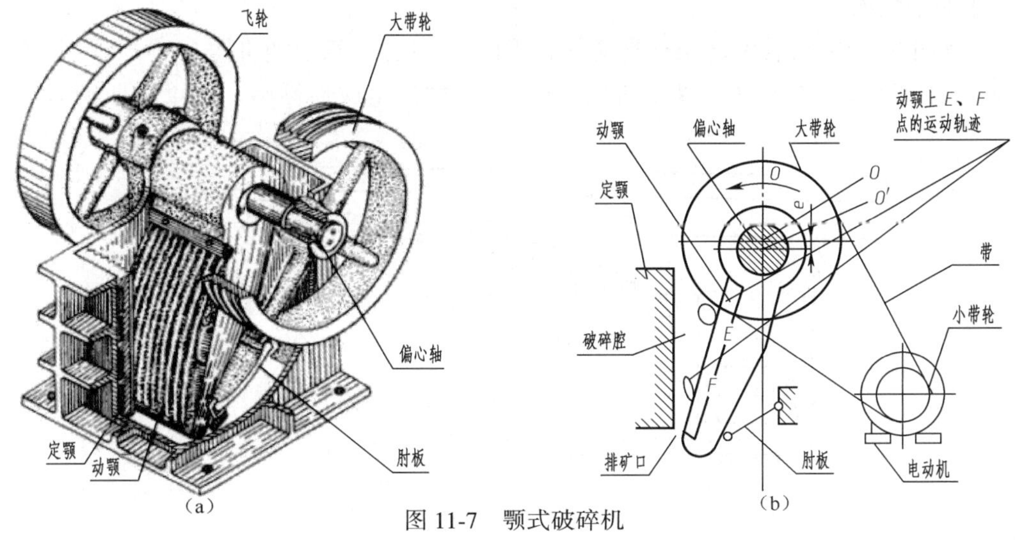

图 11-7　颚式破碎机

11.2.1 平面四杆机构的基本类型

1. 曲柄摇杆机构

在平面四杆机构中，所有运动副都是回转副，则称为铰链四杆机构，其机构简图如图11-8所示。其中不动构件称之为机架，回转副与机架相连接的构件（AB及CD）称为连架杆，不与机架相连的构件（BC）称为连杆，连杆作平面运动。连架杆能作整周回转则称为曲柄，只能在一定范围内往复摆动的构件称为摇杆。若两连架杆一为曲柄，一为摇杆，则此机构称为曲柄摇杆机构。

图11-9为雷达天线调整机构简图，它是曲柄摇杆机构的应用实例。其中AB杆作整周回转，CD杆与天线固定为一体，当AB杆转动时，CD杆在一定范围内摆动，从而调整天线俯仰角的大小。

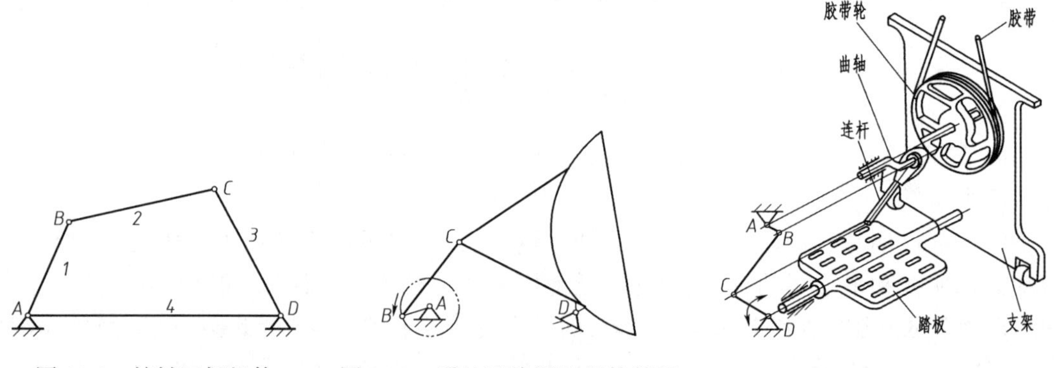

图11-8 铰链四杆机构　　图11-9 雷达天线调整机构简图　　图11-10 缝纫机传动机构

图11-10所示的缝纫机传动部件是曲柄摇杆机构的应用实例。由踏板（即摇杆）带动连杆和曲柄运动，并经带传动使机头工作。图中ABCD即为机构简图，AB为曲柄，BC为连杆，CD为摇杆。摇杆为原动件，由它输入摆动运动，然后由曲柄AB输出回转运动。

2. 双曲柄机构

在铰链四杆机构中，若两连架杆均能作整周回转，则称为双曲柄机构。

图11-11所示O_1ABO_2为双曲柄机构，加上其他构件组成惯性筛。当主动曲柄O_1A匀速

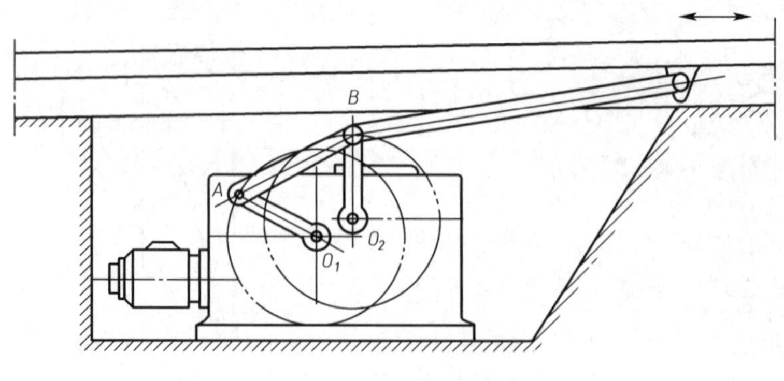

图11-11 惯性筛机构

回转时，从动曲柄 O_2B 作变速运动，从而使筛体满足惯性筛分的工艺要求。该双曲柄机构中只要改变任一构件的长度，主动曲柄与从动曲柄回转角速度的对应关系便跟着改变，因而得到不同的筛分结果。

图 11-12(a)是蒸汽机车联动机构。其特点是由曲柄摇杆机构演变而成，即对边杆长度两两相等。若曲柄摇杆机构的对边杆长度两两相等，就组成平行四边形机构[见图 11-12(b)]，即双曲柄机构若双曲柄机构的两曲柄回转方向相反，则组成反向双曲柄机构[见图 11-12(c)]。

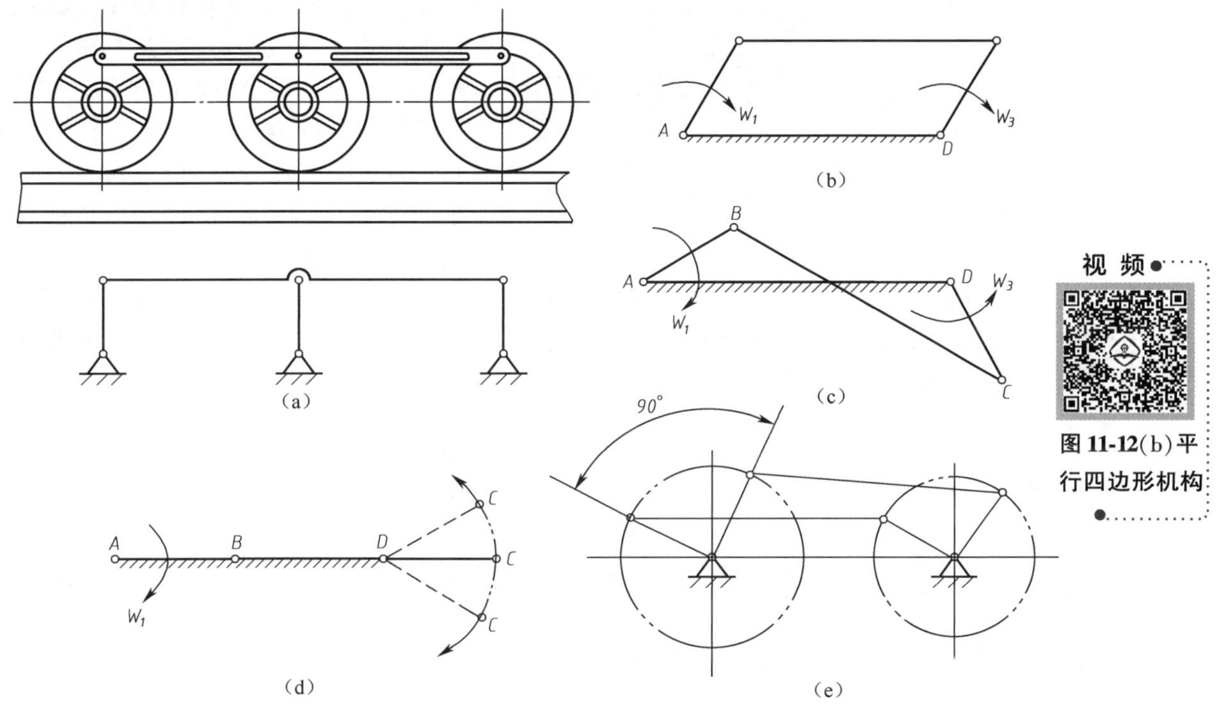

图 11-12　蒸汽机车联动机构

平行四边形机构中两曲柄转向相同，角速度相等，$\omega_1=\omega_3$，传动比 $i=\dfrac{\omega_1}{\omega_3}=1$，可用作传动机构，实现定传动比传动。双曲柄机构的两曲柄回转方向相反，ω_1 和 ω_3 的瞬时绝对值也不相等。

当图 11-12(b)所示平行四边形机构的各构件位于同一直线时，从动曲柄可能作同向回转，也可能作反向回转，方向不能确定[见图 11-12(d)]。为了防止平行四边形机构运动的不确定性，可以依靠曲柄本身以及所加飞轮的惯性来解决，也可以利用在互成 90°的曲柄上装一辅助连杆来解决，如图 11-12(e)所示。由于结构的限制，此时的从动曲柄已不可能反转。

3. 双摇杆机构

两连架杆都只能往复摆动的四杆机构称为双摇杆机构。图 11-13 所示为港口用鹤式起重机变幅机构，*ABCD* 组成双摇杆机构。起吊过程中，要求点 *E* 近似沿水平直线运动，以保持货物在移动中高度不变，避免使吊钩因不必要的升降而损耗能量。

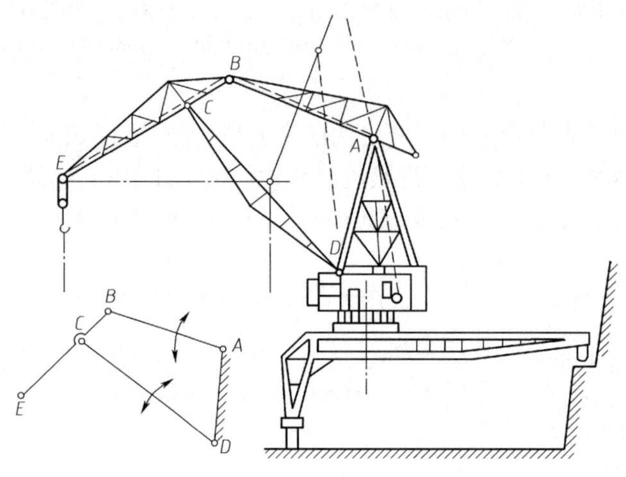

图 11-13　鹤式起重机变幅机构

11.2.2　连杆机构的基本特性

1. 压力角与传动角

若不考虑构件的重力、惯性力和运动副中的摩擦力等影响，则当原动件为曲柄时，(见图 11-14 所示的曲柄摇杆机构)。通过连杆作用于从动摇杆上的力 F 沿 BC 方向，从动件上一点所受压力 F 与受力点速度 v_c 之间所夹的锐角 α 称为压力角。

在机构及设计中，要求所设计的平面连杆机构不但能实现预定的运动，而且希望运转轻便和效率较高。F 力在 v_c 方向能作功的有效分力 $F_1 = F\cos\alpha$，显然这个分力越大越好；而 F 力沿从动摇杆的分力 $F_n = F\sin\alpha$ 不作功，故越小越好。由此可见，连杆机构是否具有良好的传力性能，可用压力角作为判定依据：α 越小，机构传力性能越好。

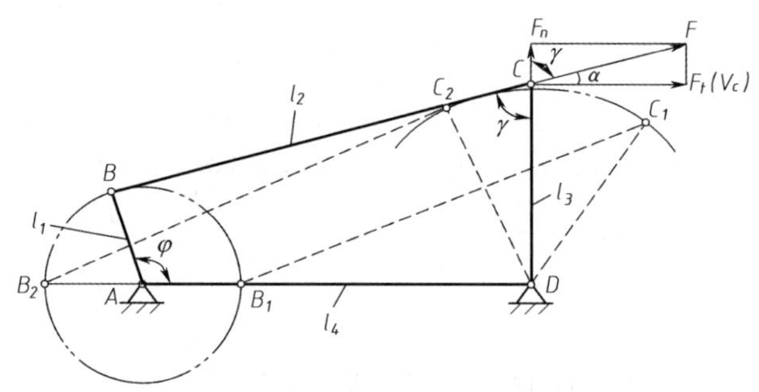

图 11-14　铰链四杆机构的压力角和传动角

但是，在实际应用中为了直观和度量方便，通常以连杆和从动摇杆之间所夹得锐角 γ 来判断机构的传力特性，γ 称为传动角。由图可见，传动角和压力角之间有下列关系

$$\gamma = 90° - \alpha$$

γ 愈大，对机构的传动愈有利。因此，在连杆机构中常用传动角的大小及其变化情况来衡量机构传力性能的优劣。

在机构的运动过程中，传动角的大小是变化的。当曲柄 AB 转到机架 AD 重叠共线和拉直共线两位置 AB_1 和 AB_2 时，传动角将出现极值 γ' 和 γ''（传动角取锐角，见图 11-15）。这两个值的大小为

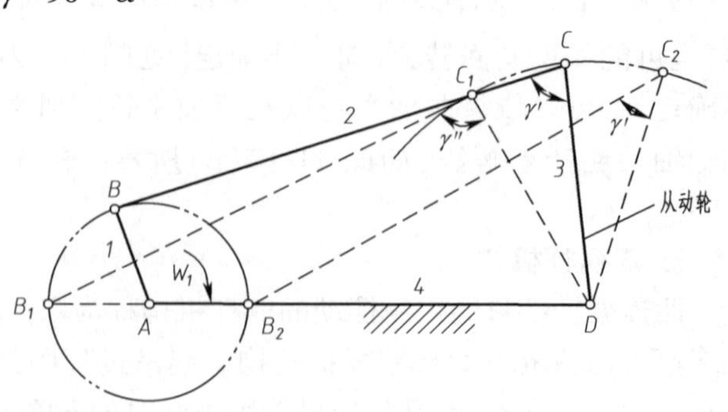

图 11-15　传动角极限位置

$$\gamma'=\arccos\frac{b^2+c^2-(d-a)^2}{2bc}$$

$$\gamma''=180^\circ-\arccos\frac{b^2+c^2-(d+a)^2}{2bc}$$

比较这两个位置的传动角,即可求得最小传动角 γ_{min}。通常在设计时应使 $\gamma_{min}\geqslant 40^\circ$,以保证机构具有良好的传力性能。

2. 连杆机构的急回特性

曲柄 AB 在转动一周的过程中,如图 11-16 所示的曲柄摇杆机构,有两次与连杆共线,即当连杆位于图中的 B_1C_1 和 B_2C_2 两个位置时,铰链中心 A 与 C 之间的距离分别为最短与最长。摇杆 CD 的相应位置 C_1D 和 C_2D 则分别位于其极限位置,两极限位置的夹角称为摇杆的摆角 φ。

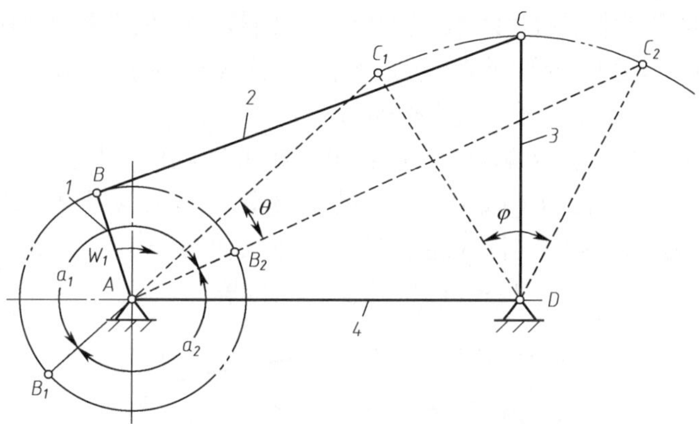

图 11-16　曲柄摇杆机构的急回特性

摇杆位于两极限位置时,曲柄在两相应位置间所夹的锐角 θ,称为极位夹角。

当曲柄 AB 由位置 AB_1 顺时针方向转到 AB_2 时,转过的角度 $\alpha_1=180^\circ+\theta$,摇杆 CD 由极限位置 C_1D 摆到极限位置 C_2D,摆角为 φ。曲柄再顺时针方向转过角度 $\alpha_2=180^\circ-\theta$,即由位置 AB_2 转到 AB_1 时,摇杆由位置 C_2D 摆回到 C_1D,摆角仍然是 φ。显然往复摆动的摆角相同,但相应的曲柄转角不等,即 $\alpha_1>\alpha_2$。若曲柄以等速转过 α_1 和 α_2,所对应的时间为 t_1 和 t_2,则 $t_1>t_2$。如果摇杆自 C_1D 摆到 C_2D 的行程是工作行程,C 点的平均速率是 $v_1=\widehat{C_1C_2}/t_1$;自 C_2D 摆回到 C_1D 时空行程,C 点的平均速率是 $v_2=\widehat{C_2C_1}/t_2$。显然,$v_1<v_2$,即表明摇杆机构具有急回特性。

极位夹角 θ 越大,K 值就越人,急回运动的性质就越显著。利用这一特性,在生产实际中可缩短非生产时间,提高生产率。

从动杆的急回性质一般用行程速度变化系数 K 来表示,即

$$K=\frac{v_1}{v_2}=\frac{\widehat{C_1C_2}/t_2}{\widehat{C_1C_2}t_1}=\frac{t_1}{t_2}=\frac{\alpha_1}{\alpha_2}=\frac{180^\circ+\theta}{180^\circ-\theta}$$

或

$$\theta=180^\circ\frac{K-1}{K+1}$$

式中 θ——摇杆位于两极限位置时，曲柄在两相应位置间所夹的锐角。极位夹角 θ 越大，K 值就越大，急回运动的性质就越显著。

3. 死点位置

在图 11-16 所示的机构中，若取摇杆 3 为主动件，当摇杆处于极限位置 C_1D 和 C_2D 时，连杆 2 与从动曲柄 1 共线。若忽略不计运动副的摩擦及各杆的质量，则通过连杆传给曲柄的力将通过铰链中心 A。因为该力对 A 点不产生力矩，所以不能使曲柄转动。机构的这种位置称为死点位置。

在机构中，死点位置将使机构的从动件出现卡死或运动不确定现象。为了克服或避免此类现象，对连续运转的机器，可利用本身或飞轮的惯性作用来通过死点位置，以保证机构能顺利工作。

前述缝纫机传动部件中（见图 11-10），摇杆 CD（踏板）主动，曲柄 AB 从动。在使用时有时会出现 CD 踏不动或杆 AB 倒转的现象，正是由于机构正处于死点位置。缝纫机曲轴上的大带轮具有较大的惯性，利用其惯性可帮助机构通过死点位置。

图 11-17（b）是某飞机起落架的机构简图，当飞机要着陆时，其着陆轮要从机翼中推放出来（图中实线位置）。起飞后，为了减少飞行中的空气阻力，又需要把着陆轮收入机翼中（图中双点画线位置）。该运动由运动摇杆 3 通过连杆 2 和从动摇杆 1 带动着陆轮实现。同样可以看出，当飞机着陆时，A、B、C 三点共线，机构处于死点位置。

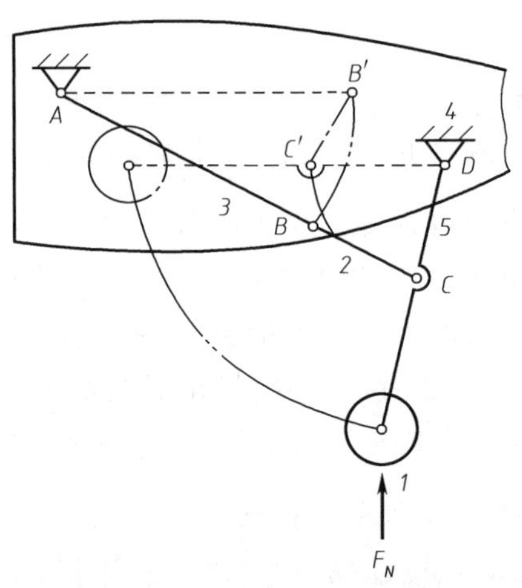

图 11-17　飞机起落机构简图

若以传动为目的，机构的死点位置是一个缺陷，应设法渡过。若以夹紧、增力等为目的，则机构的死点位置可以加以利用，图 11-18 为夹紧机构。

实际使用中，运动副中存在着摩擦力。在分析上述问题时，还应考虑摩擦等因素。

4. 曲柄存在的条件

铰链四杆机构的基本类型有三种，即曲柄摇杆机构、双曲柄机构、双摇杆机构，区别在于有无曲柄。而有无曲柄则与机构中各杆的相对尺寸有关。

下面以图 11-19 所示的四杆机构为例，说明曲柄存在的条件。

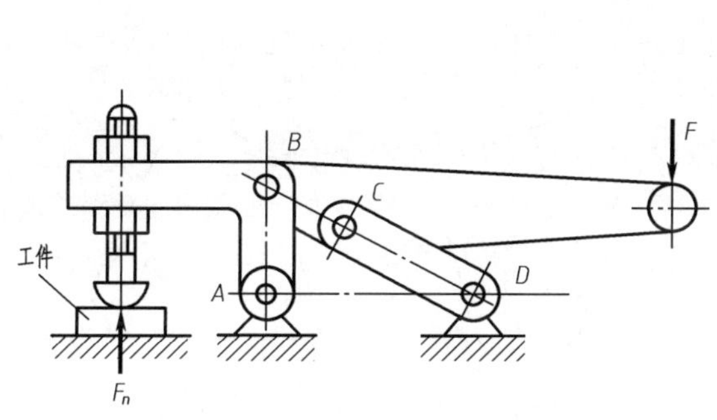

图 11-18　夹紧机构

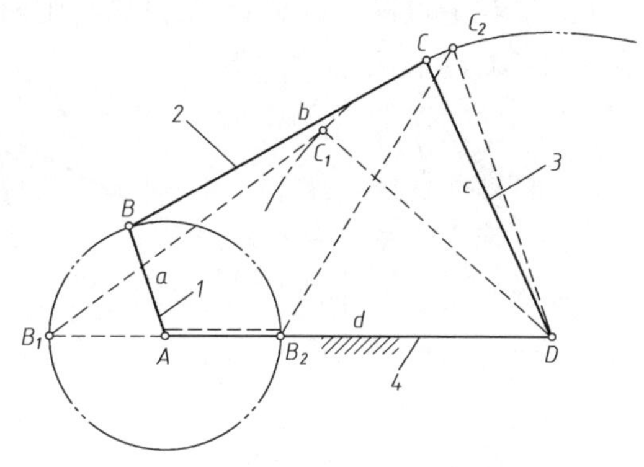

图 11-19　曲柄存在的条件

(1)设 $l_4>l_1$,如要求杆 1 能绕转动副 A 相对于杆 4 作整周转动,则杆 1 应能通过 AB_1 和 AB_2 这两个关键位置,即可以构成三角形 B_1C_1D 和三角形 B_2C_2D,根据三角形构成原理可知由△B_1C_1D 有

$$l_1+l_4\leqslant l_2+l_3 \tag{11-1}$$

由△B_2C_2D 有

$$l_2-l_3\leqslant l_4-l_1$$

和

$$l_3-l_2\leqslant l_4-l_1$$

即

$$l_1+l_2\leqslant l_3+l_4 \tag{11-2}$$

和

$$l_1+l_3\leqslant l_2+l_4 \tag{11-3}$$

将式(11-1)、式(11-2)及式(11-3)分别两两相加可得

$$l_1\leqslant l_3,l_1\leqslant l_2,l_1\leqslant l_4 \tag{11-4}$$

(2)设 $l_4<l_1$,用同样的方法可以得到杆 1 能绕回转副 A 相对于杆 4 作整周转动的条件为

$$l_4+l_1\leqslant l_2+l_3 \tag{11-5}$$

$$l_4+l_2\leqslant l_1+l_3 \tag{11-6}$$

$$l_4+l_3\leqslant l_1+l_2 \tag{11-7}$$

$$l_4\leqslant l_1,l_4\leqslant l_2,l_4\leqslant l_3 \tag{11-8}$$

分析以上不等式,可以得出平面铰链四杆机构有曲柄存在的条件为:

①连架杆与机架中必有一杆为四杆机构中的最短杆。

②最短杆与最长杆的杆长之和应小于或等于其余两杆长度之和。

如上所述,当取不同的杆件作机架时,就可得到不同类型的铰链四杆机构。

(1)取最短杆 1 相邻的杆 2 或杆 4 为机架时,因最短杆 1 为曲柄,而与机架相连的另一连架杆为摇杆,故图 11-20(a)所示的两机构均为曲柄摇杆机构。

(2)取最短杆 1 为机架,其相邻两架杆 2 和 4 均成为曲柄,则图 11-20(b)所示的机构为双曲柄机构。

(3)取与最短杆 1 相对的杆为机架,则两连架杆 2 与 4 都不能作整周运动,得双摇杆机构[见图 11-20(c)]。

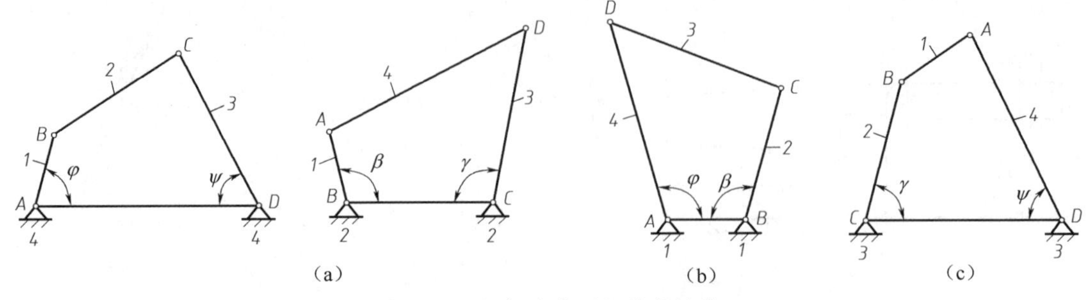

图 11-20 机架变化后机构的演化

如果铰链四杆机构中最短杆与最长杆长度之和大于其他两杆长度之和,则不论取任何一杆作为机架都不存在曲柄,故为双摇杆机构。

可见,铰链四杆机构的类型是由其各杆之间长度的相对尺寸和哪个杆作为机架决定的。

11.3 四杆机构的演化

自动卸料机,当液压油缸中压力油推动活塞杆 4 运动时,迫使杆 1 绕 B 点转动,当达到一定角度时,物料就被自动卸下如图 11-21 所示。这是典型的四杆机构的演化应用实例。

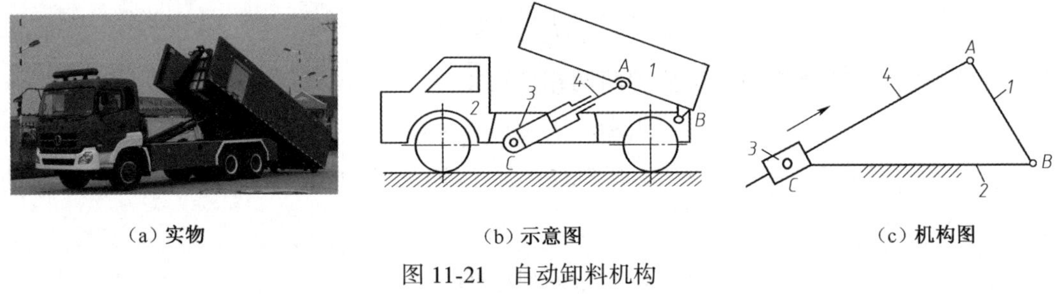

图 11-21 自动卸料机构

在实际生活和工程机器中,还广泛采用其他形式的四杆机构。其中曲柄摇杆机构是四杆机构中最基本的形式,可以通过变化曲柄摇杆机构的杆件长度比,构建形状、运动副的形式或机架等,演化成其他形式的四杆机构,所以在一定意义上,可以认为所有的平面四杆机构都是由曲柄摇杆机构演化而成的。

11.3.1 改变运动副的形式

改变运动副的形式可使机构演化为其他类型。例如,曲柄摇杆机构可通过变化其中一个运动副形式而演化为曲柄滑块机构,如图 11-22 所示。对比图 11-22(a)和图 11-22(b),若将摇杆拆掉,沿着摇杆 C 点的轨迹圆弧做一圆弧形滑槽,在滑槽内装一弧形滑块,演化后的机构与原机构的运动情况相同。若使铰链 D 趋于无穷远处[见图 11-22(c)],圆弧滑道即变为直线滑道(滑块 C 也相应改变形状),滑块 C 就作直线运动,曲柄摇杆机构就演化成曲柄滑块机构了。

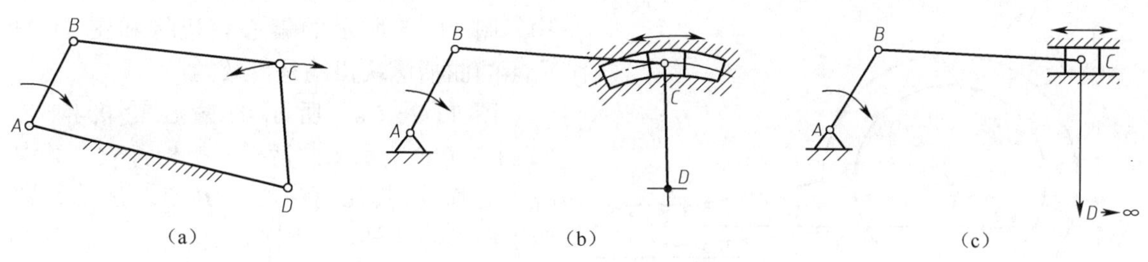

图 11-22　回转副转化为移动副

曲柄中心 A 至滑块中心线的垂直距离称为偏心距，如果 $e=0$，称为对心曲柄滑块机构[见图 11-23(a)]；如果 $e\neq 0$，称为偏心曲柄滑块机构[见图 11-23(b)]此时，具有急回特性。

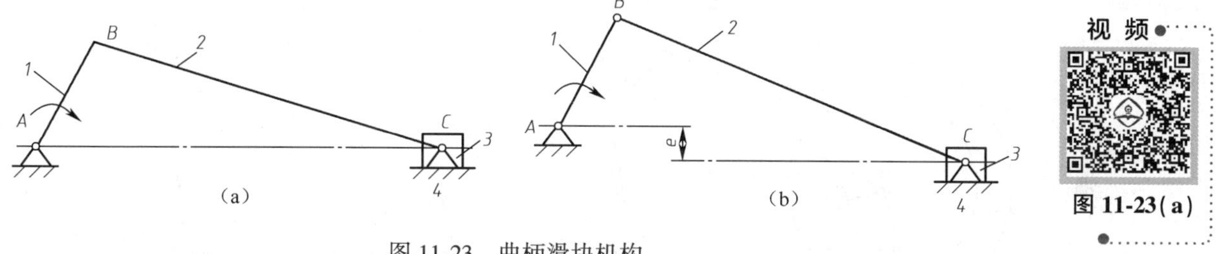

图 11-23　曲柄滑块机构

曲柄滑块机构广泛地应用于各种机械中。以曲柄为主动件、滑块为从动件的机械有冲床、空气压缩机等；以滑块为主动件、曲柄为从动件的机械有内燃机、蒸汽机等。

图 11-24 为一搓丝机机构示意图，由曲柄经连杆带动的滑块(活动牙板)作往复运动，毛坯在牙板间产生塑性变形，螺纹即被搓出来。

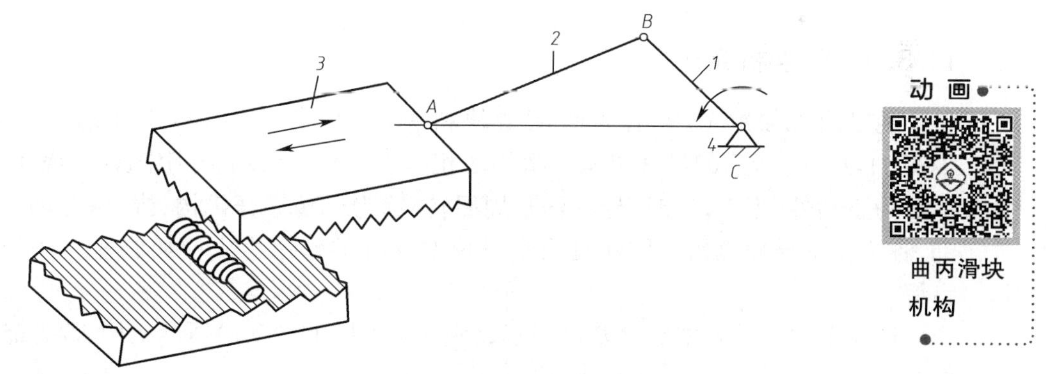

图 11-24　搓丝机机构

11.3.2　改变构件的形状

在工程中，由于某些工艺上的原因，需要在基本形式的基础上，改变其中某些构件的结构。例如要求利用曲柄滑块机构来实现滑块的微小位移(如行程为几厘米或几毫米)，则必须把曲柄做得很短，但是要制造几厘米甚至几毫米的曲柄是很困难的，这就要改变曲柄的机构。

如果将连接曲柄与连杆的铰销 B 扩大，使之大于曲柄本身的长度，就变成了图 11-25 所示

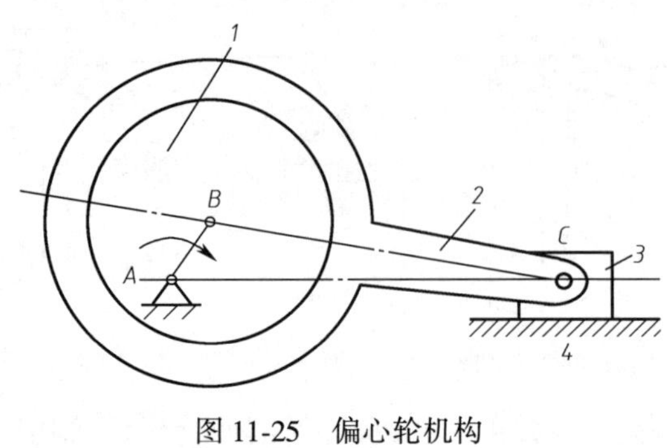

图 11-25　偏心轮机构

的偏心轮。这种演化后的机构称为偏心轮机构。图 11-25 所示的偏心轮机构和图 11-23 所示的曲柄滑块机构是等效的。

图 11-26(a)所示的偏心轮机构与图 11-26(b)所示的曲柄摇杆机构等效。其中杆 1 为圆盘,其几何中心为 B 点。运动时圆盘 1 绕偏心 A 转动,故称为偏心轮。A 点和 B 点之间的距离称为偏心距。当偏心轮 1 转动时,通过杆 2 使杆 3 摆动,其效果与曲柄摇杆机构相同。

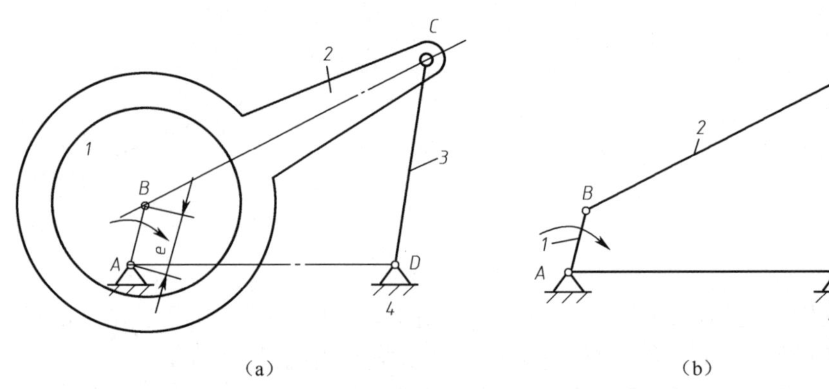

图 11-26　改变构件形状

11.3.3　变换机架

现以图 11-27(a)所示的曲柄滑块机构为例,若将曲柄(AB)选为机架,则演变为如图 11-27(b)所示的导杆机构。滑块 3 相对于导杆 4 滑动,并跟随杆 4 绕 A 点转动。通常取 2 为原动件,当 $l_2>l_1$ 时,导杆作整周回转,称为回转导杆机构;当 $l_2<l_1$ 时,导杆作往复摆动,称为摆动导杆机构。导杆机构中滑块对导杆的作用力方向始终垂直于导杆,传力性能良好。

若在图 11-27(a)中变化 BC 为机架,则演化为图 11-27(c)所示机构,称为摇块机构或摆块机构。

图 11-1 和图 11-28 为牛头刨床示意图,其中 O_1AO_3B 这一部分就是导杆机构即摆动导杆机构。图中构件 O_1A 作整周回转,导杆 O_3B 作往复摆动,经连杆 BC 带动滑枕作往复运动。

摇块机构广泛应用在液压、气压驱动机构中。在摇块机构中一般取杆 1 或杆 4 为原动件,当杆 1 作转动或摆动时,杆 4 相对于滑块 3 滑动,并一起绕 C 点摆动,件 3 即摇块。

如图 11-21 所示,卡车车厢自动卸料机构即为摇块机构的应用实例。杆 1(车厢)可绕车架 2 上的 B 点摆动,杆 4 是活塞杆,杆 3 是可绕车架上 C 点摆动的液压油缸。当液压油缸中压力油推动活塞杆 4 运动时,迫使杆 1 绕 B 点转动,当达到一定角度时,物料就被自动卸下。

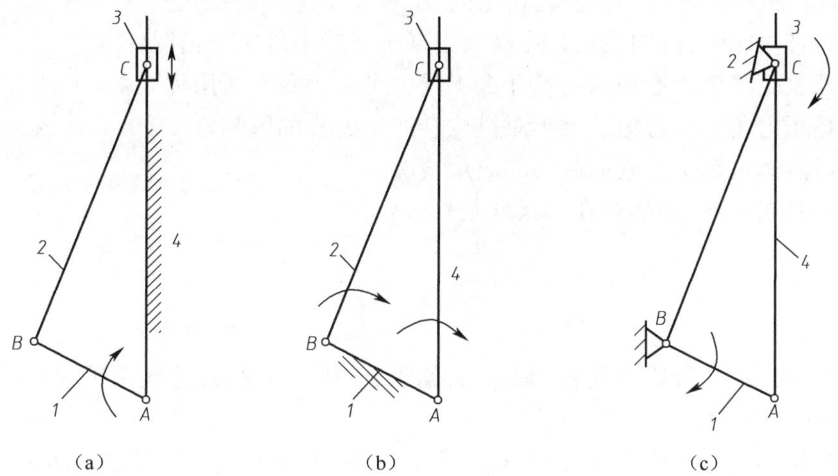

图 11-27　曲柄滑块机构演化

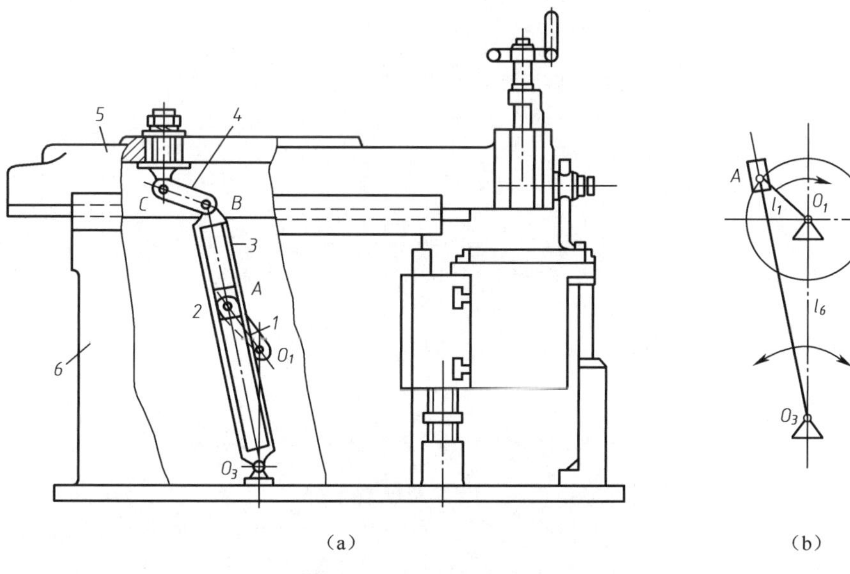

图 11-28　牛头刨床导杆机构

11.4　平面四杆机构的设计简介

扫一扫

11.4　平面四杆机构的设计简介

该节内容扫描二维码。

思 考 题

1. 发动机活塞的运动是由什么动力实现的？
2. 铰链四杆机构中，所有杆都可以作整周转动吗？

3. 铰链四杆机构以不同的构件为机架时,机构发生怎样的变化?
4. 平面四杆机构中,机构在何时运动会出现卡死或不确定的情况?
5. 卡死现象一定都是不利的吗?什么工况中可以为我们所用呢?
6. 什么是压力角?压力角的大小对机构会产生怎样的影响?
7. 试分析蒸汽机车车轮联动机构的应用情况?
8. 铰链四杆机构中,曲柄存在的条件是什么?

习　　题

1. 曲柄滑块机构的滑块行程 $H=50$ mm,偏距 $e=18$ mm,行程速比系数 $K=1.4$,试用图解法求曲柄和连杆的长度。

2. 导杆机构的行程速比系数 $K=1.4$,机架长度 $l=90$ mm,试用图解法设计此机构。

第 12 章　工程中的凸轮机构

本章学习目标

◇ 培养学生认识凸轮机构在工程中应用的能力；

◇ 培养学生能够选择或设计工程需要的从动件运动规律及凸轮廓线的能力。

本章学习内容

◇ 介绍凸轮机构的应用、类型和特点；

◇ 学习凸轮机构从动件的常用运动规律；

◇ 学习凸轮轮廓线的图解设计方法；

◇ 了解凸轮的常用材料、热处理方法。

实践教学研究

◇ 观察发动机中的凸轮机构；

◇ 观察哪些设备中应用了各种类型的凸轮机构。

关键词：凸轮、发动机、机构

12.1　概　　述

凸轮是具有特定曲线轮廓或沟槽的构件，凸轮通常作为主动件，与凸轮接触并被直接推动的构件称为从动件。凸轮机构是由凸轮、从动件和机架组成的一种高副机构，如图 12-1 所示。凸轮转动时，通过其曲线轮廓或沟槽推动从动件实现预期的运动规律。凸轮机构广泛应用于各种机械，特别是自动机械、自动控制装置和装配生产线中，是工程实际中实现机械化和自动化的一种常用机构。

12.1.1　凸轮机构的应用

在各种机械中，为了实现复杂的运动要求，例如当从动件的位移、速度以及加速度必须严格按照预定规律变化时，常采用凸轮机构。

图 12-2 为一内燃机的配气机构。当凸轮回转时，凸轮轮廓借助于弹簧的压紧作用，迫使从动件（气门）作往复移动，从而使气阀开启或关闭，以控制可燃物进入汽缸或将废气排出。至于气阀开闭时间的长短及运动速度的变化规律，取决于凸轮轮廓曲线的形状，图中机架为箱体。

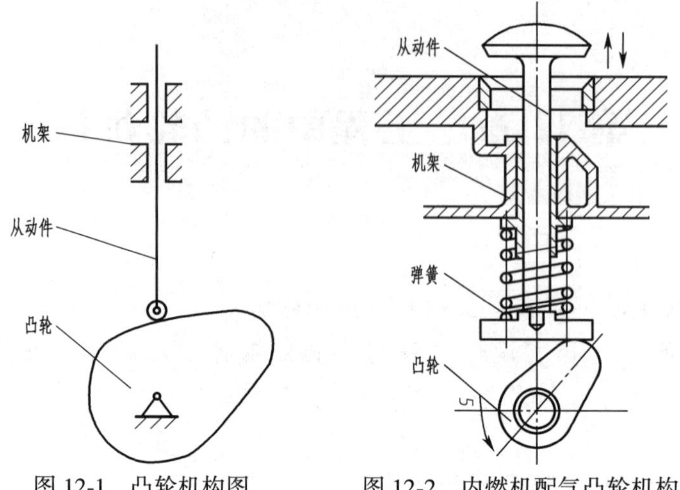

图 12-1 凸轮机构图　　图 12-2 内燃机配气凸轮机构

图 12-3 所示为运用凸轮机构车削手柄的示意图。图中凸轮作为靠模被固定在床身上，滚子在弹簧作用下与凸轮轮廓紧密接触，当拖板沿水平方向移动时，凸轮的曲线轮廓促使滚子从动件带动刀架沿被加工工件的径向进退，从而切出手柄的外形。

图 12-4 所示是缝纫机的挑线机构。当圆柱凸轮转动时，凸轮轮廓（凹槽）侧面迫使置于槽中的滚子从动件连同挑线杆绕轴往复摆动，使穿过穿线孔的针线被拉紧并不断向前输送。

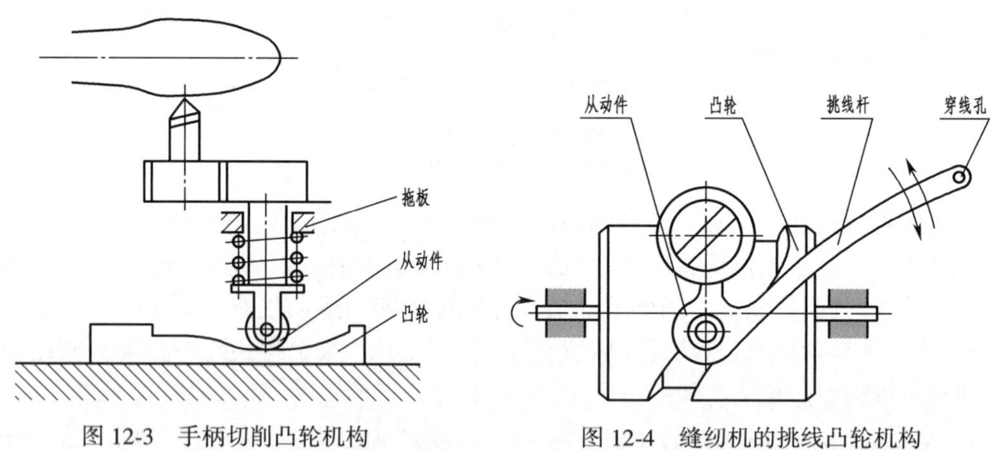

图 12-3 手柄切削凸轮机构　　图 12-4 缝纫机的挑线凸轮机构

通过以上三个例子可见，凸轮机构可将凸轮的转动或移动转化为从动件的连续或间歇的移动或摆动。凸轮与从动件之间的接触可以依靠弹簧力、重力、气体压力或几何封闭等方法来实现。

12.1.2 凸轮机构的类型

凸轮机构的类型很多，常按下述方法进行分类：

1. 按凸轮的形状分类

（1）盘形凸轮（见图 12-2）又称平板凸轮，是一个具有变曲率半径的盘形构件。

(2)移动凸轮(见图 12-3) 可看作轴线在无穷远处的盘形凸轮。

(3)圆柱凸轮(见图 12-4) 凸轮是圆柱体,从动件的运动平面与凸轮轴线平行,圆柱凸轮可看作是由移动凸轮卷在圆柱体上而得。

由于圆柱凸轮可展开成移动凸轮,而移动凸轮又是盘形凸轮的特例,因此盘形凸轮是凸轮的基本形式。

2. 按从动件的结构形式分类

按从动件的结构形式通常可将凸轮机构分为尖顶从动件、滚子从动件、平底从动件和曲面从动件。它们各自的特点和应用见表 12-1。

表 12-1 凸轮机构从动件的形式、特点和应用

从动件结构形式	从动件运动形式		主要特点及应用
	移动	摆动	
尖顶从动件			结构简单,且尖顶能与各种形状的凸轮轮廓保持接触,可实现任意的运动规律。但尖顶易磨损,故只适用于低速、轻载的凸轮机构
滚子从动件			滚子与凸轮为滚动摩擦,磨损小,承载能力较大,但运动滚子有一定限制,且滚子与转轴之间有间隙,故不适用于高速的凸轮机构
平底从动件			结构紧凑、润滑性能和动力性能好、效率高,适用于高速运动。但凸轮轮廓线不能成呈凹形,因此运动规律受较大限制
曲面从动件			介于滚子从动件和平底从动件之间

3. 按从动件的运动形式分类

无论凸轮与从动件的形状如何,从动件的运动形式只有两种:

(1)移动从动件(见图 12-2、图 12-3) 从动件往复移动。移动从动件凸轮机构又可根据从动件轴线与凸轮轴心的相对位置,进一步分成对心的和偏置的两种。

(2)摆动从动件(见图 12-4) 从动件往复摆动。

4. 按凸轮与从动件维持高副接触的方法分类

由于凸轮是一种高副机构,凸轮轮廓与从动件之间形成的高副是一种单面约束的开式运动副,因此,就存在着如何维持凸轮轮廓与从动件始终保持接触而不脱开的问题。根据维持高副接触的方法不同,凸轮机构又可以分为以下两类:

(1)力封闭型凸轮机构是指利用重力、弹簧力或其他外力使从动件与凸轮轮廓始终保持接触。如前图 12-2 和图 12-3 所示。

(2)形封闭型凸轮机构是指利用高副元素本身的几何形状使从动件与凸轮轮廓始终保持

接触。常用的形封闭型凸轮机构有槽凸轮机构、等宽凸轮机构、等径凸轮机构及共扼凸轮机构,如图 12-5 所示。

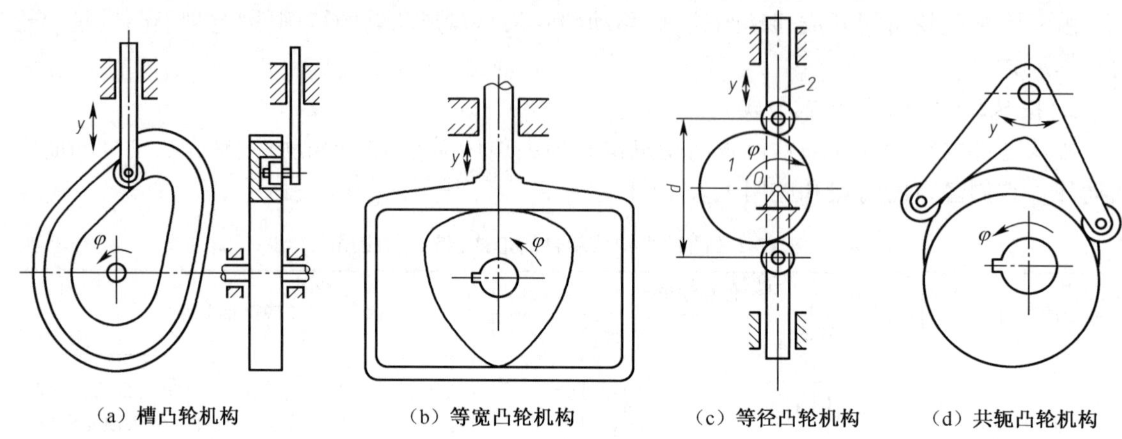

（a）槽凸轮机构　（b）等宽凸轮机构　（c）等径凸轮机构　（d）共轭凸轮机构

图 12-5　形封闭型凸轮机构

12.1.3　凸轮机构的特点

凸轮机构只具有很少几个活动构件,并且占据的空间很小,是一种结构简单、紧凑的机构。凸轮机构的主要优点是:只要正确设计出凸轮轮廓曲线就可以使从动件实现预期的运动规律。几乎对于任意要求的从动件的运动规律,都可以设计出合适的凸轮轮廓线来实现。

凸轮机构的缺点在于:凸轮廓线与从动件之间是点或线接触,易磨损,因此,凸轮机构多用作传递动力不大的控制机构和调节机构。

12.2　从动件常用运动规律

在凸轮机构中,通常凸轮是主动件,以匀角速度转动,通过其轮廓曲线来推动与它接触的从动件移动或摆动。图 12-6(a)所示为从动件顶尖作直线运动的盘形凸轮机构。在图示位置,尖顶与凸轮轮廓上的 A 点接触,此时是从动件上升的起始位置,当凸轮以 ω 等速沿逆时针方向回转 φ_0(φ_0 称为升程角)时,从动件尖顶被凸轮轮廓推动,以一定的运动规律由距凸轮回转中心最近的位置 A,上升到最远的位置 B,这个过程称为推程(或升程),在推程中,尖顶所走过的距离 h 称为从动件的升程或行程。当凸轮继续回转 φ_s(φ_s 称为远休止角)时,以回转中心为圆心的圆弧 BC 与尖顶作用,从动件在最远位置停留不动。凸轮继续回转 φ_h(φ_h 称为回程角)时,从动件以一定的运动规律回到起始位置,这个过程称为回程,凸轮继续回转 φ_s'(φ_s'称为近休止角),从动件在最近位置停留不动。凸轮继续回转,从动件重复上述运动。

图 12-6(b)是凸轮转动一周对应从动件的位移线图。横坐标代表凸轮转角 φ ,纵坐标代表从动件的位移 s_2。

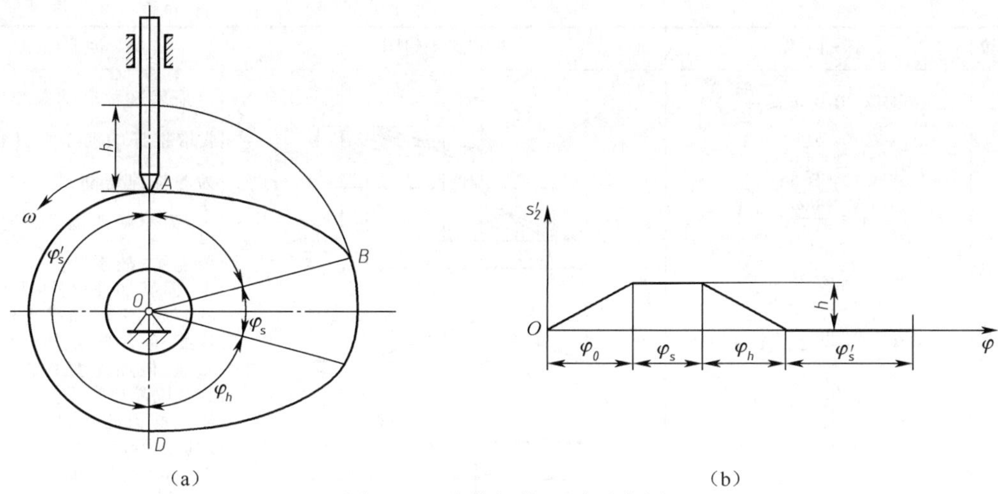

(a)　　　　　　　　　　　　(b)

图 12-6　凸轮机构运动示意图

所谓从动件的运动规律，是指从动件的位移 s 、速度 v 、加速度 a 以及加速度的变化率 j 随转角 φ 或时间 t 的变化规律，它们全面反映了从动件的运动特性及其变化的规律性。其中，位移 s 、速度 v 、加速度 a 与转角 φ 的关系可表示为

$$s=f(\varphi)\quad v=f''(\varphi)$$

通常，把从动件的 s、v、a 以及 j 随转角 φ 或者时间 t 变化的曲线称为从动件的运动线图。由上述可知，从动件的运动规律取决于凸轮轮廓曲线的形状，从动件的运动规律要求不同，则设计出的凸轮轮廓曲线也就不同。所以在设计凸轮时，首先根据工作要求和条件，选择从动件的运动规律。

由于凸轮工作要求是多种多样的，因此从动件的运动规律也是各种各样的。本书主要讨论推程的运动规律，回程的讨论与升程相似，由读者自己完成。

几种从动件常用运动规律特性及适用场合的比较见表 12-2。

表 12-2　从动件常用运动规律

运动规律	运动方程	推程运动线图	说明
等速运动	$s=\dfrac{h}{\varphi_0}\varphi$ $v=\dfrac{h}{\varphi_0}\omega$ $a=0$		当从动件的速度为常数时，称为等速运动规律，这种运动规律在行程的起始和终止位置速度有突变，此时加速度在理论上由零变为无穷大，从而使从动件突然产生理论上为无穷大的惯性力。虽然实际上由于材料具有弹性，加速度和惯性力都不至于达到无穷大，但仍会使机构产生强烈的冲击，这种冲击称为刚性冲击。故等速运动规律只适用于低速的凸轮机构

续上表

运动规律	运动方程	推程运动线图	说明
等加速、等减速运动规律（抛物线运动规律）	等加速（$0 \leqslant \varphi \leqslant \frac{\varphi_0}{2}$） $s = \frac{2h}{\varphi_0^2}\varphi^2$ $v = \frac{4h\omega}{\varphi_0^2}\varphi$ $a = \frac{4h}{\varphi_0^2}\omega^2 =$ 常数 等减速（$\frac{\varphi_0}{2} \leqslant \varphi \leqslant \varphi_0$） $s = h - \frac{2h}{\varphi_0^2}(\varphi_0 - \varphi)^2$ $v = \frac{4h\omega}{\varphi_0^2}(\varphi_0 - \varphi)$ $a = -\frac{4h}{\varphi_0^2}\omega^2 =$ 常数	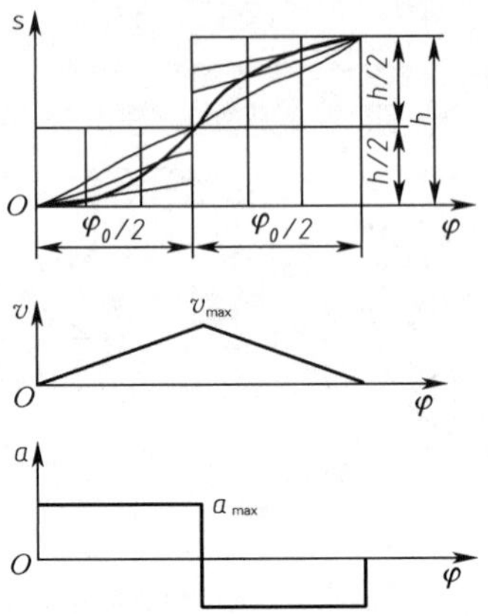	采用这种运动规律时，通常取推杆的前半个升程 $\frac{h}{2}$ 为等加速运动，后半个升程 $\frac{h}{2}$ 为等减速运动。速度曲线连续，故不会产生刚性冲击，但其加速度曲线在运动的其始、中间和终止位置不连续，有突变，虽然变化为有限值，但加速度的变化率在这些位置却为无穷大。这表明惯性力的变化率极大，即加速度所产生的有限惯性力在一瞬间突然加大到从动件上，从而引起冲击，这种冲击称为柔性冲击
简谐运动规律（余弦加速度运动规律）	$s = \frac{h}{2}\left[1 - \cos\left(\frac{\pi}{\varphi_0}\varphi\right)\right]$ $v = \frac{\pi h}{2\varphi_0}\sin\left(\frac{\pi}{\varphi_0}\varphi\right)$ $a = \frac{\pi^2 h\omega^2}{2\varphi_0^2}\cos\left(\frac{\pi}{\varphi_0}\varphi\right)$	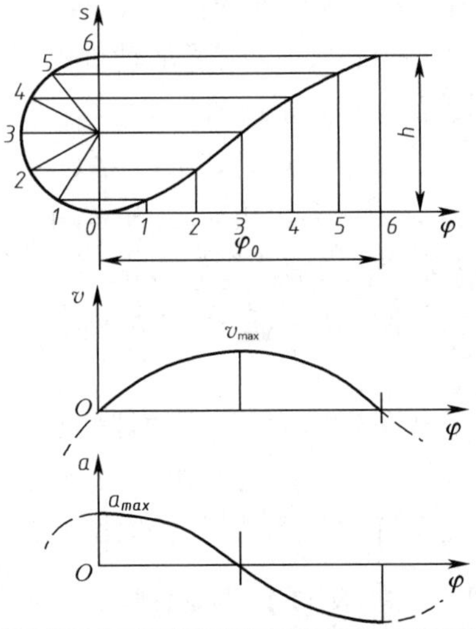	当质点在圆周上做匀速运动时，其在该圆直径线上的投影所构成的运动称为简谐运动，速度曲线连续，故不会产生刚性冲击。但在运动的起始和终止位置，加速度曲线不连续，产生有限突变，因此也有柔性冲击。当从动件作无停歇的升-降-升连续往复运动时，加速度曲线变为连续曲线（如图中虚线所示），从而可避免柔性冲击
摆线运动规律	$s = h\left[\frac{\varphi}{\varphi_0} - \frac{1}{2\pi}\sin\left(\frac{2\pi}{\varphi_0}\varphi\right)\right]$ $v = \frac{h\omega}{\varphi_0}\left[1 - \cos\left(\frac{2\pi}{\varphi_0}\varphi\right)\right]$ $a = \frac{2\pi h\omega^2}{\varphi_0^2}\sin\left(\frac{2\pi}{\varphi_0}\varphi\right)$	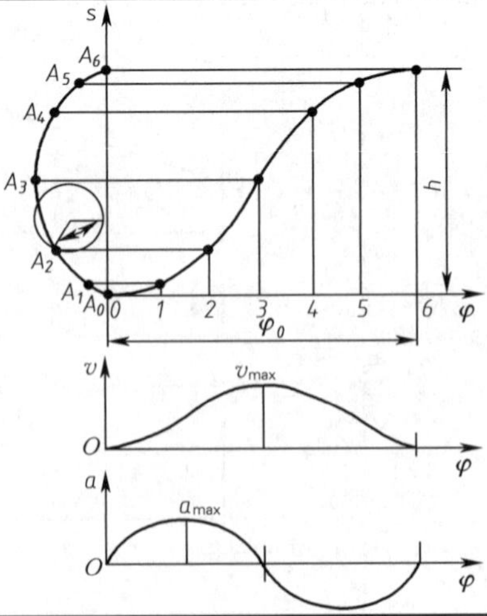	设有一半径为 $R = h/(2\pi)$ 的圆（周长为 h），当沿纵坐标作纯滚动时，则滚圆上的某点 A 在纵坐标轴上的投影点的运动规律称为摆线运动规律。摆线运动的速度曲线和加速度均连续而无突变，故无刚性冲击又无柔性冲击

12.3　凸轮轮廓线设计

扫一扫

12.3　凸轮轮廓线设计～12.4　凸轮的材料和热处理

该节内容扫描二维码。

12.4　凸轮的材料和热处理

该节内容扫描二维码。

思 考 题

1. 发动机进排气门的运动是如何实现的？
2. 凸轮和从动件之间是高副连接，如何保持接触而不脱开？
3. 如何控制凸轮机构中运动产生的冲击？
4. 凸轮机构对材料有什么要求？
5. 与连杆机构相比，凸轮机构最大的缺点是什么？

习　　题

1. 凸轮机构的从动件运动规律与凸轮的(　　)有关。

A. 实际轮廓　　B. 理论轮廓　　C. 表面硬度　　D. 基圆

2. 压力角增大对(　　)。

A. 凸轮机构的工作不利　　B. 凸轮机构的工作有利

C. 凸轮机构的工作无影响　　D. 以上均不对

3. 根据题图 1 所示盘形凸轮完成下列问题：

(1)画出基圆、理论轮廓曲线和图示位置压力角，指出实际轮廓曲线。当凸轮上 A,B 两点与从动件接触时，压力角如何变化？

(2)从动件上升或下降时，凸轮转角 δ 和从动件相应的行程 h 各为多少？

题图 1

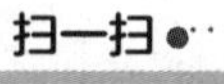

扫一扫

第 13 章　工程中的其他运动机构

第 13 章　工程中的其他运动机构

该章内容请扫描二维码。

扫一扫

第 14 章　工程中的螺旋传动

第 14 章　工程中的螺旋传动

该章内容请扫描二维码。

第 3 篇　工程设计中的支承性

第 15 章　工程中的轴承

扫一扫

现代工程发动机实践感想

本章学习目标

◇ 培养学生在解决工程设计中，选择滑动轴承和滚动轴承的能力；

◇ 培养学生正确选用滚动轴承寿命计算的基本理论及方法的能力；

◇ 培养学生工程设计中，正确选择对滑动轴承润滑的能力。

本章知识要点

◇ 了解摩擦、磨损、润滑的基本知识；

◇ 熟悉滑动轴承的分类、特点及应用；

◇ 熟悉滑动轴承的主要失效形式及材料选择，轴瓦结构；

◇ 掌握非液体摩擦滑动轴承的条件性计算方法；

◇ 掌握滚动轴承的结构类型和代号；

◇ 掌握选择滚动轴承类型的基本方法；

◇ 掌握滚动轴承寿命计算的基本理论及方法；

◇ 合理进行滚动轴承组合设计。

实践教学研究

◇ 观察减速器或食品机械或其他简单机械中的各种轴承。

关键词：滑动轴承、滚动轴承、深沟球轴承、密封

15.1　概　　述

轴承是轴系中的重要支承部件，其功能是支承轴及轴上的零件，并保证轴的旋转精度，减少转动轴与固定轴承座间的摩擦和磨损。

根据轴承摩擦性质的不同，可把轴承分为滑动轴承和滚动轴承两大类。滚动轴承依靠主要元件间的滚动接触来支承转动零件，属于滚动摩擦，而滑动轴承属于滑动摩擦。

滚动轴承摩擦阻力小，启动容易，功率消耗少，而且已经标准化，选用、润滑、维护都很方

便,因而在一般机器中得到更为广泛的应用。图 15-1 为安装在蜗杆减速器中的蜗杆轴上的圆锥滚子轴承。滑动轴承在一般情况下摩擦大,磨损严重,特殊构造的滑动轴承的设计、制造和维护费用较高。但其承载能力高,噪声低,径向尺寸小,油膜有一定的吸振能力等优点,使得滑动轴承在某些场合仍占重要地位。

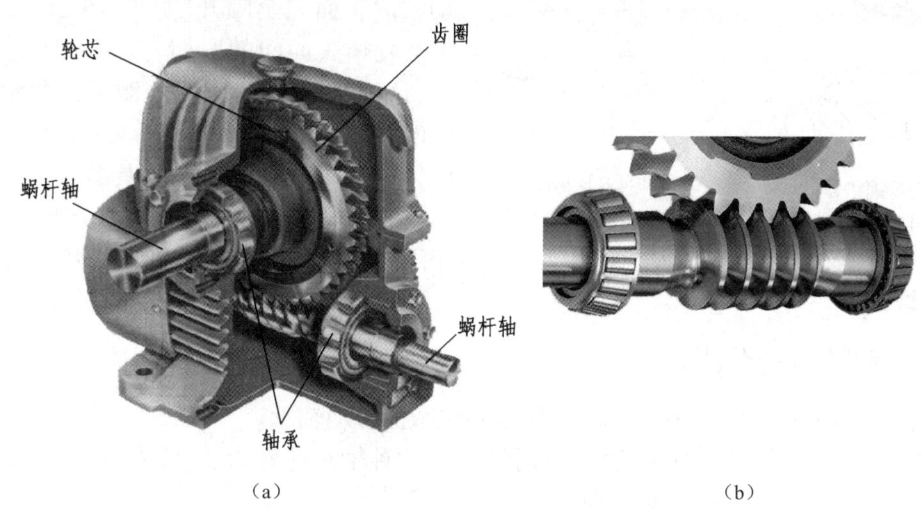

图 15-1　滚动轴承在蜗杆减速器中的应用

目前滑动轴承主要应用于滚动轴承难以满足工作要求的场合。如工作转速特高的场合;要求对轴的支承位置特别精确的场合、特别重型的场合、承受巨大的冲击和振动载荷的场合、根据装配要求必须做成剖分式的场合、在特殊的工作条件下的场合(如在水中或腐蚀性介质中工作)、在安装轴承的径向空间尺寸受到限制的场合。因此,滑动轴承在航空发动机、轧钢机等方面大量应用。

15.2　滑动轴承

15.2.1　两摩擦表面间的摩擦状态

滑动轴承的承载能力与载荷的性质、轴承的材料以及轴和轴承两表面间的摩擦状态有关。

(1)干摩擦状态

干摩擦是指两摩擦表面间没有任何润滑剂或保护膜时,固体表面直接接触的摩擦。发生干摩擦时必然有大量的摩擦功损耗和工件的严重磨损,摩擦系数可达 0.3。干摩擦在滑动轴承中表现为强烈的升温,甚至把轴瓦烧毁。所以在滑动轴承中不允许出现干摩擦。

(2)边界摩擦状态

边界摩擦又称边界润滑,两摩擦面间有润滑油存在,由于润滑油与金属表面的吸附作用,在金属表面会形成一层边界油膜,边界油膜很薄(厚度约为 1 μm),此油膜不足以将两金属表面分隔开,在相互运动时两金属表面微观的凸峰部分仍将相互接触,发生摩擦[见图 15-2(a)],这种状态叫边界摩擦。由于边界油膜也有较好的润滑作用,故摩擦系数较小,f=0.1~0.3,磨损也较轻。

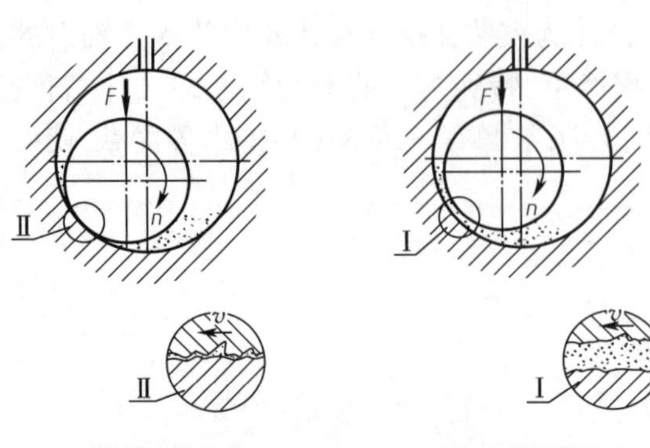

(a) 边界摩擦状态　　(b) 液体摩擦状态

图 15-2　两摩擦表面间的摩擦状态

(3)液体摩擦状态

液体摩擦又称液体润滑。若两摩擦表面有充足的润滑油,且满足一定的条件,则在两摩擦表面间形成较厚的压力油膜,将相对运动的两表面完全隔开[见图 15-2(b)],此时没有物体表面间的摩擦,只有液体之间的摩擦,这种摩擦叫液体摩擦,摩擦系数最小(f=0.001~0.10),是理想的摩擦状态。但实现液体摩擦(液体润滑)必须具备一定的条件。

在一般的滑动轴承中,两摩擦面间多处于干摩擦、边界摩擦和液体摩擦的混合状态,称为非液体摩擦。

15.2.2　滑动轴承的分类

按摩擦状态分为:液体摩擦滑动轴承和非液体摩擦滑动轴承。

液体摩擦滑动轴承:两表面间为液体摩擦状态,这种轴承的寿命长、效率高,但其制造精度要求高,并需一定的工况条件才能实现。

非液体摩擦滑动轴承:两表面间为边界摩擦状态,这种轴承的结构简单,对制造精度和工作条件的要求不高, 故在机械中得到了广泛应用。

按承受载荷方向主要分为:向心滑动轴承、推力滑动轴承。向心滑动轴承主要承受径向载荷[见图 15-3(a)],推力滑动轴承主要承受轴向载荷[见图 15-3(b)]。

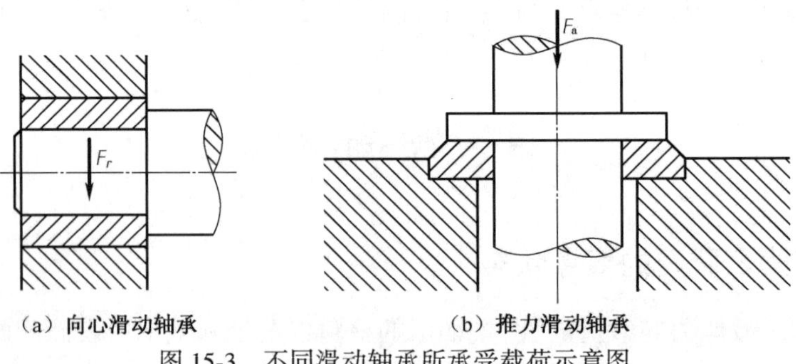

(a) 向心滑动轴承　　(b) 推力滑动轴承

图 15-3　不同滑动轴承所承受载荷示意图

15.2.3　滑动轴承的结构

滑动轴承的结构通常由两部分组成,即由钢或铸铁等强度较高的材料制成的轴承座和由铜合金、铝合金或轴承合金等减摩材料制成的轴瓦。

1. 向心滑动轴承

向心滑动轴承主要有两种结构形式:整体式和剖分式。

(1)整体式滑动轴承

如图 15-4 所示,整体式滑动轴承由轴承座、轴瓦和紧定螺钉组成。轴瓦和轴承座不允许有相对运动,紧定螺钉可以防止轴瓦在轴承座中转动,起到周向固定作用。这种轴承的特点是结构简单,制造方便,成本低,刚度较大,但装拆时轴颈只能从端部装入,而且磨损后轴颈和轴瓦之间的间隙无法调整,故多用于轴颈不大、轻载低速和间歇工作且不重要的场合,这种轴承的结构已经标准化。

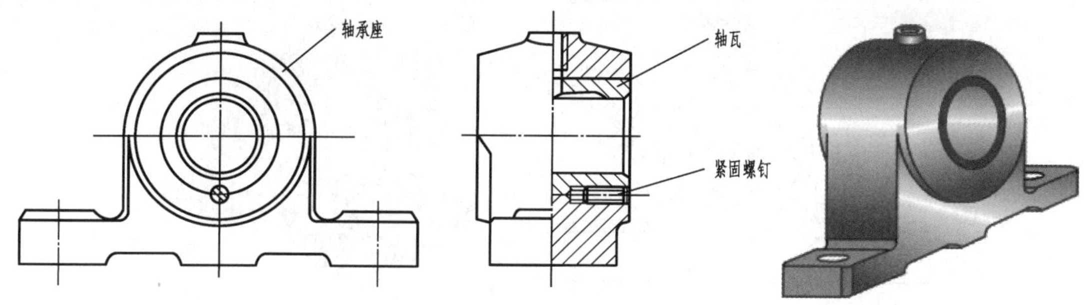

图 15-4　整体式滑动轴承结构

(2)剖分式滑动轴承

如图 15-5 所示,它是由轴承座、轴承盖,剖分的上、下轴瓦,螺栓等所组成。为了防止轴瓦转动,还装有空心固定套。为使轴承座、轴承盖很好地对中,在剖分面上做出定位止口。剖分面间放有少量垫片,在轴瓦磨损后借助减少垫片来调整轴颈和轴瓦之间的间隙。

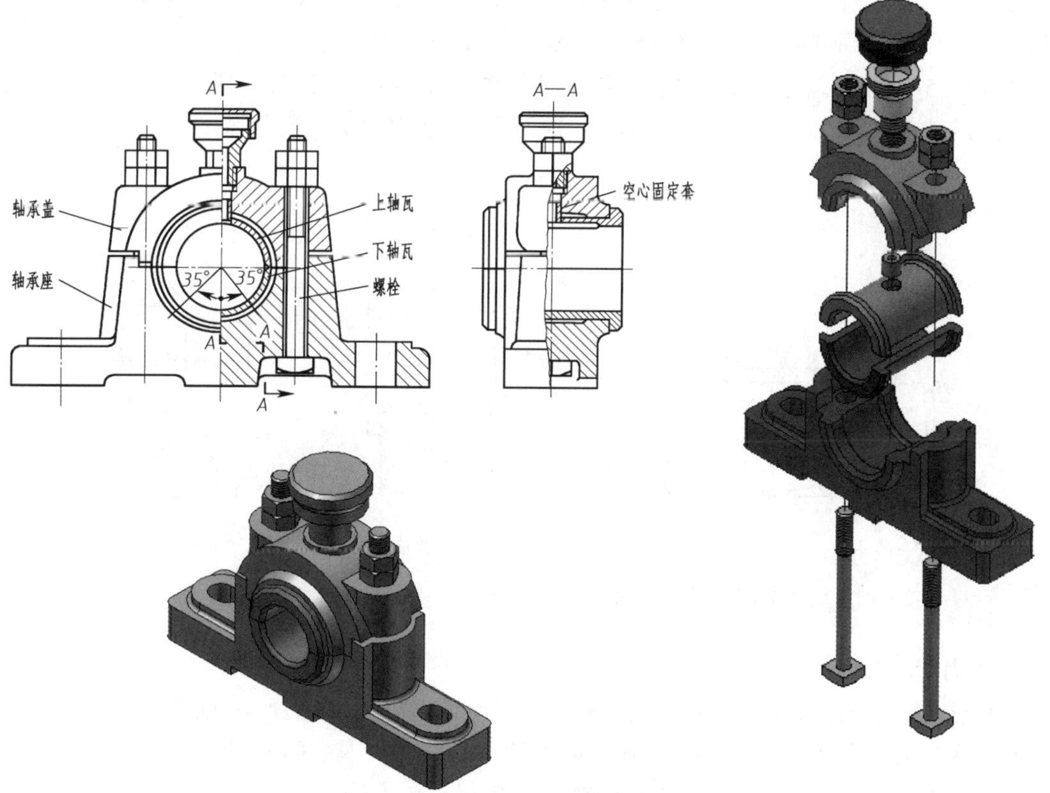

图 15-5　剖分式滑动轴承结构

当轴承承受的径向载荷不与底座垂直或剖分面不宜开在水平方向时,可将剖分面设计成与水平方向有一定的斜度,图 15-6(a)所示是斜剖剖分式滑动轴承的标准结构(省略了俯、左视图)。其特点是剖分面与水平面成 45°,轴承承受负荷(径向力)的方向应该在垂直于剖分面的轴承中心线左右 35°范围内。

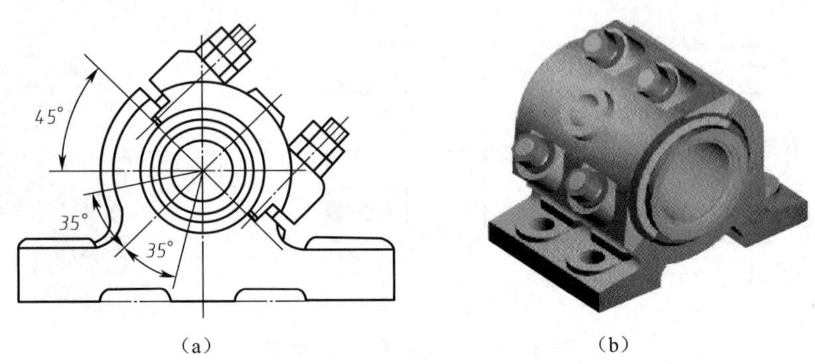

图 15-6 斜剖剖分式滑动轴承

剖分式滑动轴承装拆和调整间隙均较方便,因此应用广泛。这种轴承的结构也已标准化。

(3)自动调位轴承

当轴颈较长,即轴颈的长径比 L/d 为 1.5~1.75 时(L 为轴颈工作长度,d 为轴颈直径),或轴的刚性较小,或由于两轴承不是安装在同一刚性机架上,安装精度难以保证时,都会造成轴与轴瓦端部的局部接触(见图 15-7),因而局部磨损严重。为此可采用自动调位滑动轴承,如图 15-8 所示。这种轴承的结构特点是轴瓦基体的外表面做成外球面与轴承盖及轴承座上的内球面相配合。当轴变形时,轴瓦可随轴自动调位,从而保证轴颈与轴瓦均匀接触。

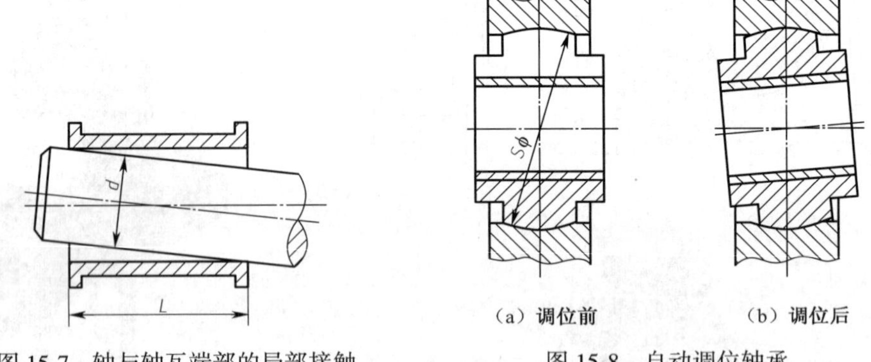

图 15-7 轴与轴瓦端部的局部接触

图 15-8 自动调位轴承

2. 推力滑动轴承

推力滑动轴承的承载面与轴线垂直,用以承受轴向载荷。推力滑动轴承有立式和卧式两种。图 15-9(a)所示为立式平面推力滑动轴承的示意图,它由轴承座、止推轴瓦、径向轴瓦、销钉等组成。工作时,轴端面与止推轴瓦间组成摩擦副。止推轴瓦的上表面开有放射状的油沟,以利于润滑,下表面则与轴承座以球形表面接触,起到自动调心作用。径向轴瓦用来承受径向载荷。由于工作表面上相对滑动速度不等,越靠近中心处,相对滑动速度越小,摩擦越轻,越靠近边缘处,相对滑动速度越大,摩擦越重,因此造成工作表面压强不均。

图 15-9(b)给出了几种推力滑动轴承示意图。推力滑动轴承由轴承座和止推轴瓦组成,其常见的轴颈结构形式见表 15-1。图 15-9 中,d 的尺寸由轴的结构设计确定,$d_0=(0.4\sim0.6)d$,$d_2=(1.2\sim1.6)d$,$h=(0.12\sim0.15)d$。

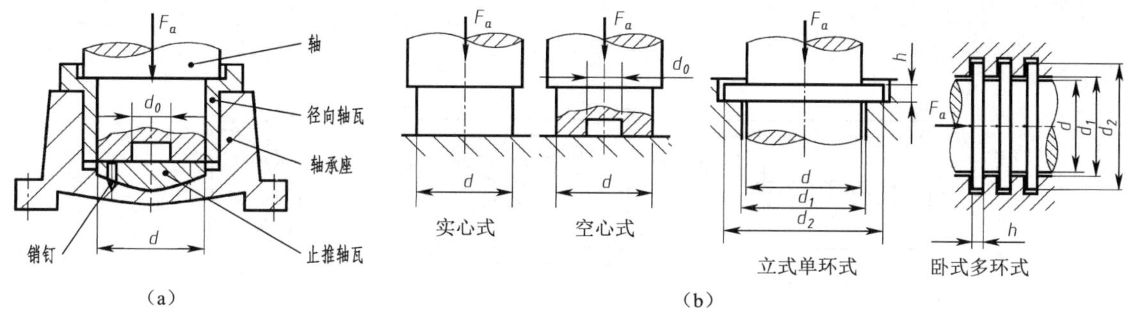

图 15-9　推力滑动轴承示意图

表 15-1　推力滑动轴承常见的轴颈结构形式

结构形式	特　点
实心式	其结构简单,但在接触面上的压力分布极不均匀,因此不推荐采用
空心式	轴颈接触面上的压力分布比较均匀,润滑条件较实心式得到改善,但仍不易获得完全的油膜润滑,一般用于不重要的轴承
立式单环式	利用轴颈的环形端面止推,结构简单,润滑方便,可克服工作面上压强严重不均的问题,广泛应用于低速、轻载的场合
卧式多环式	不仅能承受较大的轴向载荷,有时还可承受双向轴向载荷。由于各环间载荷分布不均,因此环数不宜过多,且结构设计时要注意考虑可装配性。多环式单位面积的承载能力比单环式低 50%

3. 轴瓦的结构和材料

轴瓦是轴承中直接与轴颈接触的部分,非液体摩擦滑动轴承的工作能力和使用寿命,在很大程度上取决于轴瓦的结构和材料的选择是否合理。

(1)轴瓦的结构

与轴颈配合的零件称为轴瓦,是直接与轴颈接触的部分,它的工作面既是承载表面又是摩擦表面,故轴瓦是滑动轴承中最重要的零件。向心滑动轴承轴瓦的结构有整体式[见图 15-10(a)]、剖分式[见图 15-10(b)]和分块式轴瓦三种。通常在整体式滑动轴承中采用整体式轴瓦;剖分式滑动轴承中采用剖分式轴瓦;为了便于运输、装配和调整,大型滑动轴承一般采用分块式轴瓦。

图 15-10(b)所示是一种典型的剖分式轴瓦,其两端的凸肩用来防止轴瓦的轴向窜动,并能承受一定的轴向力。为使润滑油能导入分布到轴瓦的整个工作面上,轴瓦上要开出油孔和油沟,油孔用于供应润滑油,油沟用于输送和分布润滑油,润滑油通过轴承盖上的油杯、油孔和轴瓦上的油沟流入轴承的工作面。但油孔和油沟只能开在不承受载荷的区域,否则,会破坏油

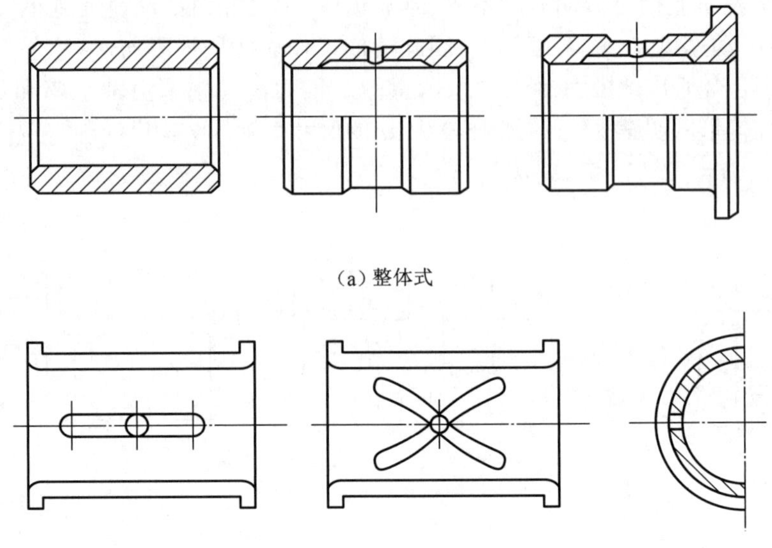

(a) 整体式

(b) 剖分式

图 15-10 轴瓦的结构

膜的连续性,从而降低承载能力。油沟在轴向不应开通,以便在轴瓦两端留出封油面,以免润滑油从轴瓦两端溢出,一般取沟长为轴瓦长的 80%。

图 15-11 为内燃机中重要构件连杆,其大头由于要和曲轴配合采用了剖分式轴瓦,连杆小头用的是整体式轴瓦。

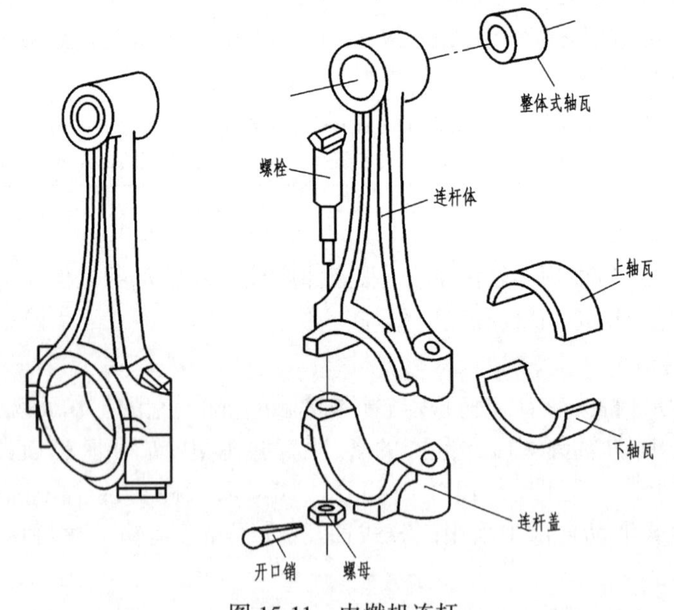

图 15-11 内燃机连杆

(2)轴瓦的材料

轴瓦应具有足够的强度,良好的减摩性、耐磨性、易跑合性、良好的导热性和易于加工制造。常用轴瓦的材料有金属材料、粉末冶金材料和非金属材料等。

①金属材料。轴承合金是滑动轴承专用的耐磨、减摩材料，也称巴氏合金或白合金，一般以锡或铅等软材料为基体，基体中分布锑锡或铜锡的硬晶粒，因而具有很好的承载能力、顺应性、磨合性、耐磨性等。但轴承合金的强度很低，不能单独制作成轴瓦，而是采用浇注的方法将一薄层轴承合金黏附在青铜、钢或铸铁轴瓦上，与轴颈直接接触，这薄层轴承合金通常称为轴承衬，其厚度在 0.5~6.0 mm 范围内。为使轴承衬和金属轴瓦紧密结合，在金属轴瓦的内表面上预先制成一定形状的沟槽，如图 15-12 所示。其中，锡基合金的摩擦系数小，对油的吸附性强，耐腐蚀，易跑合，是极好的轴承材料，但价格较贵，常用于高速重载的场合，而铅基、锌基材料价格相对低，力学性能好，但抗胶合能力不如锡基合金，因此用在中、低速场合。

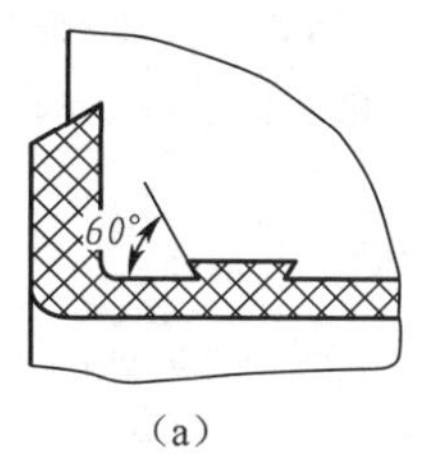

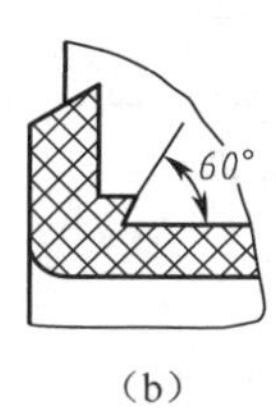

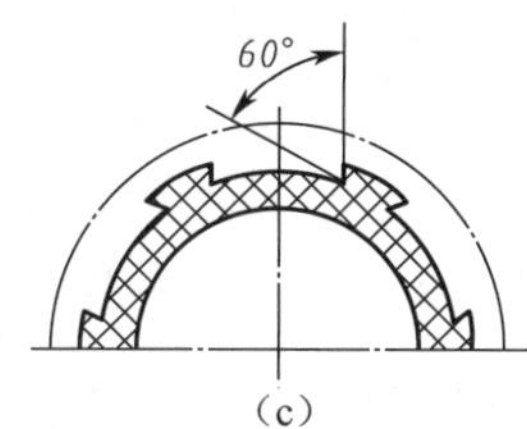

图 15-12　金属轴瓦内表面上的沟槽

青铜有锡青铜、铅青铜和铝青铜等几种。青铜的强度高、承载能力大、导热性好，且可以在较高的温度下工作，可以单独制成轴瓦。但与轴承合金相比，其抗胶合性能较差，不易跑合，与之相配的轴颈必须淬硬。

普通灰铸铁，加有镍、铬、钛等合金成分的耐磨灰铸铁或球墨铸铁等都可以用作轴瓦材料。这类材料中的片状或球状石墨在材料表面上覆盖后，可以形成一层起润滑作用的石墨层，故具有一定的减摩性和耐磨性。此外石墨能吸附碳氢化合物，有助于提高边界润滑性能，故采用灰铸铁作轴瓦材料时应加润滑油。铸铁性脆，磨合性能差，只适用于轻载低速和不受冲击载荷的场合。

②粉末冶金材料。粉末冶金材料是用不同金属粉末（铁、青铜等）或在金属中加入石墨或硫等粉末混合后，经过高压成形和高温烧制形成多孔结构的材料，又称金属陶瓷材料。粉末冶金材料制造的轴承使用前需在热油中浸润数小时，使空隙中充满润滑油，故也称含油轴承。它具有自润滑性，工作时由于轴颈转动时的抽吸和轴承发热时油的膨胀，油便进入摩擦表面间起到润滑作用；不工作时，因毛细管作用，油又被吸回轴承多孔中。因此在较长时间内即使不加油，轴承也能较好地工作。如果定期给油，轴承的性能和寿命都能得到提高。这种轴承使用方便，但抗冲击性差，一般常用于轻载、载荷平稳，不便于加油的场合，也可防止油污染环境。含油轴承在家用电器中得到了广泛的应用，如洗衣机拨水盘轮轴使用的就是这种含油轴承。

③非金属材料。非金属材料中应用最多的是聚合物材料，它具有较低的摩擦系数和较好的顺应性，且抗腐蚀能力强，噪声小。缺点是导热性差，不易散热，且线性膨胀系数大（为金属的 3~10 倍），因此用在低速轻载的场合。除了聚合物材料，碳-石墨也是具有自润滑特性的非金属材料，可用于环境较差的场合；橡胶可用于水润滑的场合。大部分轧机上采用非金属的夹布胶木轴瓦，这种轴承抗压强度大，有很好的耐磨性，寿命较长，耐冲击，可以用水作冷却剂和润滑剂；船舶螺旋桨轴采用的是铁犁木或橡胶制成的轴承，船舶在水上航行，螺旋桨和尾轴长期浸泡水中，木头和橡胶材料制成的轴承不怕水的腐蚀，同时水又可作为润滑剂，密封的问题

也容易解决。

表 15-2 给出了常用轴瓦材料的性能，供选择时参考。

表 15-2　常用轴瓦材料的性能及许用值

材料	牌号	[p]/MPa	[v]/($m \cdot s^{-1}$)	[pv]/[MPa·($m \cdot s^{-1}$)]	特性及用途举例
灰铸铁	HT150	4	0.5	—	用于不受冲击的轻负荷轴承
	HT200	2	1		
	HT250	1	2		
球墨铸铁	QTS00-7	0.5~12	5~1.0	2.5~12	用于经热处理的轴相配的轴承
	QT450-10				用于不经淬火处理的轴相配的轴承
锡青铜	ZCuSn10Pb1	15	10	15	磷锡青铜，用于重载、中速高温及冲击条件下工作的轴承
	ZCuSn5Pb5Zn5	8	3	15	锡锌铅青铜，用于中载、中速工作的轴承，如减速器、起重机的轴承及机床的一般主轴承
铝青铜	ZCuAl10Fe3	15	4	12	铝铁青铜，用于受冲击负载处，轴承温度可至 280 ℃，轴颈经淬火，不低于 300 HBS
铅青铜	ZCuPb30	25(平稳) 15(冲击)	12 8	30 60	铅青铜，浇注在钢轴瓦上做轴承衬，可受很大的冲击载荷，也适用于精密机床主轴轴承
黄铜	ZCuZn38Mn2Pb2	10	1	10	锰铅黄铜的轴瓦，用于冲击及平稳负荷的轴承，如起重机、机车、掘土机、破碎机的轴承
	ZCuZn25Al6Fe3Mn3	10	1	10	铝黄铜的轴瓦，用途同上
锌合金	ZZnAl11Cu5Mg	20	3	10	用于 75 kW 以下的减速器，各种轧钢机轧辊轴承，工作温度低于 80 ℃
铝合金	AlSn6CuNi	28~35	14	—	用于高速、中载轴承，是较新的轴承材料，可用于增压强化柴油机轴承
锡基轴承合金	ZSnSb11Cu6	25(平稳)	80	20	用作轴承衬，用于重载、高速、温度低于 150 ℃的重要轴承，如汽轮机、大于 750 kW 的电动机，内燃机，高转速的机床主轴的轴承等
	ZSnSb8Cu4	20(冲击)	60	16	
铅基轴承合金	ZPbSb16Sn16Cu2	10	12	15	用于不剧变的重载、高速的轴承，如车床、发电机、压缩机、轧钢机等的轴承
	ZPbSb15Sn10	20	15	15	用于冲击负荷 p_v<10 MPa · m/s 或稳定负荷 $p \leqslant 20$ MPa 下工作的轴承，如汽轮机、中等功率的电动机、拖拉机、发动机、空压机的轴承

续上表

材料	牌号	$[p]$/MPa	$[v]$/(m·s^{-1})	$[pv]$/[MPa·(m·s^{-1})]	特性及用途举例
非金属材料	酚醛塑料	40	12	0.5	耐水、酸及抗振性极好。导热性差，重载时需用水或油充分润滑。吸水时易膨胀，轴承间隙宜取大
	尼龙	7	5	0.1	摩擦系数小，自润滑性好，用水润滑最好。导热性差，吸水时易膨胀
	聚四氟乙烯	3.5	0.25	0.035	摩擦系数小，自润滑性好，低速时无爬行，能耐任何化学药品的侵蚀
	碳-石墨	4	12	0.5	自润滑性好，耐高温、耐化学腐蚀，热膨胀系数低，常用于要求清洁的机器中

注：1. “HT”为灰铁的汉语拼音的首位字母，后面的数字表示抗拉强度。如 HT 200 表示抗拉强度为 200 N/mm^2 的灰铸铁；

2. “Z”为铸造汉语拼音的首位字母，各化学元素后面的数字表示该元素含量的百分数，如 ZCuAl10Fe3 表示含 Al(8.5~11)%，Fe(2~4)%，其余为 Cu 的铸造铝青铜。

15.2.4　非液体摩擦滑动轴承的校核计算

非液体摩擦滑动轴承是在既有边界油膜又有金属的直接摩擦的状况下工作的，其主要失效形式是磨损和胶合（见表 15-3），防止失效的关键是保证轴颈和轴瓦之间的边界油膜不遭破坏。由于边界油膜的强度和破裂温度受多种因素的影响而十分复杂，其规律尚未完全被掌握。因此，目前只能采用间接的、条件性的计算方法。

表 15-3　滑动轴承常见的失效形式

失效形式		特　点
常见的	磨粒磨损	进入轴承间隙的硬颗粒有的随轴一起转动，这将对轴承表面起研磨作用。在启动、停车或轴颈与轴承有边缘接触时，也将导致轴承的磨损
	胶合（咬黏）	当瞬时温升过高，载荷过大，油膜破裂时，或润滑油供应不足时，轴承表面材料发生黏附和迁移，造成轴承损伤
	刮伤	进入轴承间隙的硬颗粒或轴颈表面粗糙的轮廓峰，在轴承表面划出线状伤痕
	疲劳剥落	在载荷反复作用下，轴承表面出现与滑动方向垂直的疲劳裂纹，裂纹扩展后造成轴承材料剥落
	腐蚀	润滑剂在使用中不断氧化，所生成的酸性物质对轴承材料有腐蚀性，材料腐蚀易形成点状剥落
其他的	气蚀	气流冲蚀零件表面引起的机械磨损
	流体侵蚀	流体冲蚀零件表面引起的机械磨损
	电侵蚀	电化学或电离作用引起的机械磨损
	微动磨损	发生在名义上相对静止，实际上存在循环的微幅相对滑动的两个紧密接触的表面上

1. 向心滑动轴承的计算

设计时,一般已知轴颈直径 d、转速 n、轴承承受载荷 F_r。然后按照下列步骤进行计算:

(1)根据工作条件和使用要求,确定轴承的类型和结构形式,并确定轴瓦材料。

(2)确定轴承的工作长度 L。工作长度 L 是一个重要参数,可由长径比 φ 来选定,$\varphi=L/d$。若 φ 值小,轴承窄,润滑油易从轴承两端流失,不易形成油膜;φ 值大,轴承宽,油膜易于形成,承载能力增大,但散热条件不好,又会使轴承温度升高。一般取 $\varphi=0.3\sim1.5$,具体见表 15-4。

表 15-4　不同应用场合长径比 φ 的取值

机器	轴承	φ
汽车及航空活塞发动机	曲柄主轴承	0.75~1.75
	连杆轴承	0.75~1.75
	活塞销	1.5~2.2
柴油机	曲柄主轴承	0.6~2.0
	连杆轴承	0.6~15
	活塞销	1.5~2.0
铁路车辆	轮轴支承	1.8~2.0
汽轮机	主轴承	0.4~1.0
空压机及往复式泵	曲柄主轴承	1.0~2.0
	连杆轴承	1.0~1.25
	活塞销	1.2~1.5
电动机	主轴承	0.6~1.5
机床	主轴承	0.8~1.2
冲剪床	主轴承	1.0~2.0
起重设备	—	1.5~2.0
齿轮减速器	—	1.0~2.0

(3)验算轴承的比压 p。轴承的比压与圆周速度的乘积 pv 值、轴承的圆周速度 v。

①验算轴承的比压 p。限制轴承的比压(即单位投影面积上的压力),以保证润滑油不被过大的压力所挤出,避免轴承工作表面的过度磨损。

$$p=\frac{F_r}{dL}\leqslant[p]$$

②验算轴承的 pv 值。由于 pv 与轴承的摩擦功率损耗成正比,它表征轴承的发热因素。因此,限制 pv 值,以防止轴承温升过高,防止轴承的胶合破坏。

$$pv=\frac{F_r}{dL}\cdot\frac{\pi dn}{60\times1\ 000}\approx\frac{F_r n}{19\ 100L}\leqslant[pv]$$

③验算轴承的圆周速度 v。当平均压力 p 较小时,并不表示局部压力一定小。考虑载荷分

布不均，即使 p 和 pv 都在许用范围内，也可能因圆周速度过大而使局部加剧磨损。故要求

$$v \leqslant [v]$$

式中　F_r——轴承所受的径向载荷，N；

dL——轴颈在垂直于径向力截面上的投影面积，mm^2；

d——轴颈直径，mm；

L——轴颈工作长度，mm；

n——轴颈转速，r/min；

$[p]$——许用比压，MPa，其值见表 15-2；

$[pv]$——许用 pv 值，MPa · m/s，其值见表 15-2；

$[v]$——许用圆周速度，m/s，其值见表 15-2。

④选择轴承配合。滑动轴承所选用的材料及尺寸经验算合格后，应选取恰当的配合，一般可选$\frac{H9}{d9}$、$\frac{H8}{f7}$或$\frac{H7}{f6}$。

2. 推力滑动轴承的计算

设计时，一般已知轴向载荷 F_a、转速 n，然后按照下列步骤进行计算：

(1)根据轴向载荷(见图 15-13)和使用要求，确定轴承结构尺寸和材料。

(2)推力滑动轴承的计算与向心滑动轴承相似，但由于推力滑动轴承的速度一般较低，故不需进行轴承圆周速度的验算，主要进行以下两个方面的条件性验算即可。

①验算轴承的平均压力 p

$$p = \frac{F_a}{A} = \frac{F_a}{z \cdot \pi(d_2^2 - d_1^2)/4} \leqslant [p]$$

②验算轴承的 pv 值

$$pv = \frac{F_a}{z \cdot \pi(d_2^2 - d_1^2)/4} \cdot \frac{\pi n(d_1 + d_2)}{60 \times 1\ 000 \times 2} \approx \frac{F_a n}{30\ 000 z(d_2 - d_1)} \leqslant [pv]$$

式中　F_a——轴承所受的轴向载荷，N；

A——轴颈的承载面积，mm^2；

z——轴环的数目；

d_2——轴承支承面大径，mm；

d_1——轴承支承面小径，mm；

n——轴颈转速，r/min；

$[p]$——许用比压，MPa，其值见表 15-2，由于载荷在各环间分布不均，多环时降低 50%；

$[pv]$——许用 pv 值，MPa · m/s，其值见表 15-2，由于载荷在各环间分布不均，多环时降低 50%。

例 15-1　已知处于边界润滑状态的一个径向滑动轴承，径向外载荷的大小为 4.0 kN，轴颈的转速为 1 000 r/min，工作温度最高为 130 ℃，轴颈允许的最小直径为 70 mm，试设计此轴承。

解：

步骤	计算与说明	主要结果
初取轴颈直径	初取轴颈直径 $d=75$ mm	$d=75$ mm
确定轴承的工作长度 L	设轴承的长径比 $\varphi=L/d=1$，轴承的工作长度 $L=75$ mm	$L=75$ mm
轴承的工作能力校核	轴承的比压 p $p=\frac{F_r}{dL}=\frac{4\ 000}{75\times75}=0.711\ (\text{MPa})$ 轴承的 pv 值 $pv=\frac{F_r}{dL}\cdot\frac{\pi dn}{60\times1\ 000}=\frac{4\ 000}{75\times75}\cdot\frac{\pi\times75\times1\ 000}{60\times1\ 000}$ $=2.79(\text{MPa}\cdot\text{m/s})$ 轴承的圆周速度 v $v=\frac{\pi dn}{60\times1\ 000}=\frac{\pi\times75\times1\ 000}{60\times1\ 000}=3.93\ (\text{m}\cdot\text{s}^{-1})$	$p=0.711$ MPa $pv=2.79$ MPa·m/s $v=3.93$ m/s
选择轴承的材料和牌号	查表 15-2，根据计算的工作参数可选择铝青铜，牌号为 ZCuAl10Fe3。其相应的最大许用值为$[p]=15$ MPa，$[pv]=12$ MPa·m/s，$[v]=4$ m/s	轴承材料为铝青铜，轴承牌号为 ZCuAl10Fe3

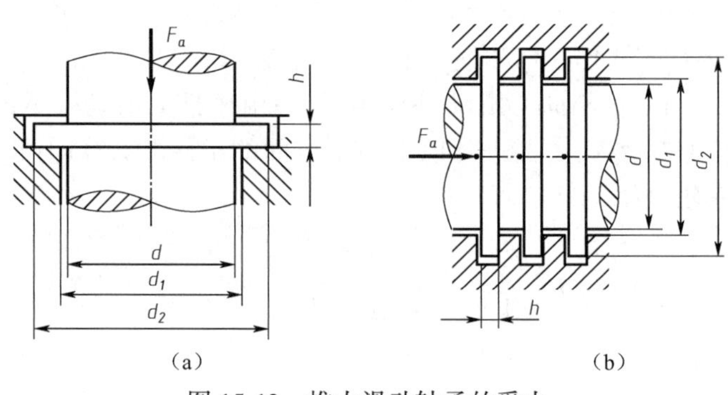

图 15-13　推力滑动轴承的受力

扫一扫

15.3　其他形式的滑动轴承简介

15.3　其他形式的滑动轴承简介

该节内容扫描二维码。

15.4　滚动轴承

滚动轴承摩擦阻力小，运动灵活，润滑维修方便，故应用广泛。滚动轴承是由专业工厂大批量生产的标准产品，设计时可根据载荷性质、大小、转速高低、旋转精度等条件进行选用。

15.4.1　滚动轴承的结构、类型和代号

1. 滚动轴承的结构

如图 15-23 所示，滚动轴承是一个组合标准件（部件），一般是由外圈、内圈、滚动体和保持架组成。内圈装在轴颈上，外圈装在机座或零件的轴承孔内。多数情况下，外圈不转动，内圈

与轴一起转动。在滚动轴承内圈、外圈上都有凹槽滚道，起降低接触应力和限制滚动体轴向移动的作用。当内外圈之间相对旋转时，滚动体在内外滚道上滚动，保持架将滚动体均匀隔开，以减小滚动体之间的碰撞和磨损。

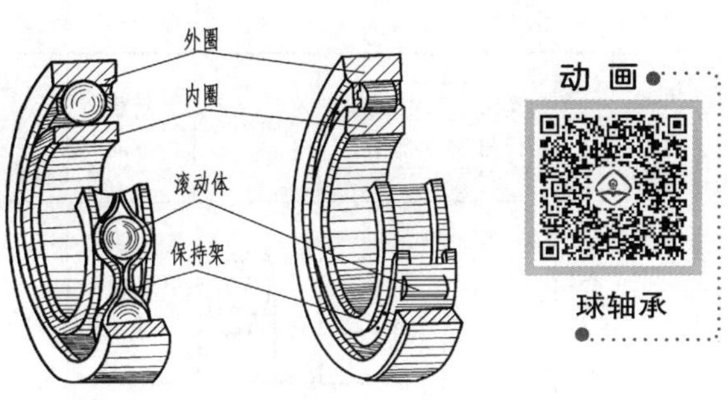

图 15-23　滚动轴承的结构组成

滚动轴承的核心零件为滚动体，滚动体的大小和数量直接影响轴承的承载能力，它是不可少的元件。滚动体的形状分为球和滚子两大类，常见的有：球形、短圆柱滚子、圆锥滚子、鼓形滚子、螺旋长圆柱滚子、滚针，如图 15-24 所示。

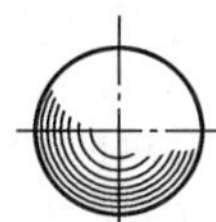
（a）球形
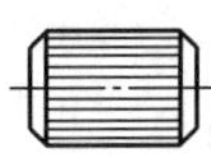
（b）短圆柱滚子
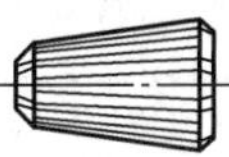
（c）圆锥滚子
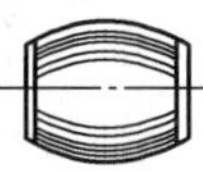
（d）鼓形滚子

（e）螺旋滚子　（f）长圆柱滚子

（g）滚针

图 15-24　常见的滚动体结构类型

滚动轴承的内圈、外圈和滚动体均要求有耐磨性和较高的接触疲劳强度，一般用 GCr9、GCr15、GCr15SiMn 等滚动轴承钢制造，保持架可用低碳钢等制造。

2. 滚动轴承的类型

表 15-7 列出了常用滚动轴承的主要类型、性能和用途。可以看出，不同类型的轴承所能承受的载荷方向是不同的，而滚动轴承的承载方向与接触角 α 的大小有关。滚动轴承的滚动体与外圈滚道接触点（线）处的法线 N—N 与半径方向的夹角 α 称作轴承的接触角。接触角 α 越大，轴承轴向载荷的承载能力也就越大。

表 15-7　常用滚动轴承的主要类型、性能及应用范围

名称	类型代号	特征画法	简图	受载方向	相对承载能力		相对转速	性能特点	适用条件及举例
					径向	轴向			
深沟球轴承	6			F_r F_a F_a	1	0.7	极高	主要承受径向载荷，也可承受一定的轴向载荷。当量摩擦系数最小，允许偏移角 2′～10′	适用于刚性较大的轴，常用于小功率电机、减速机、运输机的托辊、滑轮等
调心球轴承	1			F_r F_a F_a	1	0.2	中	主要承受径向载荷，也可承受较小的轴向载荷，能自动调心，允许偏移角 2°～3°	适用于多支点传动轴、刚性小的轴以及难以对中的轴
圆柱滚子轴承	N			F_r	1.7	0	高	只能承受径向载荷。不限制轴（外壳）的轴向位移，允许偏移角 2′～4′	适用于刚性很大，对中良好的轴。常用于大功率电机、机床主轴、车轮轴承箱、人字齿轮减速机等

续上表

名称	类型代号	特征画法	简图	受载方向	相对承载能力		相对转速	性能特点	适用条件及举例
					径向	轴向			
调心滚子轴承	2			F_r F_a F_a	2.0	0.25	中	主要承受径向载荷。能自动调心，内外圈偏移角不大于2.5°	常用于其他种类轴承不能胜任的重载情况，如轧钢机、大功率减速机、破碎机、吊车车轮等
角接触球轴承	7		α	F_r F_a	1.4	0.7	极高	可同时承受径向及轴向载荷，也可承受纯轴向载荷，一般应成对使用。接触角 α 越大，承受轴向载荷能力越大，允许偏移角2′~10′	适用于刚性较大、跨距不大的轴及需在工作中调整游隙的情况。常用于蜗杆减速机、离心机、电钻、穿孔机等
					1.3	1.5	高		
					1.1	2.0	中		
圆锥滚子轴承	3			F_r	1.9	0.7	中	内外圈可分离，游隙可调。主要承受径向载荷，也可承受较大的轴向载荷，内外圈偏移角不大于2′。应成对使用	适用于刚性较大的轴。应用范围广，如减速机、车轮轴、轧钢机、起重机、机床主轴等
					1.6	1.5			
滚针轴承	NA			F_r F_a F_a	不定	0	低	径向尺寸最小，径向承载能力很大，摩擦系数较大，旋转精度低	适用于径向负荷很大而径向尺寸受限制的地方。如万向联轴节、活塞销、连杆销
推力球轴承	5			F_a	0	1	低	可限制轴（外壳）一个方向的轴向位移，不允许有偏移角	常用于起重机吊钩、锥齿轮轴、蜗杆轴、机床主轴
				F_a F_a	0	1		能承受两个方向的轴向负荷。可限制轴（外壳）两个方向的轴向位移，不允许有偏移角	

注：1. 表示带“（ ）”号的数字在组合代号中省略。

2. 调心轴承中尺寸系列代号为22、23的类型代号“1”在组合代号中可省略。

3. 角接触球轴承滚动体与外圈接触角为15°、25°、40°时，标注时在基本代号后面分别用C、AC、B表示。

4. 游隙是指滚动体和内、外圈之间允许的最大位移量。游隙分轴向游隙和径向游隙。游隙的大小对轴承寿命、噪声、温升等有很大影响，应按使用要求进行游隙的选择或调整。

5. 偏移角是指轴承内、外圈的轴线相对倾斜时所夹的锐角。偏移角大的轴承，内外圈同轴心的调整能力（调心性能）好。

滚动轴承按其接触角 α 的大小，常把它们分为向心轴承、推力轴承和向心推力轴承三种，如图15-25所示。

①向心轴承

如深沟球轴承、圆柱滚子轴承,接触角 $\alpha=0°$,从理论上讲,只能承受径向载荷。但由于制造误差,其中有的类型可以承受不大的轴向载荷。

②推力轴承

如推力球轴承,接触角 $\alpha=90°$,只能承受轴向载荷。推力轴承有两个套圈,分别为轴圈、座圈。轴圈与轴颈相配合也常常称为动圈,座圈与机座相配合也常常称为定圈。

③向心推力轴承

如角接触球轴承、圆锥滚子轴承,接触角 $0<\alpha\leqslant45°$,既能承受径向载荷,又能承受较大的轴向载荷。

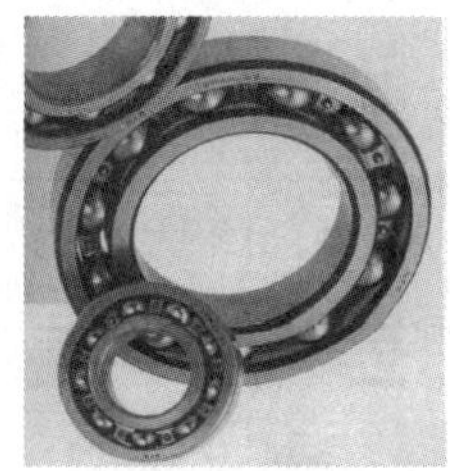

(a)向心轴承

(b)向心推力轴承

(c)推力轴承

图 15-25 滚动轴承

3. 滚动轴承的代号

轴承类型繁多,结构各异,大小不等,精度不同。为便于制造选用,国家标准规定了命名标号,即轴承代号。一组代号代表了唯一的一批结构相同、尺寸相等,可互换使用的轴承。轴承代号几经修订,本书介绍 GB/T 272—2017 制定的轴承代号。它由基本代号、前置代号和后置代号构成,其排列见表 15-8。

表 15-8 滚动轴承代号方法(GB/T 272—2017)

<table>
<tr><td>前置代号</td><td colspan="5">基本代号(滚针轴承除外)</td><td colspan="8">后置代号(组)</td></tr>
<tr><td rowspan="4">成套轴承部件代号</td><td>五</td><td>四</td><td>三</td><td>二</td><td>一</td><td>1</td><td>2</td><td>3</td><td>4</td><td>5</td><td>6</td><td>7</td><td>8</td></tr>
<tr><td colspan="3">组合代号</td><td colspan="2" rowspan="3">内径代号</td><td rowspan="3">内部结构</td><td rowspan="3">密封与防尘套圈类型</td><td rowspan="3">保持架及材料</td><td rowspan="3">轴承材料</td><td rowspan="3">公差等级</td><td rowspan="3">游隙</td><td rowspan="3">配置</td><td rowspan="3">其他</td></tr>
<tr><td rowspan="2">类型代号</td><td colspan="2">尺寸系列代号</td></tr>
<tr><td>宽度系列</td><td>直径系列</td></tr>
</table>

(1)基本代号

基本代号是表示轴承主要特征的基础部分,也是应着重掌握的内容。基本代号共五位,分别表示轴承的基本类型、结构和尺寸。表中类型代号用阿拉伯数字或大写拉丁字母表示,尺寸系列代号和内径代号用数字表示。

对于常用的、结构上没有特殊要求的轴承,轴承代号由类型代号、尺寸系列代号、内径代号组成,并按上述顺序由左向右依次排列。

尺寸系列代号是由两位数字表示的,第一位表示轴承宽度(高度)系列,第二位表示轴承直径系

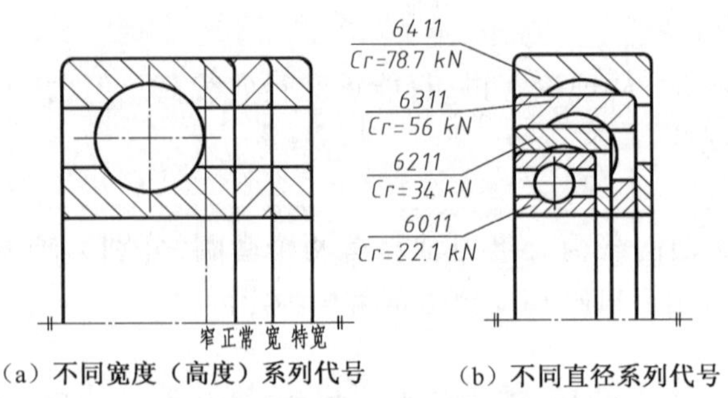

（a）不同宽度（高度）系列代号　（b）不同直径系列代号

图 15-26　不同尺寸系列代号滚动轴承对比

列。轴承宽度(高度)系列代号表示同一内径和外径的轴承可制成不同的宽度(高度)。而宽度对于向心轴承或向心角接触轴承,表示它们沿轴向尺寸的大小,即宽、窄尺寸[见图 15-26(a)]。高度用于推力轴承或推力角接触轴承,表示它们沿轴向尺寸的大小,即高低尺寸。直径系列代号表示同一内径的轴承可制成不同的外径和宽度[见图 15-26(b)]。轴承宽度(高度)系列代号见表 15-9,轴承直径系列代号见表 15-10。

表 15-9　轴承宽度(高度)系列代

轴承类型	向心轴承和角接触轴承 宽度系列代号(宽度→)								推力轴承和推力角接触轴承 高度系列代号(高度→)			
系列名称	特窄	窄	正常	宽	特宽				特低	低	正常	
宽度系列代号	8	0	1	2	3	4	5	6	7	9	1	2

注:窄系列代号“0”,除圆锥滚子轴承外,均可省略。

表 15-10　轴承直径系列代号

轴承类型	向心轴承和角接触轴承							推力轴承和推力角接触轴承					
直径系列代号	8、9	1、7	2	5	3	6	4	9	1	2	3	4	5
系列名称	超轻	特轻	轻	轻宽	中	中宽	重	超轻	特轻	轻	中	重	特重

滚动轴承类型代号和尺寸系列代号两者以组合代号形式打印在轴承端面上。内径代号见表 15-11。

表 15-11　轴承内径代号

轴承公称内径/mm		内径代号	示例
0.6 到 10(非整数)		直接用公称内径毫米数表示,在其与尺寸系列代号之间用“/”分开	深沟球轴承 618/2.5　内径 d=2.5 mm
1 到 9(整数)		直接用公称内径毫米数表示,主要针对深沟球轴承及角接触球轴承 7、8、9 直径系列,内径与尺寸系列代号之间用“/”分开	深沟球轴承 62/5,618/5　内径 d=5 mm
10 到 17	10 12 15 17	00 01 02 03	深沟球轴承 6200　内径 d=10 mm
20 到 480(22,28,32 除外)		用公称内径除以 5 的商数表示,商数为一位数时,需在商数左边加“0”,如 08	调心滚子轴承 23208　内径 d=40 mm
大于或等于 500 以及 22,28,32		直接用公称内径毫米数表示,但在其与尺寸系列代号之间用“/”分开	调心滚子轴承 230/500 内径 d=500 mm 深沟球轴承 62/22 内径 d=22 mm

(2)前置、后置代号

前置、后置代号是轴承在结构形状、尺寸、公差、技术要求等有改变时,在其基本代号左右添加的补充代号。代号及其含义可查阅有关轴承手册。

前置代号用字母来表示轴承的分部件。如用 L 表示可分离轴承的可分离套圈;K 表示轴承的滚动体与保持架组件等。代号及其含义可查阅轴承手册和有关标准。前置代号置于基本代号的左边。一般轴承无须说明时,无前置代号。

后置代号用字母或字母加数字等表示轴承的结构、公差及材料的特殊要求等。后置代号的内容很多,下面介绍几个常用的代号。

①内部结构代号是表示同一类型轴承的不同内部结构,用字母紧跟着基本代号表示。如:接触角为 15°、25°和 40°的角接触球轴承分别用 C、AC 和 B 表示内部结构的不同。

②轴承的公差等级分为 2 级、4 级、5 级、6 级、6X 级和 0 级,共 6 个级别,依次由高级到低级,其代号分别为/P2、/P4、/P5、/P6、/P6X 和/P0。公差等级中, 6X 级仅适用于圆锥滚子轴承; 0 级为普通级,在轴承代号中不标出。

③常用的轴承径向游隙系列分为 1 组、2 组、0 组、3 组、4 组和 5 组,共 6 个组别,径向游隙依次由小到大。0 组游隙是常用的游隙组别,在轴承代号中不标出,其余的游隙组别在轴承代号中分别用/C1、/C2、/C3、/C4、/C5 表示。

后置代号置于基本代号的右边,并与基本代号空半个汉字距,代号中有“-”“/”符号的可紧接在基本代号之后,如公差等级代号(公差等级为 0 级时,省略不标)。后置代号中的公差等级代号见表 15-12。《滚动轴承 通用技术规则》(GB/T 307.3—2017)中规定,向心轴承的公差等级:0、6、5、4、2 五级;圆锥滚子轴承的公差等级:0、6X、5、4、2 五级;推力轴承的公差等级:0、6、5、4 四级。精度依次提高,0 级最低,2 级最高。0 级又被称为普通级。2、4、5、6 级轴承统称高精度轴承。6X 级轴承与 6 级轴承的内径公差、外径公差和径向跳动公差均分别相同,仅前者装配宽度要求较为严格。

表 15-12　轴承公差等级及其代号

代号		/P0	/P6	/P6x	/P5	/P4	/P2
公差	等级	普通级	高级	高级	精密级	精密级	超精级
		0 级	6 级	6x 级	5 级	4 级	2 级
	含义	代号中省略不表示	高于 0 级	高于 0 级(适用于圆锥滚子轴承)	高于 6 级和 6x 级	高于 5 级	高于 4 级
示例		6203	6203/P6	30210/P6X	6203/P5	6203/P4	6203/P2

滚动轴承各级精度的应用大致为:

①0 级(普通级)轴承在机械中应用最广。它主要用于旋转精度要求不高的机构。例如,普通机床中的变速箱和进给箱,汽车、拖拉机的变速箱,普通电机、水泵、压缩机和汽轮机中的旋转机构等。

②6 级(高级),5 级,4 级(精密级)轴承应用于转速较高和旋转精度要求也较高的机械,如机床主轴、精密仪器和机械中使用的轴承。

③2 级(超精级)轴承用于旋转精度和转速很高的机械,如坐标镗床主轴、高精度仪器和各种高精度磨床主轴所用的轴承。

例 15-2 试说明 6310、7206C/P5 和 30216/ P6X 的含义。

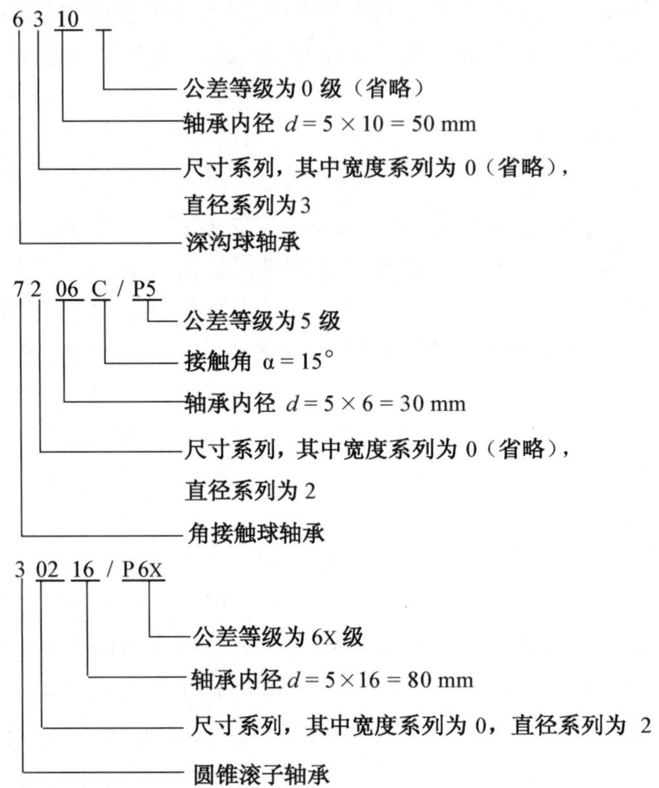

4. 滚动轴承的画法

滚动轴承是由多种零件装配而成的标准部件,并由专业轴承厂进行生产和供应。因此,在一般机械设计时,不必画出其组成零件的零件图,而只需在装配图中画出整个轴承部件。为了简化作图,GB/T 4459.7—2017 中,规定了在装配图中不需要确切地表示其形状和结构的标准滚动轴承的画法:通用画法、特征画法和规定画法。

(1)通用画法

在剖视图中,当不需要确切地表示滚动轴承的外形轮廓、载荷性质、结构特征时,可用矩形线框及位于线框中央正立的十字形符号表示。

(2)特征画法

在剖视图中,如需较形象地表示滚动轴承的结构特征和载荷性质时,可采用在矩形线框内画出其结构要素符号的方法表示。

(3)规定画法

必要时,在滚动轴承的产品图样、产品样本、产品标准、用户手册和使用说明中,可采用规定画法绘制滚动轴承(在装配图中,滚动轴承的保持架及倒角等可省略不画)。规定画法一般绘制在轴的一侧,另一侧按通用画法绘制。表 15-13 给出了深沟球轴承和圆锥滚子轴承的通用画法、规定画法和特征画法。

表 15-13　常用滚动轴承的规定画法和特征画法

轴承名称及代号	结构形式	通用画法	特征画法	规定画法
深沟球轴承 GB/T 276—2013 类型代号 6 主要参数 D、d、B	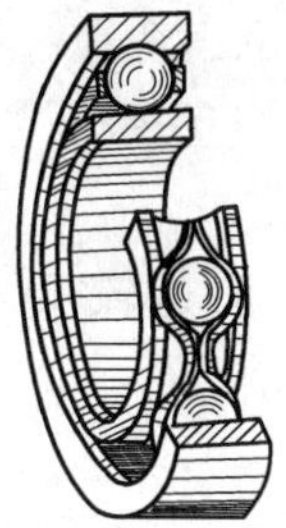		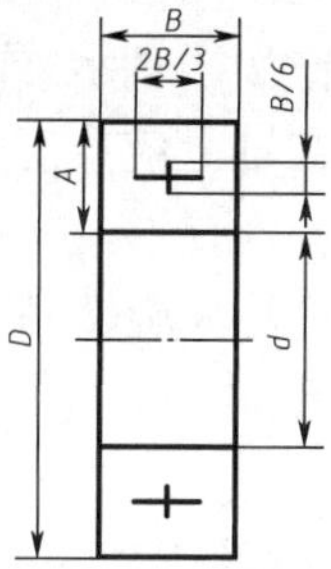	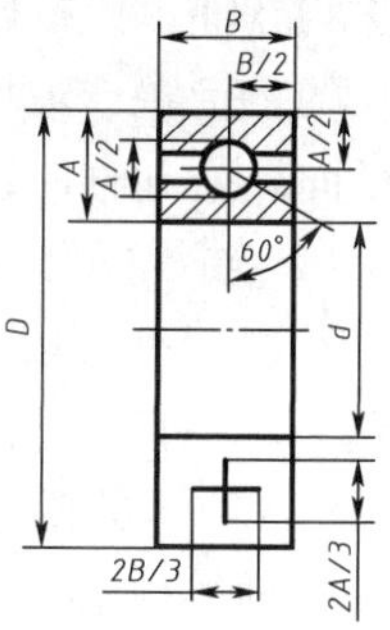
圆锥滚子轴承 GB/T 297—2015 类型代号 3 主要参数 D、d、T	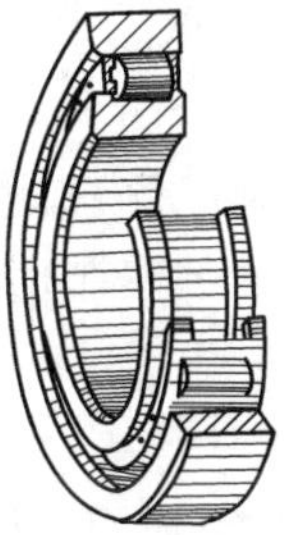	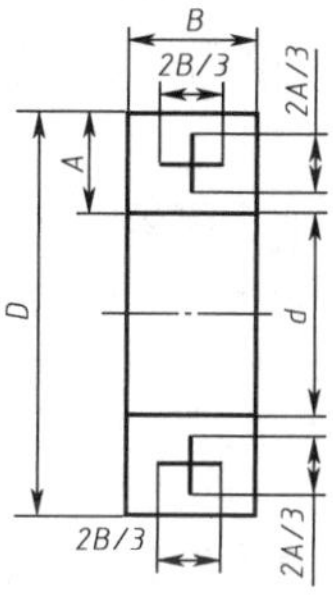	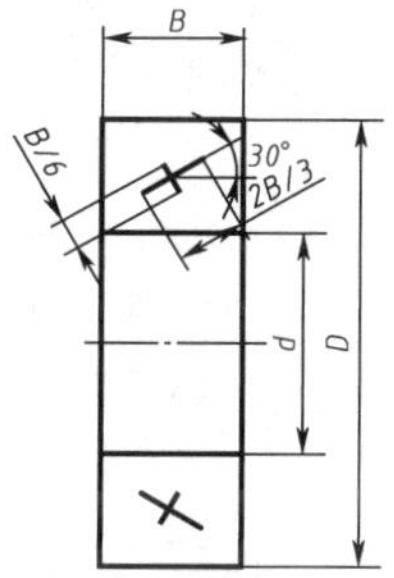	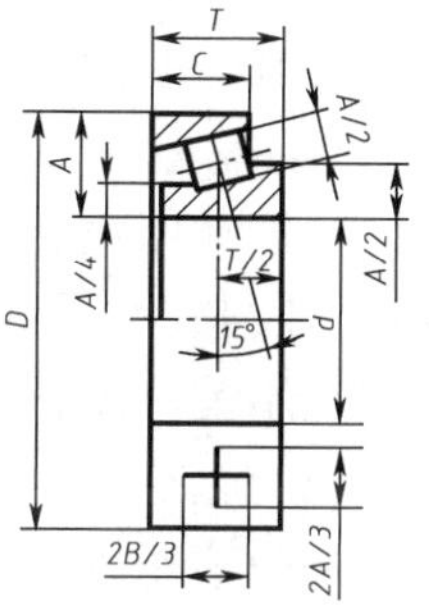
推力球轴承 GB/T 301—2015 类型代号 5 主要参数 D、d、T			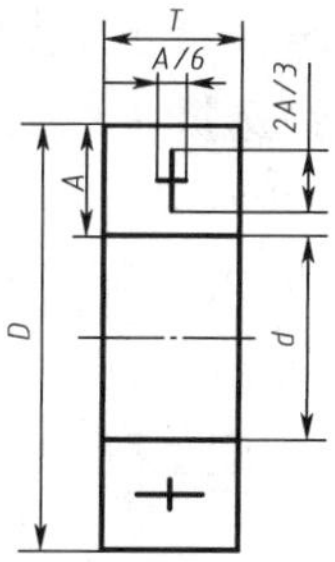	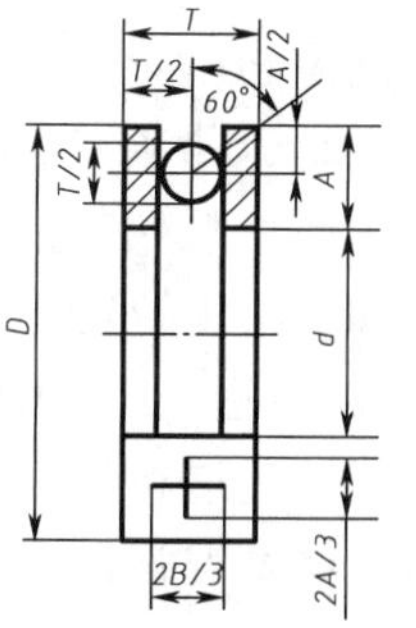

15.4.2　滚动轴承的选用

1. 滚动轴承的类型选择

由于轴承类型很多，在选用时应考虑载荷的大小、方向、转速的高低以及使用要求等，选择轴承类型时，先选择合适的轴承类型，再确定选用轴承的尺寸即选择轴承的型号。正确选择滚动轴承的类型可参考以下因素：

（1）轴承所受的载荷大小、方向

轴承所受的载荷大小、方向是选择轴承类型的主要依据。通常，由于球轴承主要元件间的接触是点接触，承载能力低，抗冲击能力差，适用于在中小载荷及载荷波动较小的场合工作；滚子轴承主要元件间的接触是线接触，承载能力高，抗冲击能力强，适用于承受较大的载荷。

若轴承承受纯轴向载荷，一般选用推力轴承。若轴承承受纯径向载荷，一般选用深沟球轴承、圆柱滚子轴承或滚针轴承。当轴承在承受径向载荷的同时，还承受不大的轴向载荷时，可选用深沟球轴承或接触角不大的角接触球轴承或圆锥滚子轴承；当轴向载荷较大时，可选用接触角较大的角接触球轴承或圆锥滚子轴承，或者选用向心轴承和推力轴承组合在一起的结构，分别承担径向载荷和轴向载荷。在轴上应成对安装，以便使派生的轴向力相互平衡。

(2)轴承的转速

转速较高，载荷较小或要求旋转精度较高时，宜选用球轴承。转速较低，载荷较大或有冲击载荷时，宜选用滚子轴承。

(3)轴承的调心性能

当轴的中心线与轴承座的中心线不重合而有角度误差，或因轴受力弯曲或倾斜时，会造成轴承的内、外圈轴线发生偏斜。这时，应采用有一定调心性能的调心球轴承或调心滚子轴承。对于支点跨距大，轴的弯曲变形大或多支点轴，也可考虑选用调心轴承。

(4)轴承的安装和拆卸

当轴承座没有剖分面而必须沿轴向安装和拆卸轴承部件时，应优先选用内外圈可分离的轴承，如圆柱滚子轴承、滚针轴承、圆锥滚子轴承等。当轴承在长轴上安装时，为了便于装拆，可以选用其内圈孔为圆锥孔的轴承。

(5)经济性要求

一般滚子轴承比球轴承价格高，深沟球轴承价格最低，常被优先选用。轴承精度越高，价格越高。若无特殊要求，轴承的公差等级一般选用普通级。同一型号、不同精度的轴承的比价大概为 P0 : P6 : P5 : P4≈1 : 1.5 : 2 : 6。

2. 尺寸系列、内径等的选择

尺寸系列包括直径系列和宽(高)系列。选择轴承的尺寸系列时，主要考虑轴承受载大小，此外，也要考虑结构的要求。就直径系列而言，载荷很小时，一般可以选择超轻或特轻系列；载荷很大时，可考虑选择重系列；一般情况下，可先选用轻系列或中系列，待校核后再根据具体情况进行调整。对于宽度系列，一般情况下可选用窄系列，若结构上有特殊要求时，可根据具体情况选用其他系列。

轴承内径大小的确定是在轴的结构设计中完成的。

15.4.3 滚动轴承的受力分析和失效形式

1. 滚动轴承的受力分析

以深沟球轴承为例，假设轴承只受径向载荷 F_r，轴承工作时内、外圈不变形，滚动体的变形在弹性范围内。考虑图 15-27 所示的情况，此时只有下半圈滚动体承载，且不同位置的滚动体承载不同，F_r 正下方的滚动体的变形最大，承受的载荷最大，向两边变形逐渐减小，相应地载荷逐渐减小。

因此处于不同位置的滚动体与内、外圈之间的接触应力也是变化的。滚动轴承工作时内、外圈相对转动，滚动体既绕轴承中心公转，又自转，滚动体上某点接触应力的变化如图 15-28(a)所示。轴承转动圈上某一点的接触应力变化与图 15-28(a)相似，而固定圈上某一点的接触应力变化如图 15-28(b)所示。

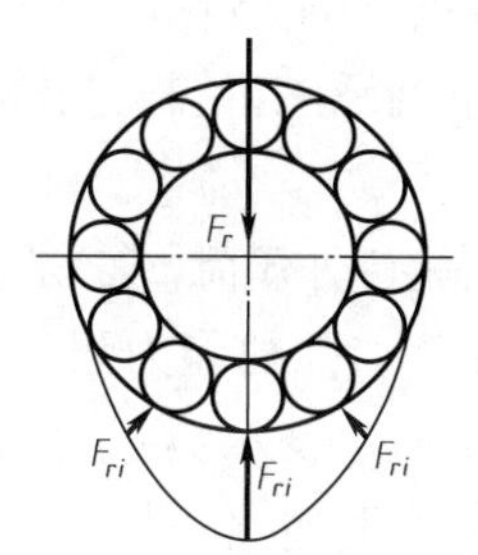

图 15-27　轴承的受力分析

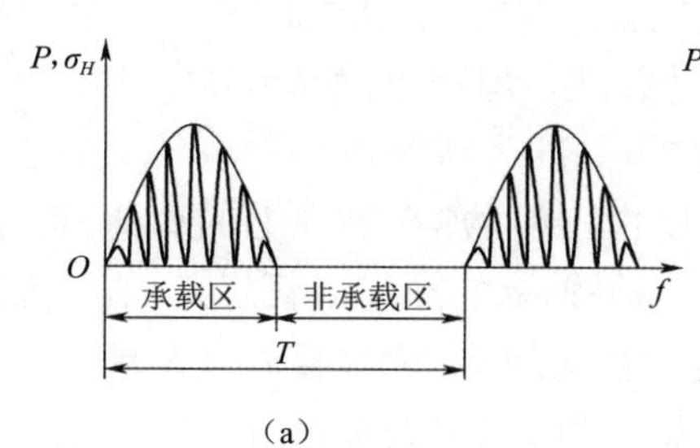

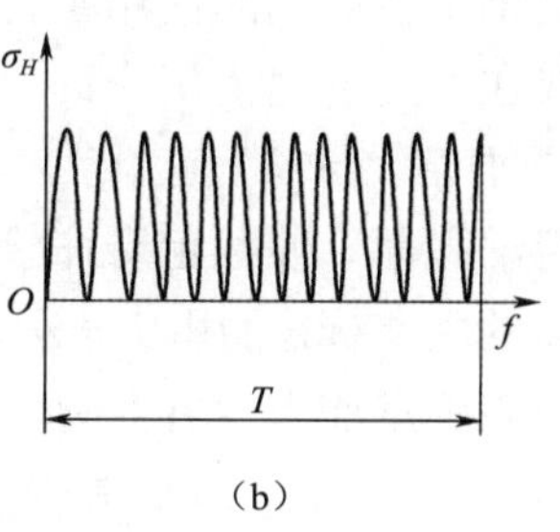

图 15-28　轴承元件的载荷、应力分布

图 15-28(a)

图 15-28(b)

2. 滚动轴承的失效形式

滚动轴承的主要失效形式有疲劳点蚀、塑性变形、磨损、破裂等。

①疲劳点蚀。在载荷的作用下,滚动轴承各滚动体受力不同。由于外圈和滚动体之间的相对移动,即使外载不变,内外圈与滚动体上各点所受的接触应力也是变化的,在接触变应力的作用下,内外滚道或滚动体表面会出现疲劳点蚀。

②塑性变形。当轴承转速很低或作间歇摆动时,一般不会发生疲劳破坏。但在较大的静载荷或冲击载荷作用下,滚动体和滚道的接触处局部应力可能超过材料的屈服极限,以致在接触处出现较大的塑性变形,这将加大轴承工作时的振动和噪声,大大降低轴承的运转精度。导致轴承失效。塑性变形一般是滚动轴承在低速转动($n \leqslant 10$ r/min)、摆动或工作时间较短时的失效形式。

③其他失效形式。密封不良时会因为润滑油不洁造成滚动体和滚道的过渡磨损,润滑油不足时会使轴承烧伤,安装、维护不当会造成滚动体破裂等失效形式。

3. 设计计算准则

当选择滚动轴承类型后就要确定其轴承尺寸,为此需要针对轴承的主要失效形式进行计算。其计算准则为:

(1)对于一般转速的轴承(10 r/min$<n<n_{\lim}$),如果轴承的制造、保管、使用等条件均良好时,轴承的主要失效形式为疲劳点蚀,因此应以疲劳强度计算为依据进行轴承的寿命计算。

(2)对于高速轴承,除疲劳点蚀外,其各元件的接触表面的过热也是重要的失效形式,因此除需进行寿命计算外,还应校验其极限转速 $n_{\lim}$。

(3)对于低速转速($n<1$ r/min),可近似认为轴承各元件是在静应力作用下工作的,其失效形式为塑性变形,应进行以不发生塑性变形为准则的静强度计算。

另外,为保证轴承工作时不发生其他形式的失效,设计时应保证轴承安装、润滑、密封良好。

15.4.4　滚动轴承的承载能力计算

1. 滚动轴承的寿命计算

(1)基本概念

①额定寿命。从轴承在一定载荷下开始工作,到其中的任一滚动体、内圈或外圈出现疲劳点蚀时所转过的总转数或在一定转速下工作的总小时数,称为轴承的寿命,它实际上是单个轴承的寿命。但同一批轴承中各个轴承的寿命相差很大,所以提出并规定了额定寿命的概念,即

一批同样的轴承在相同的使用条件下运转,以其中 90% 的轴承不发生疲劳点蚀破坏时,所经历的转数或在一定转速下工作的小时数,称为轴承的额定寿命。对于单个轴承来说,额定寿命意味着在这种寿命要求下正常工作的可靠度为 90%。

②额定动载荷。使额定寿命恰为 10^6 转时加在轴承上的载荷,称作额定动载荷。它是轴承承载能力的主要标志,用 C 表示。如果轴承的额定动载荷大,则其抗疲劳点蚀的能力强。

对于向心轴承而言,指的是恒定的径向载荷,称为径向额定动载荷,用 C_r 表示;对于推力轴承,指的是恒定的中心轴向载荷,称为轴向额定动载荷,用 C_a 表示。各种类型、各种型号轴承的额定动载荷值可由《机械设计手册》中查到。

③当量动载荷。当量动载荷是考虑径向力、轴向力等复合作用下的一个假想载荷,在此载荷作用下,轴承的寿命与实际复合载荷作用下的寿命相当,用 P 表示。

(2)基本计算公式

$$L=\left(\frac{C}{P}\right)^{\varepsilon} \quad (10^6\text{ 转})$$

若用小时(h)表示轴承额定寿命,则

$$L_h=\frac{10^6}{60n}\left(\frac{C}{P}\right)^{\varepsilon}$$

式中 C——额定动载荷,N;

P——当量动载荷,N;

n——轴承的转速,r/min;

ε——寿命指数,对于球轴轴承 $\varepsilon=3$,对于滚子轴承 $\varepsilon=10/3$。

(3)当量动载荷计算

根据当量动载荷的定义,对于只能受纯径向载荷的向心轴承,当量动载荷等于实际径向载荷,即$P=F_r$;对于只能承受轴向载荷的推力轴承,当量动载荷等于实际轴向载荷,即 $P=F_a$;对于那些能同时承受径向和轴向载荷的轴承,如深沟球轴承、角接触球轴承等,当量动载荷的计算式为

$$P=XF_r+YF_a$$

考虑到机械在工作中由于冲击、振动、过载等对轴承的影响,应引入载荷系数,故实际计算当量动载荷的公式为

$$P=f_P F_r$$

$$P=f_P F_a$$

$$P=f_P(XF_r+YF_a)$$

式中 F_r——轴承所承受的径向载荷;

F_a——轴承所承受的轴向载荷;

f_P——载荷系数,由表 15-14 查得;

X、Y——分别为径向和轴向载荷转换系数,由表 15-16 查得;

n——轴承的转速,r/min;

ε——寿命指数,对于球轴轴承 $\varepsilon=3$,对于滚子轴承 $\varepsilon=10/3$。

表 15-14　载荷系数 f_P

载荷性质	举　例	f_P
平稳运转、轻微冲击	电机、空调器、汽轮机、通风机、水泵	1.0~1.2
中等冲击	机床、车辆、起重机、冶金设备、内燃机	1.2~1.8
强烈冲击、振动	破碎机、轧钢机、石油钻机、振动筛	1.8~3.0

当轴承的工作温度高于 120 ℃时，会降低轴承的寿命，故计算还应引入温度修正系数见表 15-15，此时轴承寿命计算公式为

$$L_h = \frac{10^6}{60n}\left(\frac{f_T C}{P}\right)^{\varepsilon}$$

表 15-15　温度修正系数 f_T

轴承工作温度/℃	≤120	125	150	175	200	225	250	300
f_T	1	0.95	0.9	0.85	0.8	0.75	0.7	0.6

表 15-16　向心类轴承的径向载荷转换系数 X 和轴向载荷转换系数 Y

轴承型式		$\frac{iF_a}{C_0}$	e	单列轴承				双列轴承（或成对安装单列轴承）			
				$F_a/Fv_r \leqslant e$		$F_a/F_r \geqslant e$		$F_a/F_r \leqslant e$		$F_a/F_r \geqslant e$	
名称	代号			X	Y	X	Y	X	Y	X	Y
深沟球轴承	6000	0.014	0.19				2.30				2.30
		0.028	0.22				1.99				1.99
		0.056	0.26				1.71				1.71
		0.084	0.28				1.55				1.55
		0.11	0.30	1	0	0.56	1.45	1	0	0.56	1.45
		0.17	0.34				1.31				1.31
		0.28	0.38				1.15				1.15
		0.42	0.42				1.04				1.04
		0.56	0.44				1.00				1.00
角接触球轴承	$\alpha=15°$ 7000 C	0.015	0.38				1.47		1.65		2.39
		0.029	0.40				1.40		1.57		2.28
		0.058	0.43				1.30		1.46		2.11
		0.087	0.46				1.23		1.38		2.0
		0.12	0.47	1	0	0.44	1.19	1	1.34	0.72	1.93
		0.17	0.50				1.12		1.26		1.82
		0.29	0.55				1.02		1.14		1.66
		0.44	0.56				1.00		1.12		1.63
		0.58	0.56				1.00		1.12		1.63
	$\alpha=25°$ 7000AC	—	0.68	1	0	0.41	0.87	1	0.92	0.67	1.41
	$\alpha=40°$ 7000B	—	1.14	1	0	0.35	0.57	1	0.55	0.57	0.93
圆锥滚子轴承	30000	—	$1.5\tan\alpha$	1	0	0.4	$0.4\cot\alpha$	1	$0.45\cot\alpha$	0.67	$0.67\cot\alpha$

注：1. i 为滚动体列数，C_0 为额定静载荷，可由轴承手册查得。

2. e 称为判断系数，$F_a/F_r \leqslant e$ 表明轴向载荷 F_a 较小，对深沟球轴承、角接触球轴承和圆锥滚子轴承而言 F_a 可以忽略不计，故表中 $X=1, Y=0$。

3. 所有 α 值均可由轴承手册查得。

4. 推力角接触轴承的 X 和 Y 值参阅轴承手册。

选择轴承时，应合理地提出对轴承疲劳寿命的要求。要求寿命过长，则所选轴承尺寸过

大,使机械笨重,不经济;要求寿命过短,则需要经常拆换轴承,影响机械使用的效率。通常取机器的中修或大修期作为轴承的预期寿命 L_h',常用机械中轴承 L_h' 可参考表 15-17。如果当量动载荷 P 和转速 n 均已知,则可按预期的设计寿命 L_h' 计算所需轴承的基本额定动载荷 C'

$$C'=\frac{P}{f_T}\sqrt[\varepsilon]{\frac{60nL_h'}{10^6}}=\frac{P}{f_T}\sqrt[\varepsilon]{\frac{nL_h'}{16\ 670}}$$

按上式计算出的 C' 值在设计手册中选用所需的轴承型号,选轴承时应使 $C \geqslant C'$。

表 15-17 轴承预期寿命 L_h' 的参考值

使用场合		举例	L_h'/h
不经常使用的机器和设备		汽车方向指示器;阀门、门窗等开闭装置	300~3 000
间断使用的机械	中断使用不引起严重后果	手动机械、农业机械、自动送料装置等	3 000~8 000
	中断使用会引起严重后果	发电站辅助设备、带式输送机、升降机、吊车等	8 000~12 000
每天 8 小时工作的机械	不经常满载工作的机械	一般齿轮装置、电动机、起重机等	12 000~20 000
	满载工作的机械	机床、印刷机械、工业机械、木材加工机械等	20 000~30 000
24 小时连续工作的机械	正常使用	空气压缩机、纺织机械、水泵、矿山升降机等	40 000~60 000
	中断使用会引起严重后果	发电站主电动机、给排水装置、船舶螺旋桨轴等	>100 000

2. 向心类角接触轴承轴向载荷的计算

(1)向心类角接触轴承的派生轴向力

如图 15-29 所示,这类轴承的结构特点是接触角 $\alpha \neq 0°$,因此当它承受径向载荷时,承载区内每一个滚动体的法向力 F_{ni} 可分解成径向力 F_{ri} 和轴向力 F_{si}。各滚动体轴向分力之和 F_s($F_s=\sum F_{si}$)将使轴承外圈与内圈沿轴向有分离的趋势,故这类轴承必须成对使用反向安装。

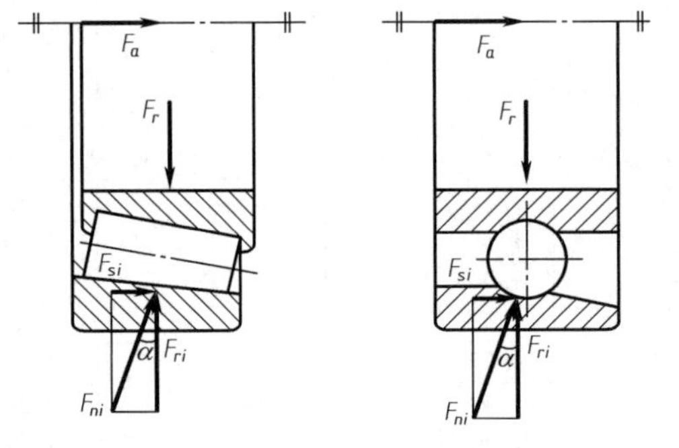

图 15-29 派生轴向力

F_s 是轴承承受径向载荷时产生的轴向力,称为派生轴向力。在计算这类轴承的轴向载荷时,必须将派生轴向力考虑进去。其大小按表 15-18 中的公式求得,方向(对轴而言)沿轴向由轴承外圈的宽边指向窄边。

表 15-18 向心类角接触球轴承派生轴向力 F_s 的计算式

轴承类型	单列角接触球轴承			单列圆锥滚子轴承
	7000C 型 $\alpha=15°$	7000AC 型 $\alpha=25°$	7000B 型 $\alpha=40°$	30000 型
F_s	$F_s=e\cdot F_r$	$F_s=0.68F_r$	$F_s=1.14F_r$	$F_s=F_r/(2Y)$

注:1. 7000C 型轴承的 $e=0.38\sim0.56$,它随 iF_a/C_0 而变,初选轴承时可近似取 $e\approx0.47$。

2. 30000 型圆锥滚子轴承 $F_r/(2Y)$ 中的 Y 是 $F_a/F_r \geqslant e$ 时的轴向系数。

(2)向心类角接触轴承的安装方式

由于向心类角接触轴承会产生附加的派生轴向力,所以应该成对使用。根据安装、调整以及使用场合的不同,可以有以下两种不同的安装方式:

①正装("面对面"安装)。两角接触球轴承或圆锥滚子轴承的外圈窄端面相对,此时轴承

的压力中心距离 $\overline{O_1O_2}$ 小于两个轴承的中心跨距，如图 15-30(a)和图 15-30(c)所示。该方式的轴系结构简单，装拆、调整方便[见图 15-31(a)]。但轴的受热伸长会减小轴承的轴向游隙，甚至会卡死。

②反装（“背靠背”安装）。两角接触球轴承或圆锥滚子轴承的外圈宽端面相对，此时轴承的压力中心距离 $\overline{O_1O_2}$ 大于两个轴承的中心跨距，如图 15-30(b)和图 15-30(d)所示。显然，此时轴的热膨胀会增大轴承的轴向游隙。另外，反装的结构复杂，装拆、调整不便[见图 15-31(b)]。

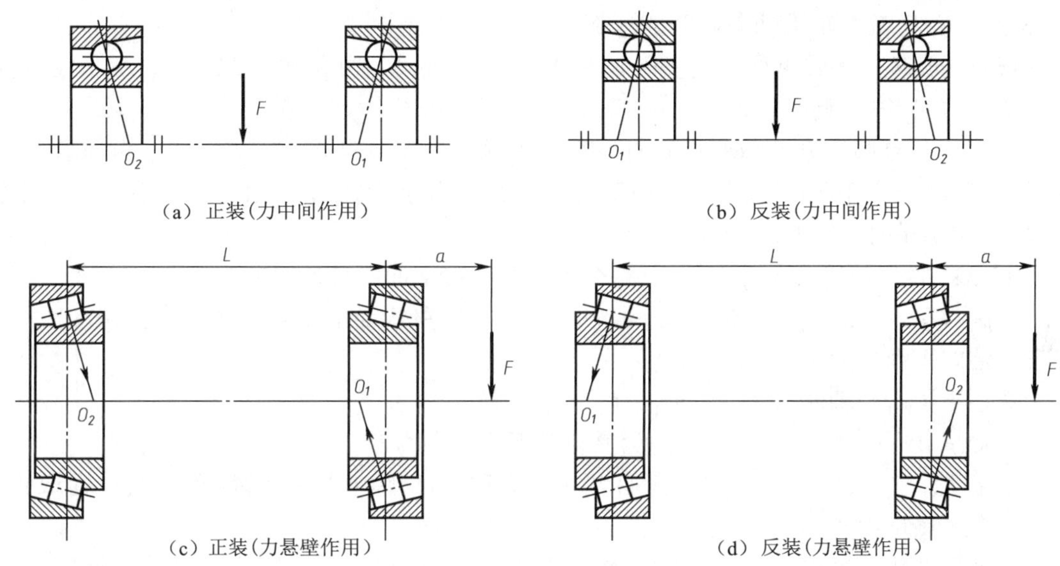

图 15-30　向心类角接触轴承载荷的分布

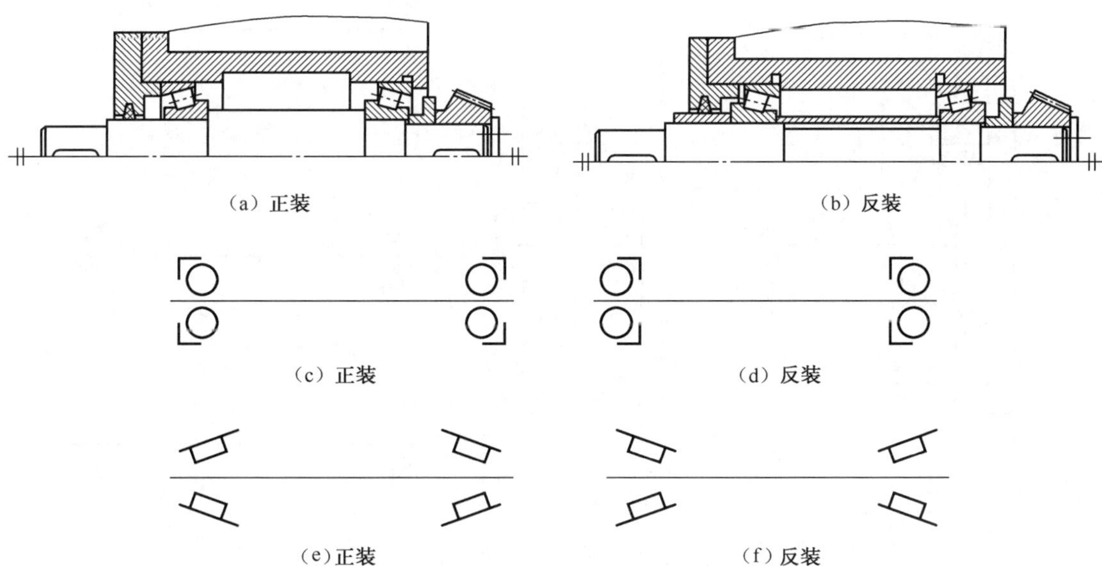

图 15-31　各类轴承安装方式的简化示意图

当传动零件悬臂安装时,反装的轴系刚度比正装的刚度高,这是因为反装的轴承压力中心距离较大,使得轴承的反力、变形以及轴的最大弯矩和变形均小于正装[见图 15-30(c)和图 15-30(d)]。

当传动零件介于两轴承中间时,正装使轴承压力中心距离减小,从而有助于提高轴的刚度,反装则恰恰相反[见图 15-30(a)和图 15-30(b)]。

为了方便分析,经常将轴系的正装或反装绘成简化示意图。图 15-31(a)和图 15-31(b)为圆锥滚子轴承的简化示意图。

(3)向心类角接触轴承轴向载荷的计算

计算向心类角接触轴承所受的实际轴向载荷时,除要考虑外加轴向载荷 F_A 以外,还应考虑派生轴向力 F_s 的影响。

图 15-32(a)是圆锥滚子轴承常见的"正装(大端相对)"安装形式。$F_{r\mathrm{I}}$、$F_{r\mathrm{II}}$ 为轴承Ⅰ、Ⅱ承受径向载荷后分别作用于轴上的径向反力;$F_{s\mathrm{I}}$、$F_{s\mathrm{II}}$ 分别为轴承Ⅰ、Ⅱ作用于轴上的派生轴向力;F_A 为作用在轴上的轴向外载荷。

图 15-32(b)是轴的轴向受力简图,每个轴承受力按下面两种情况分析:

① 如果 $F_A+F_{s\mathrm{II}}>F_{s\mathrm{I}}$[见图 15-32(c)],则轴左移,左端轴承Ⅰ被压紧(称紧端),轴承Ⅰ上必有一轴向平衡反力 $F'_{s\mathrm{I}}$,故

紧端轴承Ⅰ所受轴向力 $F_{a\mathrm{I}}=F_A+F_{s\mathrm{II}}=F_{s\mathrm{I}}+F'_{s\mathrm{I}}$

松端轴承Ⅱ所受轴向力 $F_{a\mathrm{II}}=F_{s\mathrm{II}}$ 为其自身派生轴向力。

②如果 $F_A+F_{s\mathrm{II}}<F_{s\mathrm{I}}$[见图 15-32(d)],则轴右移,右端轴承Ⅱ被压紧(称紧端),轴承Ⅱ上必有一轴向平衡反力 $F'_{s\mathrm{II}}$,故

紧端轴承Ⅱ所受轴向力 $F_{a\mathrm{II}}=F_{s\mathrm{II}}+F'_{s\mathrm{II}}=F_{s\mathrm{I}}-F_A$

松端轴承Ⅰ所受轴向力 $F_{a\mathrm{I}}=F_{s\mathrm{I}}$ 为其自身派生轴向力。

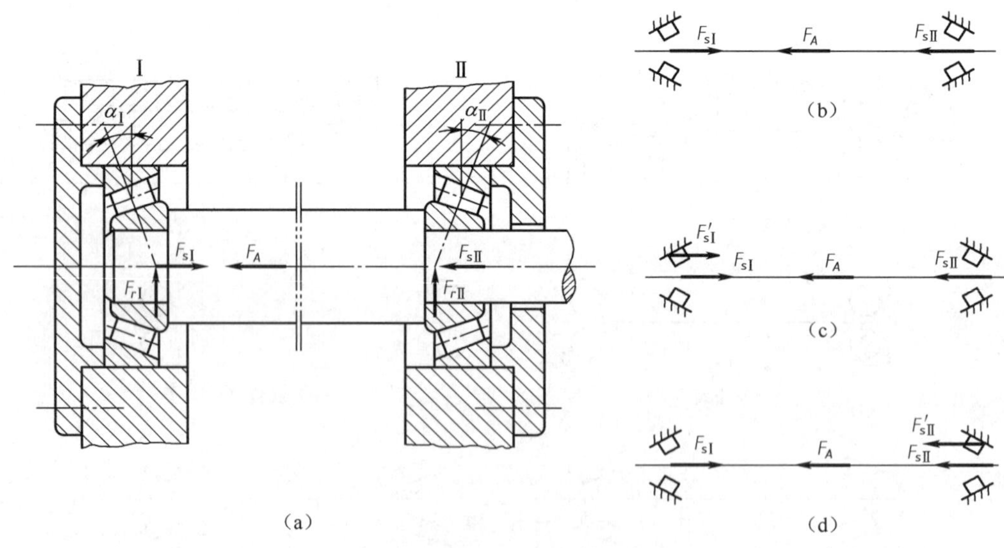

图 15-32 轴的轴向受力简图

故可得如下结论:松端轴承所受轴向力为其自身的派生轴向力,紧端轴承所受轴向力为松端派

生轴向力和轴向外载荷之代数和。

以上方法也适用于一对轴承“背靠背”安装的情况。

3. 滚动轴承的静载荷计算

对于瞬间受冲击载荷的轴承，或缓慢摆动、转速极低（$n\leqslant 10$ r/min）、偶尔工作的滚动轴承，其主要的失效形式是滚动体与内、外圈滚道接触处产生过大的塑性变形（凹坑），这时应按静载荷承载能力选择轴承型号。

①基本额定静载荷

使受载最大的滚动体与较弱的座圈滚道接触处产生的塑性变形量之和是滚动体直径的万分之一时的载荷，称为基本额定静载荷，用 C_0 表示。

②当量静载荷

与当量动载荷相仿为一假想载荷，在这个载荷作用下，滚动轴承的塑性变形量与实际复合载荷作用下的塑性变形量相同，用 P_0 表示。

对于只能承受径向力的向心轴承，P_0 就等于实际径向载荷 F_r；对于只能承受轴向力的推力轴承，P_0 等于实际轴向载荷 F_a；对于能同时受径向和轴向载荷作用的轴承，P_0 按下式计算

$$P_0=X_0F_r+Y_0F_a$$

式中　X_0、Y_0——当量静载荷计算时的径向系数和轴向系数，其值见表 15-19。

$$C_0\geqslant S_0P_0$$

式中　C_0——所选用轴承的基本额定静载荷，N；

S_0——静强度安全系数，对运转精度及摩擦力矩的大小要求不高时，允许有较大的塑性变形，这时可取 $S_0<1$，反之 $S_0>1$，其值见表 15-20；

P_0——轴承所受的当量静载荷，N。

表 15-19　静强度时的径向载荷系数 X_0 和轴向载荷系数 Y_0

轴承类型	代号	单列		双列	
		X_0	Y_0	X_0	Y_0
深沟球轴承	6000	0.6	0.5	0.6	0.5
角接触球轴承	7000C	0.5	0.46	1	0.92
	7000AC	0.5	0.38	1	0.76
	7000B	0.5	0.26	1	0.52
圆锥滚子轴承	30000	0.5	$0.22\cot\alpha$	1	$0.44\cot\alpha$

注：表中 α 具体数值可按轴承型号由轴承手册查出。

表 15-20　安全系数 S_0 值

使用要求或载荷性质	S_0	
	球轴承	滚子轴承
对旋转精度和平稳性要求较高，或承受强大冲击载荷	1.5~2	2.5~4
正常使用条件	0.5~2	1~3.5
对旋转精度和平稳性要求较低，或基本没有冲击和振动	0.5~2	1~3

4. 不同可靠度时滚动轴承寿命的计算

滚动轴承样本中所列的基本额定动载荷是在不破坏的概率(即可靠度)为90%时的数据。但在实际应用中,由于使用轴承的各类机械的要求不同,对轴承可靠度的要求也随之变化。为了把样本中的基本额定动载荷值用于可靠度要求不等于90%的情况,需引入寿命修正系数 a_1,于是修正额定寿命为

$$L_n = a_1 L_h = \frac{10^6 a_1}{60n}\left(\frac{C}{P}\right)^{\varepsilon}$$

式中 L_n——可靠度为(100−n)%(破坏概率为 n%)时的寿命,即修正额定寿命,单位为 h;

a_1——可靠度不为90%时的寿命修正系数,其值见表15-21。

表 15-21 可靠度不为90%时的寿命修正系数 a_1(GB/T 6391—2010)

可靠度/%	90	95	96	97	98	99
L_n	L_{10}	L_5	L_4	L_3	L_2	L_1
a_1	1	0. 62	0. 53	0. 44	0. 33	0. 21

当给定可靠度以及在该可靠度下的寿命为 L_n(单位为h)时,可利用下列公式计算所需的基本额定动载荷 C

$$C = P\sqrt[\varepsilon]{\frac{60nL_n}{10^6 a_1}}$$

例 15-2 在平稳载荷下工作的6211轴承,转速 n=860 r/min,它承受的名义径向载荷 F_r=2 400 N,轴向载荷 F_a=1 200 N,试计算该轴承的寿命是多少?

解

步骤	计算与说明	主要结果
确定 C、P 值	查阅手册知6211轴承 C=43 200 N;C_0=43 200 N 根据 F_a/C_0=1 200/29 200=0. 041,由表15-16查得 $e\approx$0. 24 根据 F_a/F_r=12 00/2 400=0. 5>e,由表15-16查得 X=0. 56,$Y\approx$1. 8 由表15-14查得 f_P=1. 2,所以 $P=f_P(XF_r+YF_a)$= 1. 2×(0. 56×2 400+1. 8×1 200)= 4 204. 8(N)	P=4 204. 8 N
计算轴承寿命	$L_h=\frac{10^6}{60n}\left(\frac{C}{P}\right)^{\varepsilon}=\frac{10^6}{60\times860}\times\left(\frac{43\ 200}{4\ 204.8}\right)^3$=21 016(h)	L_h=21 016 h

例 15-3 某减速器低速轴[见图15-33(a)]的转速 n=114. 06 r/min,传动中有轻微冲击,轴上装有斜齿轮。经计算该轴受力情况如图15-33(b)所示,F_t=10 916 N,F_r=4 025. 43 N,F_x=1 777. 53 N,支点 A、B 处之轴颈 ϕ80 mm,试为此轴颈处选择适当的轴承。

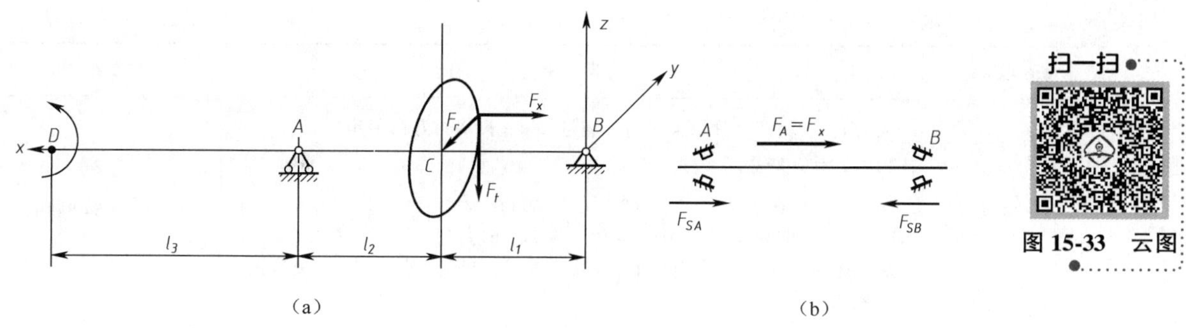

图 15-33　受力示意图

解

步骤	计算与说明	主要结果
初选轴承型号	由于此轴转速较低，支点处既受径向载荷，又受轴向载荷，故拟采用单列圆锥滚子轴承(30000 型)。已知轴颈为 $\phi 80$ mm，故初选 30 216 轴承。由手册查得轴承：$C=160\ 000$ N，$C_0=212\ 000$ N，$e=0.42$，轴向载荷系数 $Y=1.4$，$Y_0=0.8$，接触角 $\alpha=15°38'32''$	初选轴承型号为 30216
求支点 A、B 处的支反力 计算 A、B 处轴承所受的径向载荷	计算可知： $R_{AY}=-620.71$ N，$R_{AZ}=5\ 458$ N，$R_{BY}=-620.71$ N，$R_{BZ}=5\ 458$ N A 处径向载荷：$F_{rA}=\sqrt{R_{AY}^2+R_{AZ}^2}$ $=\sqrt{(-620.71)^2+5\ 458^2}$ $=5\ 493.18(\text{N})$ B 处径向载荷：$F_{rB}=\sqrt{R_{BY}^2+R_{BZ}^2}=\sqrt{4\ 646.14^2+5\ 458^2}$ $=7\ 167.73(\text{N})$	$F_{rA}=5\ 493.18$ N $F_{rB}=7\ 167.73$ N
计算轴承内部派生轴向力	$F_{SA}=\dfrac{F_{rA}}{2Y}=\dfrac{5\ 493.18}{2\times1.4}=1\ 961.85(\text{N})$ $F_{SB}=\dfrac{F_{rB}}{2Y}=\dfrac{7\ 167.73}{2\times1.4}=2\ 559.9(\text{N})$	$F_{SA}=1\ 961.85$ N $F_{SB}=2\ 559.9$ N
计算轴承的轴向载荷	由图 15-33(b)得 $F_{SA}+F_A=(1\ 961.85+1\ 777.53)=3\ 739.38(\text{N})>F_{SB}$ 故轴承 B 所受的总轴向力为 $\sum F_{aB}=F_{SA}+F_A=3\ 739.38(\text{N})$ 故轴承 A 所受的总轴向力为 $\sum F_{aA}=F_{SA}=1\ 961.85(\text{N})$	$\sum F_{aB}=3\ 739.38$N $\sum F_{aA}=1\ 961.85$N
计算当量动载荷	由表 15-14 查出载荷系数 $f_P=1.0\sim1.2$，取 $f_P=1.2$ 因为 $F_{aA}/F_{rA}=1\ 961.85/5\ 493.18=0.36<e=0.42$ 由表 15-16 查得 $X=1$，$Y=0$ 故轴承 A 的当量动载荷为 $P_A=f_P\cdot F_{rA}=1.2\times5\ 493.18$ $=6\ 591.82(\text{N})$ 因为 $F_{aB}/F_{rB}=3\ 739.38/7167.73=0.52>e=0.42$ 由表 15-16 查得 $X=0.4$，$Y\approx1.4$ 故轴承 B 的当量动载荷为 $P_B=f_p(XF_{rB}+YF_{aB})=1.2\times(0.4\times7\ 167.73+1.4\times3\ 739.38)$ $=9\ 772.67(\text{N})$	$P_A=6\ 591.82$N $P_B=9\ 772.67$N

续上表

步骤	计算与说明	主要结果
计算轴承寿命	因为 $P_B>P_A$，两个轴承采用同一型号，故轴承 B 的寿命一定小于轴承 A，按轴承 B 计算寿命。 $$L_h=\frac{10^6}{60n}\left(\frac{C}{P}\right)^{\varepsilon}=\frac{10^6}{60\times114.06}\times\left(\frac{160\ 000}{9\ 722.67}\right)^{\frac{10}{3}}=1\ 654\ 848(\text{h})$$ 从上述计算可知，因转速较低，所以轴承不会产生疲劳失效，故按静强度进行校核计算。	$L_h=1\ 654\ 848\text{h}$
计算当量静载荷	$P_{0A}=X_0F_{rA}+Y_0F_{aA}$，$P_{0B}=X_0F_{rB}+Y_0F_{aB}$ 由表 15-19 查得 $X_0=0.5$。 $P_{0A}=0.5\times5\ 493.18+0.8\times1\ 961.85=4\ 316.07(\text{N})$ $P_{0B}=0.5\times7\ 167.73+0.8\times3\ 739.38=6\ 575.37(\text{N})$	$P_{0A}=4\ 316.07\text{N}$ $P_{0B}=6\ 575.37\text{N}$
静载荷校核	由公式 $C_0\geqslant S_0P_0$ 式中：$C_0=212\ 000\text{N}$；安全系数 S_0 由表 15-20 查得 $S_0=1$， 所以 $S_0P_{0B}=1\times6\ 575.37=6\ 575.37(\text{N})$，故 $C_0>S_0P_{0B}$， 所选轴承满足静强度要求。	—

15.4.5 滚动轴承的组合设计

滚动轴承是标准组件，它不能孤立使用，必须与其支承件组合在一起，才能正常工作，所以在机械设计的过程中，必须进行滚动轴承的组合设计。通常要根据传动轴系的具体要求及结构特点，对支承刚度、轴承间隙的调整和轴系轴向位置的调整等进行全面考虑。

1. 保证支承刚度和同轴度

轴和安装轴承的轴承座或机壳，必须有足够的刚度。如图 15-34 所示，在轴承座孔的壁上加肋的目的是增强刚性。

同一轴上两轴承要保证同轴度，可采用整体铸造机壳，并尽量采用直径相同的轴承孔。若在同一轴上装有不同直径的轴承时，可采用在外径小的轴承处加套杯的方法，如图 15-35 所示。

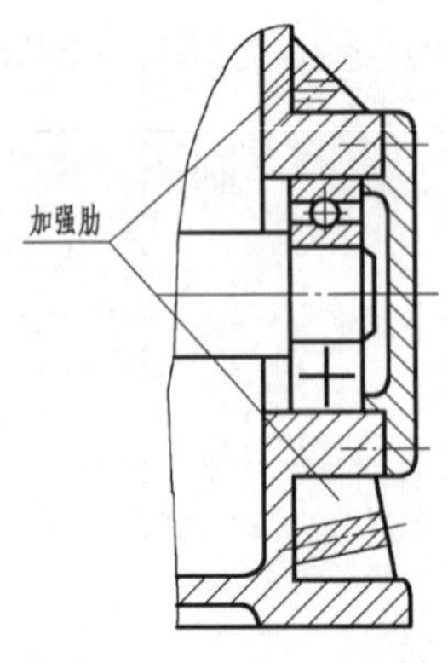

图 15-34 加肋增强刚性

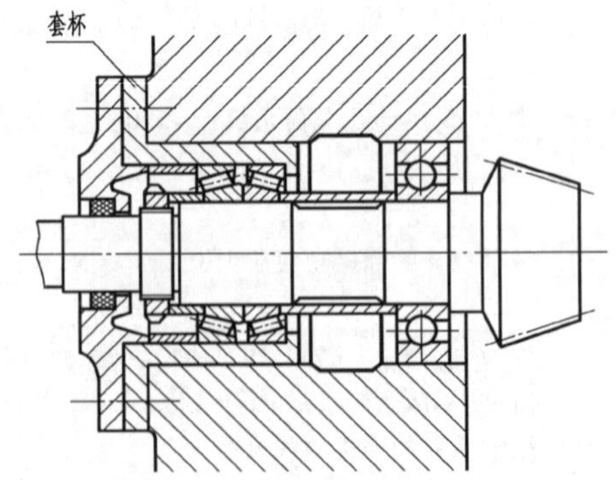

图 15-35 锥齿轮轴组合部件

2. 轴承的固定和调整

(1)轴承的轴向固定

轴承固定的目的,主要是为了使轴及轴上安装的零件在机体内有固定的轴向位置,当受到轴向力时,能把力传到机架上去而不致引起零件的轴向移动。滚动轴承的支承结构可以分为三种基本类型。

①一端固定、一端游动。适用于轴承支点跨距较大(l>350 mm),工作温升较高($\Delta t \geq$ 50 ℃)的长轴,以避免轴受热伸长对轴承产生附加载荷或发生卡轴现象,如图 15-36 所示。这种结构是将一个支点的轴承外圈两侧都固定,承受双向轴向力,另一支点的轴承可自由游动,只承受径向力。安排轴承时,常把受径向力较小的一端作为游动端,以减少游动时的摩擦力。

游动端可选用深沟球轴承或圆柱滚子轴承(见图 15-36)。对于深沟球轴承,其内圈两侧需固定,以防轴承松脱,外圈则不固定,从而允许轴承游动。对于外圈无挡边的圆柱滚子轴承,其内、外圈两侧都要固定,以免外圈移动,造成过大错位。游动靠滚子相对于外圈的轴向位移来实现。

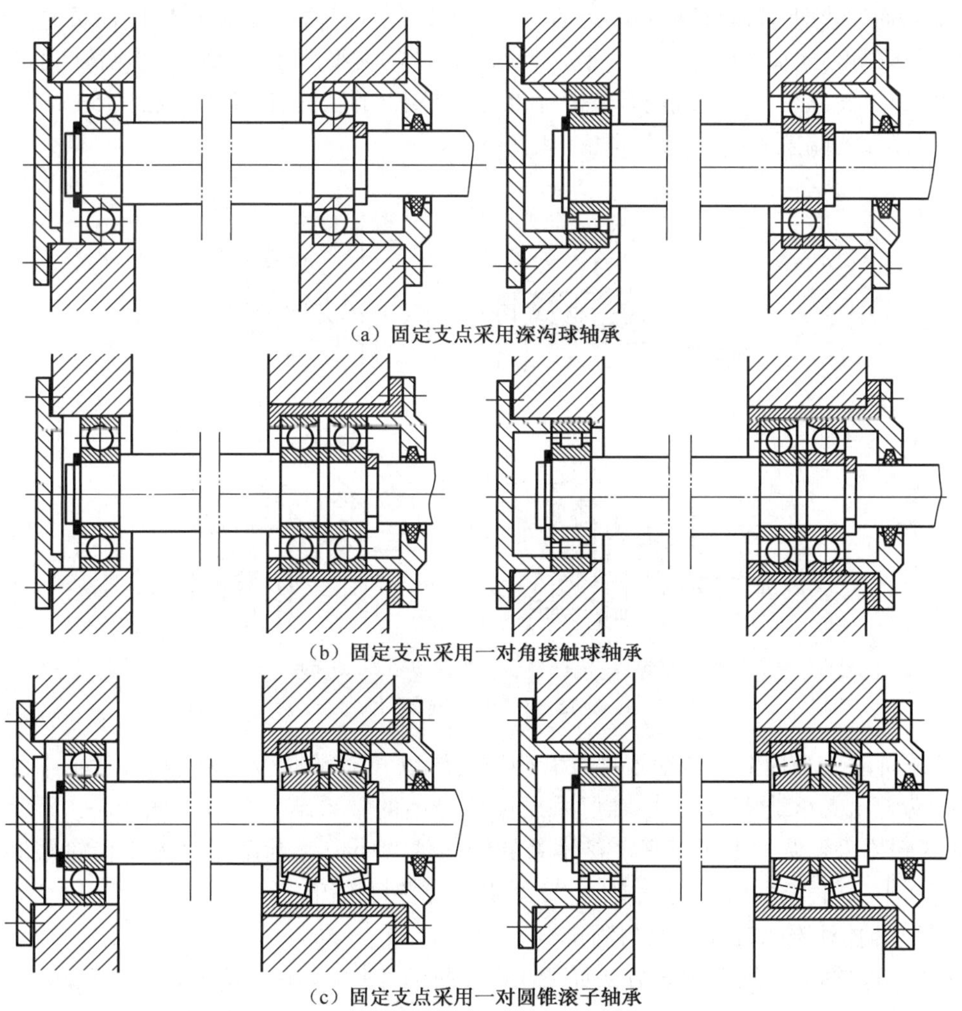

(a) 固定支点采用深沟球轴承

(b) 固定支点采用一对角接触球轴承

(c) 固定支点采用一对圆锥滚子轴承

图 15-36　一端固定、一端游动的配置形式

固定端可选用一个深沟球轴承[见图 15-36(a)],但此时支点受力较大。当要求刚度高时,也可以采用一对角接触球轴承组合[见图 15-36(b)]或一对圆锥滚子轴承组合[图 15-36(c)]。并使轴承之间的间隙达到最小,其缺点是结构比较复杂。固定端的轴承组合内、外圈两侧均被固定,以承受双向的轴向力。

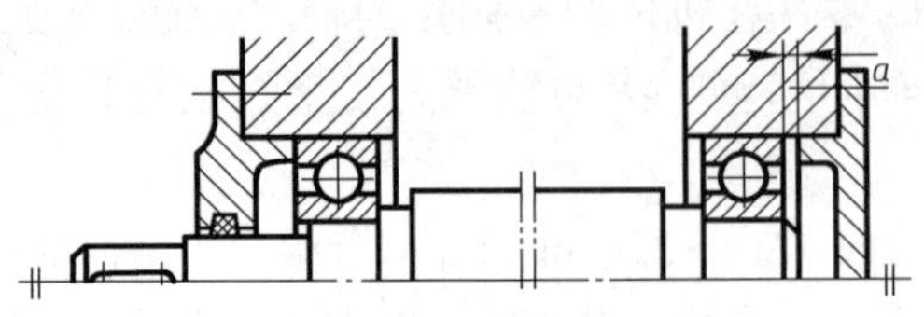

图 15-37　两端固定支撑的配置形式

②两端固定支承。这种结构适用于伸缩较小的短轴,如图 15-37 所示,固定方法是利用轴肩顶住轴承内圈,轴承端盖顶住轴承外圈。每一个支承点只能限制单方向的轴向位移,两个支承点共同防止轴的双向位移。考虑到轴温升后也会伸长,对 6000 轴承在其外圈和固定零件(如轴承端盖)之间,留有适当间隙,这一间隙 a 的大小,约为 0. 2~0. 3 mm,在图中可不画出。

对于内部间隙可以调整的轴承,如采用 30000 型或 7000 型时,不必在其外圈和固定零件之间留有间隙,而是通过装配时调整轴承外圈的轴向位置得到合适的轴承游隙,以保证轴系的游动,并达到一定的轴承刚度,使轴承运转灵活、平稳。而这一游隙的大小是靠轴承端盖与箱体间的调整垫片来保证[见图 15-38(a)]。也有利用调节螺钉和压在外圈上的压盖来实现的[见图 15-38(b)]。还有利用带有外螺纹的端盖来调整内部间隙的[见图 15-38(c)]。

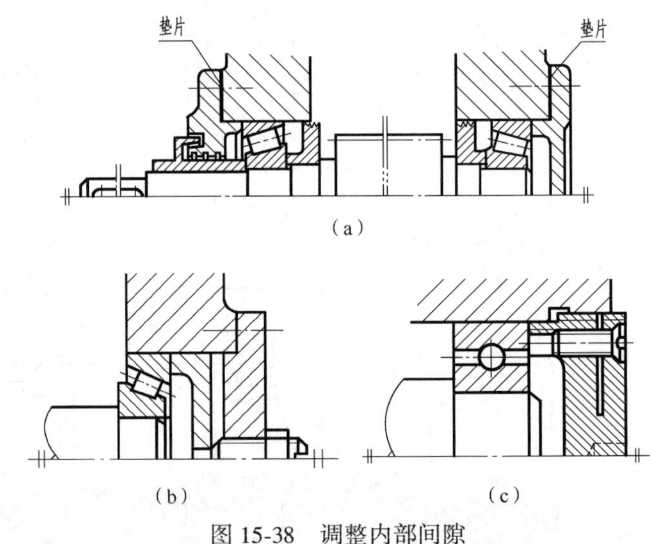

图 15-38　调整内部间隙

③两端游动。当轴上的传动零件具有确定两轴的相对轴向位置功能时,两轴中的一根轴应采用两端游动支承结构,另一根轴可采用前面介绍的轴系结构形式。图 15-39 所示的高速轴,轴的两端均采用圆柱滚子轴承。该轴系的轴向位置由低速轴系通过人字齿轮限制。在人字齿轮传动中,这种结构既可简化安装,又可使轮齿受力均衡。

(2)轴承内、外圈的轴向定位与固定

轴承内圈在轴上的轴向固定方法如图 15-40 所示,图 15-40(a)为利用轴肩的单向固定,只能承受单向轴向力;图 15-40(b)为利用弹性挡圈作轴向固定,用于轴向力不大转速不高的情况;图 15-40(c)为利用轴端挡圈固定,挡圈用螺栓固定在轴的端部,可以承受较大的轴向力;

图 15-40(d)为利用圆螺母和止退垫圈固定,也可以承受较大的轴向力。

轴承外圈的轴向固定方法如图 15-41 所示,图 15-41(a)为利用轴承端盖作单向固定,可以承受较大的单向轴向力;图 15-41(b)为利用轴承端盖和凸肩作固定,可以承受较大的双向轴向力;图 15-41(c)为利用弹性挡圈和凸肩作固定,能承受较小的双向轴向力。

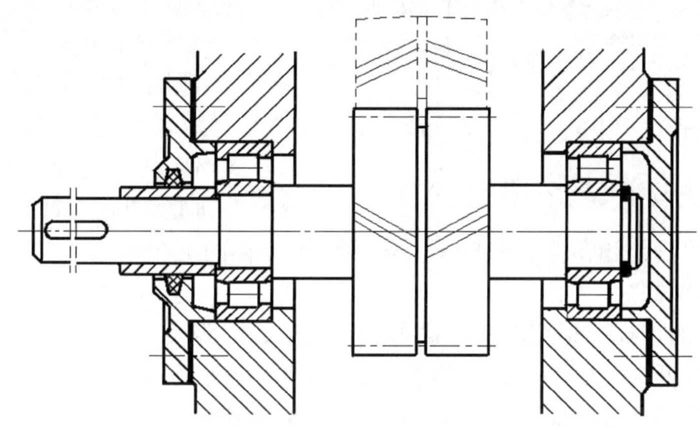

图 15-39　两端游动支承

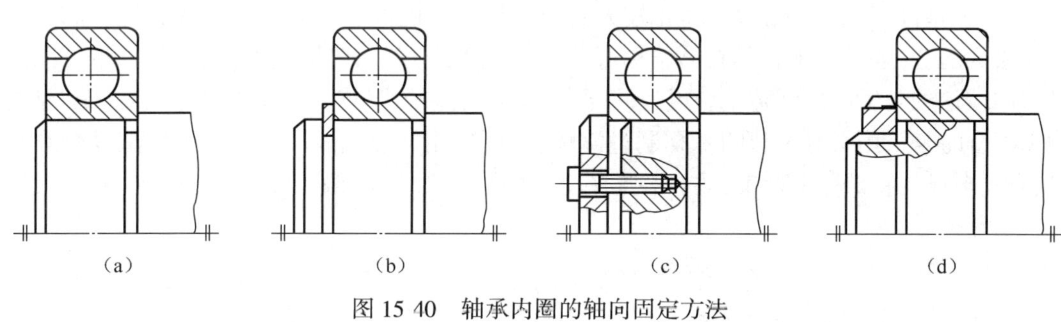

图 15 40　轴承内圈的轴向固定方法

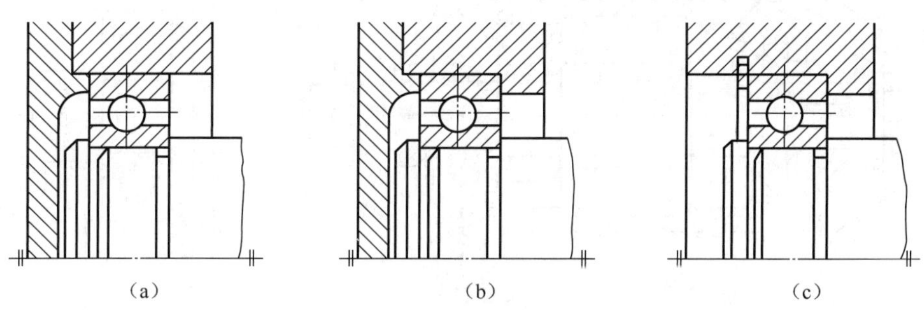

图 15-41　轴承外圈的轴向固定方法

(3)轴承轴向位置的调整

为了确保轴上零件相对位置的正确性,往往需要做轴向调整。例如图 15-42(a)所示的圆锥齿轮传动,为了正确啮合,要求两个节锥的顶点重合,因此必须使轴承组合能做如图 15-42(a)所示箭头方向的调整。又如蜗杆传动中要求蜗轮的中间平面通过蜗杆的轴线[见图 15-42(b)],因此蜗轮要进行轴向[如图 15-42(b)中箭头所表示的方向]调整。

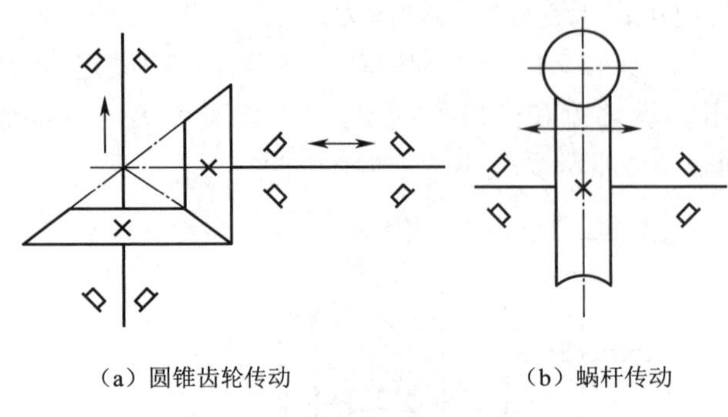

（a）圆锥齿轮传动　　（b）蜗杆传动

图 15-42　轴向调整

图 15-43 所示的圆锥齿轮轴承组合，其中有两组可调垫片，套杯和箱体间的一组垫片用于调整圆锥齿轮的轴向位置，轴承端盖与套杯之间的一组垫片用于调整轴承内的间隙。

3. 滚动轴承的配合和装拆

(1)滚动轴承的配合

轴承的配合是指内圈与轴的配合及外圈与座孔的配合。由于滚动轴承是标准件，轴承内孔与轴、外圈与座孔配合情况，分别取决于轴的偏差和箱体孔的偏差。轴承内圈与轴的配合采用基孔制，轴承外圈与轴承座孔的配合采用基轴制。

轴承配合种类的选择应根据转速的高低、载荷的大小、温度的变化等因素来决定。配合过松，会使旋转精度降低，振动加大；配合过紧，可能因为内、外圈过大的弹性变形而影响轴承的正常工作，也会使轴承装拆困难。在一般情况下，下列原则可供选择配合时参考。

①当外载荷方向不变时，转动套圈应比固定套圈的配合紧一些。一般轴承的转动圈(通常是内圈)的转速愈高、受载愈大、温度变化较大时应选用较紧的配合。游动套圈或经常拆卸的轴承选用较松的配合(公差与配合的具体选择可参考有关手册)。一般情况下，座孔与轴承外圈配合时常采用较松的基轴制的间隙配合或过渡配合，孔的公差带代号为 G7、H7、J7、K7、M7 等；轴与轴承内圈配合时常采用具有过盈的基孔制过渡配合，可采用 j6、k6、m6、n6、r6。由于滚动轴承是标准件，有其自己的特殊公差标准，故在装配图上只标注座孔、轴的偏差代号(见图 15-44)。

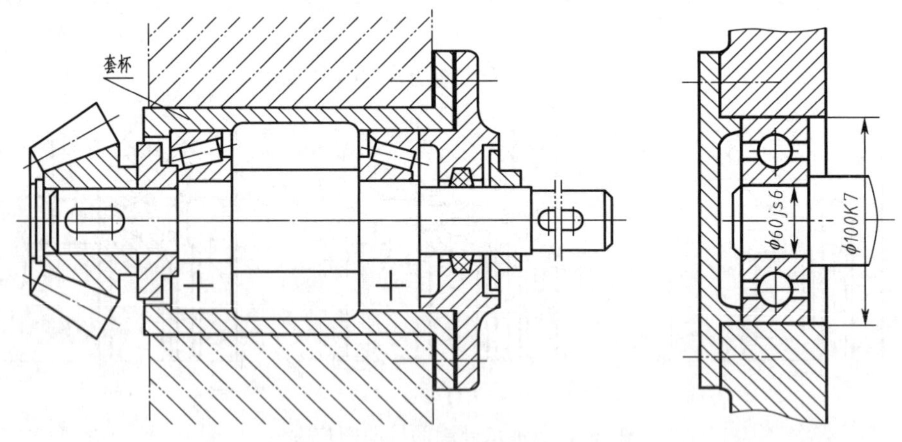

图 15-43　圆锥齿轮轴承组合　　图 15-44　装配图上滚动轴承的标注

②高速、重载情况下应采用较紧配合；反之，可选取较松的配合。

③作游动支承的轴承外圈与座孔间应采用间隙配合，但又不能过松而发生相对转动。

④轴承与空心轴的配合应选用较紧配合。

⑤充分考虑温升时配合的影响。

(2)轴承的装拆

滚动轴承是精密组件,设计轴承的组合时,必须考虑轴承的安装与拆卸。实践表明,不正确的装拆是轴承丧失精度和过早损坏的主要原因之一。

滚动轴承装拆的原则是:装拆力对称或均匀地作用在座圈的端面上,装拆过程中均不允许通过滚动体来传递装拆力。

①轴承的安装。有冷压法和热套法两种。对于小型轴承,可用软锤敲击装配套筒装入轴承,如图 15-45(a)所示;对于中型轴承,可用压力机压紧装配套筒压入轴承,如图 15-45(b)和图 15-45(c)所示;对于大型轴承,可将轴承放入油池中加热到 80~100 ℃后再用压力机进行热装。

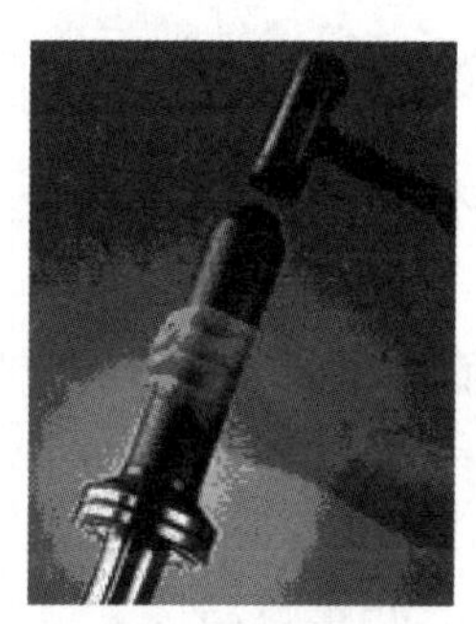

(a)软锤敲击装配套筒装入轴承

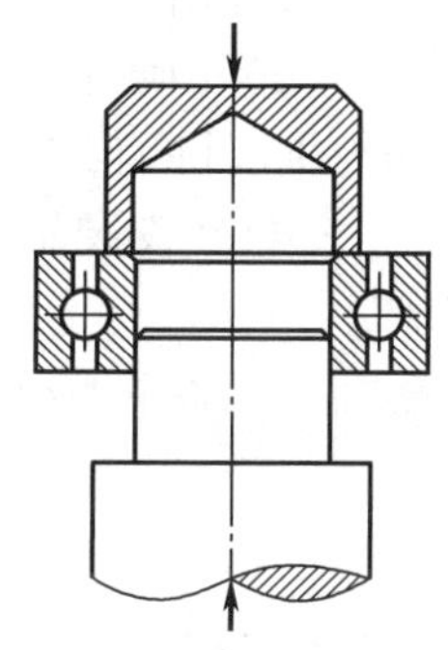

(b)压装轴承的内圈

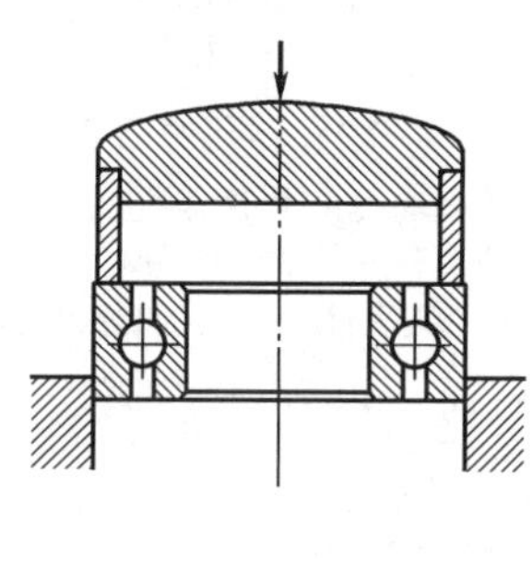

(c)压装轴承的外圈

图 15-45　冷压法安装轴承

②轴承的拆卸。分内圈的拆卸和外圈的拆卸。图 15-46 为轴承拆卸器拆卸轴承的内圈;为了便于轴承的拆卸,在设计轴肩时,应使轴承内圈在轴肩处露出足够的高度 h_1(其值可查滚动轴承手册),同时还要留有足够的轴向间距 L,以便轴承拆卸器能够工作,如图 15-47(a)所示;对于内、外圈可分离型轴承,在外圈端面处也应露出足够的高度 h_1,以便用工具从此处顶出轴承外圈,如图 15-47(b)所示。

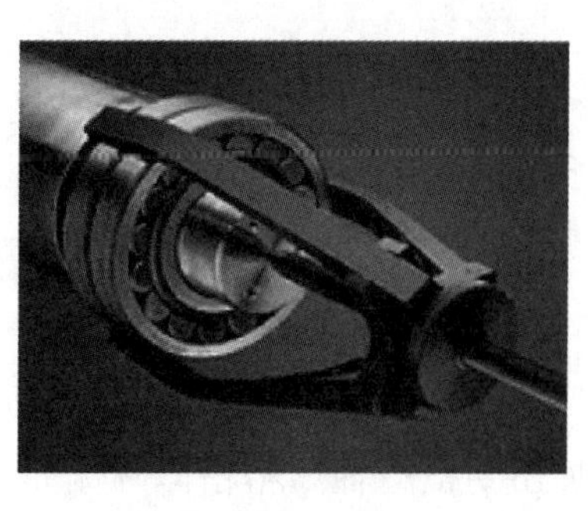

图 15-46　轴承拆卸器

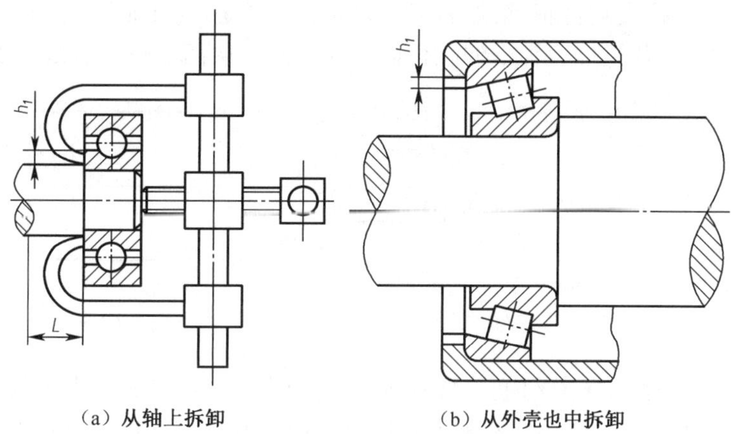

(a)从轴上拆卸　(b)从外壳也中拆卸

图 15-47　滚动轴承的拆卸

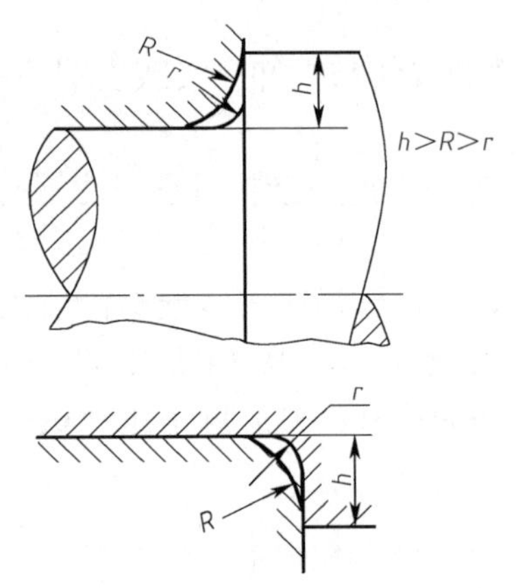

图 15-48　轴肩和孔的凸肩高度以及轴孔的圆角半径关系

为了使轴承便于拆卸和可靠的定位,轴肩和孔的凸肩高度以及轴孔的圆角半径应有一定的限制(见图 15-48),具体尺寸规定可查阅设计手册。

4. 注意事项

在进行滚动轴承的安装设计时,应注意以下问题:

(1)应尽量保证轴及轴承座有足够的刚度,以避免过大的变形使滚动体受阻滞而使轴承提前损坏。

(2)对于一根轴上两个支承的座孔,必须尽可能地保持同心。最好的办法是采用整体结构的外壳,并把两轴承孔一次镗出。

(3)正确选择轴承的配合,保持轴承正常运转,防止内圈与轴、外圈与外壳孔在工作时发生相对转动。

(4)在安装轴承的过程中,应确保实施安装轴承的力不作用在滚动体上,否则将使轴承损坏。

(5)对轴承适当地预紧,以此提高轴承的旋转精度,增加轴承装置的刚度、减小机器工作时轴的振动。

5. 轴承安装示例

下面以四列圆柱滚子轴承的安装为例,详细介绍一下详细安装步骤如下:

(1)安装前的准备

①安装之前应对各配合件,包括辊颈、轴承箱、轴承套圈和轴承箱盖板等的配合表面进行仔细检查,检查其尺寸、形状位置精度和配合公差是否符合设计的技术要求,主要包括:轴承箱尺寸、圆度,轧辊辊径尺寸、圆度。若尺寸及圆度超差,能修复的修复,不能修复的要做报废处理。

②与轴承相配合的表面,辊颈、轴承箱孔及油孔的棱边和毛刺都必须清除掉,并清洗干净涂上润滑油。检查回转情况,校对游隙情况。

检查圆柱辊颈的尺寸精度和几何精度,要在辊颈与轴承的配合面的 c、d、e 三个截面位置上,以及与推力轴承的配合面的 a、b 两个截面上进行,如图 15-49 所示。

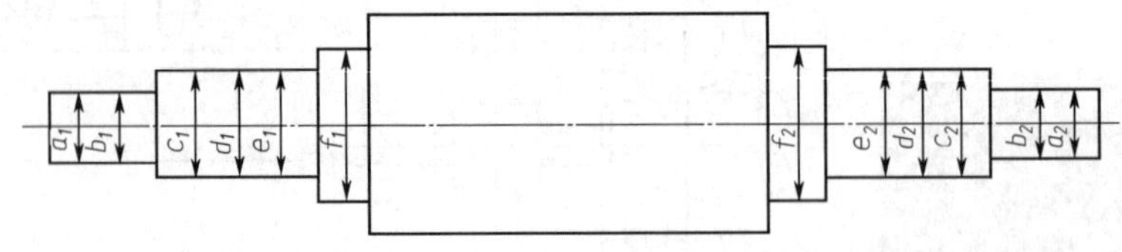

图 15-49　轧辊示意图

对于轴承箱内孔,要在 a、b、c、d 四个截面位置上进行检查。在每一个截面位置上分别按 1、2、3、4 四个部位测量出直径,求其平均值以及锥度和圆度,同时还要检查轴承箱箱体两侧面的距离 $A1$ 和 $A2$,如图 15-50 所示。

轴承安装部位各配合面的粗糙度,不允许超过技术条件的规定。否则,在高负荷时,支持

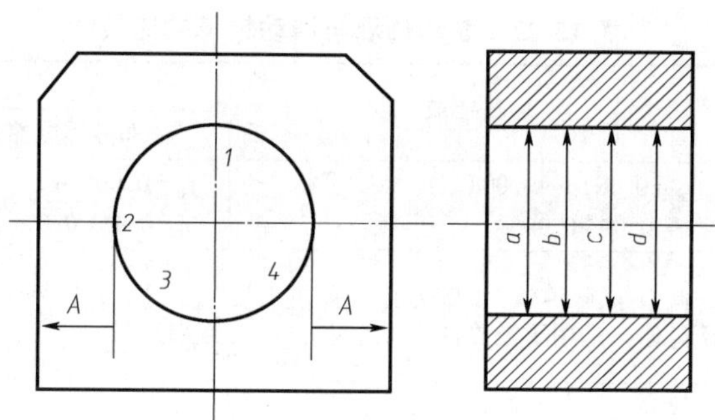

图 15-50　轴承箱内孔示意图

辊不能保证足够的承载面积,就不能很好传递负荷。轧辊轴承安装部位的粗糙度 *Ra* 宜在 0.4~1.6 μm 范围内。

(2)安装步骤

①安装迷宫环(防水套)。迷宫环与辊颈的配合一般为较紧的动配合,安装时需用铜棒轻轻敲进。迷宫环的两端面必须平行并与辊身台肩和轴承内圈紧密贴合。

②安装内圈。轴承的内圈与辊颈的配合为过盈配合,安装时应先将内圈加热到 90~100 ℃。切勿超过 120 ℃,以防止内圈冷却后回缩不彻底。加热方法可用油槽加热也可用感应加热,绝对禁止用明火加热。

在安装双内圈时,在内圈冷却的过程中必须沿轴向使内圈与内圈,内圈与迷宫环的端面靠贴,并用塞尺进行检验。

③安装外圈。轴承的外圈与轴承座内孔一般为过渡配合,对于较小型的轴承,可将外圈及滚子与保持架所组成的整体用铜棒轻轻敲入轴承座内。对于较大型的轴承,可利用外圈或保持架上备有的吊装孔,将外圈与外圈组件吊起,垂直向下装入轴承箱。对于带活挡圈的四列圆柱滚子轴承,依次装入边挡圈、外圈组件、中挡圈、外圈组件、边挡圈,同一型号的轴承不宜互换。

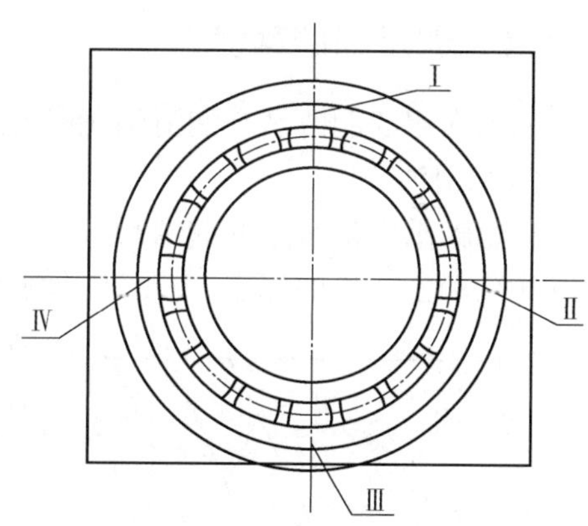

图 15-51　外圈端面上打有标记示意图

外圈端面上打有Ⅰ、Ⅱ、Ⅲ、Ⅳ标记(见图 15-51)是负荷区的记号(四个压力区)。当首次安装使用时,要让轧制负荷方向对准第Ⅰ标记记号,以后清洗再装时可让轧制负荷依次对准其余的标记记号,以延长轴承使用寿命。

15.5　滑动轴承与滚动轴承的比较

由于滚动轴承和滑动轴承都有其自身的特点及其不同的用途,为方便选择使用,将其性能分项列于表 15-22 中以做比较。

表 15-22　滚动轴承与滑动轴承的比较

比较项目	滚动轴承	滑动轴承	
		非液体摩擦	液体摩擦
工作时摩擦系数及一对轴承效率	$f_d=0.0015\sim0.008$ $\eta=0.99\sim0.995$	$f_d=0.008\sim0.1$ $\eta=0.95\sim0.97$	$f_d=0.001\sim0.008$ $\eta=0.995\sim0.999$
适应工作速度、噪声及工作情况	低中速、噪声较大(高精度轴承也可用于高速)、适用于经常启动的情况	低速、无噪声、不宜频繁启动	中高速、无噪声、不宜频繁启动(静压轴承除外)
旋转精度	较高	较低	高
承受冲击振动能力	弱	较低	高
外廓尺寸	径向大、轴向小	轴向大、径向小	
安装	要求精度高,从轴端安装	要求精度低	要求精度高
维修	对灰尘敏感、需密封,因而结构较复杂。但润滑简单,耗油量少	液体摩擦滑动轴承对润滑装置要求高,耗油量多	
其他	一般为大量供应的标准件	要自行设计加工、消耗有色金属	

15.6　轴承的润滑

轴承润滑的目的是减轻摩擦和磨损,冷却轴承,吸振和防锈,从而提高轴承的使用效率和寿命。必须正确地选择润滑剂、润滑方式和润滑装置。

15.6.1　润滑剂的种类

轴承常用的润滑剂有润滑油、润滑脂和固体润滑剂。

1. 润滑油

它是轴承中最常用的润滑剂,以矿物油应用最广泛。其主要性能指标是黏度,黏度是表示润滑油流动性好坏的标志,也是选择润滑油的主要依据。黏度愈大,油的流动性愈差,说明液体内摩擦阻力愈大。选用润滑油时,要综合考虑速度、载荷和工作情况。低速、重载时易选用黏度高的润滑油;高速、轻载时则应选用黏度低的润滑油。

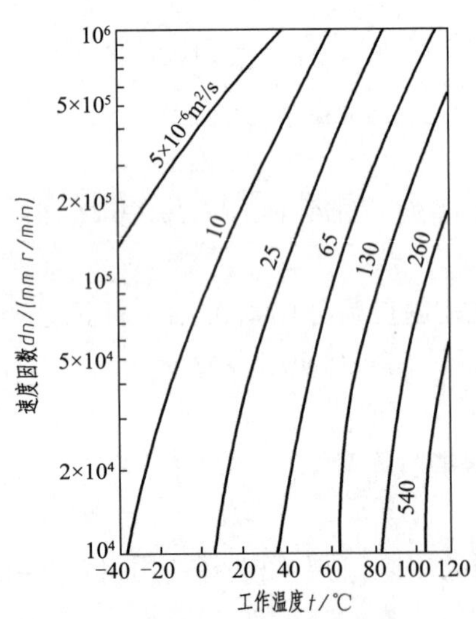

图 15-52　润滑油黏度的选择

轴承所受载荷越大,工作温度越高,须选用黏度越大的润滑油。而轴承的转速越高,dn 值越大,则应选用黏度低的油。图 15-52 为润滑油黏度与轴承速度因数及工作温度之间的关系,可供选择黏度时参考。

采用浸油润滑或飞溅润滑,油面不应高于最下方滚动体的中心,否则搅油能量损失较大容易引起轴承过热,这种润滑方式适用于减速器轴承的润滑。

2. 润滑脂

在润滑油中加入稠化剂(如钙、钠、铝、锂等金属)后形成的膏状润滑脂,其稠度大,不易流失,所以承载能力大,但它的物理、化学性质不如润滑油稳定,摩擦损耗大,机械效率较低。故不宜在温度变化大或高速条件下使用。其主要性能指标是锥入度、滴点。轴承载荷大，dn 值小时（d 为轴承内径，单位为 mm；n 为轴承转速，单位为 r/min），可选用锥入度小的润滑脂。反之，应选用锥入度较大的润滑脂。

常用的润滑脂如：钙基润滑脂（其耐水性好，易用于工作温度在 60 ℃以下的轴承）；钠基润滑脂（耐高温但不耐水，易用于工作温度在 115～145 ℃以下的轴承）；锂基润滑脂（既耐水又耐高温，广泛用于-20～150 ℃范围内的轴承，可以代替钙基、钠基润滑脂）。润滑脂主要用于低速、重载、不便经常加油，使用要求不高的轴承。

图 15-53　加装润滑脂

图 15-53 所示为轴承加装润滑脂。

3. 固体润滑剂

主要用于滑动轴承。常用的固体润滑剂有石墨和二硫化钼。一般在超出润滑油和润滑脂的使用范围时才使用，可用于低速或高温（温度低于 400 ℃）工作的轴承。例如在特高温、低温或低速重载条件下的滑动轴承，采用添加二硫化钼润滑剂，能获得良好的润滑效果。目前固体润滑剂的应用已逐渐广泛，常与润滑油、润滑脂混合使用，如将固体润滑剂调和在润滑油中使用，用于提高其润滑油性能，减少摩擦损失，提高轴承使用寿命。也可以干态直接使用，如涂覆、烧结在摩擦表面形成覆盖膜，或者用固结成型的固体润滑剂嵌装在轴承中使用，或者混入金属或塑料粉末中烧结成型。

15.6.2　润滑剂的选用

1. 滚动轴承润滑剂的选用

一般情况下，滚动轴承多使用润滑脂。它可以形成强度较高的油膜，承受较大的载荷，缓冲和吸振能力好，黏附力强，可以防水，不需要经常更换和补充。同时密封结构简单，滚动轴承的装脂量为轴承内部空间的 1/3～2/3。

滚动轴承使用的润滑剂通常有润滑油和润滑脂两类。在一些特殊工作条件下的轴承近年来还可采用固体润滑剂。滚动轴承的润滑方式可根据其速度因数 dn 值由表 15-23 选取。通常，当轴承的 $dn<2\times10^5\sim3\times10^5$（mm · r/min）时，可采用润滑脂或黏度较高的润滑油。

表 15-23　不同润滑方式下滚动轴承允许的 *dn* 值　（mm · r/min）

轴承类型	润滑方法			
	油浴、飞溅	滴油	压力循环、喷油	油雾
深沟球轴承 调心轴承 角接触球轴承 圆柱滚子轴承	2.5×10^5	4×10^5	6×10^5	6×10^5
圆锥滚子轴承	1.6×10^5	2.3×10^5	3×10^5	—
推力球轴承	0.6×10^5	1.2×10^5	1.5×10^5	—
应用范围	适用于中、低速。浸油不超过轴承最低滚动体中心	适用于中速小轴承。控制油量使轴承温度不超过 70～90 ℃	高速轴承周围空气乱流，只有高压喷射油才能进入轴承	可用于 $n>50\ 000$ r/min 的高速轴承

2. 滑动轴承润滑剂的选用

滑动轴承按不同的工作条件均可使用上述三类润滑剂。一般多使用润滑油,低速或带有冲击的机器使用润滑脂。

滑动轴承常用的润滑油的牌号可参见表 15-24。

表 15-24 滑动轴承润滑油的选择

轴颈速度	轻载 $P<3$ MPa	中载 $P=3\sim7.5$ MPa	重载 $P=7.5\sim30$ MPa
<0.1	L-AN100、150 全损耗系统用油;HG-11 饱和汽缸油;30 号 EQB 机油;L-CKC100 工业齿轮油	L-AN150 全损耗系统用油;40 号 EQB 汽油机油;150 号工业齿轮油	38 号、52 号过热气缸油;460 号工业齿轮油
0.1~0.3	30 号 EQB 汽油机油;L-CKC68 工业齿轮油;L-AN68、100 全损耗系统用油	L-AN150 全损耗系统用油;11 号饱和气缸油;40 号 EQB 汽油机油;100、150 号工业齿轮油	38 号过热气缸油;220、320 号工业齿轮油
0.3~2.5	L-AN46、68 全损耗系统用油;20 号 EQB 汽油机油;L-TSA46 号汽轮机油	30 号 EQB 汽油机油;68、100 号工业齿轮油;11 号饱和气缸油;L-AN68 全损耗系统用油;20 号 EQB 汽油机油;68 号工业齿轮油	30、40 号 EQB 汽油机油;150 号工业齿轮油;13 号压缩机油
2.5~5.0	L-AN32、46 全损耗系统用油;L-TSA46 号汽轮机油	L-AN68、100 全损耗系统用油	—
5.0~9.0	L-AN32、46 全损耗系统用油;L-TSA32 号汽轮机油	—	—
>9	L-AN7、10 全损耗系统用油	—	—

滑动轴承在采用润滑脂时主要按照轴承工作温度进行选择,同时考虑工作压强和轴颈速度。应用最广泛的是钙基脂,可参见表 15-25。

表 15-25 滑动轴承润滑脂的选择

压强 p/MPa	圆周速度 $v/(\mathrm{m\cdot s^{-1}})$	最高工作温度/℃	建议选用牌号
≤1.0	<1	75	3 号钙基脂
1.0~6.5	0.5~5.0	55	2 号钙基脂
≥6.5	<0.5	75	3 号钙基脂
≤6.5	0.5~5.0	120	2 号钙基脂
>6.5	<0.5	110	1 号钙钠基脂
1~6.5	<1	110	锂基脂
>6.5	0.5	60	2 号压延基脂

15.6.3　轴承的润滑方式和润滑装置

为了保证轴承良好的润滑状态,除了合理选择润滑剂之外,合理选择润滑方法也是十分重要的。轴承的润滑方式很多,表 15-26 为几种常见的润滑方法。

表 15-26　常见的润滑方法

润滑方式		图例	说明
润滑油润滑	手工加油润滑	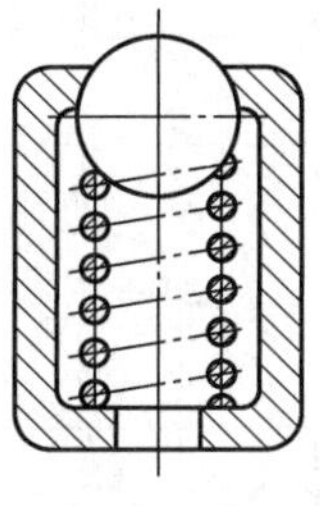 (a) 压配式压油油杯 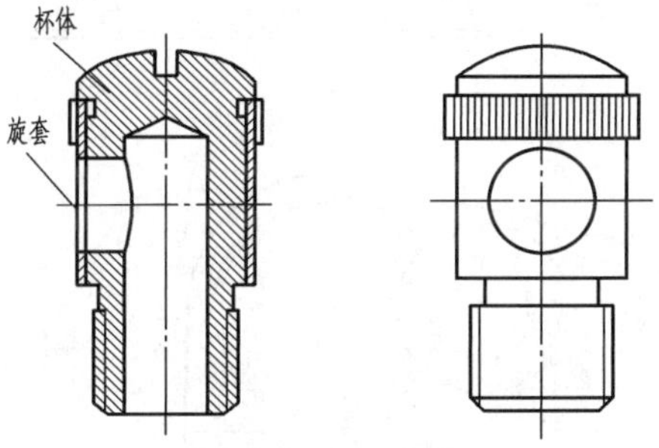 (b) 旋套式注油杯	对于非液体润滑轴承可采用下列润滑装置:低速和间歇工作的轴承可定期用油壶向轴承油孔内注油。为了不使污物进入轴承,可在油孔上装压配式压油油杯或旋套式注油杯
	滴油润滑	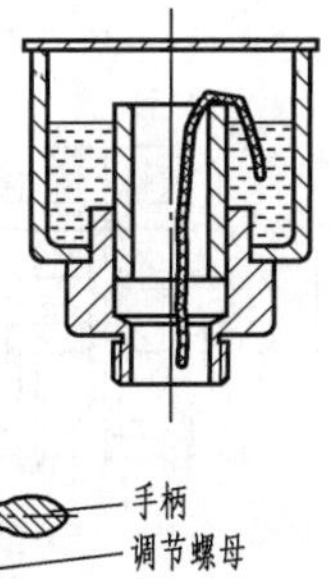 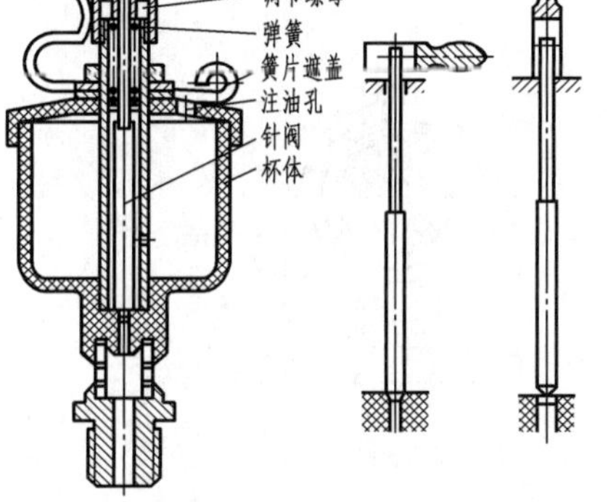	滴油润滑是靠油的自重一滴一滴地流到轴承上的,滴落速度随油位而定。滴油润滑可采用芯捻式油杯和针阀式油杯。 对于芯捻式油杯,则是利用毛细管作用将油杯中的油吸附到轴颈表面,结构简单,但供油量不易调节,而且停机时仍会继续供油。 对于针阀式油杯,扳动手柄,即可打开或关闭针阀,控制供油

续上表

润滑方式		图例	说明
润滑油润滑	压力循环润滑	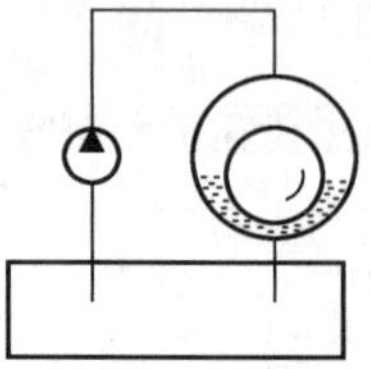	压力循环润滑是一种强制的润滑方法。润滑油泵将一定压力的油经油路导入轴承、润滑油经轴承两端流回油池,构成循环润滑。这种供油方法供油量充足,并有冷却和冲洗轴承的作用
	浸油润滑	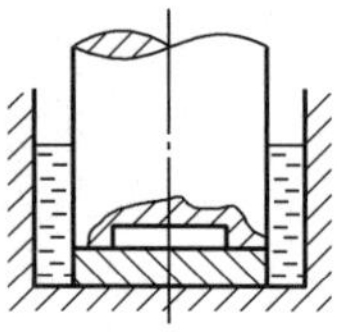 (a) 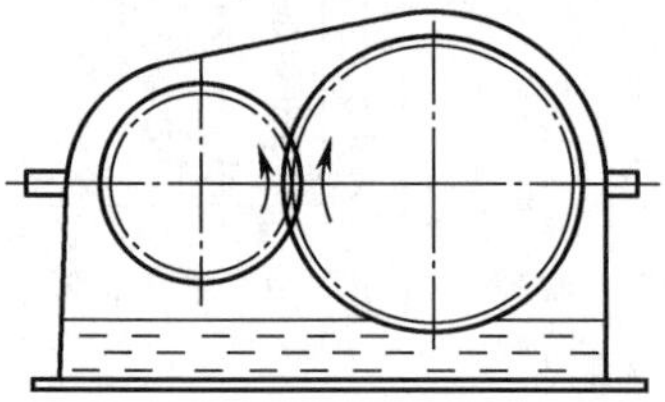 (b) 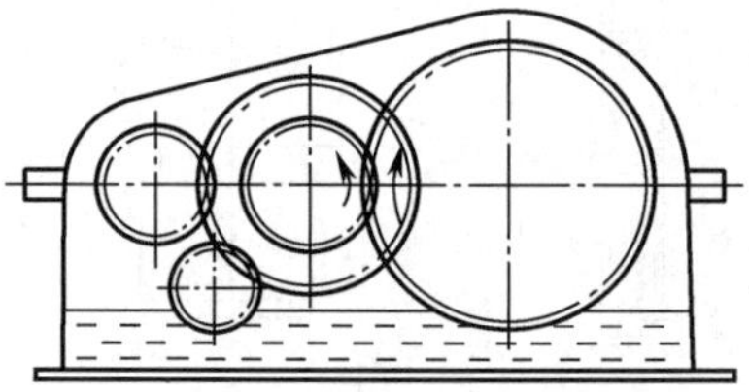 (c)	将部分轴承直接浸入油池中润滑,见图(a);有些运动零件的工作位置较低,设计中可以使这些零件下端接触油面,通过零件的运动将润滑油带到工作位置;可以在箱体上设置油沟,将飞溅到箱体壁上的润滑油引导到需要润滑的部位。 图(b)为齿轮箱利用大齿轮的旋转将润滑油带入齿轮啮合区,图(c)所示的齿轮箱中低速级大齿轮可以接触油面,高速级大齿轮无法直接接触油面,图中结构通过设置专门的齿轮(油轮)将润滑油传递给大齿轮,以保证高速级齿轮传动的润滑
	油环润滑	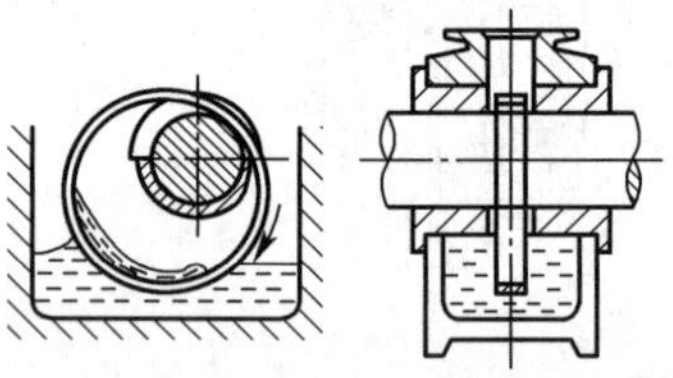 (a) 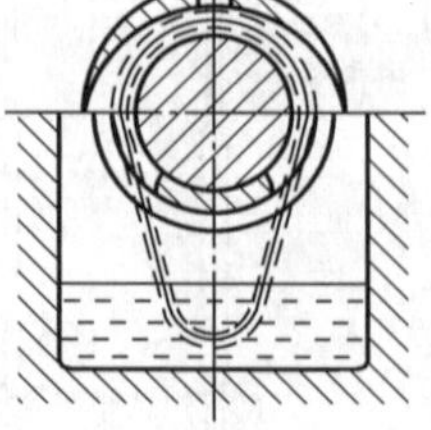 (b)	有些润滑部位在工作中需要连续供油,但是工作位置较高,无法直接接触油面,可以通过油环或油链套在轴颈上,油环或油链下部浸在油池中,轴颈旋转时,带动油环[见图(a)]或油链[见图(b)]旋转,把油带人轴承。为增大油环带入的润滑油量,可在油环上加工出槽或孔

续上表

润滑方式		图例	说明
润滑脂润滑	旋盖式油杯(黄油杯)润滑		杯内充满润滑脂,供油时旋紧杯盖,使之压下,将杯中润滑脂压入轴承中
	压油油杯润滑		压注油杯靠油枪压注润滑脂至轴承工作面

润滑油供应可以是连续的,也可以是间歇的,连续供油比较可靠。用压配式压油油杯、油壶或旋套式注油杯供油只能达到间歇式供油。连续供油润滑主要包括:滴油润滑、油环润滑、压力循环润滑等。润滑脂只能间歇供油。

15.6.4　润滑方式的选择

可根据以下经验公式计算出系数 K 值,通过查表 15-27 确定滑动轴承的润滑方法和润滑剂的类型

$$K=\sqrt{pv^3}$$

式中　p——轴颈上的平均压强,MPa;

v——轴颈圆周速度,m/s。

表 15-27　滑动轴承润滑方式的选择

K 值	≤6	6~50	50~100	>100
润滑方式	润滑脂润滑 (可用油杯)	滴油润滑 (可用针阀油杯)	飞溅润滑 (水或循环油冷却)	压力循环润滑

15.7　轴承的密封

密封的作用是防止外部的灰尘、水分、杂质等进入轴承,也为了防止润滑剂流失。选择密封方式,要考虑密封处的轴表面圆周速度、润滑剂种类、密封要求、工作温度、环境条件等因素。

滚动轴承的密封装置可分为接触式密封、非接触式密封和组合密封。接触式密封是指在轴承盖内放置软材料(毛毡、橡胶、皮革等)或减摩性好的硬质材料(加强石墨、青铜等)与转动轴直接接触而起密封作用。非接触式密封是指不与轴直接接触,多用于速度较高的场合。组

合密封是把两种或两种以上的密封方法组合起来使用。组合密封的效果更佳,适用的速度更高。具体见表 15-28。

表 15-28 常用的滚动轴承密封型式

密封类型	名称	图例	润滑方式	适用场合	说明
接触式密封	毡圈密封		润滑脂润滑	要求环境清洁,结构简单,但磨损较大。用于轴颈圆周速度 $v<4\sim5$ m/s,工作温度不超过 90 ℃的场合	矩形断面的毛毡圈被安装在梯形槽内,与轴直接接触,它对轴产生一定的压力而起到密封作用。
	唇形密封圈密封	(a) (b)	润滑脂和润滑油润滑	安装方便,使用可靠,用于圆周速度 $v<7$ m/s,工作温度范 $-40\sim100$ ℃的场合	油封用皮革、塑料或耐油橡胶制成,有的具有金属骨架、有的没有骨架,油封是标准件。图(a)密封唇朝里目的防漏油;图(b)密封唇朝外,主要目的是防灰尘、杂质进入
非接触式密封	油沟式密封		润滑脂润滑	要求干燥清洁环境,结构简单,用于圆周速度 $v<7$ m/s 的场合	靠轴与盖间的细小环形间隙密封,间隙愈小愈长,效果愈好,间隙 δ 一般取 0.1~0.3 mm
	迷宫式密封		润滑脂和润滑油润滑	工作温度不高于密封用脂的滴点,这种密封效果可靠	在迷宫间隙中充填润滑脂,以加强密封效果
组合密封			图示为油沟式密封与甩油环密封的组合,组合密封有多种组合形式		

表 15-28 的各种密封方法都是对箱体内外之间的密封。而当滚动轴承采用脂润滑，箱内齿轮等传动件采用浸浴润滑时，则为了防止齿轮运转时热油冲刷、稀释润滑脂，以致流入箱内，为此需要在轴承的内侧设置挡油盘，如图 15-54 所示。

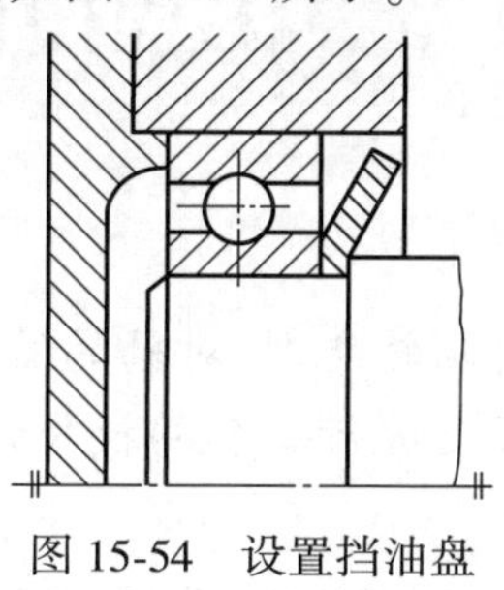

图 15-54　设置挡油盘

思 考 题

1. 举例说明现实生活、学习或工作中见过的轴承都有哪些？其主要应用在什么场合？并说明他们在结构上的异同点？

2. 你知道的滑动轴承主要应用在哪些场合？

3. 滑动轴承中轴瓦、轴衬的作用是什么？用轴承合金作轴衬时，青铜比钢有何优点？

4. 滑动轴承长径比 L/d 对轴承的工作性能有何影响？设计时应如何合理选取？

5. 试分析滚动轴承保持架在滚动轴承工作中的作用；滚动轴承的滚动体有哪些形状？

6. 你能否根据调心球轴承、深沟球轴承、圆锥滚子轴承、推力球轴承的结构特点（如球与滚子有无深沟？有无接触角等）分析它们对受力的大小、方向以及转速的影响和应用场合。

7. 滚动轴承密封的目的是什么？

习　　题

1. 一对 7210B 轴承如题图 1 所示，轴承分别承受径向载荷 $F_{r1}=7\ 200$ N、$F_{r2}=4\ 000$ N，轴上作用轴向载荷 F_A。试求下列情况下各轴承的附加轴向力 F_s 及轴向载荷 F_{x1} 和 F_{x2}。

（1）$F_A=3\ 500$ N；　　（2）$F_A=1\ 200$ N；　　（3）$F_A=0$。

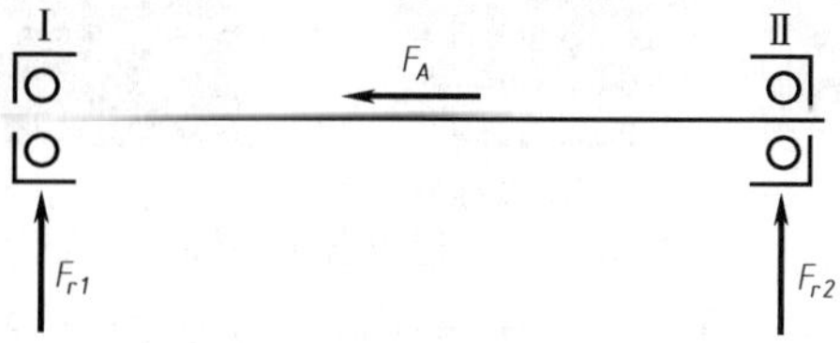

题图 1

2. 30208 轴承额定动载荷 $C_r=63\ 000$ N。

（1）若当量动载荷 $P=6\ 200$ N，工作转速 $n=750$ r/min，试计算轴承寿命 L_h。

（2）若工作转速 $n=960$ r/min，轴承预期寿命 $[L_h]=10\ 000$ h，求允许的最大当量动载荷。

第 16 章　工程中的轴

扫一扫

现代工程发动机实践感想

本章学习目标

◇ 培养学生正确判断轴的类型,对轴的结构进行合理设计的能力;

◇ 培养学生对轴的强度进行正确的校核计算的能力。

本章学习内容

◇ 了解轴的功用和类型、轴的常用材料及用途;

◇ 了解轴设计的基本概念、设计方法及一般设计过程,初步具有轴设计的分析和综合能力;

◇ 掌握轴的结构设计和轴的强度校核计算。

实践教学研究:

◇ 拆装发动机,观察分析传动系统及轴系结构;

◇ 拆装齿轮泵,分析齿轮轴系的结构特点和轴上零件的固定方式。

关键词:轴、轴向固定、周向固定、轴承固定

16.1 概　　述

轴是机器设备中广泛应用的重要零件之一,用来支承传动零部件,传递动力和运动。如汽轮机轴,减速器中的轴、车床上使用的各种轴,汽车发动机中使用的轴,汽车连接变速箱与后桥之间的轴等,如图 16-1 所示。

(a) 轴

(b) 减速器

(c) 车床

图 16-1　工程设备中的轴

轴作为轴系零、部件中的核心零件,它的设计好坏关系到设备的运行安全问题,对整个轴系乃至整个机器都至关重要。

16.1.1　轴的分类

(1) 轴按其轴线形状的不同分为直轴、曲轴和软轴。

直轴的各轴段轴线在同一直线上如图 16-2(a)所示。阶梯轴由于轴上零件易于定位和装配,受力强度好,如图 16-2(b)所示。有时为了减轻质量或提高轴的刚度可制成空心轴如图 16-2(c)所示。另外,生产中还使用一些特殊用途的轴,如凸轮轴[见图 16-2(d)]、花键轴及蜗杆轴等。

曲轴的各轴段轴线不在同一直线上,曲轴是内燃机、曲柄压力机等机器上的专用零件,用以将往复运动转变为旋转运动,如图 16-3 所示。

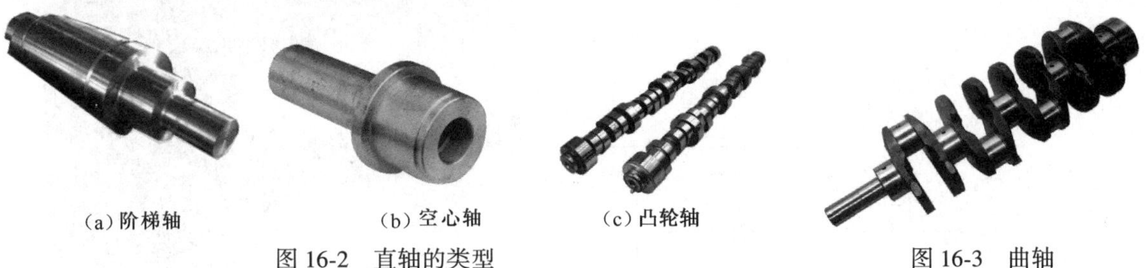

(a) 阶梯轴　(b) 空心轴　(c) 凸轮轴

图 16-2　直轴的类型　　图 16-3　曲轴

软轴(挠性钢丝轴)用于两传动轴线不在同一直线或工作时彼此有相对运动的空间传动,也可用于受连续振动的场合,以缓和冲击,如图 16-4 所示。

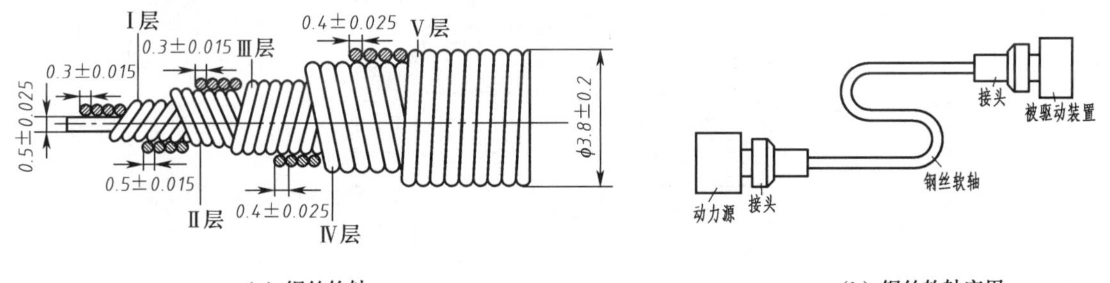

(a) 钢丝软轴　(b) 钢丝软轴应用

图 16-4　钢丝软轴及其应用

(2)直轴按其受载情况又可分为芯轴、传动轴、转轴三类。

按芯轴是否随轴上回转零件一起转动,芯轴又可分为转动芯轴和固定芯轴。

转动芯轴只承受弯矩 M,如图 16-5(a)所示。

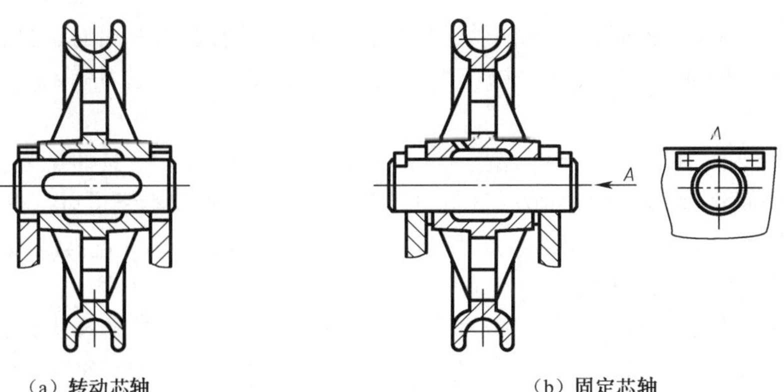

(a) 转动芯轴　(b) 固定芯轴

图 16-5　芯轴

传动轴只受转矩 T,不受弯矩 M(或弯矩很小,可以忽略不计)如车床上的光轴、汽车发动机输出轴与后桥之间的轴,如图 16-6(a)所示。

转轴既承受弯矩 M,又传递转矩 T,减速器中的转轴,转轴在各种机器中最为常见,如图 16-6(b)所示。

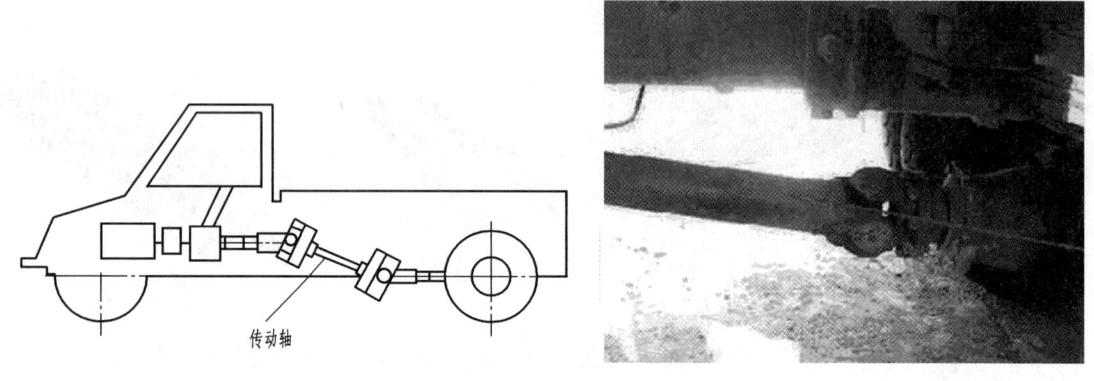

(a) 传动轴

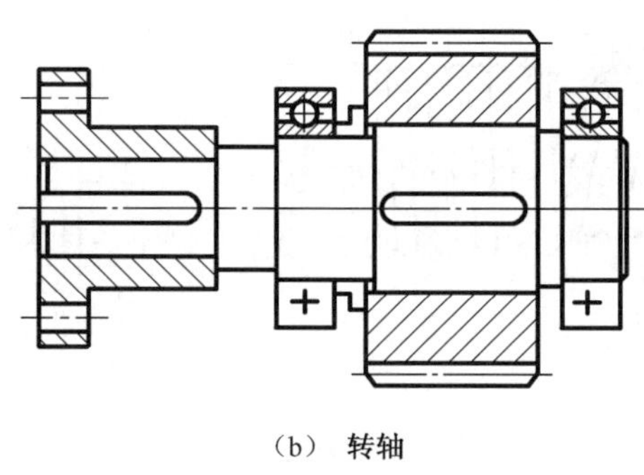

(b) 转轴

图 16-6 轴

16.1.2 轴的材料

轴的材料选取原则:轴应根据不同的工作条件和使用要求选用不同的材料,并采用不同的热处理方法(如调质、正火、淬火等),以获得一定的强度、韧性和耐磨性等综合力学性能及良好的加工性、经济性。

轴的材料主要采用碳素钢、合金结构钢、高强度铸铁和球墨铸铁,具体见表 16-1。

碳素钢价格便宜,对应力集中敏感性低,应优先采用。优质碳素钢可以用热处理的方法提高其耐磨性和抗疲劳强度,故应用最为广泛,其中最常用的 45 钢。不重要或低速轻载的轴可用 Q235、Q275 等普通碳素钢制造。

合金钢比碳钢具有更高的力学性能和更好的淬透性能。因此,在传递大动力,并要求减小尺寸与质量,提高轴的耐磨性,以及处于高温条件下工作的轴,常采用合金钢,如 40Cr、40MnB、35CrMo 等。

表 16-1　典型轴用材料特性

材料种类		特　点
碳素钢	Q235、Q275	不重要或低速、轻载的轴，可用 Q235、Q275 等钢制造
	45	45 钢是轴的常用材料，它价格便宜，经过调质（或正火）后，可得到较好的切削性能，而且能获得较高的强度和韧性等综合力学性能，淬火后表面硬度可达 45～52 HRC
合金结构钢	40Cr	40Cr 等合金结构钢适用于中等精度而转速较高的轴类零件，这类钢经调质和淬火后，具有较好的综合力学性能
	GCrl5、65Mn	轴承钢 GCrl5 和弹簧钢 65Mn，经调质和表面高频淬火后，表面硬度可达 50～58 HRC，并具有较高的耐疲劳性能和较好的耐磨性能，可制造较高精度的轴
	38CrMoAlA	精密机床的主轴（例如磨床砂轮轴、坐标镗床主轴）可选用 38CrMoAlA 氮化钢。这种钢经调质和表面氮化后，不仅能获得很高的表面硬度，而且能保持较软的心部，因此耐冲击韧性好。与渗碳淬火钢比较，它有热处理变形很小，硬度更高的特性
高强度铸铁和球墨铸铁		球墨铸铁和高强度铸铁的机械强度比碳钢低，但因铸造工艺性好，容易做成复杂的形状，而且价格低廉，吸振性和耐磨性好，对应力集中的敏感性较低，故常用于制造外形复杂的轴

轴的各种热处理（如高频淬火、渗碳、氮化、氰化等）以及表面强化处理（喷丸、滚压）对提高轴的疲劳强度有显著效果。但必须指出，由于碳素钢与合金钢的弹性模量基本相同，钢材的种类和热处理工艺对其弹性模量的影响很小。因此，采用合金钢和用热处理工艺提高轴的刚度并无实效，此时应通过增大轴径等方式来解决。

16.1.3　轴的加工

对于轴类零件，根据对表面结构参数的不同，通常在车床、磨床上加工或者铣床上加工，粗加工，半精加工，或精加工可在车床上加工，对于精度要求更高的轴，需要磨削，如图 16-7 所示。

图 16-7　轴的磨削加工

16.2　轴的结构设计

16.2.1　轴的功能

根据轴的功能来看，可分为工作部分、支承部分和连接部分三部分：

工作部分：安装带轮和齿轮的轴段。

支承部分：安装滚动轴承的轴段，并通过轴承支承安装在箱体。

连接部分：连接支承部分和工作部分的轴段。

图 16-8 为减速箱高速轴的轴系部件图。装滚动轴承处的两个轴段称为轴颈,是轴的支承部分;安装带轮和齿轮处的两个轴段称为轴头,是轴的工作部分;连接轴颈和轴头的轴段称为轴身,是轴的连接部分。

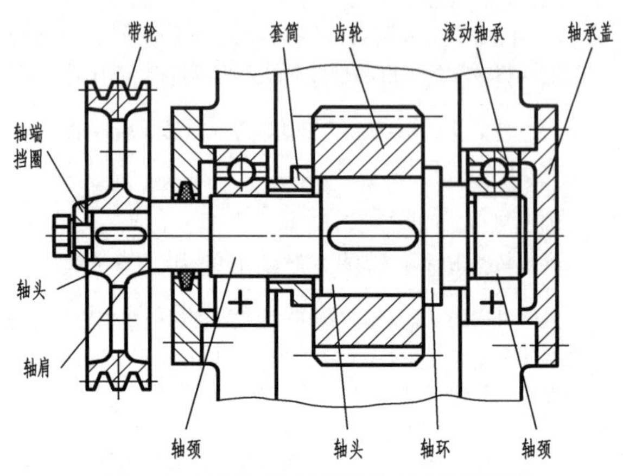

图 16-8　减速箱高速轴的轴系部件图

16.2.2　轴设计的基本要求

在轴的结构设计中,根据给定轴的功能要求,根据轴上零件的配置;轴上零件的固定;轴上零件的安装;轴的加工工艺性等几个方面,合理地确定轴的形状和尺寸。

1. 轴结构设计的基本要求

轴的结构设计就是使轴的各部分具有合理的形状和尺寸。影响轴结构的因素很多,设计时必须针对不同的情况来确定轴的结构。轴的结构设计必须满足以下主要要求:

(1)轴本身需满足强度、刚度以及耐磨性(滑动轴承轴颈)要求。

(2)轴和轴上零件要有确定的轴向工作位置及恰当的周向固定。

(3)轴应便于加工,轴上零件要易于装拆。

(4)轴的受力要合理,并应尽量减小应力集中。

轴的设计包括两个方面:

结构设计:使轴具有合理的结构形状,良好的加工工艺性。

强度计算:保证轴在载荷作用下不致断裂以及产生过大的变形,或者防止轴发生共振破坏,对轴进行振动稳定性计算。

轴的结构设计不合理会影响轴的工作能力和轴上零件的工作可靠性,还会增加轴的制造成本,使轴上零件装配困难,因此轴的结构设计是轴设计中的重要内容。

2. 轴的结构特点

为了满足强度要求和便于轴上零件的装拆与固定,轴做成阶梯状。为了安装时对中及防止锐边伤手,轴端部应制出 45°的倒角。此外,轴上断面发生变化处多加工成圆角,以减轻应力集中的影响。

轴头与轴颈处的直径应取标准尺寸。当轴上装有滚动轴承时,轴径应取与滚动轴承内径相同的标准值。

16.2.3 轴的结构设计

轴的结构主要取决于轴上零件的配置、固定和装拆,以及加工制造的可能性和经济性。前者是第一位的应首先满足。结构设计的落脚点是轴系的结构草图。

1. 合理布置轴上零件,改善轴受力状态

轴上零件的结构和布置方案以及所受载荷的大小和方向均会影响轴的受力状态,从而影响轴的强度和刚度。

图 16-9 所示为轴上滚筒的两种不同结构方案。图 16-9(a)所示的方案中轴 I 既受弯矩又受扭矩,而图 16-9(b)所示的方案中轴 I 只受弯矩。可以看出通过改进轴上零件的结构可以减小轴的载荷。

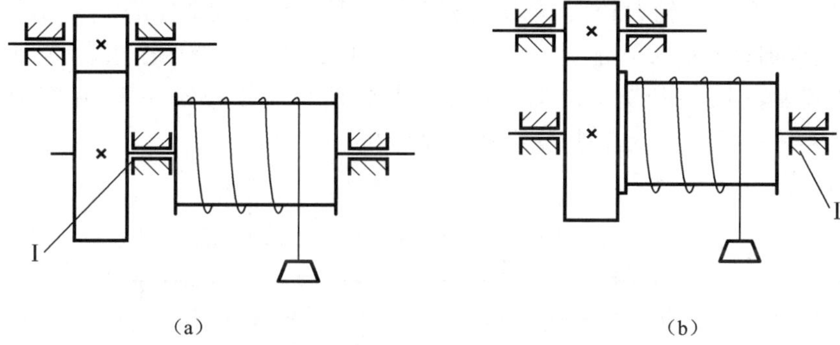

(a)　　(b)

图 16-9　轴上零件结构方案的比较

图 16-10 所示为轴上传动轮的两种不同布置方案。如果动力从右侧轮输入,其余两轮输出[见图 16-10(a)],当单纯考虑轴所受扭矩时,输入转矩为 T_1+T_2,此时轴所受最大扭矩为 T_1+T_2。若动力由中间轮输入,两侧轮输出[见图 16-10(b)],则轴所受最大扭矩仅为 T_1。可以看出通过改进轴上零件的布置方案也可以减小轴的载荷。

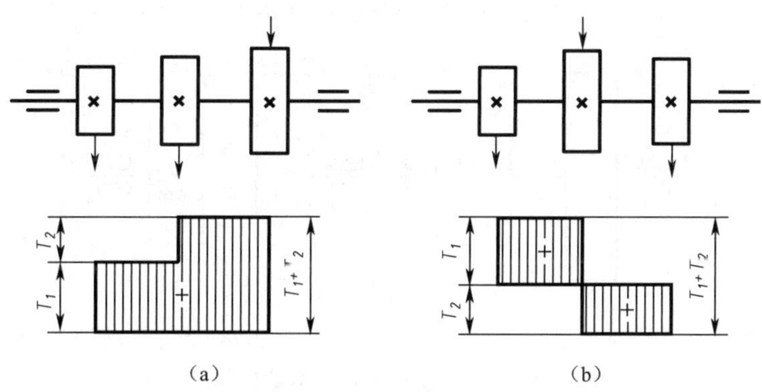

(a)　　(b)

图 16-10　轴上零件布置方案的比较

2. 合理布置轴上零件,减小轴所受转矩

将图 16-11(a)中的输入轮 1 的位置改为放置在输出轮 2 和 3 之间[见图 16-11(b)],则轴所受的转矩将由($T_2+T_3+T_4$)降低到(T_3+T_4)。

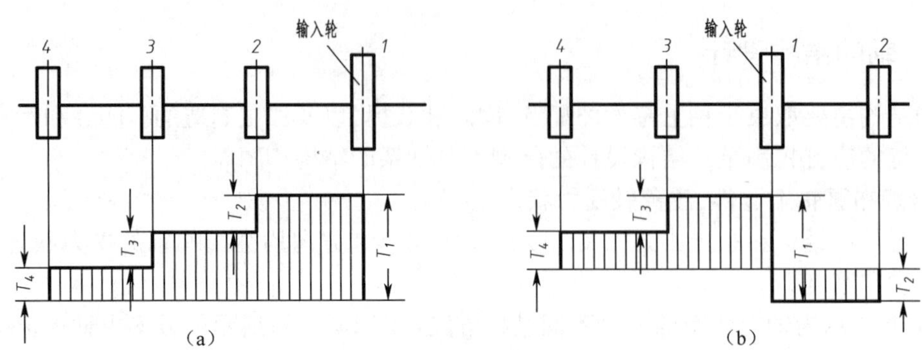

图 16-11　轴上零件的合理布局

3. 改进轴上零件的结构

图 16-12(a)中卷筒的轮毂较长,若将轮毂分成两段[见图 16-12(b)],则不仅可以减小轴的弯矩,而且能得到良好的轴孔配合。又如图 16 -13(a)中轴上有两个齿轮,动力由齿轮 A 传入。通过轴传到齿轮 B,轴既受弯矩又受转矩。若将两个齿轮做成一体[见图 16-13(b)],转矩直接由齿轮 A 传给齿轮 B,则轴只受弯矩不受转矩。

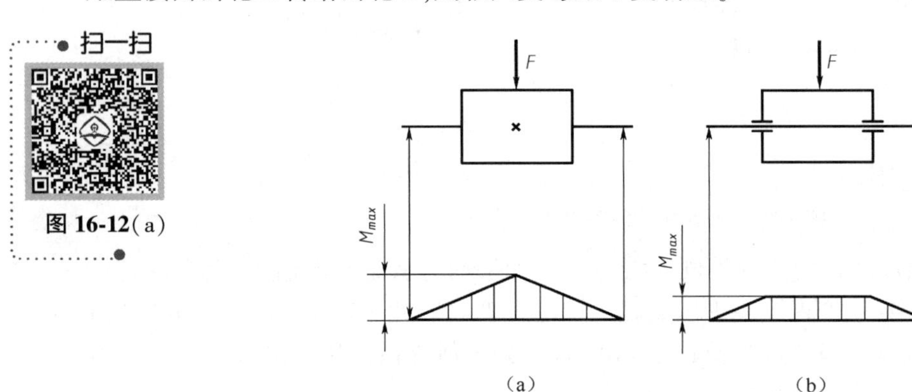

图 16-12　卷筒的轮毂结构

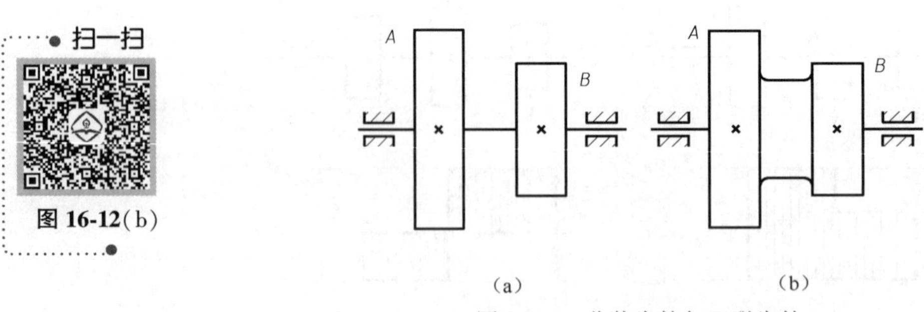

图 16-13　分装齿轮与双联齿轮

轴上零件可分为三类,即工作件(如齿轮、带轮、联轴器等)、支承件(如轴承等)和固定件(如键、套筒、挡板等)。其配置根据是:工作件的位置除必须考虑自身的尺度外,主要取决于相关件的位置,即其他部件上与之对偶工作的零件位置;支承件的位置主要取决于机架的位置要求和支承组合的结构要求;固定件的位置主要决定于自身尺寸和结构空间。

4. 轴上零件的定位和固定

轴上零件的定位和固定是轴的结构设计中两个十分重要的概念。定位是针对安装而言的，即无需任何测量便可一次安装到位；固定是针对工作而言的，即保持轴上零件与轴在工作过程中作为一个构件运转。轴上零件的定位和固定可分为轴向和周向的定位和固定。

(1)轴向的定位和固定是为了防止轴上零件受力时发生沿轴向的相对运动，轴上零件必须进行必要的轴向定位，以保证其正确的工作位置。常用的固定方法有轴肩或轴环、圆螺母、套筒、弹性挡圈、圆锥面、轴端挡圈和轴端挡板等，具体见表 16-2。

表 16-2　轴上零件的轴向定位与固定方法

定位与固定方法	简图	特点与应用
轴肩或轴环	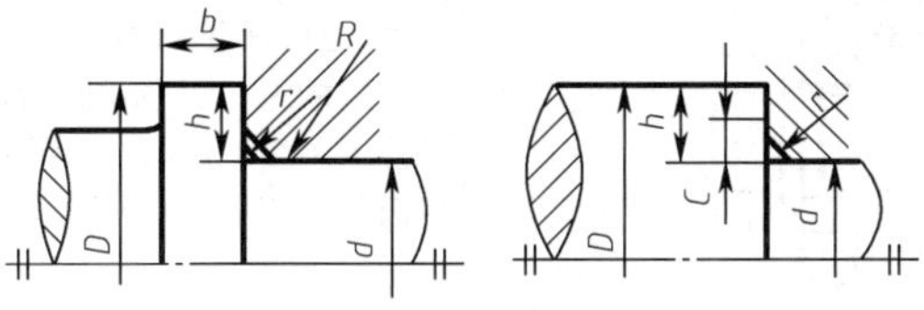 (a) 轴环　(b) 轴肩 $h \approx 0.07d+(1\sim2)$ mm，$b \geq 1.4h$， $r<R$，$r<C$，$h>C$	结构简单可靠，能承受较大的轴向力。缺点是轴肩处会因为轴的截面突变引起应力集中；一般取轴肩高度$h \approx 0.07d+(1\sim2)$ mm，轴环的宽度$b \geq 1.4$ mm
圆螺母	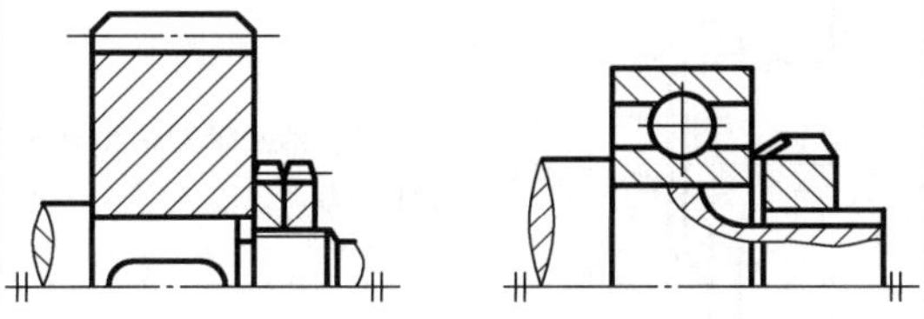 (a) 双圆螺母　(b) 圆螺母与止动	结构固定可靠，承受的轴向力大，需要防松措施，其结构有双螺母和圆螺母配止动垫圈两种，结构较复杂。螺纹位于承载轴段时会削弱轴的疲劳强度
套筒	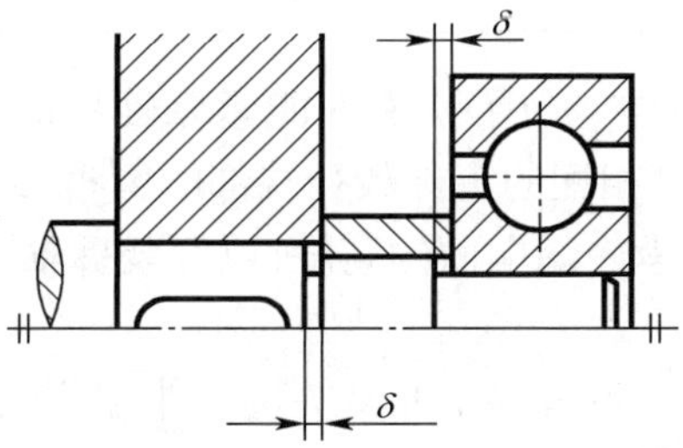	结构简单可靠，适用于轴上两零件间的定位和固定，轴上不需开槽、钻孔。可将零件的轴向力不经轴而直接传到轴承上。因套筒与轴的配合较松，若轴的转速较高时，不宜采用套筒定位。图中δ值通常取 2～3 mm，目的是可靠地定位，不允许相关的三个零件的端面共面
弹性挡圈	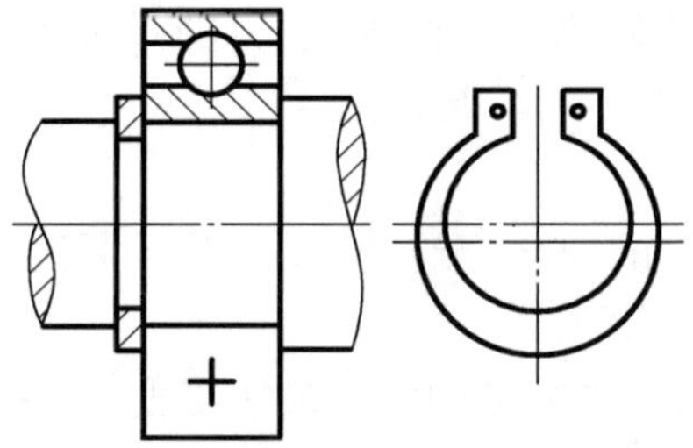	结构简单、紧凑，只能承受较小的轴向力，可靠性差。挡圈位于承载轴段时，轴的强度削弱较严重

续上表

定位与固定方法	简图	特点与应用
圆锥面		轴和轮毂间无径向间隙，装拆方便，能承受冲击载荷，多用于轴端零件的定位和固定。缺点是锥面加工麻烦，同轴度高，但轴向定位不准确
轴端挡圈	δ	用于轴端的定位和固定。可承受较大的轴向力，也可承受剧烈的振动和冲击载荷，需采取防松措施。图中 δ 值通常取 2～3 mm，目的是为了可靠地定位，不允许相关的三个零件的端面共面
轴端挡板		用于心轴的轴端定位和固定，只能承受较小的轴向力

轴肩可分为定位轴肩和非定位轴肩两类。为了使零件能紧靠轴肩而得到准确可靠的定位，轴肩处的过渡圆角半径 r 必须小于与之相配的零件毂孔端部的倒角 C。

滚动轴承的定位轴肩高度必须低于轴承内圈端面的高度，以便装拆轴承，其轴肩的高度应根据相关手册中轴承的安装尺寸确定。

结构设计时重要的传动零件定位轴肩的位置确定非常关键。非定位轴肩是为了加工和装配方便而设置的，其高度无严格的规定，可取 1～2 mm。

(2)周向的定位和固定轴和轴上零件沿圆周方向的固定，目的是传递转矩和运动，常采用键连接、销连接和过盈配合等固定形式，如图 16-14 所示。

5. 轴上零件的装拆

在满足使用要求的前提下，应选用较松的配合，配合段长度要尽可能短些，配合段前的直径要细一些，以方便装配。

为便于零件装配，轴端应制出 45°倒角。当装配的零件较重或配合的过盈量较大时，装入端应做出导向圆锥[见图 16-15(a)]或采用不同的尺寸公差[见图 16-15(b)]。

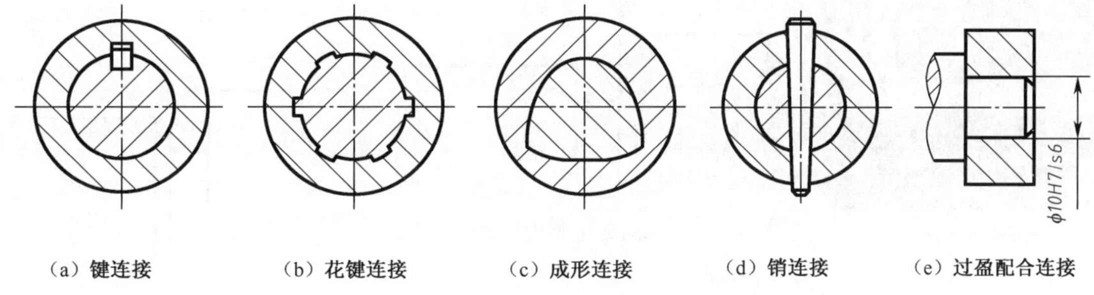

图 16-14　轴上零件的周向定位

确定各轴段长度时，应尽可能使结构紧凑，同时还要保证零件所需的装配或调整空间。为了保证轴向定位可靠，与齿轮和联轴器等零件相配合部分的轴段长度一般应比轮毂长度短 2~3 mm，这段长度可以称为压紧空间(见图 16-16)。

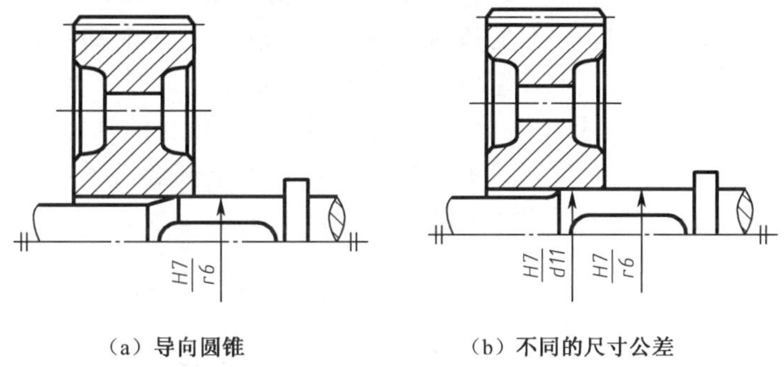

图 16-15　零件要便于装拆

圆螺母及其止动垫圈、轴端挡圈、轴用弹性挡圈、锁紧挡圈是标准件，其结构的安装尺寸注意查相关国家标准。

6. 轴的加工工艺性

(1)轴的结构要符合制造要求

为了减少装夹工件的时间，同一轴上的键槽要布置在轴的同一纵向线上(见图 16-17)；为了减少加工刀具的种类和提高劳动生产率，轴上直径相近的圆角、倒角、键槽宽度、砂轮越程槽宽度和螺纹退刀槽宽度等应尽可能采用相同的尺寸。

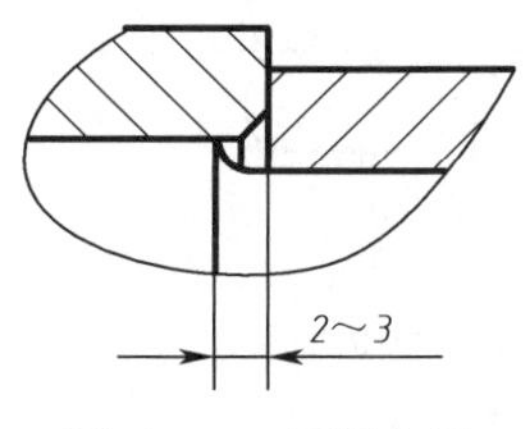

图 16-16　压紧空间

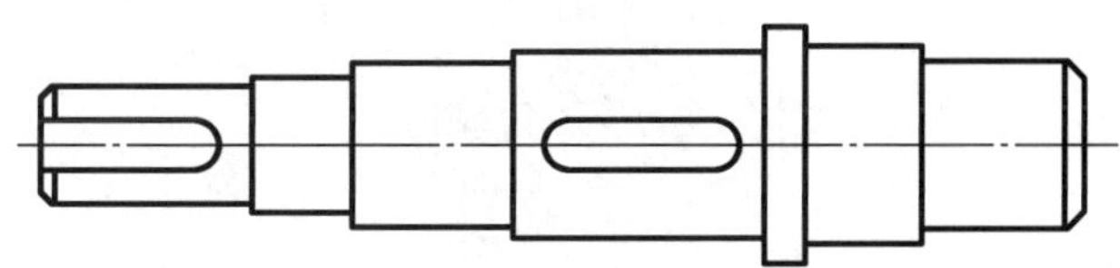

图 16-17　不同轴段的键槽布置在同一纵向线上

(2)轴上应该有工艺槽

为便于轴的加工，当轴需要磨削加工或车制螺纹时，在轴上还应留出砂轮越程槽[见图 16-18(a)、(b)]或螺纹退刀槽(见图 16-19)。

(3)力求简单

当在满足使用要求的前提下，轴的形状要力求简化，轴的阶梯数要尽可能少，轴的尺寸精度和表面粗糙度的选择要适当。

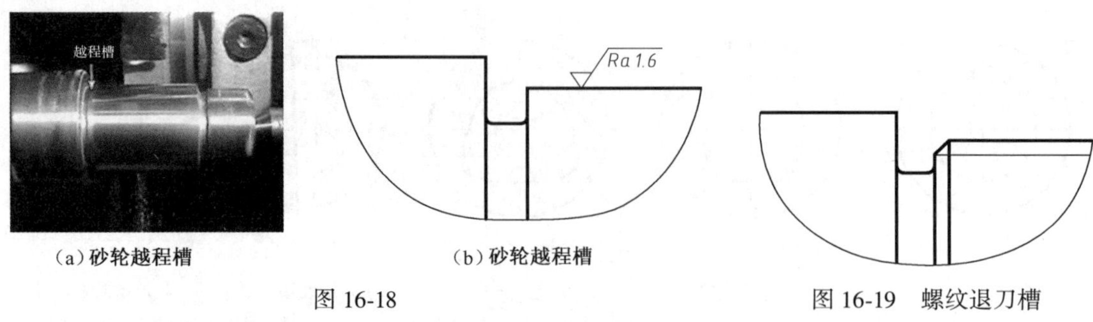

（a）砂轮越程槽　　（b）砂轮越程槽

图 16-18

图 16-19　螺纹退刀槽

(4)圆角过度

为了改善轴的疲劳强度,减少轴在变断面处的应力集中,应适当地增大过渡圆角。各圆角亦应尽量选用同一尺寸。但是,如果圆角半径 r 过大,会影响轴上零件的定位。为此,可在结构上采取相应的措施。如在轴上设计卸载槽[见图 16-20(a)],采取较大的凹切圆角[见图 16-20(b)]或附加一个过渡定位环[见图 16-20(c)]等。对于过盈配合的轴和轮毂在配合处的轴两端也会产生应力[见图 16-21(a)],通常采取的措施是在轮毂上开卸载槽[见图 16-21(b)]或轴上开卸载槽[见图 16-21(c)]或增大轴径[见图 16-21(d)]等。

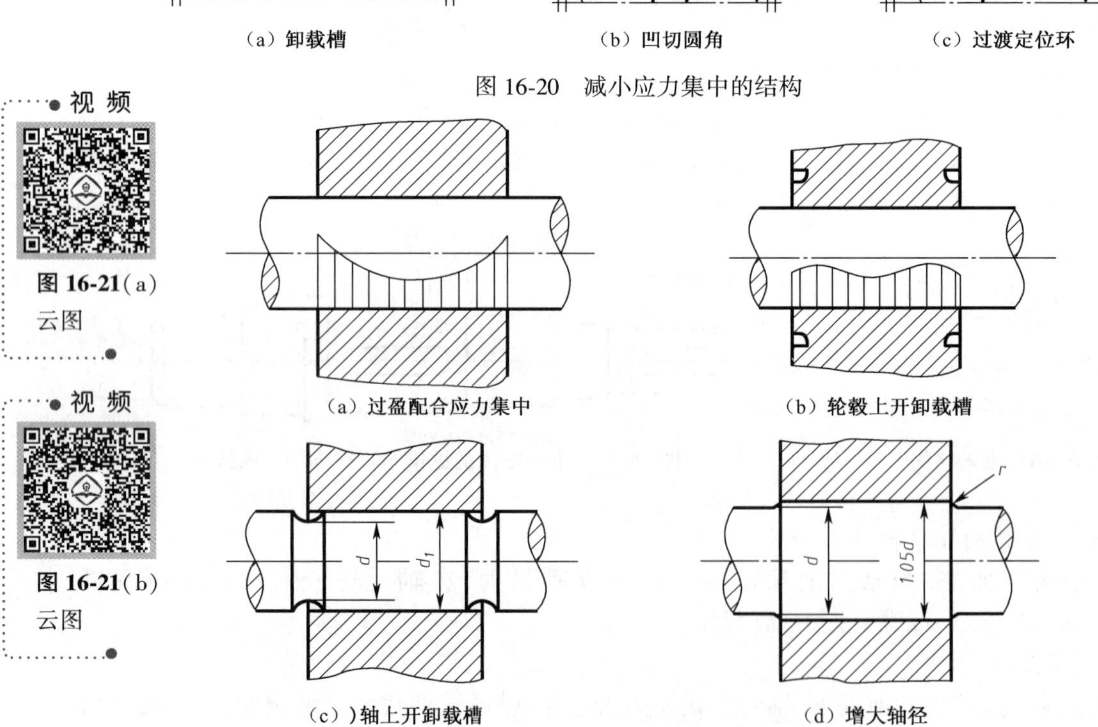

（a）卸载槽　　（b）凹切圆角　　（c）过渡定位环

图 16-20　减小应力集中的结构

视频

图 **16-21**(a)
云图

视频

图 **16-21**(b)
云图

（a）过盈配合应力集中　　（b）轮毂上开卸载槽

（c））轴上开卸载槽　　（d）增大轴径

图 16-21　过盈配合中减小应力集中的措施

16.3　轴的强度计算

轴的工作能力校核，主要包括三方面的内容：

(1) 一是为防止轴的断裂和塑性变形对轴进行强度校核。

(2) 二是为防止轴过大的弹性变形对轴进行刚度校核。

(3) 三是为防止轴发生共振破坏对轴进行振动稳定性计算。

实际设计时应根据具体情况有选择地进行校核。一般机械设备中的轴，如静压机机组中减速器的齿轮轴只需进行强度校核即可；对工作时不允许有过大变形的轴，如机床主轴，还应进行刚度校核；对高速或载荷作周期性变化的轴，除了要进行前两项的校核计算外，还应按临界转速条件进行轴的稳定性计算。

在工程设计中，进行轴的强度校核计算时，应根据轴的具体受载及应力情况，采用相应的计算方法，并应恰当地选取其许用应力。

16.3.1　转矩法

对于承受转矩或主要承受转矩的传动轴，用此法计算；对于受弯矩、转矩复合作用的轴，常用此方法估算轴径。

$$\tau=\frac{T}{W_T}=\frac{9.55\times10^6P}{0.2d^3n}\leqslant[\tau] \tag{16-1}$$

式中　τ——扭转切应力，MPa，表 16-3 为几种常用材料的许用扭转切应力和系数 A_0 值；

T——轴传递的转矩，N · mm；

W_T——轴的抗扭截面系数，mm^3；

P——轴传递的功率，kW；

d——计算截面处的轴径，mm；

n——轴的转速，r/min；

$[\tau]$——许用扭转切应力，MPa。

由式(16-1)可得轴的设计公式为

$$d\geqslant\sqrt[3]{\frac{9.55\times10^6P}{0.2[\tau]n}}=A\sqrt[3]{\frac{P}{n}} \tag{16-2}$$

表 16-3　几种常用材料的许用扭转切应力$[\tau]$和系数 A_0 值

轴的材料	Q235、20	Q275、35	45	40Cr、35SiMn、40MnB、38SiMnMo
A_0	149~126	135~112	126~103	112~97
$[\tau]$/MPa	15~25	20~35	25~45	35~55

注：1. 表中给出的$[\tau]$值是考虑了弯曲影响而降低了的许用扭转切应力。

2. 当弯矩较小或只受转矩作用、载荷较平稳、无轴向载荷或只有较小的轴向载荷、减速器的低速轴、轴只作单向旋转，$[\tau]$取大值，A_0 取小值；反之，$[\tau]$取小值，A_0 取大值。

式(16-2)中的轴径为承受转矩作用的轴的最小直径。若轴的计算处有键槽，考虑键槽对轴的强度会有所削弱，应增大轴径。对直径 $d>100$ mm 的轴，当轴的同一截面上有一个键槽时,轴径应加大 4%;有两个键槽时(互成 180°),轴径应加大 7%~10%。对直径 $d \leqslant 100$ mm 的轴,当轴的同一截面上有一个键槽时,轴径应加大 5%;有两个键槽时(互成 180°),轴径应加大 10%~15%。最后应将计算结果圆整成标准尺寸,当该轴段与滚动轴承、联轴器、V 带轮等标准零、部件装配时,其轴径必须与标准零、部件相应的孔径系列中的孔径取得一致。

16.3.2 当量弯矩法

轴的强度计算通常在完成轴的初步估算和结构设计之后,按弯扭复合强度条件,对轴进行强度计算。一般计算方法和步骤如下:

(1)作出轴的力学简图。

(2)作出水平面和垂直面的受力图,求出水平面和垂直面支反力的大小和方向。

(3)作出水平面上和垂直面上的弯矩图(M_H 和 M_V)。

(4)求出 $M=\sqrt{M_H^2+M_V^2}$,作出合成弯矩图。

(5)画出转矩图。

(6)用 $M_d=\sqrt{M^2+(\alpha T)^2}$ 求出 M_d 作出当量弯矩 M_d 图。

式中,α 考虑转矩和弯矩加载情况以及应力状况不同时的折算系数,又称应力循环特征差异的系数。

对转轴而言,弯矩 M 所产生的弯曲应力 σ 是对称循环的变应力,而扭矩 T 所产生的扭转切应力 τ 常常不是对称循环的变应力,故在求折算弯矩时,必须考虑两者循环特性的差异,引入折算系数 α。

对于静转矩, 取 $\alpha=0.3$;

对于脉动循环转矩, 取 $\alpha=0.6$;

当轴双向转动时,其扭转切应力为对称循环变应力,扭转切应力与弯曲应力的应力状况相同,取$\alpha=1$。

对转矩变化规律不清楚,一般也按照脉动循环应力处理。

(7)校核轴的强度。

根据轴的具体情况,选取若干危险截面(注意,危险截面可能出现在弯矩和转矩大的截面,也可能出现在轴径较小的截面,因此在设计计算时应选择多个危险截面进行计算,找到最危险的截面),按式(16-3)进行强度校核计算。

$$\sigma_d=\frac{M_d}{W}=\frac{\sqrt{M^2+(\alpha T)^2}}{W}\leqslant[\sigma_{-1b}] \tag{16-3}$$

式中 σ_d——当量弯矩产生的弯曲应力,MPa;

M_d——当量弯矩,N · mm;

W——轴的抗弯截面系数;

$[\sigma_{-1b}]$——轴的对称循环许用弯曲应力,MPa,见表 16-4。

式(16-3)也可写为

$$d\geqslant\sqrt[3]{\frac{M_d}{0.1[\sigma_{-1b}]}} \tag{16-4}$$

当轴上有键槽时,应适当增大轴径,增加量同转矩法。

表 16-4　轴的许用弯曲应力　(MPa)

材料	抗拉强度 σ_b	静循环 $[\sigma_{+1b}]$	脉动循环 $[\sigma_{0b}]$	对称循环 $[\sigma_{-1b}]$
碳素钢	400	130	70	40
	500	170	75	45
	600	200	95	55
	700	230	110	65
合金钢	800	270	130	75
	1 000	330	150	90
铸钢	400	100	50	30
	500	120	70	40

16.3.3　提高轴强度的措施

当轴的强度校核不满足要求时，即 $\sigma_{ca}>[\sigma_{-1b}]$ 时，就需要提高轴的强度，这可以从减小轴的计算应力 σ_{ca} 和增大轴的许用应力 $[\sigma_{-1b}]$ 两方面考虑。减小轴的计算应力最直接的方法就是增大轴径；另外，改变轴系的结构，使轴的受力尽量合理，如减小悬臂的长度、合理布置轴上零件的位置等，也能减小轴的计算应力；改善轴的表面质量也可以降低轴的疲劳应力。提高轴的许用应力 $[\sigma_{-1b}]$ 的方法有采用更高级别的材料、采用合理的热处理工艺提高材料的性能等。

需要注意的是，轴的强度校核通常与轴的结构设计交叉进行。另外，轴的结构尺寸除了考虑强度外，还要考虑轴的刚度、振动稳定性、加工和装配工艺条件，以及与轴有关的其他零件和结构的要求。

16.4　轴的图样

在完成了轴的结构设计和强度校核之后，尚需绘制轴的零件工作图，以便加工制造。关于零件图的视图选择、尺寸标注等一般原则，可参阅现代工程设计制图实践教程上册，本文结合图 16-22 简要说明轴的零件工作图的几个问题。

16.4.1　轴的视图选择

按加工位置的原则来选择和布置主视图，也就是轴在图中应水平放置，使轴的结构形状明显，键槽在主视图中显示出实形，用移出断面表示键槽的深度。轴端面上的中心孔为标准结构，可以不画，在技术要求中注出它的型号。

16.4.2　轴的尺寸标注

1. 尺寸基准

轴的径向尺寸以轴线为基准。它既是设计基准，又是工艺基准。

轴的轴向尺寸基准不止一个，一般两端面可作为基准，它们是工艺基准。图 16-22 中轴环的右端面是齿轮的定位面，以它为基准还可以决定其他零件与齿轮的相对位置。

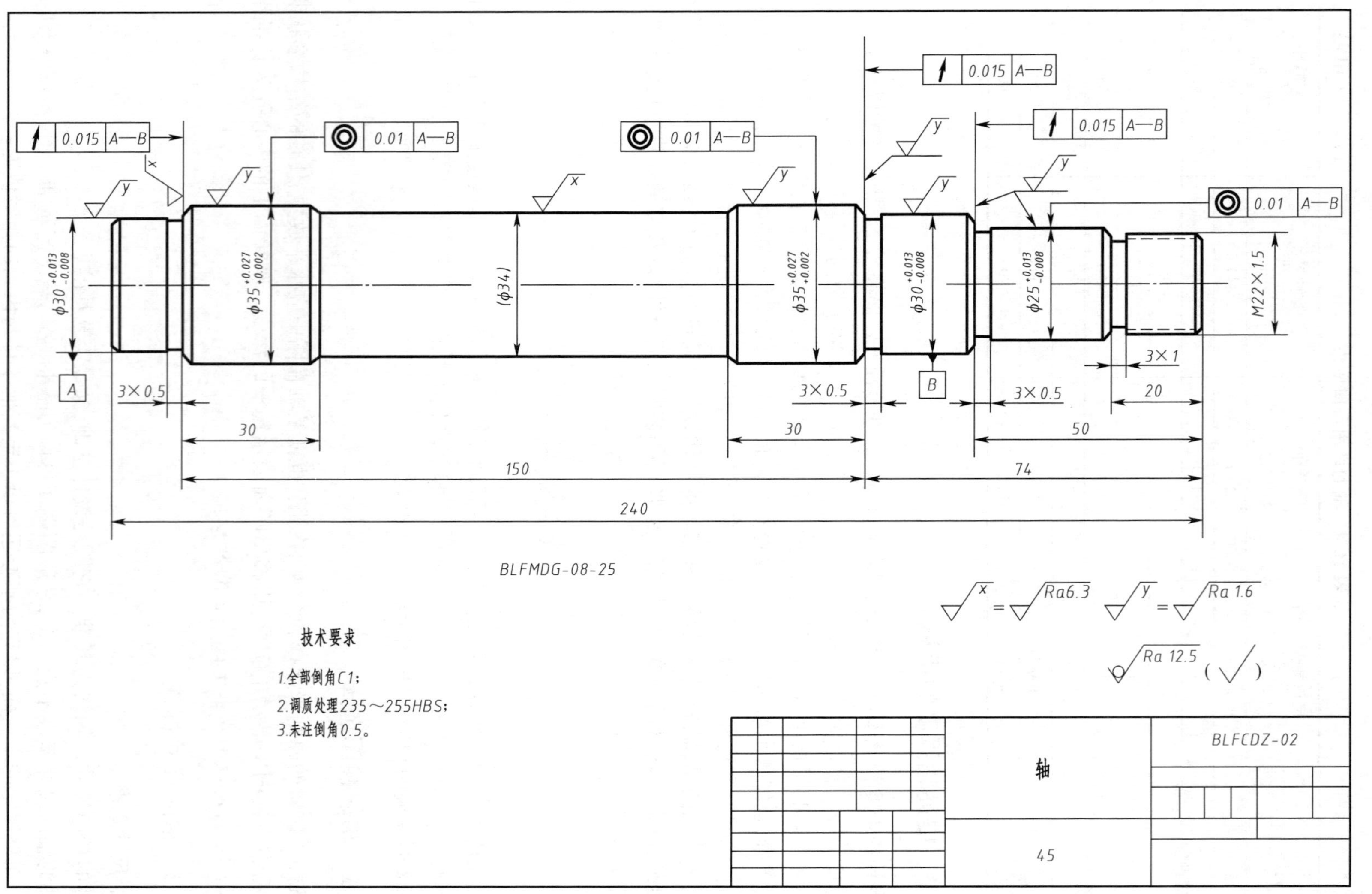

图 16-22　轴的零件工作图

2. 尺寸标注

轴的尺寸标注应考虑以下几点：

(1)在设计轴类零件时应标注好其径向尺寸和轴向尺寸

对于径向尺寸,要注意配合部位的尺寸及其偏差。同一基本尺寸的几段轴径应逐一标注,不得省略;对圆角、倒角等细部结构的尺寸也不要漏掉(或在技术要求中加以说明)。

对于轴向尺寸,首先应选好基准面,并尽量使标注的尺寸反映加工工艺及测量的要求,还应注意避免出现封闭尺寸链。通常,使轴中最不重要的一段轴向尺寸作为尺寸的开口环。为减少尺寸误差积累,尺寸链应避免串联过多。

(2)重要尺寸如轴上与孔有配合关系的轴颈长和安装零件宽度有关系,应直接注出。如图 16-22 中安装齿轮的轴段长 30 mm,在部件设计时,给定的与轴相关的一些尺寸应直接注出。重要尺寸,必要时还应注出它的偏差数值。

16.4.3　轴的精度要求

轴的精度要求一般根据轴的主要功用和工作条件制定,通常有以下几项：

(1)尺寸精度

起支承作用的轴段(如安装滚动轴承)为了确定轴的位置,通常对其尺寸精度要求较高(IT5~IT7);装配传动件(如带轮、齿轮)的轴段尺寸精度一般要求较低(IT6~IT9)。

(2)几何形状精度

轴类零件的几何形状精度主要是指轴颈、外锥面、莫氏锥孔等的圆度、圆柱度等,一般应将其公差限制在尺寸公差范围内。对精度要求较高的内、外圆表面,应在图样上标注其允许偏差。

(3)相互位置精度

轴类零件的位置精度要求主要是由轴在机械中的位置和功用决定的。通常应保证装配传动件的轴颈对支承轴颈的同轴度要求,否则会影响传动件(齿轮等)的传动精度,并产生噪声。普通精度的轴,其配合轴段对支承轴颈的径向跳动一般为 0.01~0.03 mm,高精度轴(如主轴)通常为 0.001~0.005 mm。

(4)表面粗糙度

表面粗糙度值的选择应根据设计要求确定。在保证正常条件下,应尽量选取数值较大者,以利于加工。表 16-5 为轴加工表面粗糙度的推荐值,表 16-6 为配合面的表面粗糙度。

表 16-5　轴加工表面粗糙度的推荐值

加工表面	表面粗糙度的 Ra/μm
与传动件及联轴器等轮毂相配合的表面	3.2,1.6~0.8,0.4
与 P0、P6 级滚动轴承相配合的表面	见表 16-6
与传动件及联轴器等轮毂相配合的轴肩端面	6.3,3.2~3.2,1.6

续上表

加工表面	表面粗糙度的 Ra/μm			
与滚动轴承相配合的轴肩端面	见表 16-6			
平键键槽	工作面 6.3,3.2~3.2,1.6;非工作面 12.5,6.3			
密封处的表面	毡圈油封	橡胶油封		间隙及迷宫
	与轴接触处的圆周速度(m/s)			6.3,3.2~3.2,1.6
	≤3	>3~5	>5~10	
	3.2,1.6~1.6,0.8	1.6,0.8~0.8,0.4	0.8,0.4~0.4,0.2	

表 16-6　配合面的表面粗糙度

轴或轴承座直径/mm	轴或外壳配合表面直径公差等级					
	IT7		IT6		IT5	
	表面粗糙度/pm					
	Ra		Ra		Ra	
	磨	车	磨	车	磨	车
≤80	1.6	3.2	0.8	1.6	0.4	0.8
80~500	1.6	3.2	1.6	3.2	0.8	1.6
端面	3.2	6.3	3.2	6.3	1.6	3.2

注:与/P0、/P6、/P6X 级公差轴承配合的轴,其公差等级一般为 IT6,外壳孔一般为 IT7。

16.4.4　轴的技术要求

轴的技术要求通常有:

①零件热处理方法及所应达到的要求。

②几何公差。多用规定代号注在视图中,当无法采用代号标注时,允许在技术要求中用文字说明。

③数量较多且尺寸相同的圆角及中心孔的型号,可在技术要求中用文字说明。

④其他,如特殊的加工处理要求等。

例　试设计图 16-23 所示胶带运输机的单级标准斜齿圆柱齿轮减速器的低速轴。

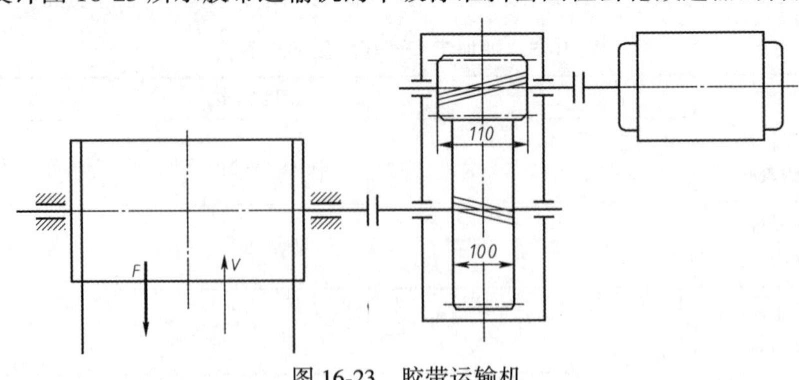

图 16-23　胶带运输机

已知：电动机功率 $P=30$ kW，转速 $n=730$ r/min；减速器传动比 $i=6.4$；电动机至低速轴之间总效率 $\eta=\eta_1'\eta_2'\eta_3$；大齿轮的齿数 $z_2=122$，法向模数 $m_n=3.5$ mm，螺旋角 $\beta=9°14'55''$（右旋），齿宽 $b_2=100$ mm（小齿轮齿宽 110 mm）、分度圆直径 $d_2=432.62$ mm。

解

步　骤	计算与说明	主要结果
拟定装配草图	参考有关手册，考虑轴上零件的安装与固定，拟定装配草图	图 16-24(a)
一、确定轴上的作用力 1. 低速轴转速 n_2 2. 低速轴功率 P_2 3. 低速轴转矩 T_2 4. 齿轮切向力 F_t 5. 齿轮径向力 F_r 6. 齿轮轴向力 F_x 7. 由 F_x 对轴产生的弯矩 M_{F_x} 8. 绘轴的受力简图	$n_2=\dfrac{n_1}{i}=\dfrac{730}{6.4}$ (r/min) = 114.06 (r/min) $P_2=P_\eta=30\times0.94$ (kW) = 28.2 (kW) $T_2=\dfrac{9\,550P_2}{n_2}=\dfrac{9\,550\times28.2}{114.06}$ (N·m) = 2 361.13 (N·m) $F_t=\dfrac{2T_2}{d_2}=2\times\dfrac{2\,361.13}{0.432\,62}$ (N) = 10 916 (N) $F_r=\dfrac{F_t\tan\alpha_n}{\cos\beta}=2\times\dfrac{10\,916\tan20°}{\cos9°14'55''}$ (N) = 4 025.43 (N) $F_x=F_t\tan\beta=10\,916\times9°14'55''$ (N) = 1 777.51 (N) $M_{F_x}=\dfrac{F_xd_2}{2}=1\,777.51\times\dfrac{0.432\,6}{2}$ (N) = 384.48 (N)	$F_t=10\,916$ N $F_r=4\,025.43$ N $F_x=1\,777.51$ N 图 16-24(b)
二、选择轴的材料 1. 估算最小直径 2. 选择联轴器	选择该轴的材料为 45 钢，调质处理，强度极限 $\sigma_b=600$ MPa，估算最小直径 d_1，由式(16-2)有 $d\geqslant A_0\sqrt[3]{\dfrac{P}{n}}=106\times\sqrt[3]{\dfrac{28.2}{114.06}}$ (mm) = 66.53 (mm) 由表 16-3 查得 $A_0=103\sim126$，因轴的最小直径段上无弯矩，取 $A_0=106$。考虑键槽削弱了轴的强度，将轴径增大 5%，所取 $d_1=1.05\times66.53$ mm = 69.86 mm ≈ 70 mm 从安全角度出发，选用齿轮联轴器。由手册查得：用于胶带运输机的联轴器，其工况系数 $K=1.5\sim2$，于是得 $T_c=KT=(1.5\sim2)\times2\,361.13$ (N·m) $=3\,542\sim4\,722$ (N·m) 根据 T_c 值和 $d_1=70$ mm，查手册选用 CL4 齿轮联轴器。轴孔 $\phi45\sim\phi75$ mm，半联轴器轮毂长 $L_1=105$ mm，许用最大转矩 $T_c>5\,600$ N·m，$e=18$ mm 用 CL4 齿轮联轴器。轴孔 $\phi45\sim\phi75$ mm，半联轴器轮毂长 $L_1=105$ mm，许用最大转矩 $T_c>5\,600$ N·m，$e=18$ mm	材料：45 $d_1=70$ mm

续上表

步　骤	计算与说明	主要结果
三、轴的结构设计 1. 轴承类型的选择，轴径的确定 确定轴承型号 2. 轴段长度的确定	考虑到受轴向力，选用圆锥滚子轴承轴肩高度 $h\approx0.07d+(1\sim2)$ mm，根据已知轴径 $d_1=70$ mm，可得 $d_2=80f9$ mm，$d_3=80$ mm，$d_4=85$ mm，$d_5=100$ mm，$d_6=90$ mm，$d_7=80$ mm 由 $d_3=d_7=80$ mm 选轴承型号为 30216， 查出内径 $d=80$ mm，外径 $D=140$ mm， 宽度 $T=28$ mm，$B=26$ mm，$C=22$ mm， $d_b=90$ mm，$d_a=88$ mm，$a=30$ mm，$r=3$ mm ①由图 16-24(a) 知轴头 1 与轴颈 7 上的零件（半联轴器与轴承）为单向轴向固定，其长度可取轴上零件配合孔的长度，即 $l_1=105$ mm，$l_7=26$ mm（轴承内圈宽）（注意：各轴段长用 l 表示，即 l_1，l_2，l_3，…，l_7，图上未注） ②轴头 4 应小于轮毂宽 $l_4=b_{齿}-\delta_1=(100-2)$ (mm) = 98 (mm) ③轴的相关零件位置和尺寸的确定： 如图 16-24(a) 中所示，由手册和设计资料查得 $\Delta_1=10$ mm（小齿轮距箱壁距离，图中未画），$\Delta_2=\Delta_1+(5\sim10)$ (mm)， 取 $\Delta_2=15$ mm，$\delta=10$ (mm)， $c_1=26$ mm，$c_2=21$ mm，$b'=14$ (mm，) $H=8$ mm，$e=18$ mm，$L_3=c_1+c_2+(5\sim10)$ mm，取 $L_3=52$ mm，$L_4=e-H=10$ mm ④轴支点距的确定：对于 30216 轴承按图装配形式，得 $L=b_{齿}+2(\Delta_2+\delta)+2(T-a)=146$ mm，其中 T、a 可由手册查得 ⑤箱体外零件力点距的确定：由图可得 $L_2=l_1/2+L_4+H+b'+L_3+a-T=138.5$ (mm) ⑥其他各轴段长度的确定（过程略）	$d_2=80f9$ mm $d_3=80m6$ mm $d_4=85$ mm $d_5=100$ mm $d_6=90$ mm $d_7=80m6$ mm 轴承型号为 30216 $l_1=105$ mm $l_7=26$ mm $l_4=98$ mm $L_3=52$ mm $L_4=10$ mm $L=146$ mm $L_2=138.5$ mm
四、计算支座反力	考虑轴向力的方向，将右轴承简化为支座 B，左轴承简化为可移动的支座 A，AB 间距离 $L=146$ mm。齿轮轮缘的对称面和轴中心线的交点 C 在 AB 的正中间，所以 $L_1=L/2=73$ mm。D 点在 L_1 的正中间，$L_2=136.5$ mm。其受力简图如图 16-24(b) 所示 在 xOy 面[见图 16-24(c)]，由 $\sum MA=\sum MB=0$ 分别得 $F_{R_{By}}=(M_{F_a}+F_rL_1)/L$ $=(384\,480+4\,025.43\times73)/146$ (N) = 4 646.14 (N) $F_{R_{Ay}}=(-M_{F_a}+F_rL_1)/L$ $=(-384\,480+4\,025.43\times73)/146$ (N) = −620.71 (N) 在 xOz 面[见图 16-24(e)]，由 $Z=0$ 和 $\sum MA=0$ ($\sum MB=0$) 得到 $F_{R_{Az}}=F_{R_{Bz}}=\dfrac{F_1}{2}=\dfrac{10\,916}{2}$ (N) = 5 458 (N)	$L_1=73$ mm $F_{R_{By}}=4\,646.14$ N $F_{R_{Ay}}=-620.71$ N $F_{R_{Az}}=5\,458$ N $F_{R_{Bz}}=5\,458$ N

续上表

步　骤	计算与说明	主要结果
五、轴的强度校核 1. 画弯矩图 2. 合成弯矩 3. 转矩 4. 计算 C 点处的最大当量弯矩 5. 危险截面轴径验算	计算过程略,弯矩图如图 16-24(d)和图 16-24(f)。 合成弯矩图见图 16-24(g)。 $M_{c左}=\sqrt{45.31^2+398.43^2}$ (N·m)= 401 (N·m) $M_{c右}=\sqrt{339.17^2+398.43^2}$ (N·m)= 523.24 (N·m) T_2 = 2 361.13 (N·m),转矩图如图 16-24(h) $M_d=\sqrt{M_{c右}^2+(\alpha T_2)^2}$ $=\sqrt{523.24^2+(0.6\times 2\,361.13)^2}$ (N·m) = 1 510.22 (N·m) 式中,T_2 按脉动循环处理。 由图[16-24(a)]可以看出在 D 点(轴径最小)和 C 点(合成弯矩最大)两处都可能是危险断面。由于 D 点处的轴径是估算确定的,在估算公式中曾经考虑了弯矩的影响,现在此处并没有弯矩的作用,所以估算的轴径是偏于安全的。这里,只需验算 C 点处的轴径。由式 (16-4)得 $d\geqslant A_0^3\dfrac{M_d}{0.1[\sigma_{-1b}]}=106^3\times\dfrac{1\,510.22\times 10^3}{0.1\times 55}$ (mm) ≈65 (mm) 式中:$[\sigma_{-1b}]$ = 55 MPa,由表 16-4 按碳钢$[\sigma_b]$ = 600 MPa 查得。设计中轴 C 点处的轴径 d_4 = 85 mm,考虑键槽对轴强度的削弱加大 5%,仍然足够安全	T_2 = 2 361.13 N·m M_d = 1 510.22 N·m 足够安全
六、键的选择及其强度校核	安装齿轮处:根据 d_4 = 85 mm,L_4 = 98 mm,由手册选用平键,其尺寸为 b = 22mm,h = 14 mm,l = 90 mm 安装联轴器处:根据 d_1 = 70 mm,l_1 = 105 mm,由手册选用平键,其尺寸为 b = 20 mm,h = 12 mm,l = 100 mm 键的强度校核略	
七、画轴的零件图样	该轴的零件图样如图 16-25 所示,有关注意事项和问题参看本章 16.3 节	图 16-25

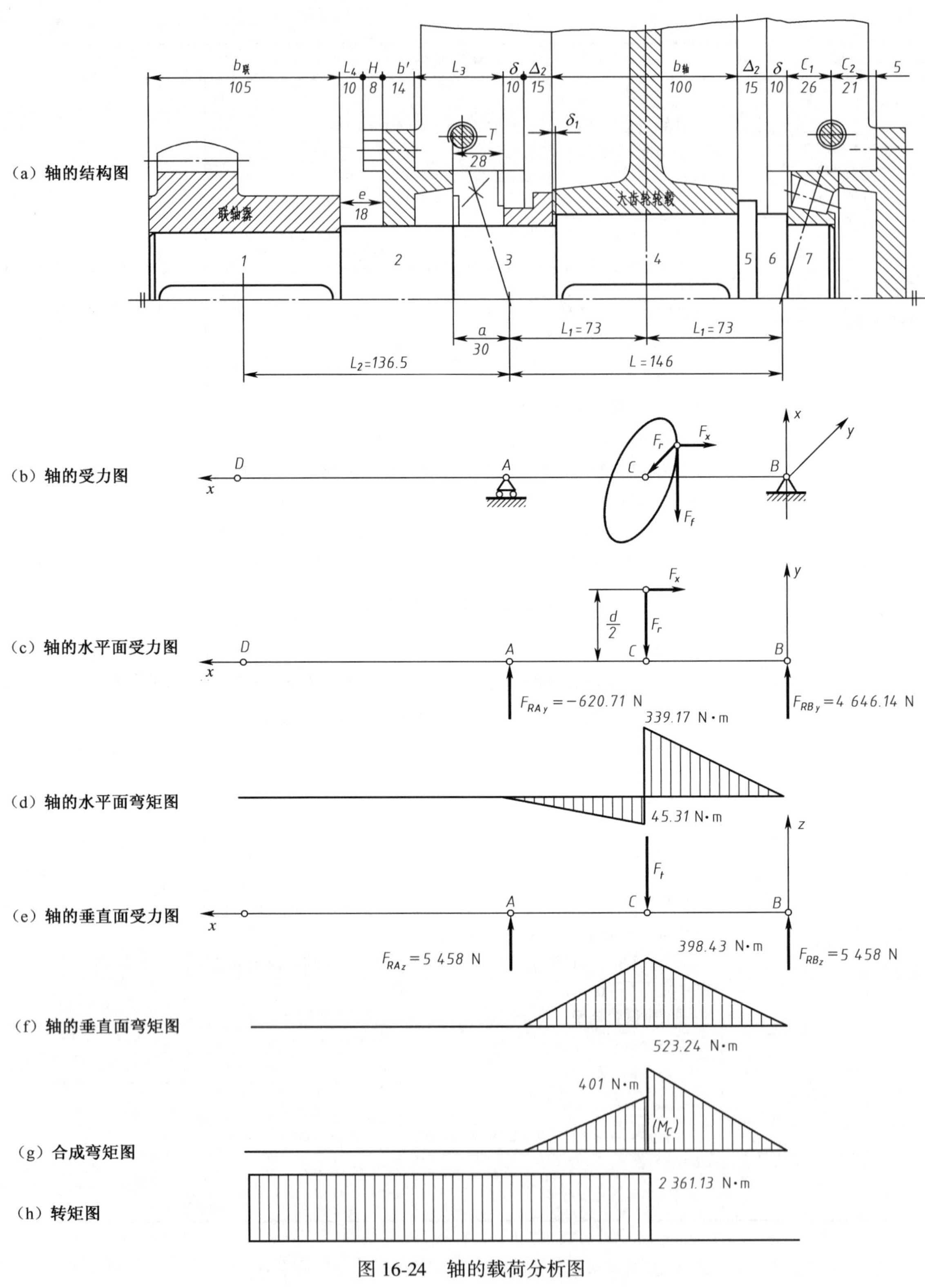

图 16-24　轴的载荷分析图

A—A
B—B
技术要求
1. 热处理：调质 220～250 HBW；
2. 未注圆角为R2.5；
3. 中心孔GB/T145—2001A型。
Ra12.5
主轴
比例 1:1
材料 45
制图
审核

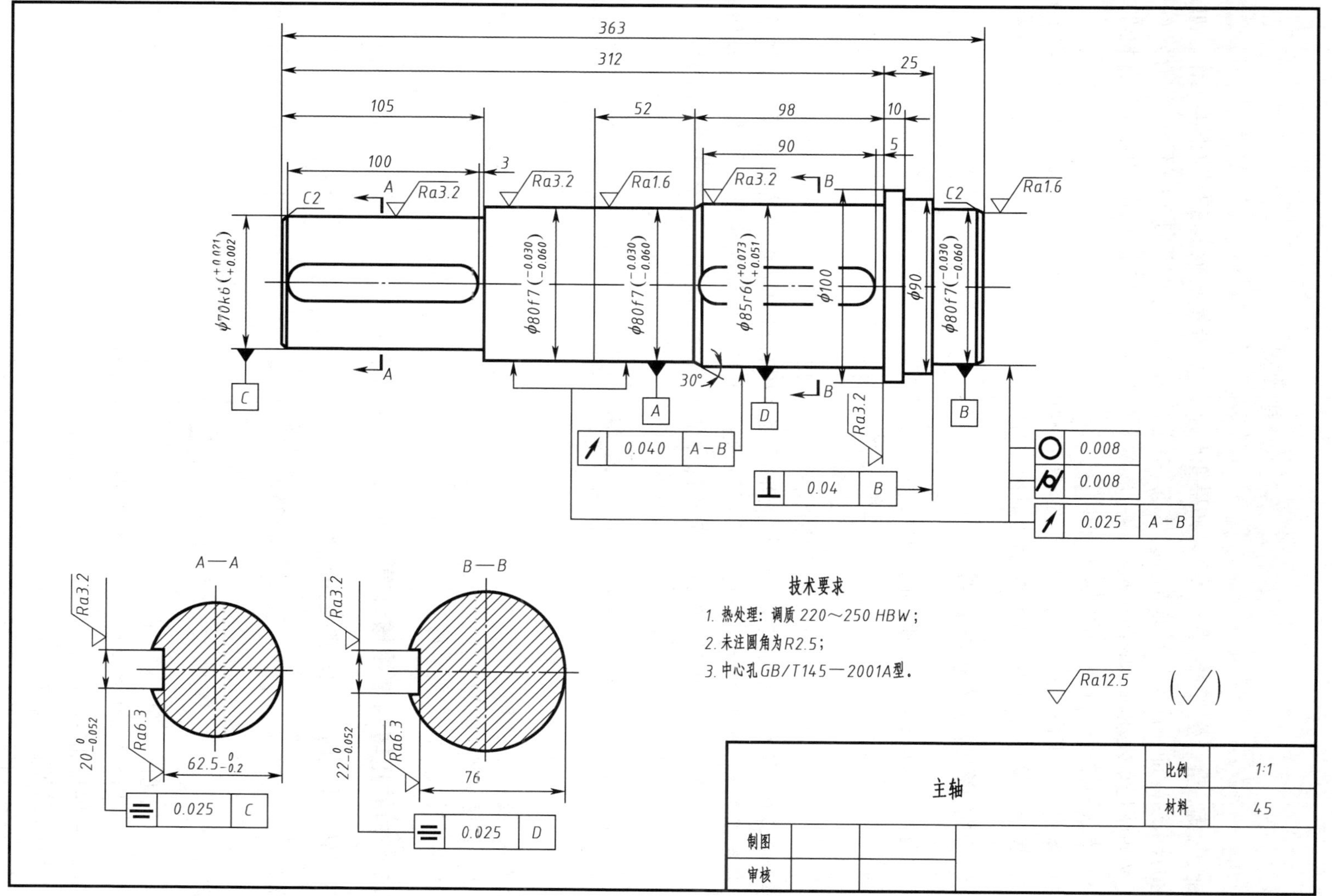

图16-25　轴的零件图

16.5 轴的刚度计算

轴受载荷后会产生弯曲或扭转变形,如果变形过大,就会影响轴上零件的正常工作。如安装齿轮的轴,若弯曲刚度不足导致挠度过大时,会造成齿轮沿齿宽方向接触不良,载荷分布不均匀。又如摩托车发动机中的凸轮轴扭转变形过大将影响气门正常启闭。因此,设计机器时对有刚度要求的轴应进行必要的刚度校核计算。

轴的弯曲刚度用挠度 y 和偏转角 θ 度量,扭转刚度用单位长度扭转角 φ 来度量。轴的刚度校核计算通常是计算出轴在受载时的变形量,并使其小于允许值。

16.5.1 轴的弯曲刚度校核计算

轴受弯矩作用时,其弯曲刚度条件为

偏转角: $$\theta \leqslant [\theta] \tag{16-5}$$

挠度: $$y \leqslant [y] \tag{16-6}$$

式中 $[\theta]$,$[y]$——轴的许用挠度和许用偏转角,见表 16-7。

常见的轴大多可视为简支梁。若是光轴可直接用材料力学中的公式计算其挠度或偏转角;若是阶梯轴,如果对计算精度要求不高,则可用当量直径法作近似计算。即把阶梯轴看成当量直径为 d_d 的光轴,然后再按材料力学中的公式计算。当量直径 d_d 的计算公式为

$$d_d = \frac{\sum d_i l_i}{l} \tag{16-7}$$

式中 l——支点间距离;

d_i——轴上第 i 段的直径;

l_i——轴上第 i 段的长度。

16.5.2 轴的扭转刚度校核计算

轴受转矩作用时,其扭转刚度条件为

光轴 $$\varphi = 5.73 \times 10^4 \frac{T}{GI_P} \leqslant [\varphi] \tag{16-8}$$

阶梯轴 $$\varphi = 5.73 \times 10^4 \frac{1}{Gl} \sum \frac{T_i l_i}{I_{Pi}} \leqslant [\varphi] \tag{16-9}$$

式中 T——轴所受转矩,N · mm;

G——轴材料的切变模量,MPa,对于钢材,$G=8.1 \times 10^4$ MPa;

I_P——轴截面的极惯性矩,mm^4;

l——阶梯轴受转矩作用的长度,mm;

T_i、l_i、I_{Pi}——分别代表阶梯轴第 i 段上所受的转矩、长度和极惯性矩;

$[\varphi]$——许用扭转角,(°)/m,与轴的使用场合有关,见表 16-7。

表 16-7　轴的许用挠度、许用偏转角和许用扭转角

<table>
<tr><th>变形种类</th><th>应用场合</th><th>许用值</th><th>变形种类</th><th>应用场合</th><th>许用值</th></tr>
<tr><td rowspan="6">偏转角[θ]/rad</td><td>滑动轴承</td><td>≤0.001</td><td rowspan="9">挠度[y]/mm</td><td>一般用途的轴</td><td>0.000 3~0.000 5</td></tr>
<tr><td>向心球轴承</td><td>≤0.005</td><td>刚度要求较高的轴</td><td>≤0.000 2l</td></tr>
<tr><td>调心球轴承</td><td>≤0.05</td><td>感应电动机轴</td><td>≤0.1Δ</td></tr>
<tr><td>圆柱滚子轴承</td><td>≤0.002 5</td><td>安装齿轮的轴</td><td>0.01~0.03m_n</td></tr>
<tr><td>圆锥滚子轴承</td><td>≤0.001 6</td><td>安装蜗轮的轴</td><td>0.02~0.05 m</td></tr>
<tr><td>安装齿轮处</td><td>0.001~0.002</td><td colspan="2" rowspan="4">备注：
l——支承间跨距，mm；
Δ——电动机定子与转子间的气隙，mm；
m_n——斜齿轮法面模数，mm；
m——蜗轮端面模数，mm</td></tr>
<tr><td rowspan="3">每米长的扭转角[φ]/(°/m)</td><td>一般传动</td><td>0.5~0.1</td></tr>
<tr><td>较精密的传动</td><td>0.25~0.5</td></tr>
<tr><td>重要传动</td><td>≤0.25</td></tr>
</table>

思考题

1. 轴为什么要做成阶梯形状？哪些部分被称为轴颈、轴头、轴身或轴肩？
2. 轴的尺寸是根据什么来确定的？轴各段的过渡部位结构应注意什么？
3. 分析轴承类型、布置和轴系相对机座的固定方式。如何考虑轴的发热伸长问题？
4. 轴上零件、轴承在轴上的轴向和周向位置是如何固定的？轴系中是否采用了卡圈、挡圈、紧定螺钉、压板、定位套筒等零件？它们的作用、结构形状有何特点？
5. 对于锥齿轮轴系及蜗杆轴系，如何调整啮合位置以保证接触良好？
6. 轴系各零件应选择什么材料？

习　题

1. 试指出题图 1 所示各结构中的错误，并画出正确的结构图。

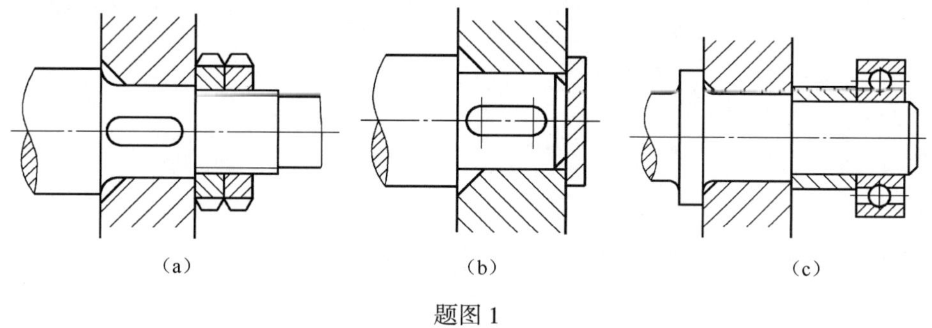

题图 1

2. 某单级斜齿圆柱齿轮减速器，经初步结构设计，确定输出轴的结构尺寸如题图 2 所示，已知轴上齿轮分度圆直径 $d=280$ mm，作用在齿轮上的圆周力 $F_t=5\ 000$ N，径向力 $F_r=2\ 072$ N，轴向力 $F_x=1\ 470$ N，传动不逆转，轴的材料为 45 钢，调质处理，试校核轴的强度。

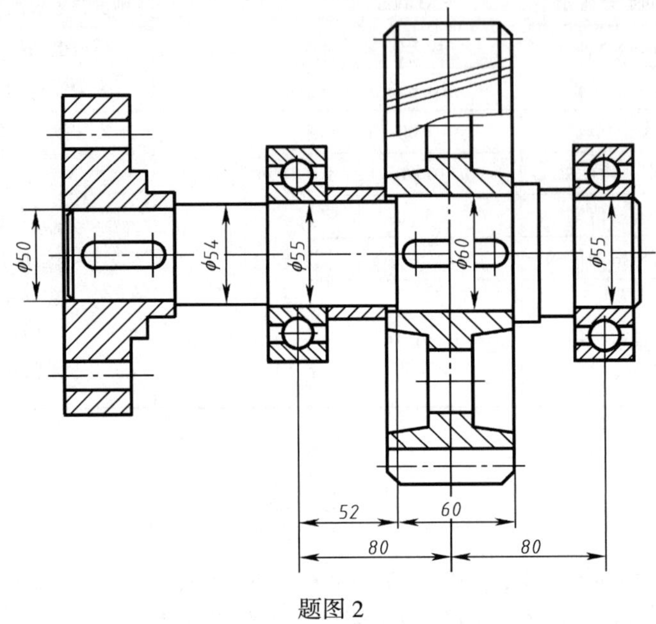

题图 2

第 4 篇　工程设计中的连接性

第 17 章　工程设计中的连接件

本章学习目标

现代工程发动机实践感想

✧ 结合发动机，学习工程设备中常用的标准连接件的基本知识，培养学生正确选用连接件的能力；

✧ 培养校核计算螺栓和键的强度的能力。

本章学习内容

✧ 螺纹紧固件的强度校核；

✧ 键的标记方法、连接画法以及强度校核；

✧ 销的标记方法及其连接画法；

✧ 铆钉的基本知识。

实践教学研究

✧ 观察发动机中采用的标准件有哪几类？

✧ 观察发动机中采用的螺母有哪几种？

关键词： 连接、螺栓、铆钉、键

17.1　螺 栓 连 接

17.1.1　概述

任何机器或部件都是由若干零件按特定的关系装配连接而成的，在厂房、机器、部件的装配和安装过程中，经常大量使用着一些种类不同的标准件，如：起紧固和连接作用的螺栓、螺柱、螺钉、螺母、垫圈、键、销等，如图 17-1(a)、(b)、(c)所示。为了便于生产和使用，国家标准对这类零件的结构、尺寸以及成品质量等各方面都实行了标准化。表 17-1 为螺纹紧固件简图及其标记示例。

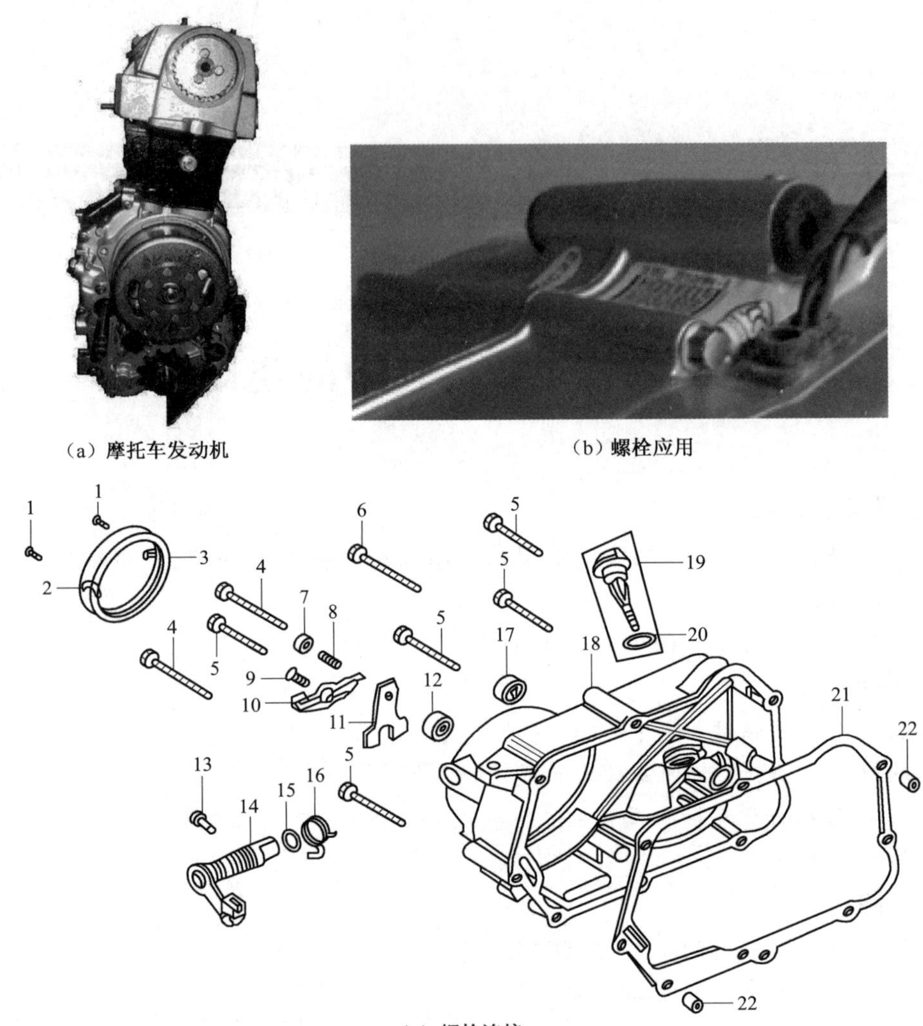

（a）摩托车发动机　　（b）螺栓应用

（c）螺栓连接

图 17-1　发动机中的连接件

1—螺钉 M6×20；2—右曲轴箱盖装饰盖（大圆盖）；3—右装饰盖密封垫；4—小盘螺栓 M6×80；5—小盘螺栓 M6×40；6—小盘螺栓 M6×65；7—螺母 M6；8—离合器调整螺钉；9—螺钉 M6×12；10—离合器分离压板；11—离合器拨板；12—离合器操纵臂油封；13—离合器操纵臂定位销；14—离合器操纵臂组合；15、20—O 形密封圈；16—离合器操纵臂弹簧；17—启动轴油封；18—右曲轴箱盖组合；19—机油尺组合；21—右曲轴箱盖密封垫；22—定位销

表 17-1　螺纹紧固件简图及其标记示例

名称	图片	结构形式、规格尺寸 标记格式	说　明
六角头螺栓		M10 50 **螺栓** GB/T 5782—2016 M10×50	螺纹规格 d：M10 公称长度 l：50 mm

续上表

名称	图片	结构形式、规格尺寸 标记格式	说　明
双头螺柱	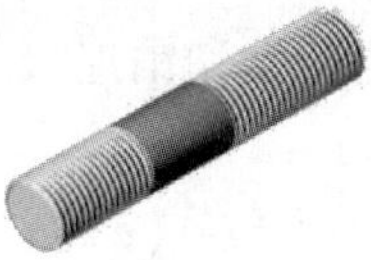	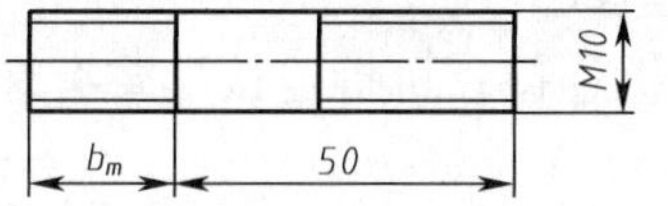 b_m　50　M10 **螺柱** GB/T 900—1988　M10×50	螺纹规格 d:M10 公称长度 l:50 mm 旋入端长度:$b_m=1.5d$
开槽圆柱头螺钉		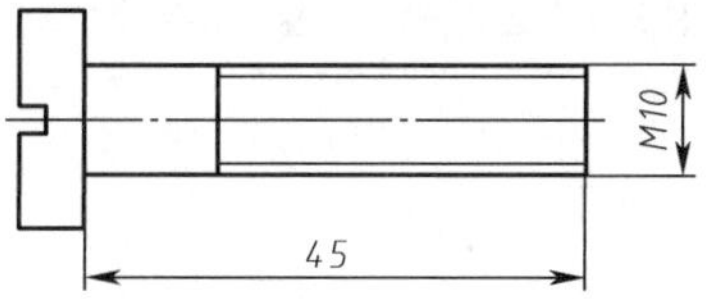 45　M10 **螺钉** GB/T 65—2016 M10×45	螺纹规格 d: M10 公称长度 l:45 mm
开槽沉头螺钉		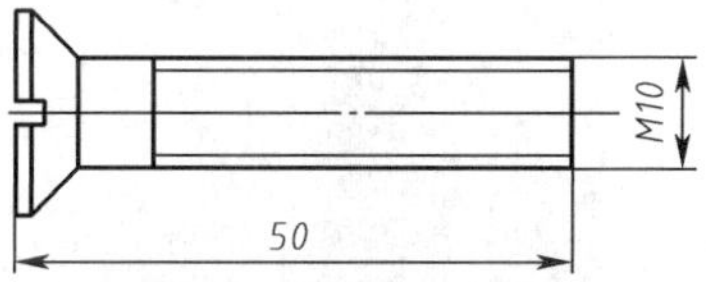 50　M10 **螺钉** GB/T 68—2016 M10×50	螺纹规格 d:M10 公称长度 l:50 mm
六角头螺母		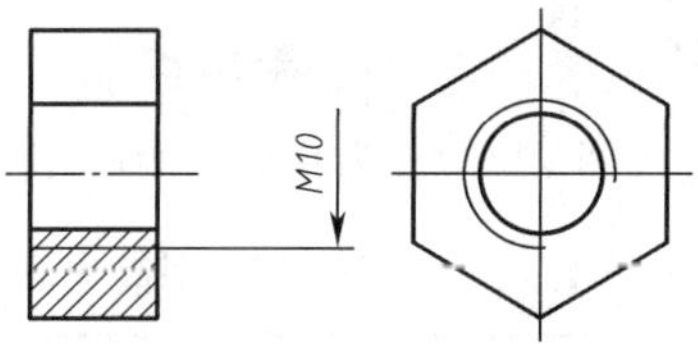 M10 **螺母** GB/T 6170—2015 M10	螺纹规格 d:M10
平垫圈		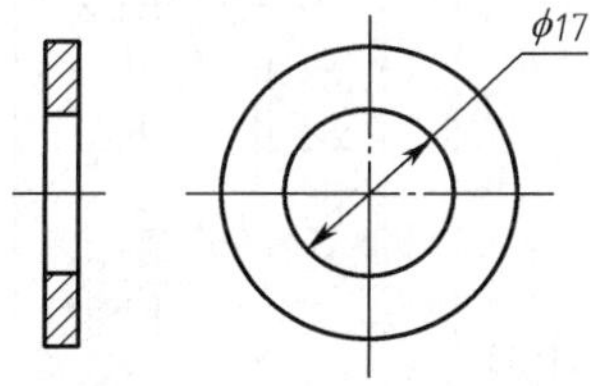 $\phi17$ **垫圈** GB/T 97.1—2002　16～140 HV	规格:16 硬度等级为 140HV 级
弹簧垫圈		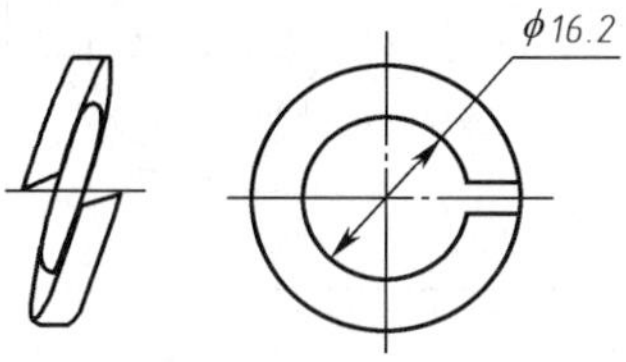 $\phi16.2$ **垫圈** GB 93—1987 16	规格:16

17.1.2 工程中常用的螺纹紧固件

连接是用机械、物理或化学的方法把两个或两个以上的零件组合成一个整体，使其在运转过程中零件相互间不发生相对运动。

连接分为可拆连接和不可拆连接。可拆连接形式有螺纹连接、键连接和销连接等，不可拆连接有铆接和焊接等。

螺纹紧固件是用螺纹起连接和紧固作用的零件，发动机部件中如图 17-1(c)所示，使用着直径不同、头部形状不同、长短不同的各种螺纹紧固件。螺栓连接，螺柱连接，键连接是工程中的机械设备常用的连接方式，如图 17-2 所示。表 17-2 为紧固件装配图的简化画法。

(a) 螺栓连接

(b) 螺柱连接

(c) 键连接

图 17-2 工程中常用的连接件

表 17-2 紧固件装配图简化画法

项 目	装配图简化画法	项 目	装配图简化画法	项 目	装配图简化画法
螺栓连接	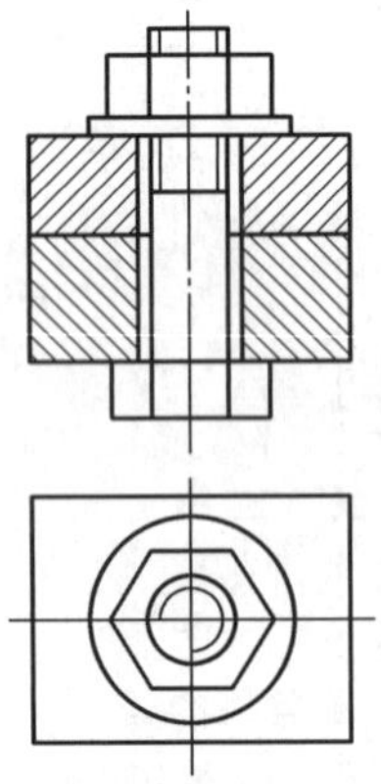	螺钉连接	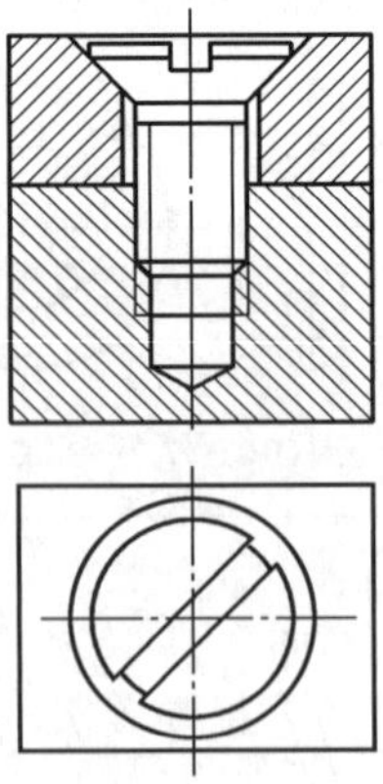	铰制孔螺栓连接	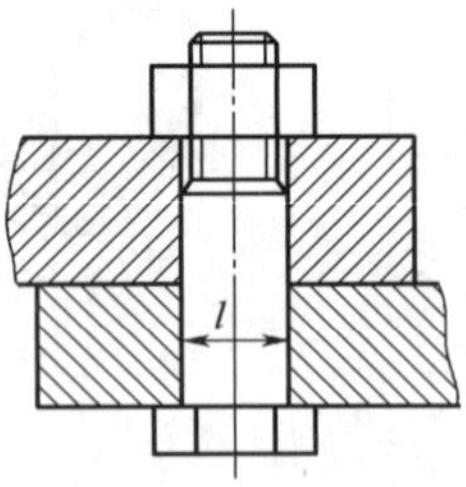 l

螺栓连接的受力情况是多种多样的，因此，螺栓连接的强度计算，首先要根据连接的类型、装配情况和载荷情况等条件确定螺栓的受力情况，然后按相应的强度条件计算螺栓危险截面

的直径,通常取螺纹小径 d_1 或配合螺栓杆直径 d_s 校核其强度。

对单个螺栓而言,其受力形式只有受轴向拉力和受横向剪力两类。对于受拉的普通螺栓,其主要失效形式是螺栓杆螺纹部分发生断裂和塑性变形,因而,其设计准则是保证螺栓的拉伸强度;对于受剪的铰制孔螺栓,其主要失效形式是螺栓杆和被连接件孔壁间压溃或螺栓杆被剪断,其设计准则是保证联接的挤压强度和螺栓的剪切强度。

对于螺栓连接的其他部分如螺栓头、螺杆、螺纹牙和螺母、垫圈的结构尺寸则都是根据等强度条件及使用经验制定的,设计时只需根据螺纹的公称直径即螺纹大径 d 直接从标准中查取。

螺栓连接的强度计算方法对双头螺柱连接和螺钉联接也同样适用。

17.1.3　普通螺栓连接的强度计算

1. 螺栓设计原则

在受力分析、失效分析的基础上, 通过强度计算,确定螺栓的小径,螺纹牙及其他尺寸根据等强度原则,由标准给出。在结构设计时,注意以下几点:

(1)布置要尽可能对称,受力要尽可能均匀。被连接件结合面形状力求简单、对称,尽可能选择简单几何形状,如圆形、矩形等。同一圆周上的螺栓数量应尽量选用偶数,以便于加工时分度定位。螺栓组形心与被连接件结合面形心重合,使结合面上受力均匀,见表 17-3。

表 17-3　螺栓设计原则

位置	项　　目
布置要尽可能对称	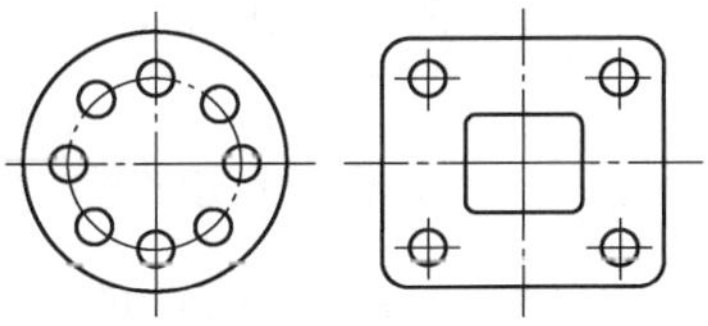
根据螺栓组受力情况合理布置螺栓	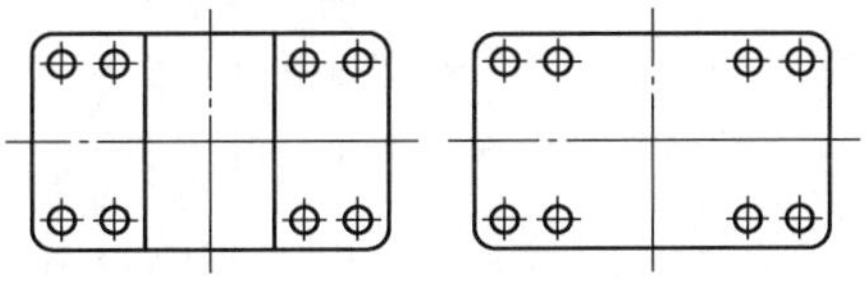
螺母和螺栓头部支承面应平整	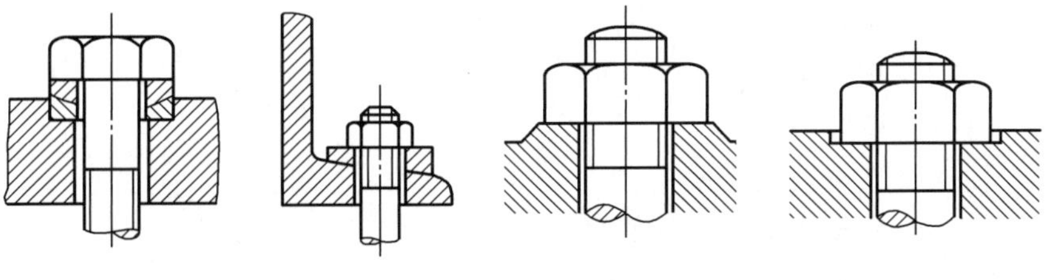 (a)　(b)　(c)　(d)

续上表

位置	项　目
螺栓连接的排列应满足合理的间距、边距要求	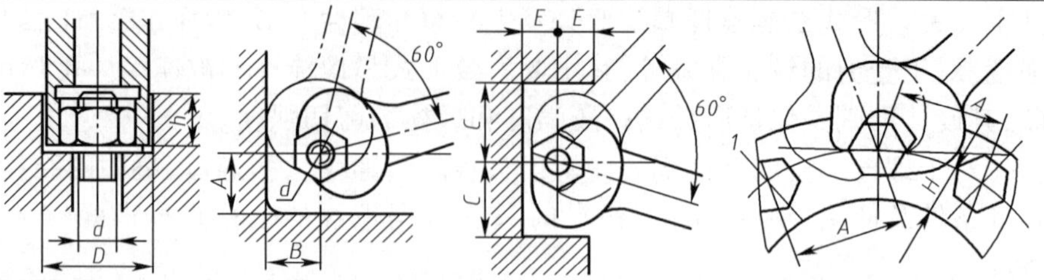

(2)根据螺栓组受力情况合理布置螺栓。考虑螺栓组受力情况合理布置螺栓,受旋转力矩和翻转力矩的螺栓组连接应使螺栓远离螺栓组形心,以提高螺栓组连接的承载能力或减小螺栓结构尺寸。受横向载荷的加强杆螺栓组连接,沿载荷方向布置的螺栓数目不宜过多,一般不超过 6 个,以减轻各螺栓之间载荷分布不均现象,见表 17-3。

(3)螺母和螺栓头部支承面应平整。

(4)同一组螺栓连接中螺纹连接件的种类、材料、尺寸应尽量一致,便于加工和装配。

(5)螺栓连接的排列应有合理的间距、边距。各螺栓轴线之间以及螺栓轴线与机体壁之间留有间距,见表 17-3。

2. 螺纹摩擦计算

(1)螺母支承面摩擦力矩计算公式

螺母支承面是内径、外径分别为 d_0、d_w 的圆环(见图 17-3)。可以按下列公式计算:

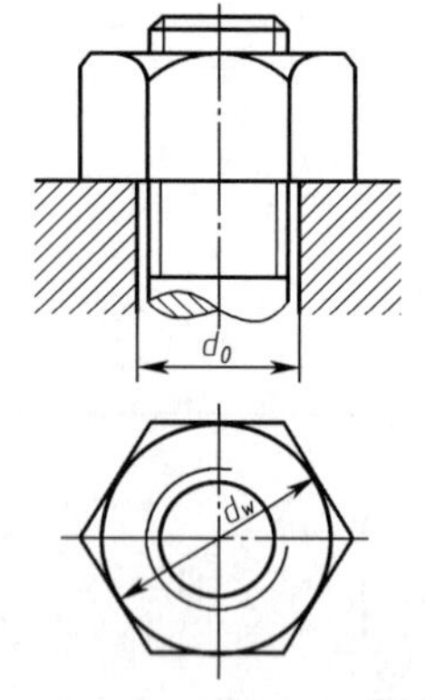

图 17-3　螺母支承面尺寸

按跑合止推轴承计算摩擦力矩 $T=\frac{1}{3}Ff_1\frac{d_w^3-d_0^3}{d_w^2-d_0^2}$

按未跑合止推轴承计算摩擦力矩 $T'=\frac{1}{4}Ff_1(d_w+d_0)$

式中　F——螺栓的预紧力;

f_1——螺母支承面摩擦因数。

按六角螺母尺寸(GB/T 6170—2016),$d_0/d_w=0.60\sim0.71$,以上两式的相对误差为$(T-T')/T=(1\sim2)\%$。

(2)螺母扭紧力矩

螺母扭紧力矩的计算公式为

$$T=\frac{F}{2}[d_2\tan(\lambda+\rho_v)+d_mf_1]$$

式中　F——预紧力;

d_2——螺纹中径;

λ——螺纹升角;

ρ_v——螺纹当量摩擦角;

d_m——螺母支承面平均直径

$$d_m=(d_w+d_0)/2$$

f_1——螺母支承面摩擦因数。

取扭矩系数 $K=\frac{1}{2}\left[\frac{d_2}{d}\tan(\lambda+\rho_v)+\frac{d_m}{d}f_1\right]$

式中　d——螺纹大径。

则螺母扭紧力矩的计算公式为

$$T=KFd$$

取 $d_2/d=0.92,\lambda=2.5°,\rho_v=9.83°,d_m/d=1.3,f_1=0.15$；则可近似取扭转系数

$$K\approx0.2$$

扭紧螺母的力矩由三部分组成，第一部分由螺纹升角产生，用于产生预紧力使螺栓杆伸长，第二部分为螺纹副摩擦，约占 40%，第三部分为支承面摩擦力矩，约占 50%，后两项约占 90%。

3. 松螺栓连接

在装配时不需要把螺母拧紧，承受工作载荷之前螺栓并不受力的螺栓连接称为松螺栓连接。

起重吊钩尾部的螺栓连接就属于松螺栓连接，如图 17-4 所示。当吊钩起吊重物时，螺栓所受到的轴向拉力为吊钩的工作载荷 F，故螺栓危险截面的拉伸强度条件为

$$\sigma=4F/\pi d_1^2\leqslant[\sigma] \tag{17-1}$$

或

$$d_1=\sqrt{4F/\pi[\sigma]} \tag{17-2}$$

式中　d_1——螺纹小径，mm；

F——螺栓承受的轴向工作载荷，N；

$[\sigma]$——螺栓材料的许用拉应力 MPa，见表 17-4。

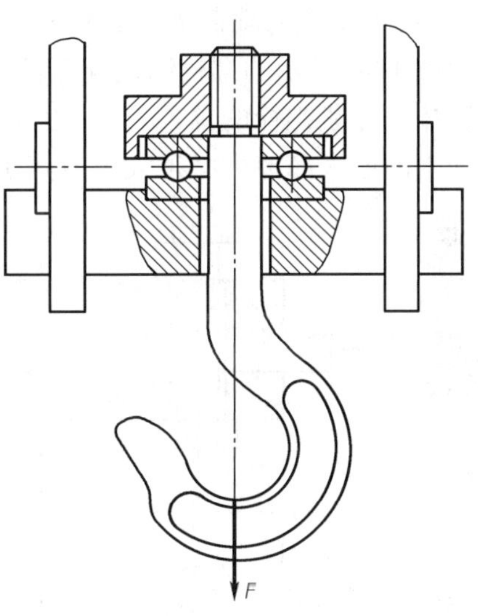

图 17-4　松螺栓连接

4. 紧螺栓连接

在装配时需要把螺母拧紧，使螺栓受到预紧力作用的螺栓连接称为紧螺栓连接。

根据连接的受载情况不同，又分为只受预紧力作用的紧螺栓连接和承受预紧力及轴向工作载荷作用的紧螺栓连接两类。这里介绍只受预紧力 F_s 作用的紧螺栓连接的强度计算方法。

(1)受旋转转矩的螺栓连接

图 17-5 所示联轴器，受转矩的螺栓连接如图 17-5 所示，其属于靠摩擦力传递转矩 T 的紧

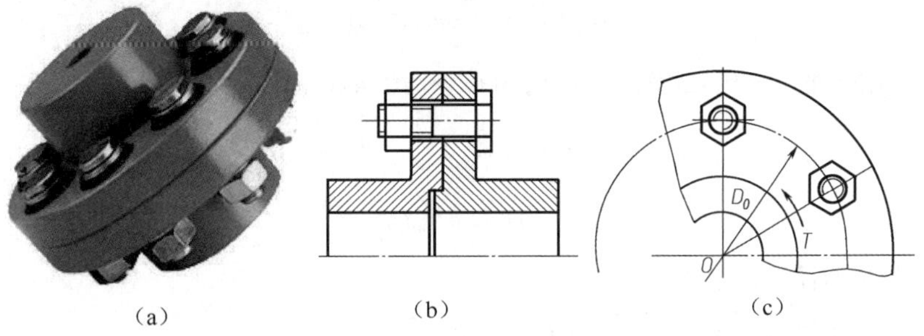

图 17-5　受转矩的螺栓连接

螺栓连接的结构件。预紧力的大小可根据保证连接的接合面不发生相对滑移的条件来确定，亦即接合面间所产生的最大摩擦力矩必须大于转矩 T 即

$$nfF_sD_0/2 \geqslant cT \tag{17-3}$$

$$F_s \geqslant 2cT/nfD_0 \tag{17-4}$$

式中 F_s——单个螺栓承受的预紧力，N；

f——接合面间摩擦系数，对于钢铁零件，干燥表面为 $f=0.10 \sim 0.16$，有油的表面 $f=0.06 \sim 0.10$；

n——螺栓数目；

c——防滑安全系数，可靠性系数，c 一般为 1.1~1.3。

(2)承受横向载荷 F 的紧螺栓连接

图 17-6 所示的螺栓结构连接件，承受横向载荷 F，属于靠摩擦力传递横向载荷 F 的紧螺栓连接。拧紧螺栓的预紧力 F_s 的大小需保证连接的接合面不发生相对滑移。亦即接合面间所产生的最大摩擦力必须大于或等于横向载荷 F，即

扫一扫

图 17-6 云图

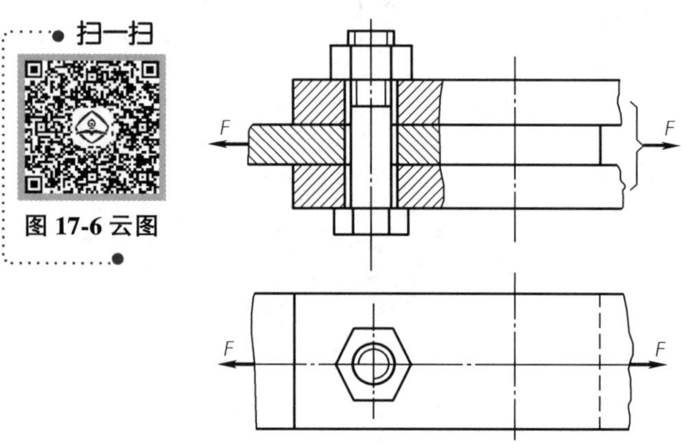

图 17-6 受横向载荷的螺栓连接

$$nfF_sm \geqslant cF \tag{17-5}$$

$$F_s \geqslant cF/nfm \tag{17-6}$$

式中 F_s——单个螺栓承受的预紧力，N；

f——接合面间摩擦系数，对于钢铁零件，干燥表面为 $f=0.10 \sim 0.16$，有油的表面 $f=0.06 \sim 0.10$；

m——结合面数；

n——螺栓数目；

c——防滑安全系数，又称可靠性系数，c 一般为 1.1~1.3。

在这类紧螺栓连接中，螺栓除受预紧力 F_s 引起的拉应力 σ 作用外，还承受到螺纹副间摩擦力矩 T_1 引起的扭剪应力 τ 作用，螺栓危险截面处于拉伸和扭转的复合应力状态，而螺栓材料通常是塑性的，因此在计算螺栓的强度时，可按照第四强度理论建立其强度条件，当量应力 σ_e 公式

$$\sigma_e = \sqrt{\sigma^2 + 3\tau^2} \leqslant [\sigma] \tag{17-7}$$

对于 M10~M68 的普通螺纹钢制螺栓，可取 $\tau \approx 0.44\sigma$，故有

$$\sigma_e \approx 1.3\sigma = 4 \times 1.3F_s/\pi d_1^2 \leqslant [\sigma]$$

或

$$d_1 \geqslant \sqrt{4 \times 1.3F_s/\pi[\sigma]} \tag{17-8}$$

式中 d_1——螺纹小径，mm；

$[\sigma]$——螺栓材料的许用拉应力，MPa，见表 17-4。

上式说明，对同时受拉伸和扭转复合作用的紧螺栓连接，其当量应力 σ_e 约为拉应力 σ 的

1.3 倍,也就是说紧螺栓连接可按纯拉伸强度计算,但需将拉应力增大 30%,以考虑扭剪应力的影响。

(3)铰制孔螺栓连接的强度计算

当采用铰制孔螺栓连接,如图 17-7 所示,承受横向载荷 F 时,螺栓杆在接合面处受剪切,螺栓杆与被连接件的孔壁接触表面受挤压。因此,连接的强度应按螺栓的剪切强度和螺栓杆与孔壁表面的挤压强度进行计算,其强度条件分别为

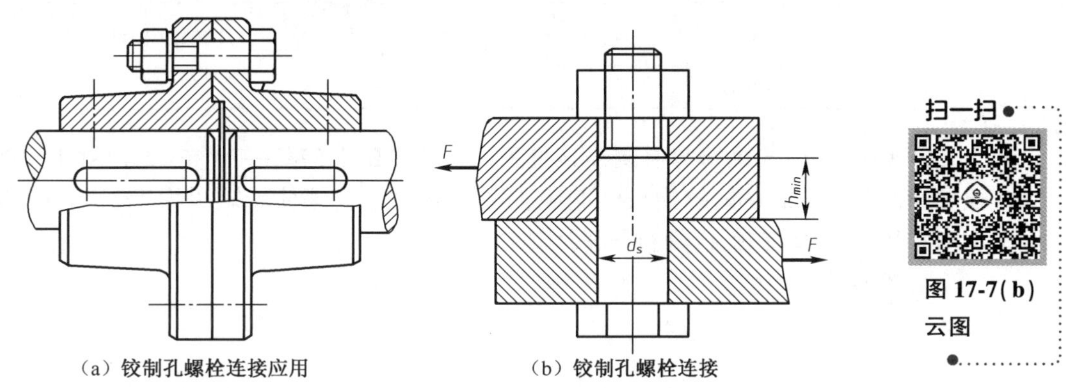

(a)铰制孔螺栓连接应用　　(b)铰制孔螺栓连接

图 17-7　铰制孔螺栓连接

$$\tau=4F/\pi d_s^2\leqslant[\tau] \tag{17-9}$$

$$\sigma_p=F/d_s h_{min}\leqslant[\sigma_p] \tag{17-10}$$

式中　F——单个螺栓所受的横向载荷,N;

d_s——螺栓剪切面直径,mm;

h_{min}——螺栓杆与孔壁挤压面的最小高度,mm;

$[\tau]$——螺栓材料的许用剪应力,MPa,见表 17-5;

$[\sigma_p]$——螺栓和孔壁材料中弱者的许用挤压应力,MPa,见表 17-5。

17.1.4　螺纹连接件的材料和许用应力

螺纹连接件的材料和许用应力见表 17-4、表 17-5。

表 17-4　受拉螺栓连接的许用应力和安全系数

载荷性质	许用应力	不控制预紧力时的安全系数 S_s				控制预紧力时的安全系数 S_s
		材料	直径/mm			
			M6~M16	M16~M30	M30~M60	
静载荷	$[\sigma]=\frac{\sigma_s}{S_s}$	碳钢 合金钢	4~3 5~4	3~2 4~2.5	2~1.3 2.5	1.2~1.5
变载荷		碳钢 合金钢	10~6.5 7.5~5	6.5 5	— —	

注:松螺栓连接未经淬火的钢 $S_s=1.2$,淬火钢 $S_s=1.6$

表 17-5　受剪螺栓连接的许用应力和安全系数

载荷性质	材料	剪切		挤压	
		许用应力	安全系数 S_s	许用应力	安全系数 S_p
静载荷	钢	$[\tau]=\dfrac{\sigma_s}{S_s}$	2.5	$[\sigma_p]=\dfrac{\sigma_s}{S_p}$	1.25
	铸铁	—	—	$[\sigma_p]=\dfrac{\sigma_b}{S_p}$	1.25
变载荷	钢	$[\tau]=\dfrac{\sigma_s}{S_s}$	3.5~5	按静载荷降低 20%~30%	—
	铸铁	—	—		—

例 17–1　已知罐体与齿圈连接处采用 6 个 GB/T 5782—2016　M10×60 铰制孔螺栓，螺栓分布圆直径 620 mm，螺栓长度 110，如图 17-8 所示。罐体转矩 T 为 172 N · m，变载荷，罐体材料采用 ZG310~570；齿圈材料采用球铁 QT 700-2。

试校核螺栓强度。

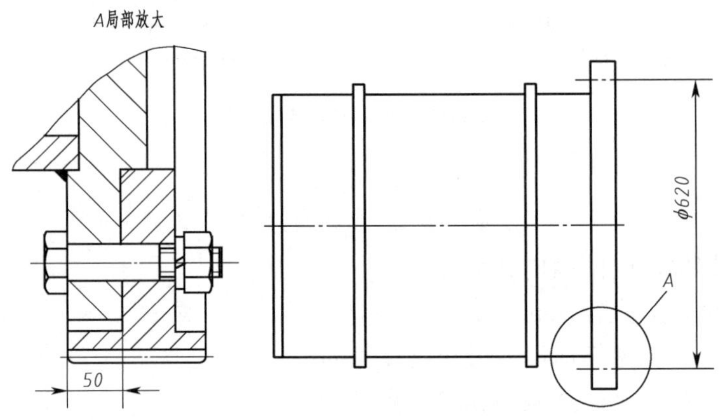

图 17-8　罐体与齿圈结构示意图

解

计算项目	计算与根据	计算结果
1. 螺栓选择	罐体与齿圈连接处采用 GB/T 5782—2016　M10×60 铰制孔螺栓 铰制孔螺栓个数 $n=6$ 螺栓分布圆直径 $D=620$ mm 罐体转矩 $T=172$ N · m	
2. 单个螺栓所受横向载荷	$F=\dfrac{2\times T}{nD_1}=\dfrac{2\times 172\times 10^3}{6\times 620}=92.4$ (N) 查 GB/T 27—2013 得　螺栓长度 $l=110$ mm　$l_0=18$ mm $d_s=11$ mm 由式 17-9 得 $\tau=\dfrac{F}{\dfrac{\pi d_s^2}{4}}=\dfrac{92.4}{3.14\times 11^2}\times 4=0.972$ (MPa)	$F=92.4$ N $\tau=0.972$ MPa

续上表

计算项目	计算与根据	计算结果
3. 校核螺栓剪切强度	螺栓材料选用 45 钢，考虑转动过程中有中等冲击，由表 17-5 得知安全系数 $S_p=4.0$ 查得 45 钢的 $\sigma_s=355$ MPa $[\tau]=\dfrac{355}{4.0}=88.7>\tau$ 螺栓满足剪切强度要求。	$\sigma_s=355$ MPa $[\tau]=88.7$ $[\tau]>\tau$ 满足剪切强度要求。
4. 校核螺栓挤压强度	由式 17-10 得 $\sigma_p=\dfrac{F}{d_s h_{min}}$ 式中　$h_{min}=110-18-50=42$ $\sigma_p=\dfrac{92.4}{11\times42}=0.2$（MPa） 由表 17-5 得 $[\sigma_p]=\dfrac{\sigma_s}{S_p}=\dfrac{\sigma_s}{1.25}$ 罐体材料采用 ZG230～450； 查手册 $\sigma_s=310$ MPa，其屈服强度小于螺栓 45 钢和大齿圈材料球铁 QT 700-2 的屈服强度。 其中考虑到轻微冲击应力降低 20% 所以　$[\sigma_p]=\dfrac{310}{1.25}\times80\%=147.2>\sigma_p$ 满足挤压强度要求 $[\sigma_p]=147.2$	$\sigma_s=310$ MPa $[\sigma_p]=147.2$ MPa $[\sigma_p]>\sigma_p$ 满足挤压强度要求

17.1.5　螺纹紧固件防松

在冲击、振动和变载荷下，螺纹间的压力瞬间减小，甚至消失，产生松动现象。为防止这种情况发生，重要场合应采取防松措施，以防止螺栓与螺母发生相对转动。

螺纹紧固件常用防松方法见表 17-6。

表 17-6　螺纹紧固件防松

方法	特　点	图　例
弹簧垫圈防松	拧紧螺母时，弹簧垫圈被压平，而产生一定的弹力，用于保持螺纹间有一定的压紧力。同时垫圈切口处的尖角也有阻止螺母松脱的作用，所以，要注意切口方向。 结构简单，工作可靠，应用广泛。但在冲击、振动很大情况下，防松效果不太好	

续上表

方法	特　　点	图　　例
双螺母防松	采用主、副螺母,主、副螺母对顶,在两螺母之间的一段螺栓内产生附加拉力,即使外载荷消失,该拉力仍存在,有利于阻止松脱现象发生。 结构简单,可用于一般无剧烈振动的机器上	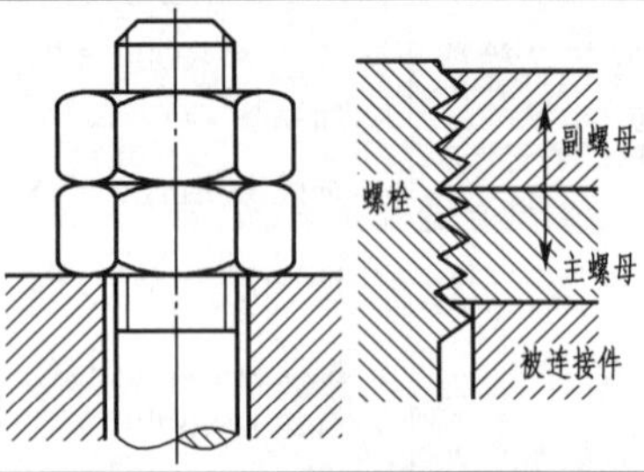 副螺母 螺栓 主螺母 被连接件
开口销防松	在螺栓上钻孔,采用槽型螺母。旋紧螺母后,开口销通过螺母槽插入螺栓孔中,使螺母与螺栓之间不能相对转动。 安全可靠,应用较广,但安装较费工时,不经济,只在承受较大振动、冲击的连接中使用	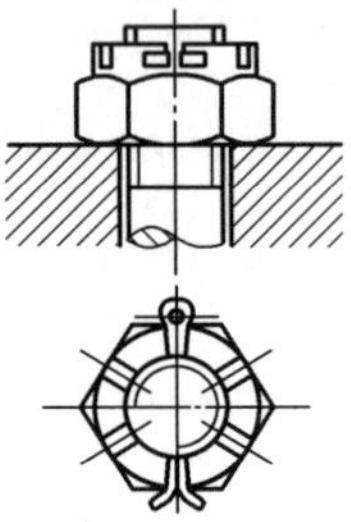 
圆螺母用止退垫圈防松	将垫圈内翅插入轴上的槽内,而将垫圈的外翅弯折入螺母的沟槽中时,螺母和螺栓不能相对转动。 简便可靠,多用于轴端固定的防松	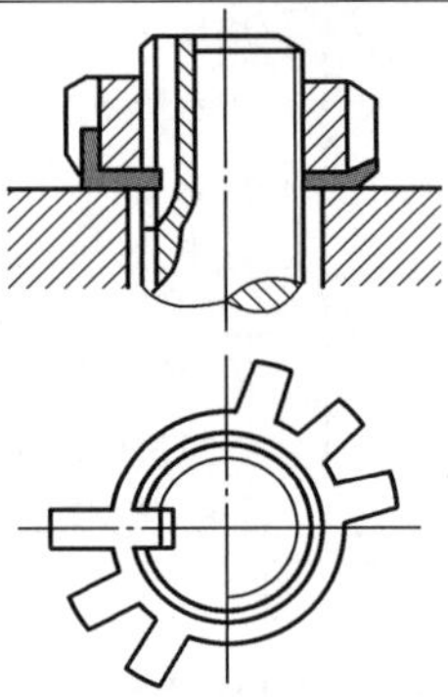
金属丝防松	螺栓紧固后,可在螺栓头部钻孔,再用金属丝捆扎。捆扎时必须注意金属丝的穿绕方向,即某一螺栓要自松时,金属丝应将其余螺栓向旋紧方向转动。 防松可靠,结构轻便。但螺钉加工费较高,安装也较费时。	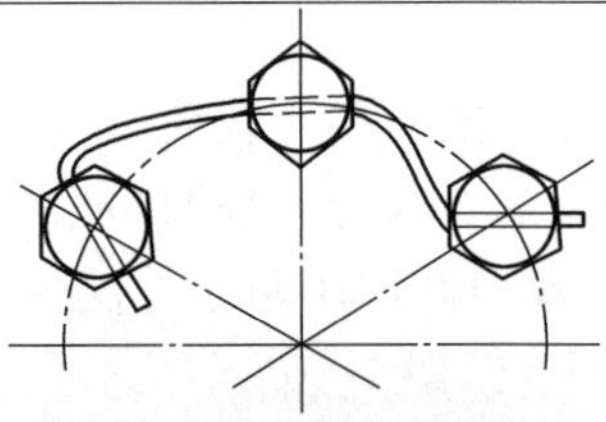 
黏结防松	使用厌氧性黏合剂,涂敷在螺纹上,旋紧螺母,即黏为一体。拆卸时,需加温到 200~300 ℃,使黏结剂分解后,方可拆卸。 安全可靠,但不适合于高温下工作。	无

17.2　铆接

该节内容扫描二维码。

17.3　键

该节内容扫描二维码。

扫一扫

17.2　铆接～
17.3　键

17.4　销

17.4.1　销的连接

销通常用于两零件之间的连接或定位，如图 17-18 所示。

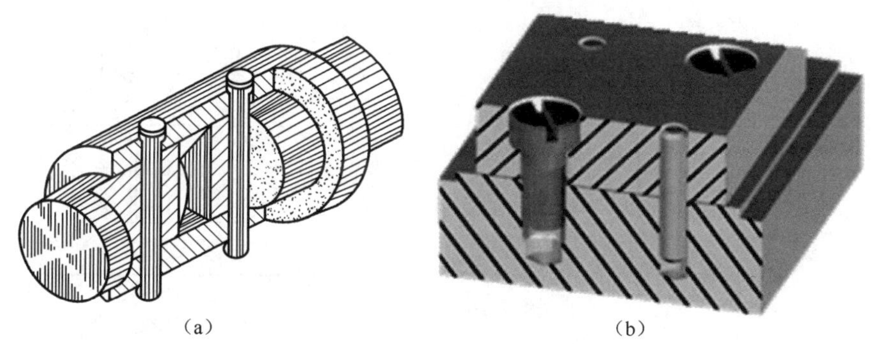

（a）　　（b）

图 17-18　销连接

17.4.2　销的种类和标记

销是标准件，其结构形式、尺寸和标记都可以查阅相关标准。常用的销有圆柱销、圆锥销和开口销三种，其型式及标记示例见表 17-9。

表 17-9　销的形式及标记示例

国家标准编号和名称	简　图	标 记 示 例
GB/T 119.1—2000 圆柱销	d　l 销 GB/T 119.1　$d \times l$	公称直径 $d = 6$ mm，公差为 m6，长度 $l = 30$ mm，材料为钢，不经淬火，不经表面处理的圆柱销标记： 销 GB/T 119.1　6m6×30
GB/T 117—2000 圆柱销	1:50　d　l 销 GB/T 117　$d \times l$	公称直径 $d = 10$ mm，长度 $l = 60$ mm，材料为 35 钢，热处理硬度 28～38 HRC，表面氧化处理的 A 型圆锥销的标记： 销 GB/T 117　A10×60

续上表

国家标准编号和名称	简　图	标记示例
GB/T 91—2000 开口销	l d 销 GB/T 91　$d\times l$	公称直径 $d=5$ mm，长度 $l=50$ mm，材料为低碳钢，不经表面处理的开口销的标记： 销 GB/T 91　5×50

17.4.3　销连接装配图的画法

当剖切平面通过销的轴线时，销不画剖面符号；垂直其轴线剖切时，则要画剖面符号。画轴上的销连接时，通常对轴采用局部剖，表示销和轴之间的配合关系，如图 17-19 所示。

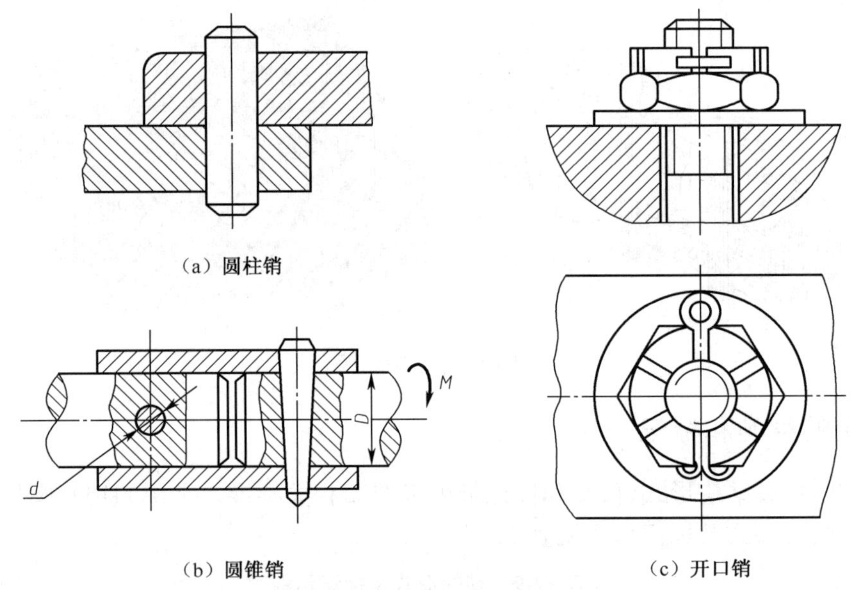

（a）圆柱销　（b）圆锥销　（c）开口销

图 17-19　销连接装配图画法

思 考 题

1. 工程中常用的连接方式有哪些？
2. 键的尺寸如何选择？
3. 键 18×100　GB/T 1096—2003 表示什么意思？
4. 销 GB/T 119—2000　A3×20 表示什么意思？
5. 写出摩托车发动机使用的一种螺母的标记。

习　　题

1. 已知：轴材料 45 钢，轴孔直径 $\phi35$ mm，联轴器材料 Q235A，键材料 45 钢，轮毂长 36 mm，载荷轻微冲击。求：

(1) 选择键的尺寸；

(2) 校核键的强度。

2. 起重吊钩如题图 1 所示，已知吊钩螺纹直径 $d=36$ mm，螺纹小径 $d_1=31.67$ mm，吊钩材料为 35 钢，$\sigma_s=315$ MPa，取安全系数 $S=4$。试计算吊钩的最大起重量。

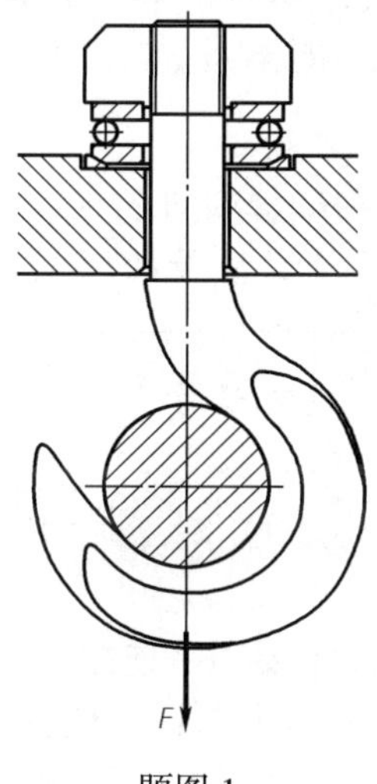

题图 1

第 18 章　工程中的联轴器

扫一扫

现代工程发动机实践感想

本章学习目标

✧ 培养学生对工程设备中的常用连接部件应用的能力。

本章学习内容

✧ 联轴器的基本原理、结构特点和应用范围；

✧ 联轴器的规定标记和选用原则。

实践教学研究

✧ 观察发动机采用了哪些连接件？

✧ 观察实验室球磨机使用，采用什么型号的联轴器。

关键词： 联轴器、连接、凸缘联轴器、轴孔尺寸

18.1　概　　述

联轴器是机械传动中常用的部件，主要用来连接不同部件中的两轴或轴与其他回转零件，使之共同旋转并传递转矩，如图 18-1 所示为选料机联轴器的应用，图 18-2 为推土机液力机械传动系布置简图，在某些场合联轴器也可用作安全装置。

图 18-1　选料机联轴器的应用

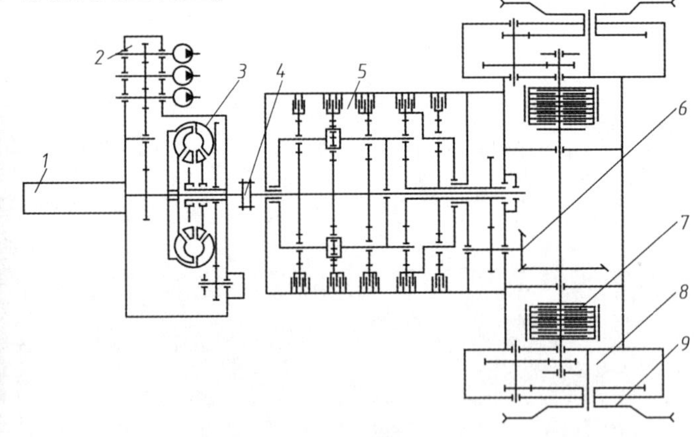

图 18-2　推土机液力机械传动系统布置简图

1—发动机；2—分动箱；3—液力变矩器；4—联轴器；5—行星式动力换挡变速箱；6—中央传动装置；7—转向离合器与制动器；8—最终传动装置；9—驱动轮

为了便于生产和使用，国家标准对这类标准件的结构、尺寸以及成品质量等都实行了部分标准化。

18.1.1　联轴器类型

联轴器连接的两轴，只有在机器停车时才能拆卸，使其分离。

为了便于设计和选用联轴器，我国已制定了标准 GB/T 12458—2017《联轴器　分类》。

联轴器分类如下。

- 联轴器
  - 机械式
    - 刚性联轴器——套筒式、凸缘式、夹壳式等
    - 挠性联轴器
      - 无弹性元件联轴器——滑块、十字滑块、齿式、链条、万向联轴器、球铰式万向联轴器等
      - 金属弹性元件联轴器——膜片（盘）、蛇形弹簧、簧片、挠性杆、波纹管联轴器等
      - 非金属弹性元件联轴器——弹性活销、弹性扇形块、弹性套柱销、轮胎式联轴器等
    - 安全联轴器——钢球式、钢砂式、摩擦式、液压式、销钉式安全联轴器等
  - 液力联轴器——液力耦合器、液力变矩器等
  - 磁性联轴器——电磁式、永磁多

根据对各种位移有无补偿能力，联轴器还可分为刚性联轴器和挠性联轴器。

（1）刚性联轴器按照被连接两轴的相对位置和位置的变动情况，可分为刚性固定式联轴器和刚性可移式联轴器两种。

①刚性固定式联轴器主要用于两轴要求严格对中并在工作中不发生相对位移的场合，其结构一般较简单，且两轴瞬时转速相同。

②刚性可移式联轴器和弹性联轴器对于机器由于制造和安装误差、运转后零件的变形、基础下沉、轴承磨损、温度变化等原因引起的两连接轴之间的相对位移和偏斜，具有一定的补偿能力，如图 18-3 所示。

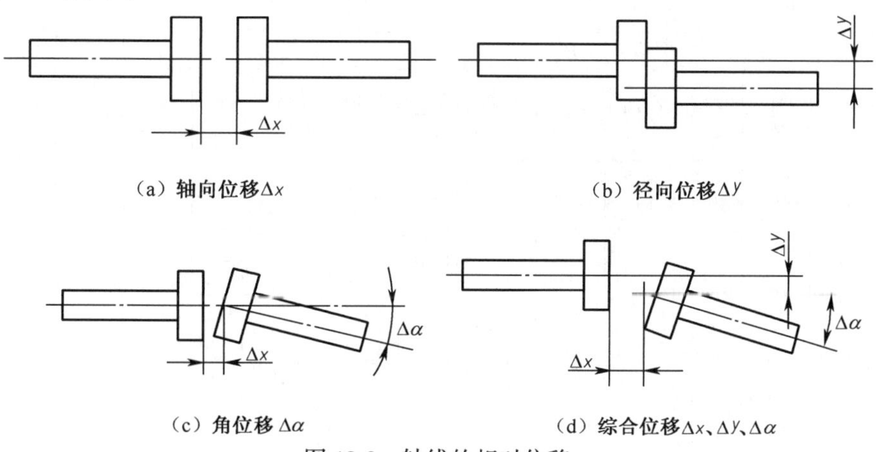

（a）轴向位移 Δx　（b）径向位移 Δy

（c）角位移 $\Delta\alpha$　（d）综合位移 Δx、Δy、$\Delta\alpha$

图 18-3　轴线的相对位移

（2）挠性联轴器根据其内部是否具有弹性元件，分为无弹性元件的挠性联轴器和有弹性元件的挠性联轴器。有弹性元件的挠性联轴器又分为金属弹性元件挠性联轴器和非金属弹性元件挠性联轴器。有弹性元件的挠性联轴器又称为弹性联轴器。

18.1.2 联轴器轴孔和连接形式与尺寸

1. 联轴器连接形式及代号

联轴器轴孔形式及代号见表 18-1。

表 18-1 连接型式及代号

名称	型式及代号	图示	名称	型式及代号	图示
平键单键槽	A 型		120°布置平键双键槽	B 型	
180°布置平键双键槽	B_1 型				

2. 联轴器轴孔尺寸

联轴器部分轴孔尺寸见表 18-2。

表 18-2 联轴器轴孔尺寸表

直径 d		长度			沉孔尺寸		A 型、B 型、B_1 型键槽						B 型键槽	D 型键槽		
		L		L_1	d_1	R	b		t		t_1		T	t_3		b_1
公称尺寸	极限偏差 H7	YY 型	J1 J 型	J 型			公称尺寸	极限偏差 P9	公称尺寸	极限偏差	公称尺寸	极限偏差	位置度公差	公称尺寸	极限偏差	
6	+0.010 0	18	—	—	—	—	2	−0.006 −0.031	7.0	+0.10	8.0	+0.20 0	—	—	—	—
7	+0.015 0								8.0		9.0					
8		22							9.0		10.0					
9							3		10.4		11.8					
10		25	22						11.4		12.8					
11	+0.018 0						4	−0.012 −0.042	12.8		14.6					
12		32	27						13.8		15.6		0.03			
14							5		16.3		18.6					
16		42	30	42	38	1.5			18.3		20.6					
18							6		20.8		23.6					
19	+0.021 0								21.8		24.6					
20		52	38	52					22.8		25.6					

18.2　联轴器标记与特点

18.2.1　联轴器型号与标记

联轴器型号与标记按 GB/T 12458 规定。

1. 联轴器型号表示方法

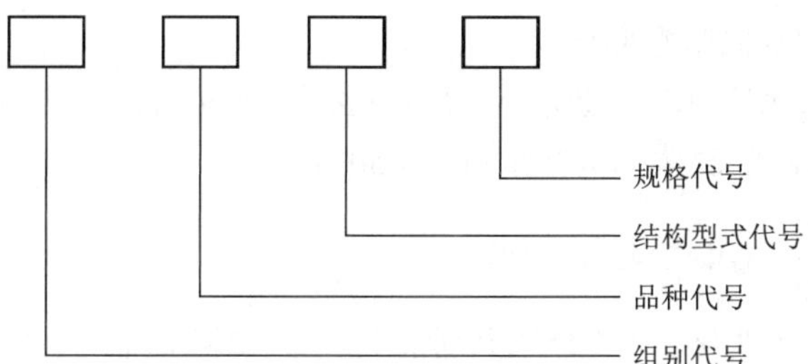

型号示例：

例 1：公称转矩为 900 N · m 的有对中榫凸缘联轴器型号为：YGYS6。

例 2：公称转矩为 125 N · m 的基本型弹性柱销联轴器型号为：LT5。

2. 联轴器标记

联轴器标记方法：

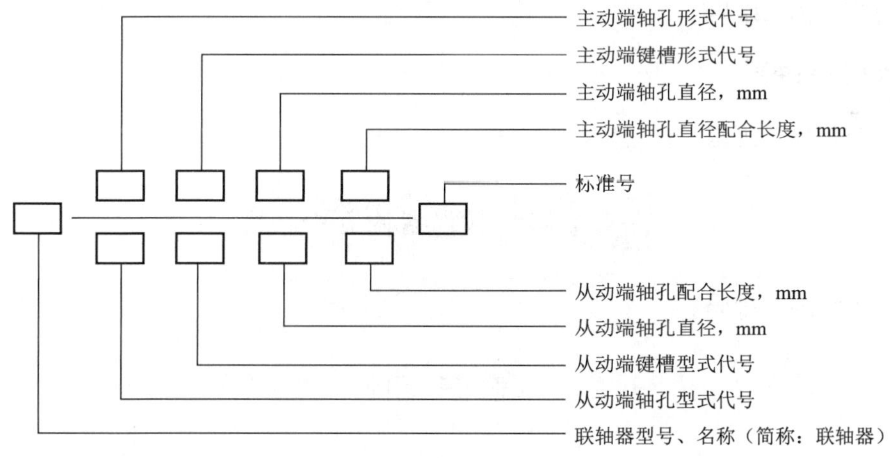

说明：

①Y 型孔、A 型键槽的代号，在标记中可省略不注；

②联轴器两端轴孔和键槽的型式与尺寸相同时，只标记一端，另一端省略不注；

③详细标记说明见有关手册和国家标准。

标记示例 1：

GYS2 型凸缘联轴器

主动端：Y 型轴孔，A 型键槽，$d=25$、$L=62$

从动端：Y 型轴孔、A 型键槽，$d=25$、$L=62$

标记为:GYS2 联轴器　　25×62　GB/T 5843—2003

标记示例 2:

● 扫一扫

18.2.2 刚性联轴器~18.3 联轴器的选用

GⅡCLZ4 型鼓形齿式联轴器

主动端:花键孔齿数 24,模数 2.5,30°平齿根,$L=107$ mm

从动端:J 型轴孔,A 型键槽,$d=70$ mm,$L=107$ mm

$$\text{G II CLZ4 联轴器}\frac{\text{1NT24Z}\times\text{2.5m}\times\text{30P}\times\text{6H}\times\text{107}}{\text{J70}\times\text{107}}\quad \text{JB/T 8854.2—2001}$$

标记示例 3:

LT5 弹性套柱销联轴器

主动端:J_1 型轴孔,A 型键槽,$d=30$ mm,$L=50$ mm

从动端:J_1 型轴孔,B 型键槽,$d=35$ mm,$L=50$ mm

$$\text{LT5 联轴器}\frac{J_1 30\times50}{J_1 35\times50}\quad \text{GB/T 4323—2017}$$

我国部分联轴器已标准化,本节介绍几种常用的典型联轴器。

8.2.2 刚性联轴器

该节内容扫描二维码。

8.2.3 无弹性元件挠性联轴器

该节内容扫描二维码。

8.2.4 弹性联轴器

该节内容扫描二维码。

18.3 联轴器的选用

该节内容扫描二维码。

思考题

1. 工程中常用连接部件有哪些?
2. 圆锥销套筒联轴器应用于什么工程场合?
3. 联轴器分为哪几类?联轴器的标记由哪几部分组成?
4. 如何选择联轴器?

习　题

1. 根据联轴器内部是否具有________元件,可将联轴器分为________和________两类。

2. 刚性固定式联轴器主要用于________。

3. 刚性可移式联轴器根据所能补偿位移的方向不同，可补偿两轴间的________位移、________位移、________位移、________位移。

4. 万向联轴器可补偿两轴间的________位移。

5. 一皮带运输机如题图 1 所示，试为减速器与鼓轮之间的连接选择一刚性联轴器。已知减速器输出轴传递的转矩 $T=500$ N·m，输出轴端长 $l_1=120$ mm、轴径 $d_1=50$ mm、鼓轮轴端长 $l_2=120$ mm，轴径 $d_2=55$ mm。选择联轴器后校核螺栓及键连接的强度（校核若有不合格者、请提出改进方案），按所选型号绘制联轴器的装配图。

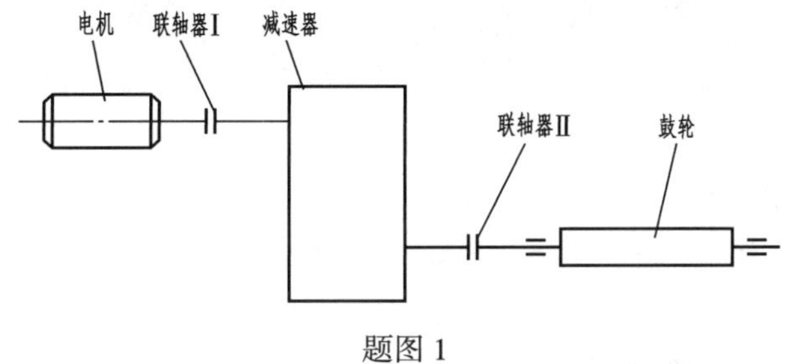

题图 1

6. 某起重机用电动机与圆柱齿轮减速器相连。已知电动机输出功率 $P=25$ kW，转速 $n=970$ r/min，输出轴直径为 42 mm，输出轴长 112 mm，用圆头普通平键与联轴器相连接；减速器输入轴直径为 45 mm，长 112 mm，用圆头普通平键与联轴器相连接，试选择该处联轴器，并写出联轴器标记。

第5篇　工程设计中的安全性

第19章　离　合　器

扫一扫

现代工程发动机实践感想

本章学习目标

✧ 培养选择工程设备中常用离合器的能力。

本章学习内容

✧ 离合器的功能与类型；

✧ 常用离合器的结构特点；

✧ 离合器的标记。

本章要点

✧ 重点介绍离合器的功能、类型和标记。

实践教学研究

✧ 观察发动机采用了什么型号的离合器？

✧ 观察实习车床，床头箱内采用了什么连接方式？

关键词： 离合器、摩擦片、气动离合器

19.1　概　　述

19.1.1　概述

在机器中很多部件都是由若干零件按特定的关系装配连接而成的，在机器的传动系统中，除了大量使用着螺栓、键等标准件外，也大量使用着部分标准化的常用件，如：使分离的不同部件中的两轴连接起来，使之共同旋转并传递转矩的联轴器；可使两轴随时接合或分离的离合器装置。通过离合器，获得我们所需要的合适的速度，从另一个角度来说，起到一种安全保护作用，如图19-1所示。

为了便于生产和使用，国家标准对这类零件的结构、尺寸以及成品质量等各方面都实行了部分标准化。

（a）发动机的离合、安全接合的天使

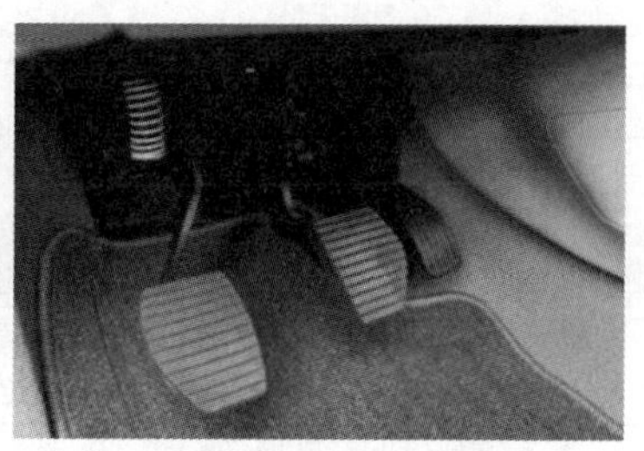
（b）汽车离合器踏板

（c）磁粉离合器

图 19-1 离合器

19.1.2 离合器的功能与类型

1. 离合器的功能

机器由动力机-传动-工作机-控制器四个主要部分组成。离合器是一种在机器运转过程中,可使两轴随时接合或分离的装置。它的主要功能是:通过操纵传动系统的断续,以便进行变速和换向等。

2. 离合器类型

为了便于设计和选用离合器,我国已制定了 GB/T 10043—2017《离合器分类》和 GB/T 10042—2017《离合器术语》。

离合器种类很多,按工作原理分为牙嵌式离合器和摩擦式离合器等。

按离合方式分为:操纵式离合器和自动式离合器。

操纵式离合器分为:机械离合器、电磁离合器、液压离合器、气压离合器。

自动式离合器分为:超越离合器、离心离合器、安全离合器。

离合器主要类型见表 19-1。

表 19-1 离合器分类

类型		变型或附属型	自动或可控	是否可逆	典型应用
机械式	刚性	牙嵌	可控	是	农业机械、机床等
		齿型	可控	是或否	通用机械传动
		转键	可控	是	曲轴压力机
		滑键	可控	是	一般机械
		拉键	可控	是	小转矩机械传动
	摩擦	干式单片	可控	是	拖拉机、汽车
		湿式单片			
		干式多片	可控	是	汽车、工程机械、机床
		湿式多片			
		锥式	可控	是	机械传动
		涨圈	可控	是	机械传动
		扭簧	可控	是	机械传动
	离心	自由闸块式	自动	否	离心机、压缩机、搅拌机
		弹簧闸块式	自动	否	低启动转矩传动
		钢球式	自动	是或否	特殊传动

续上表

类型		变型或附属型	自动或可控	是否可逆	典型应用
机械式	超越	滚柱式	自动	否	升降机、汽车
		棘轮式	自动	否	农机、自行车等
		楔块式	自动	否	飞轮驱动、飞机
		螺旋弹簧式	自动	否	高转矩传动
		同步切换式	自动	否	发电机组等
电磁	磁场	湿式粉末	自动	是或否	专用传动
	磁滞	干式粉末	自动	是或否是	专用传动
	涡流		自动或可控	是	小功率仪表、伺服传动
			自动或可控	是	电铲、拔丝、冲压、石油
流体摩擦	气压	鼓式	自动	是	船舶
		缘式	自动	是	
		盘式	自动	是	
	液压	盘式	自动	是	船舶、工业机械
流体	液力	变矩器	自动	否	液力变速箱
		耦合器	自动	是	挖掘机、矿山机械

19.2 离合器的结构特点

19.2.1 摩擦离合器

摩擦离合器的种类很多，其中以摩擦式离合器应用最广。

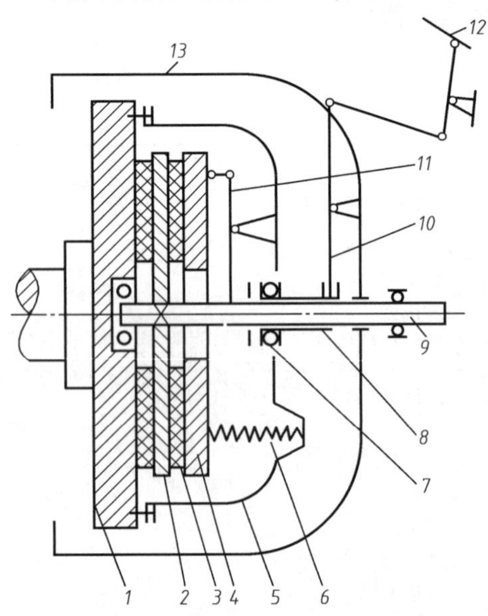

图 19-2 摩擦式离合器的构造原理图

1—飞轮；2—从动片；3—摩擦片；4—压盘；5—离合器盖；6—紧弹簧；7—分离轴承；8—分离套筒；9—从动轴；10—分离拨叉；11—分离杠杆；12—踏板；13—离合器壳

摩擦式离合器由主动部分、从动部分、压紧机构和分离机构所组成，其构造原理如图 19-2 所示。

离合器的主动部分有内燃机飞轮 1、离合器盖 5 和压盘 4 等构件。离合器的从动部分带有摩擦片 3、从动片 2，从动片通过花键与从动轴 9 相连，从动轴即变速箱输入轴。当从动片被弹簧 6（压紧机构）压紧在飞轮和压盘之间时，产生摩擦力而传递转矩。需要中断转矩的传递时，迅速踏下踏板 12，经过分离套筒 8 及分离杠杆 11，使压盘进一步压紧弹簧并离开从动片，离合器即处于分离状态，不再传递转矩。

当需要离合器接合时，缓慢地逐渐放松踏板，这时，压盘在弹簧力的作用下，向左移动而将从动片逐渐压紧，随着踏板的放松，压力逐渐加大，主、从动片间的摩擦力也逐渐加大，传递的转矩也加大。从动件在摩擦转矩作用下将逐渐加速，直至与主动件的转速完全一致。在踏板完全放松的条件下，离合器的摩擦转矩必须大于发动机的最大转矩，以保证可靠地传递发动机转矩。

1. 单片式摩擦离合器

汽车中常用的单片式离合器构造如图 19-3 所示。发动机飞轮 1 和压盘 4 是主动部分。压盘上有三个凸出部，嵌入离合器盖 11 的窗孔内；离合器盖用螺钉固定在飞轮上，因此压盘与飞轮一起旋转，但可以相对于飞轮作轴向移动。飞轮与压盘之间的从动片 3 与从动轴（变速箱输入轴）用花键相连，可作轴向移动。

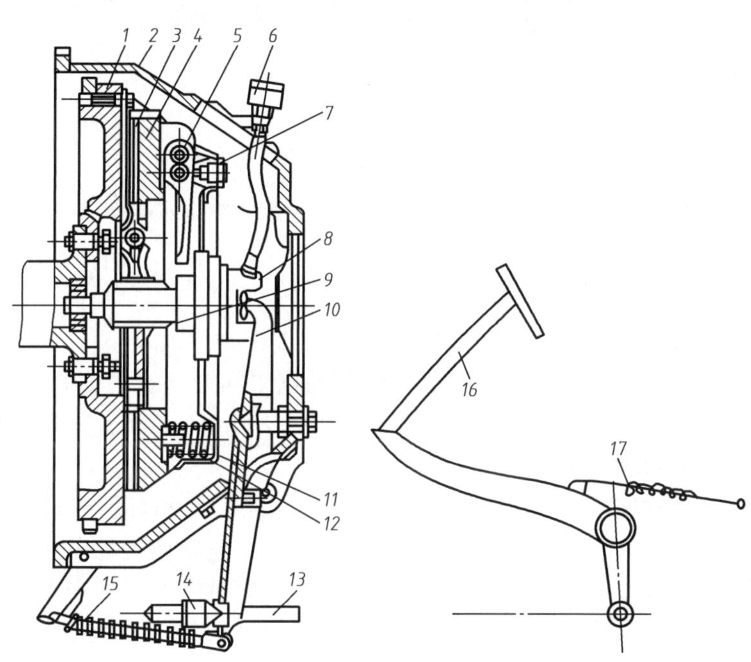

图 19-3 单片式离合器的构造

1—飞轮；2—外壳；3—从动片；4—压盘；5—分离杠杆；6—油杯；7、14—调整螺钉；8—分离套筒；9—从动轴；10—分离拨叉；11—离合器盖；12—压紧弹簧；13—拉杆；15、17—回位弹簧；16—踏板

2. 多圆盘式摩擦离合器

图 19-4 是一种典型的多圆盘式摩擦离合器。这种离合器有两组摩擦片，其中外摩擦片 2 和固定在主动轴上的外套筒 1 用花键连接；另一组内摩擦片 3 和固定在从动轴上的内套筒 7 也用花键连接，两组摩擦片交错排列。

图 19 4 是离合器处于接合状态的情况，此时交错排列的两组摩擦片相互压紧在一起，随同主动轴和外套筒一起旋转的外摩擦片通过摩擦力将转矩和运动传递给内摩擦片，从而使套筒 7 旋转，将操纵套 6 向右拨动，角形杠杆 5 在弹簧 4 作用下将摩擦片放松，则可分离两轴。

多圆盘式摩擦离合器具有下列优点：

①在任何规定的转速条件下，两轴都可以进行接合，且接合平稳；

②过载时摩擦片间发生滑动，可以避免其他零件受到损坏；

③改变摩擦面间的压力，能调节从动轴的加速时间和所传递的最大转矩。

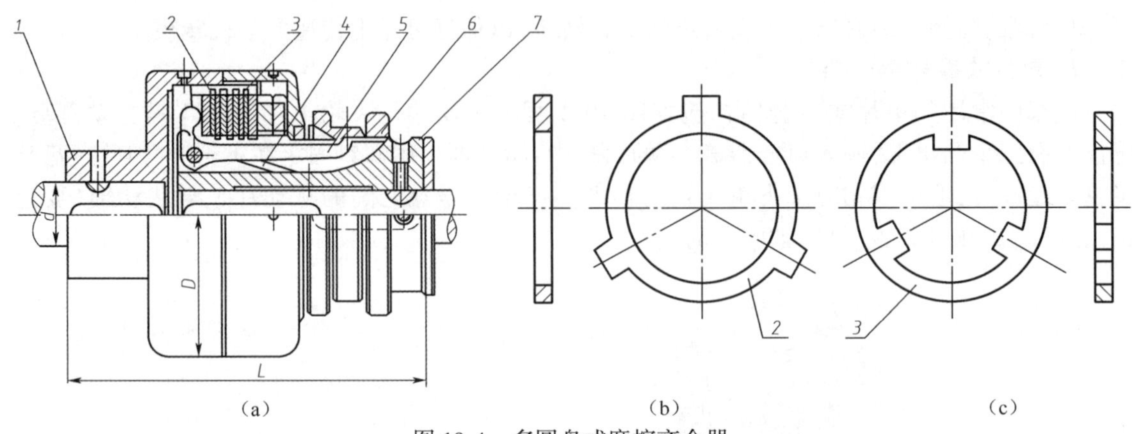

图 19-4 多圆盘式摩擦离合器

1—外套筒;2—外摩擦片;3—内摩擦片;4—弹簧;5—角形杠杆;6—操纵套;7—内套筒

缺点是:

①结构复杂,外廓尺寸较大;

②在接合、分离过程中要产生滑动摩擦,故发热高,磨损大。

摩擦片的磨损和发热是设计和使用中必须注意的重要问题。使用中通常把离合器浸在油中,故可减轻磨损,降低温升。

3. 电磁操纵多盘式摩擦离合器

多数摩擦离合器采用机械操纵机构,最简单的是由杠杆、拔叉和滑环组成的杠杆操纵机构。

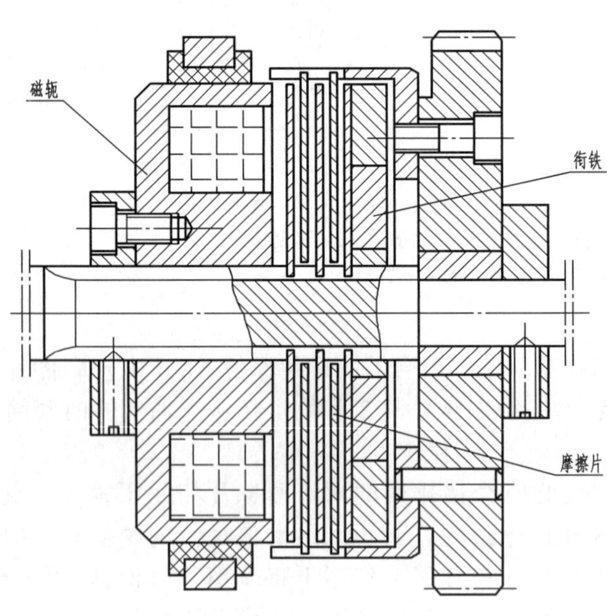

图 19-5 电磁操纵的多盘式摩擦离合器

电磁离合器的工作原理是利用电流通过电磁线圈产生电磁力,使离合器的主动部分与从动部分接合而传递转矩。与机械离合器相比,电磁离合器的主要特点是:可实现远距离操纵,动作迅速,工作可靠,大多数电磁离合器没有不平衡的轴向力,因而在数控机床等机械中获得了广泛的应用。

图 19-5 是一种靠电磁操纵的多盘式摩擦离合器。其工作原理是:线圈不通电时,内外摩擦片分开,转轴和齿轮没有运动之间的联系,离合器不传递转矩。线圈通电后产生磁通,于是磁轭产生电磁吸引力、吸引衔铁,衔铁就将内外摩擦片压紧,这时运动就可从转轴传递到齿轮,离合器开始传递转矩。

19.2.2 液力偶合器

下面介绍液力偶合器的基本结构、工作原理和应用范围。

1. 基本结构

液力偶合器主要构件包括对称布置的泵轮、涡轮和壳体,如图 19-6 所示。壳体通过螺栓与泵轮固定连接,其作用是防止工作液体外溢。泵轮与动力机相连,涡轮与负载相连。泵轮与涡轮均具有径向叶片,泵轮和涡轮叶片间的凹腔部分形成了圆环状工作腔,腔内充填液体以传递动力。

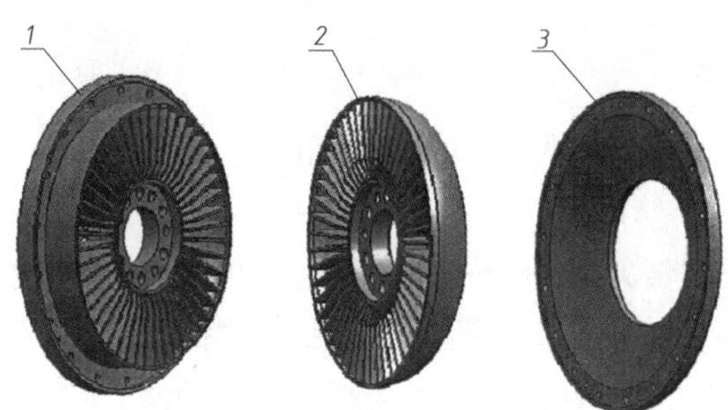

图 19-6 液力偶合器的主要构件

1—泵轮;2—涡轮;3—壳体

2. 工作原理

液力偶合器主要通过液体运动来实现能量的转换。动力机带动泵轮旋转时,工作腔内的工作液体同时受到离心力和工作叶片的双重作用,从半径较小的泵轮入口被加速加压抛向半径较大的泵轮出口,液体的动量矩增大,即泵轮将动力机输入的机械能转化成了液体动能;从泵轮抛出的工作液体冲击涡轮叶片,带动涡轮与泵轮同向运动,涡轮带动负载做功,实现了液体动能向机械能的转化。完成动能转化的液体又流回到泵轮,开始下一次循环。这样就可以不通过机械连接实现能量传递,如图 19-7 所示。

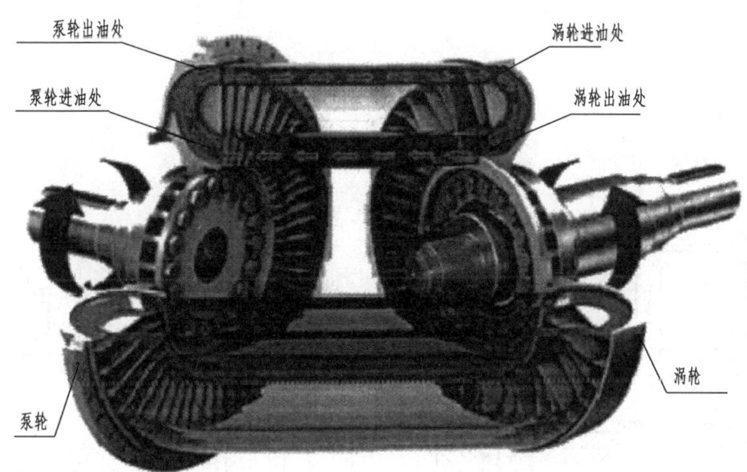

图 19-7 液力偶合器液体流动示意图

3. 应用范围

液力偶合器具有结构简单、性能可靠、寿命长、改善传动品质和节约能源等优点,在船舶、冶金、发电、矿山、化工、纺织、起重运输等行业中具有广泛的应用。

(1)能使电机空载启动,提高电机的启动能力;

(2)减缓冲击、隔离扭震、保护设备的传动部件,使得设备使用寿命延长;

(3)调速型液力偶合器可进行无级调速,即可手工操作,又易于实现远程控制和自动控制,对于需要调节流量或间歇运行的风机和水泵来说,节省能源;

(4)维护简便,由于主、从动件不接触,没有机械摩擦,所以寿命长。

19.2.3 气动离合器

下面介绍气动离合器的结构和原理以及应用范围。

1. 结构和原理

离合器的啮合是离合器活塞借助旋转接头传过来的压缩空气把摩擦片压靠在挡板上,这样离合器啮合。离合器脱开是由于一旦断开压缩空气,弹簧就会把活塞推回初始位置,离合器脱开。气动离合器如图 19-8 所示。

2. 应用范围

与一般的电磁式相比,气动离合器不会发生因放热效果过高而减弱转矩及产生电气火花,能确保大工作量的完成;并且,转矩控制的范围广,启动柔和,停止动作平稳,热能回收简单。通过控制器的操作,调整,平稳地进行连接,充分发挥制动性能。由于构造简单,容易维修。

19.2.4 刚性离合器

下面简单介绍齿式离合器、牙嵌式离合器、安全离合器结构特点。

1. 齿式离合器

齿式离合器由一对内外齿轮组成啮合副。外齿轮套在花键轴上,花键轴一端用轴承支承在内齿轮上。其结构如图 19-9 所示。

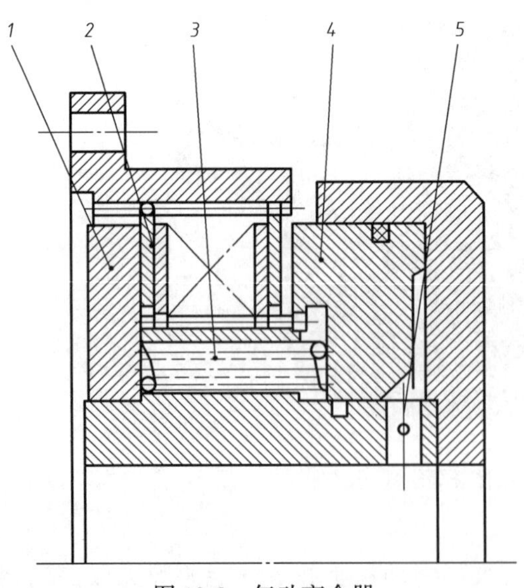

图 19-8　气动离合器

1—挡板;2—摩擦片;3—弹簧;4—活塞;5—旋转接头

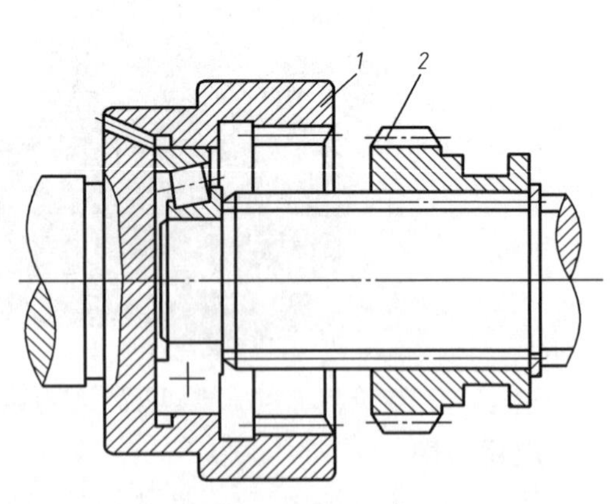

图 19-9　齿式离合器

1—内齿轮;2—外齿轮

齿式离合器利用齿牙传动，传动扭矩比同一尺寸的牙嵌式离合器大。结构紧凑，有时还可以利用脱开后的外齿轮兼做传动用。只能在静止或低转速下接合。适用于转速差不大，带载荷进行接合且传递转矩较大的机械主传动或变速机械的传动轴系。

2. 牙嵌式离合器

牙嵌式离合器的工作原理是由两个端面带牙的主、从套筒组成，如图 19-10 所示。套筒 1 固定在主动轴上，套筒 3 用导向平键（或花键）与从动轴连接，并通过操纵机构带动滑环 4 使其做轴向移动，以实现离合器的离合。为使两轴对中，在主动轴套筒 1 上固定有对中环 2，从动轴伸入对中环内自由转动。

牙嵌式离合器的牙型有三角形、矩形、梯形、锯齿形，如图 19-11 所示。三角形牙结合分离容易，如图 19-10（a）所示，但轴向分力大，多用于传递小转矩的场合。梯形、锯齿形牙工作面的倾角 α 较小，故牙齿强度高，能传递较大转矩，且又能消除由于磨损产生的牙间间隙，使冲击减少，轴向分力减小，故应用广泛，但锯齿形只能传递单向转矩，如图 19-11（b）、（c）所示。矩形牙磨损后间隙无法补偿，且不便结合与分离，使用较少，如图 19-11（d）所示。离合器的牙数一般为 3～60 个。

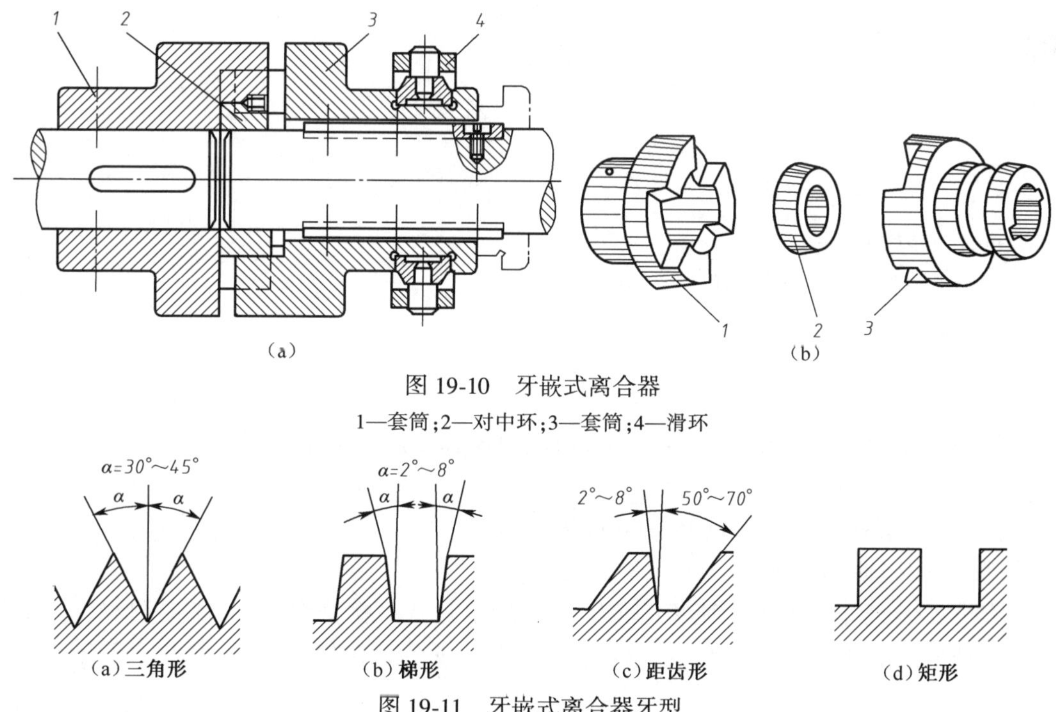

图 19-10　牙嵌式离合器

1—套筒；2—对中环；3—套筒；4—滑环

（a）三角形　（b）梯形　（c）距齿形　（d）矩形

图 19-11　牙嵌式离合器牙型

牙嵌式离合器的优点是结构比较简单，外廓尺寸小，被连接两轴间不会发生相对转动，适用于要求精确传动比的传动机构，缺点是接合时必须使主动轴慢速转动或停车。

3. 安全离合器

图 19-12 是摩擦式安全离合器结构示意图。其结构类似多盘摩擦离合器，但不用操纵机构，而是用适当的弹簧 1 将摩擦盘压紧，弹簧施加的轴向力的大小可由螺母 2 调节。调节完毕后，并将螺母固定使弹簧的压力保持不变。当工作转矩超过要限制的最大转矩时，摩擦盘间即发生打

滑,从而起到安全保护作用。但转矩降低到某一值时,离合器又自动恢复接合状态。

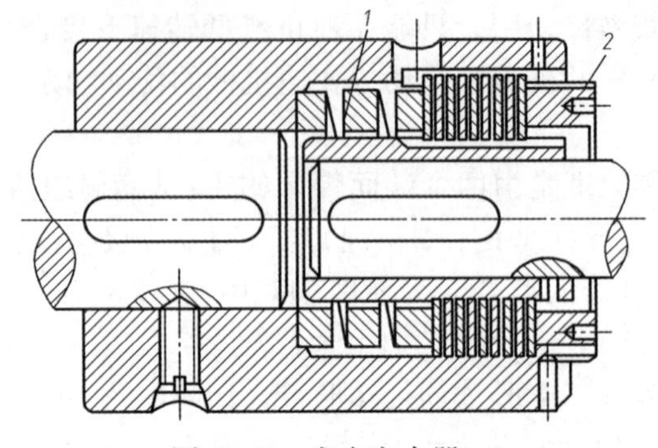

图 19-12 安全离合器

1—弹簧;2—螺母

扫一扫

19.3 离合器标记和选择

19.3 离合器标记和选择

该节内容扫描二维码。

思考题

1. 如何选择离合器?
2. 离合器分为哪几类?
3. 离合器的标记包括哪几部分组成?

习题

1. 观察发动机中的离合器,查阅相关资料,说明其作用和工作原理。

2. 写出下列磁粉离合器的标记

主动端:Z_1 型轴,B 型键,$d=25$ mm,$L=62$ mm;

从动端:J_1 型轴,B 型键,$d=30$ mm,$L=82$ mm。

3. 某中型普通车床主轴变速箱的 I 轴上采用单片式摩擦离合器启动和正反转。已知电动机额定功率为 27 kW,I 轴转速为 1 460 r/min,电动机至 I 轴的效率 η 为 0.97,求应选用多大规格的离合器。

第 20 章　工程中的制动器

本章学习目标

✧ 培养对工程设备的安全制动的意识。

本章学习内容

✧ 制动器的特点和应用范围；

✧ 常用几种制动器的主要特点、工作原理。

实践教学研究

✧ 观察汽车上采用了什么原理的制动器?

✧ 观察实习车床,床头箱内采用了什么制动方式?

扫一扫

现代工程发动机实践感想

关键词： 制动器、安全制动器、鼓式制动器

20.1　制动器概述

20.1.1　概述

在工程中,为了设备安全运行和工作人员舒适的工作环境和人身安全,在机器的传动系统中引用了必要的起储能、减震和制动作用的零部件。如使机器设备安全操作,用来降低机械运转速度达到安全运行或迫使机械停止运转、或保持停止状态,达到安全控制的制动器装置如图 20-1 所示。

图 20-1　安全制动器应用

为了便于生产和使用,国家标准对这类零件的结构、尺寸以及成品质量等各方面都实行了部分标准化。

只是部分重要结构和尺寸标准化的零件称为常用件,如齿轮、弹簧等。

国家标准对标准件和常用件的画法和标记进行了统一的规定, 绘图时必须严格遵守,对所有的标准件还制订了代号和标记,通过代号和标记可以从相应的国标中查出某个标准件的全部尺寸。

20.1.2 制动器功能与类型

制动器多数已标准化、系列化。使用时通过 JB/T 可以选用标准制动器或自行设计。

1. 制动器的功能

制动器是用来降低机械运转速度或迫使机械停止运转、或保持停止状态的装置,有时也用作限速装置。

制动器主要由制动架、制动件和操纵装置等组成。有些制动器还装有制动件间隙的自动调整装置。为了减小制动力矩和结构尺寸,制动器通常装在设备的高速轴上,但对安全性要求较高的大型设备(如矿井提升机、电梯等)则应装在靠近设备工作部分的低速轴上。

使机械运转部件停止或减速所必须施加的阻力矩称为制动力矩。

2. 制动器的类型

制动器一般可以分为两大类:工业制动器和汽车制动器。

在工业制动器中,起重机用制动器对于起重机来说既是工作装置,又是安全装置,制动器在起升机构中,是使提升或下降的货物能平稳的停止在需要的高度,或者控制提升或下降的速度,在运行或变幅等机构中,制动器能够让机构平稳的停止在需要的位置。

汽车制动器又分为行车制动器(脚刹)和驻车制动器(手刹)。

按结构特征分为:外抱块式制动器、带式制动器和盘式制动器等。

3. 制动器的要求与应用

制动可靠是对制动器的基本要求,除此外也应具备操纵灵活、散热好、体积小、寿命长、结构简单、维修方便等特点。

常用的制动器多采用摩擦制动原理,利用摩擦元件之间产生摩擦阻力矩来消耗机械运动部件的动能,以达到制动目的。

制动器通常应装在设备的高速轴上,这样所需要的制动力矩小,有的制动器也装在低速轴上,主要为了安全制动。

扫一扫

20.2 制动器的结构特点

制动器广泛应用于车辆、矿山、建筑机械、冶金、起重、电力、铁路、水利、港口、码头、化工等行业。

对制动器的主要特点、工作原理及适用范围在 20.2 中简要介绍。

20.2 制动器的结构特点

该节内容扫描二维码。

思考题

1. 工程中常用的制动器有哪些?
2. 制动器分为哪几类?如何选择?
3. 说明液压安全制动器的特点。

习　　题

1. 液压安全制动器应用在哪些设备中？
2. 查阅资料，说明《电力液压鼓式制动器》(JB/T 6406—2006)标准的详细内容。
3. 查阅资料，说明如何选择制动力矩。

扫一扫

第 21 章　工程中的弹簧

第 21 章　工程中的弹簧

该章内容扫描二维码。

第6篇　课程设计指导

第22章　机械设计综述

扫一扫

第22章　机械设计综述

该章内容扫描二维码。

第23章　减速器设计

扫一扫

现代工程发动机实践感想

本章学习目标

◇根据工程实际需要,培养正确选择减速器标准部件的能力;

◇培养具有正确选择判断减速器类型,掌握选择减速器传动比的能力;

◇培养了解减速器初步设计过程的能力。

本章学习内容

◇掌握减速器的类型、结构和选用方法;

◇正确选择减速器润滑方式;

◇掌握减速器的转配型式。

实践教学研究

◇观察球磨机实验室使用的减速器类型;

◇参观实验室、了解减速器的结构。

关键词:减速器、装配、齿轮

23.1　设计题目

已知:带式输送机传动简图如图23-1所示,设计传动用的二级圆柱展开式减速器。相关参数见表23-1。

图23-1　带式输送机传动简图

1—输送带鼓轮;2—链传动;3—减速器;4—联轴器;5—电动机

表 23-1　带式输送机设计参数

参　数	题　号			
	8-A	8-B	8-C	8-D
输送带的牵引力 F/kN	2.1	2.2	2.4	2.7
输送带的速度 v/(m·s^{-1})	1.4	1.3	1.6	1.1
输送带鼓轮的直径 D/mm	450	390	480	370

注:1. 带式输送机用以运送谷物、型砂、碎矿石、煤等;
2. 输送机运转方向不变、工作载荷稳定;
3. 输送鼓轮的传动效率取为 0.97;
4. 工作寿命 15 年,每年 300 个工作日,每日工作 16 h

23.2 减　速　器

23.2.1 减速器概述

减速器是一种典型的固定传动比的啮合传动装置,由封闭在刚性箱体内的齿轮或蜗杆或它们的组合构成,又称为减速箱或减速机。

通常,减速器放在原动机与工作机之间,用于降低原动机的转速,相应地增大转矩。如图 23-2 所示。

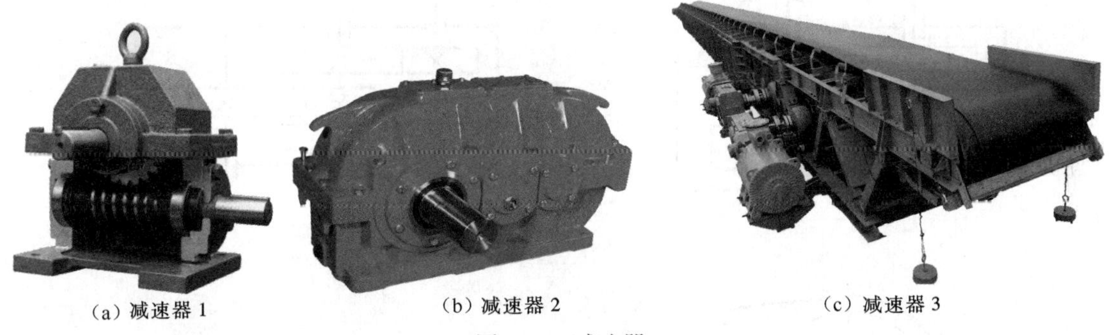

(a) 减速器 1　(b) 减速器 2　(c) 减速器 3

图 23-2　减速器

减速器由于结构紧凑,效率较高,传递运动准确可靠,使用维护方便,在机器中应用广泛。

23.2.2 减速器分类

1. 按照齿轮形状分

减速器按照齿轮形状可分为圆柱齿轮(包括直齿、斜齿和人字齿轮)减速器、锥齿轮减速器、蜗杆减速器以及它们的组合——圆锥、圆柱齿轮减速器、蜗杆圆柱齿轮减速器等。

2. 按照传动级数分

减速器按照传动级数又可分为单级、两级和多级减速器等。

单级圆柱齿轮减速器如图 23-3(a)所示,一般传动比 $i=1\sim8$, 直齿轮一般 $i\leqslant5$; 斜齿轮可大些,$i\leqslant8$。如果传动比 $i>8$,应采用两级圆柱齿轮减速器如图 23-3 所示。

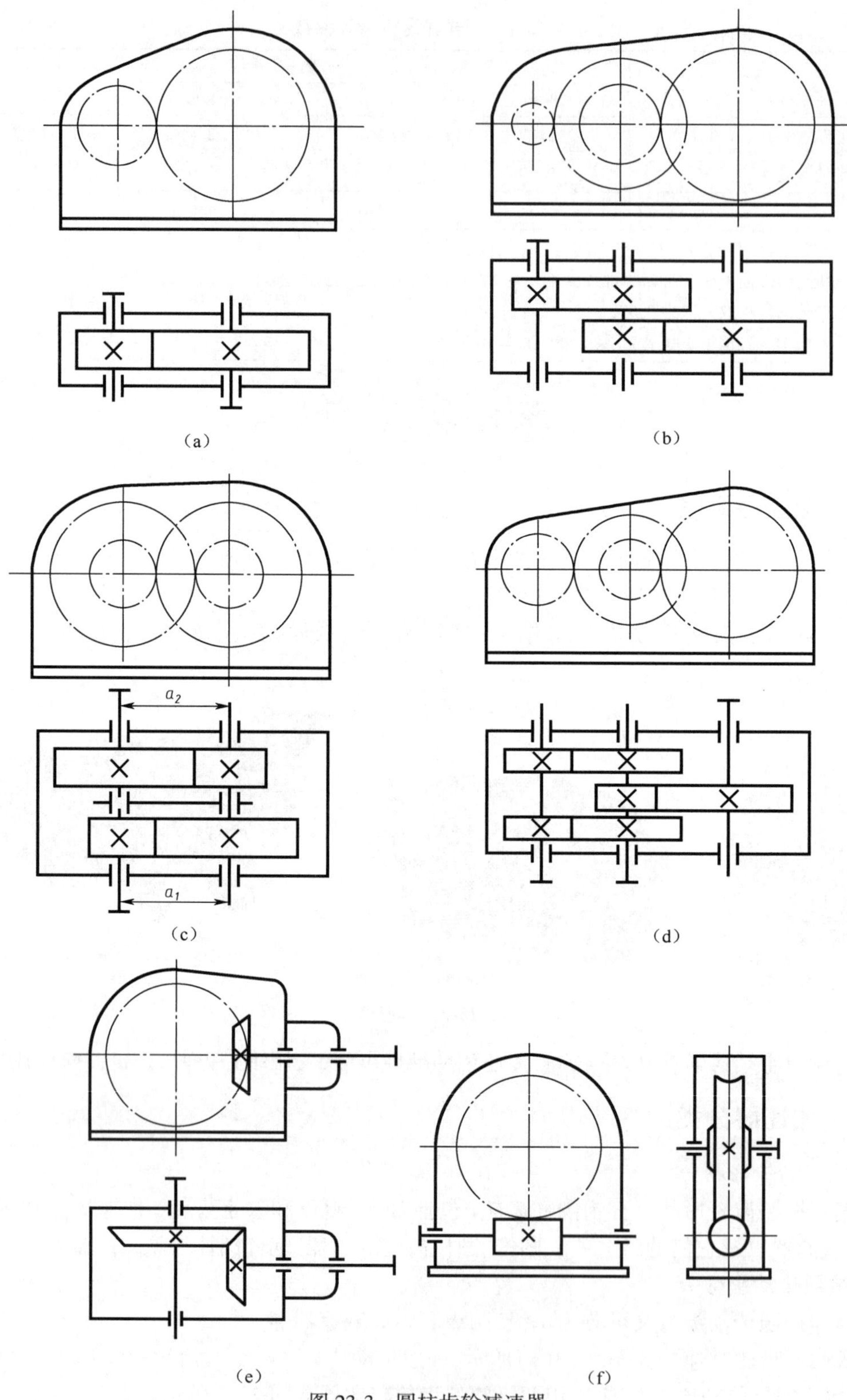

图 23-3　圆柱齿轮减速器

3. 按照传动的布置形式分

减速器按照传动的布置形式分为展开式、分流式和同进轴式减速机。

展开式圆柱齿轮减速器[见图 23-3(b)]的结构紧凑、简单,但齿轮相对于轴承为不对称布置,受载时轴的弯曲变形将引起轮齿沿齿宽载荷分布不匀。这种布置形式的减速器适用于载荷较平稳的场合。

同轴式圆柱齿轮减速器[见图 23-3(c)]的箱体长度较短,输入轴和输出轴位于同一轴线上,使得设备布置较为方便、合理。但轴向尺寸较长,中间轴较长,其齿轮与轴承不对称布置,刚性差,载荷沿齿宽分布不均匀,而且位于减速器中间部分的轴承润滑也比较困难。图 23-4 即为一同轴式两级齿轮减速器。

分流式圆柱齿轮减速器[见图 23-3(d)]中的齿轮相对于轴承为对称布置,轮齿沿齿宽载荷分布较均匀,适用于大功率齿轮传动。

两级圆柱齿轮减速器(见图 23-4)的适宜传动比范围为 $i=8\sim50$。

单级锥齿轮减速器[见图 23-3(e)]一般传动比为 1~5(直齿 $i\leqslant3$,弧齿 $i\leqslant5$),主要用于高速轴和低速轴需要相交布置(交角多为 90°)的场合。

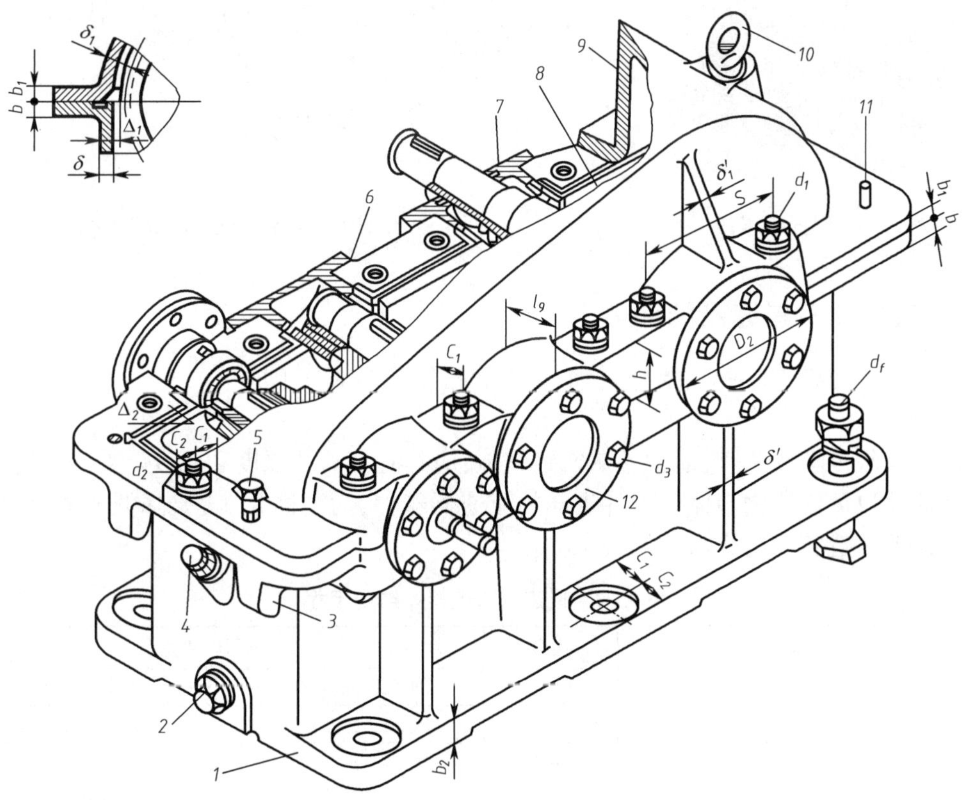

图 23-4　两级圆柱齿轮减速器

1—箱座;2—螺塞;3—吊钩;4—游标尺;5—启盖螺钉;6—油封垫片;7—密封盖;8—油沟;9—箱盖;10—吊环螺钉;11—定位销;12—透盖

单级蜗杆减速器可获得大的传动比[见图 23-3(f)、图 23-5)],由于蜗杆浸在油中,可保证蜗杆传动有良好的润滑，适用于蜗杆圆周速度 $v \leqslant 4$ m/s 的情况。单级蜗杆减速器常用于传动比 $i=10\sim80$ 的场合。

圆锥、圆柱齿轮减速器如图 23-6 所示，圆锥、圆柱齿轮减速器及蜗杆圆柱齿轮减速器相关参数请参阅有关手册。

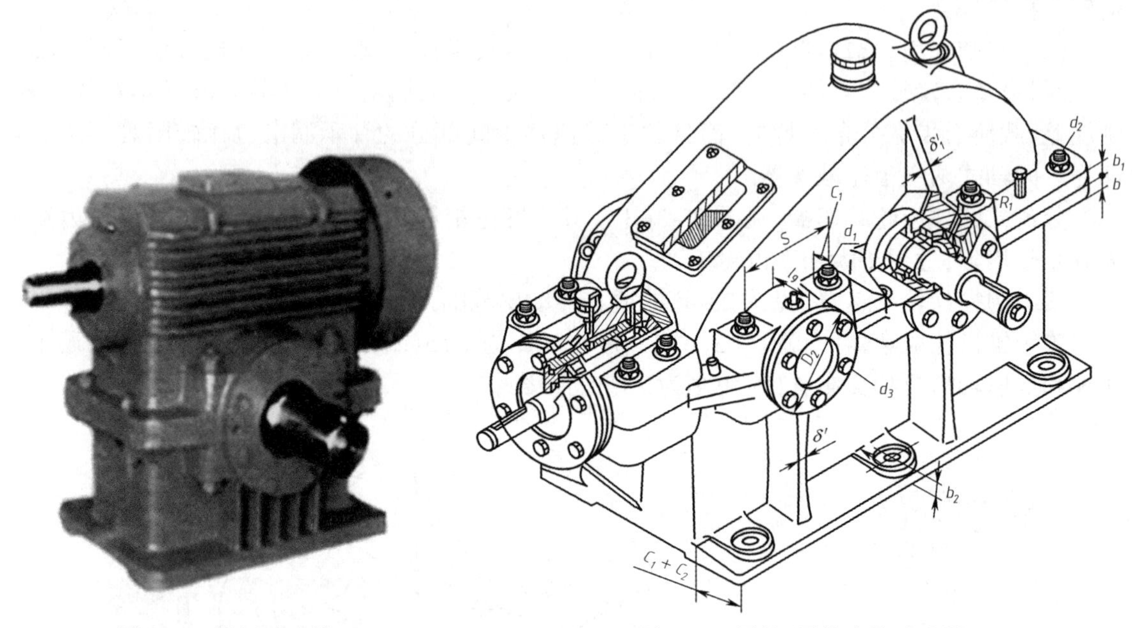

图 23-5　蜗杆减速器　　　图 23-6　圆锥、圆柱齿轮减速器

23.2.3　定轴轮系减速器的构造

减速器主要由齿轮（蜗轮、蜗杆）、轴、轴承和箱体等四部分组成。

1. 箱体

箱体是齿轮传动的基座，通常用灰铸铁铸造，应具有足够的强度和刚度。对于受冲击载荷的重型减速器也可用铸钢箱体。单件生产的减速器箱体，为了简化工艺，降低成本，可用焊接箱体。减速器铸造箱体结构尺寸见表 23-2。

表 23-2　减速器铸造箱体结构尺寸

名　称	代号	荐用尺寸关系	
		两级齿轮减速器	蜗杆减速器
下箱座壁厚	δ	$\delta=-0.025a^{*}+3\geqslant8$	$\delta=0.04a^{*}+3\geqslant8$
上箱盖壁厚	δ_1	$\delta_1=0.9\delta\geqslant8$	蜗杆在下： $\delta_1=0.85\delta\geqslant8$ 蜗杆在上： $\delta_1=\delta\geqslant8$
下箱座剖分面处凸缘厚度	b	$b=1.5\delta$	
上箱盖剖分面处凸缘厚度	b_1	$b_1=1.5\delta_1$	

续上表

名　　称	代号	荐用尺寸关系		
地脚螺栓底脚厚度	p	$p=2.5\delta$		
箱座上的肋厚	m	$m>0.85\delta$		
箱盖上的肋厚	m_1	$m_1>0.85\delta_1$		
两级圆柱齿轮减速器中心距之和	a_1+a_2	≤300	≤400	≤600
锥-圆柱齿轮减速器锥距与中心距之和	$R+a$			
蜗杆减速器中心距	a	≤200	≤250	≤350
轴承旁连接螺栓(螺钉)直径	d_1	M12	M16	M20
轴承旁连接螺栓通孔直径	d_1'	13.5	17.5	22
轴承旁连接螺栓沉头座直径	D_0	26	32	40
轴承旁凸台的凸缘尺寸(扳手空间)	c_1	20	24	28
	c_2	16	20	24
上下箱连接螺栓(螺钉)直径	d_2	M10	M12	M16
上下箱连接螺栓通孔直径	d_2'	11	13.5	17.5
上下箱连接螺栓沉头座直径	D_3	24	26	32
箱缘尺寸(扳手空间)	c_1	18	20	24
	c_2	14	16	20
地脚螺栓直径	d_ϕ	M16	M20	M24
地脚螺栓孔直径	d_ϕ'	20	25	30
地脚螺栓沉头座直径	D_ϕ	45	48	60
底脚凸缘尺寸(扳手空间)	L_1	27	32	38
	L_2	25	30	35
地脚螺栓数目	n 两级齿轮	6		
	n 蜗杆	4		
轴承盖螺钉直径	d_3	$\phi0.4\sim\phi0.5$		
检查孔盖连接螺钉直径	d_4	M6		M8
圆锥定位销直径	d_5	10	12	16
减速器中心高	H	$H\approx(1\sim1.12)\ a^*$		
轴承旁凸台高度	h	根据低速轴轴承座外径 D_2 和 M_d 扳手空间 c_1 的要求，由结构确定		
轴承旁凸台半径	R_δ	$R_\delta\approx c_2$		
轴承端盖(即轴承座)外径	D_2	$D_0+(5\sim5.5)d_3$		
轴承旁连接螺栓距离	S	取 $S=D_2$		
箱体外壁至轴承座端面的距离	K	$K=c_1+c_2+(5\sim8)$		
轴承座孔长度(即箱体内壁至轴承座端面的距离)		$K+\delta$		
大齿轮顶圆与箱体内壁间距离	Δ_1	$\Delta_1\geq1.2\delta$		
齿轮端面与箱体内壁间距离	Δ_2	$\Delta_2\geq\delta$		

注：a^*——多级传动时，取低速级中心距的值。

为了便于安装和拆卸，箱体常做成剖分式，分为下箱座和上箱盖，箱盖与箱座的剖分面常与齿轮轴线所在平面相重合。箱盖与箱座用若干个螺栓连接成一体，并用两个圆锥销精确固定箱盖与箱座的相互位置。轴承旁螺柱的位置应尽量靠近轴承孔,以便更可靠地夹住轴承,为此需要在轴承旁的箱体上做出凸台,以保证螺母有足够的承托面和扳手空间。在排列箱缘上的螺栓时,也应考虑使用扳手时所需的空间。

为了保证齿轮轴线正确的装配位置,箱体上的轴承孔需镗制得十分精确;而箱体本身也需有很大的刚性,以保证在受力后不发生过大的变形。为了增加减速器箱体的刚性及其散热面积,常在箱体的外面加肋板(见图 23-7)。

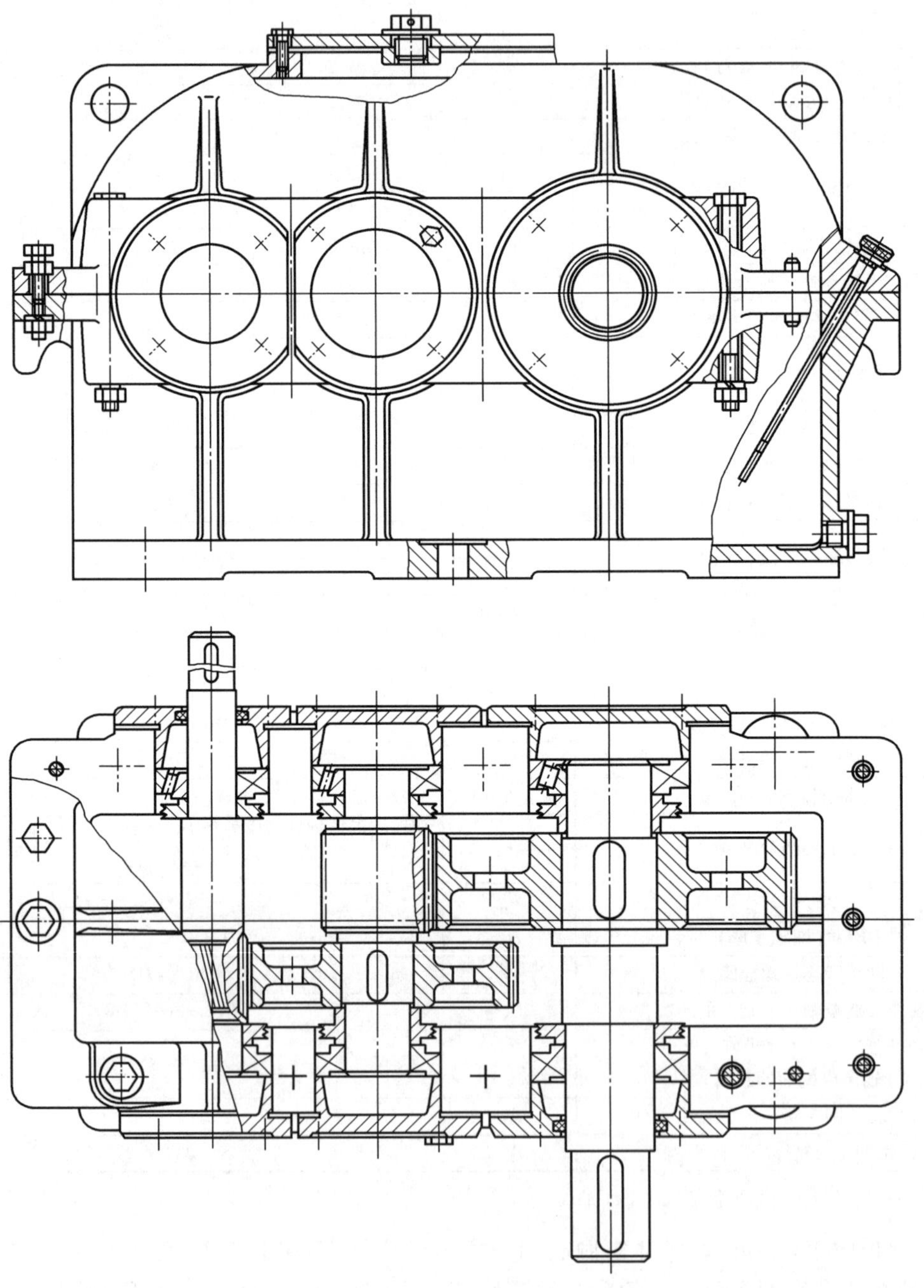

图 23-7　两级圆柱齿轮减速器结构

为防止润滑油从箱盖与箱座的接合面上渗出,装配前需在接合面上涂一层水玻璃或洋干漆,但绝不允许在接合面上加垫片,因为加垫片会影响滚动轴承的配合,进而影响齿轮啮合情况。

2. 减速器附件

考虑减速器在制造、装配和使用过程中的特点,还需要设置一些附件:为了便于检查齿轮的啮合情况和注油,设置了检查孔、油面指示器(油标)、通气罩、油塞、吊钩等。设计时,查阅有关设计手册,这里不多述。

23.2.4　减速器的润滑

减速器中齿轮、蜗杆蜗轮及轴承的润滑是非常重要的。润滑的目的在于减少摩擦和磨损,提高效率,增强散热及防止锈蚀,以保证减速器正常工作。

1. 减速器齿轮润滑

减速器常采用浸油润滑或喷油润滑。浸油润滑适用于齿轮圆周速度 $v<12$ m/s 的减速器,或蜗杆圆周速度 $v<12$ m/s 的场合。为了减少因搅油和飞溅所损失的能量,齿轮浸入油中的深度一般不宜超过 1~2 个齿高,如图 23-8 所示。浸油润滑时的浸油深度详细见表 23-3。

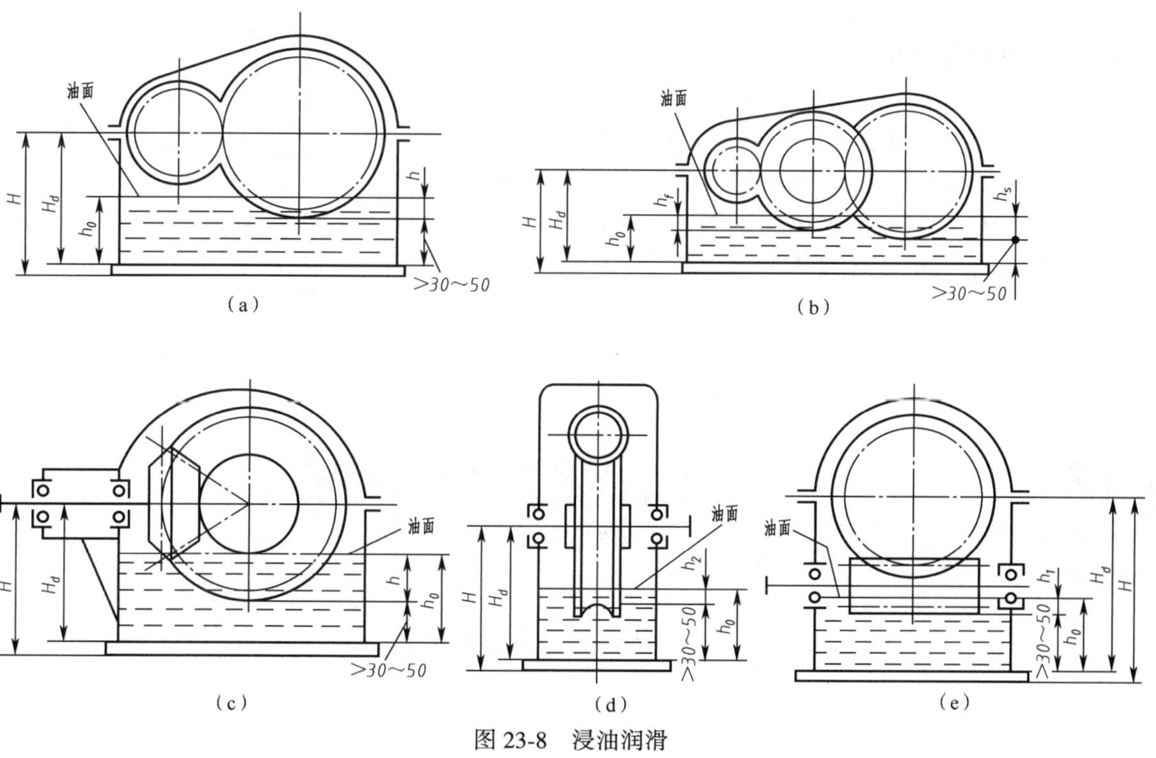

图 23-8　浸油润滑

表 23-3　浸油润滑时的浸油深度

项　　目	内　　容
单级圆柱齿轮减速器	$m<20$ 时,h 约为 1 个齿高,但不小于 10 mm $m\geqslant 20$ 时,h 约为 0.5 个齿高(m 为齿轮模数)

续上表

项目		内容
二级或多级圆柱齿轮减速器		高速级：h_f 约为 0.7 个齿高，但不小于 10 mm 低速级：h_s 按圆周速度大小而定，速度大者取小值 当 v_s=0.8 m/s~12 m/s 时，h_s 约 1 个齿高（不小于 10 mm）~$\frac{1}{6}$齿轮半径 当 $v_s \leqslant$0.5 m/s~0.8 m/s 时，$h_s \leqslant \left(\frac{1}{6}\sim\frac{1}{3}\right)$齿轮半径
圆锥齿轮减速器		整个齿宽浸入油中（至少半个齿宽）
蜗杆减速器	蜗杆下置式	$h_1 \geqslant 1$ 个螺牙高，但油面不应高于蜗杆轴承最低一个滚动体中心
	蜗杆上置式	h_2 同低速级圆柱大齿轮的浸油深度 h_s

当齿轮圆周速度 v>12 m/s 的减速器，或蜗杆圆周速度 v>12 m/s 的减速器，不宜采用浸油润滑，宜采用喷油润滑，详见图 23-9 所示。

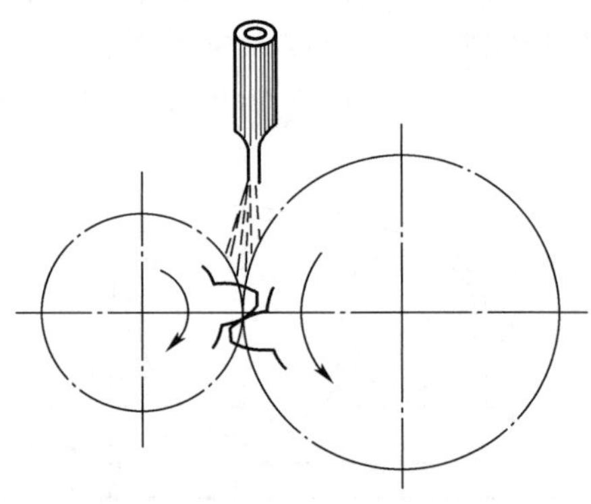

图 23-9　喷油润滑

2. 减速器轴承润滑

减速器中的轴承润滑可采用润滑油润滑或润滑脂润滑。当齿轮圆周速度大于 25 m/s 时，油能被齿轮转动带起而飞溅到箱盖上，并通过分箱面上特设的油沟流入轴承中，达到润滑轴承的目的。这时轴承和齿轮共用一池油，润滑油的牌号按齿轮的工作条件选取。

当齿轮圆周速度小于 25 m/s 时，轴承多采用润滑脂（黄干油）润滑。在采用喷油润滑齿轮的情况下，轴承可单独用润滑脂润滑，也可以采用喷油法润滑轴承。

扫一扫

23.3　减速器的标准和选择~23.4　减速器设计

23.3　减速器的标准和选择

该节内容扫描二维码。

23.4　减速器设计

该节内容扫描二维码。

思考题

1. 减速器在工程中的主要作用是什么？
2. 有哪几种传动类型的减速器？
3. 减速器有几种装配形式？如何选用？

4. 蜗杆减速器润滑应注意哪些因素？
5. 减速器箱体设计应考虑哪些工艺因素？
6. 减速器装配图设计步骤包括哪些内容？

习　　题

链板式输送机传动图见题图 1,链板式输送机传动使用圆锥-圆柱齿轮减速器,设计参数见题表 1，设计圆锥-圆柱齿轮减速器。

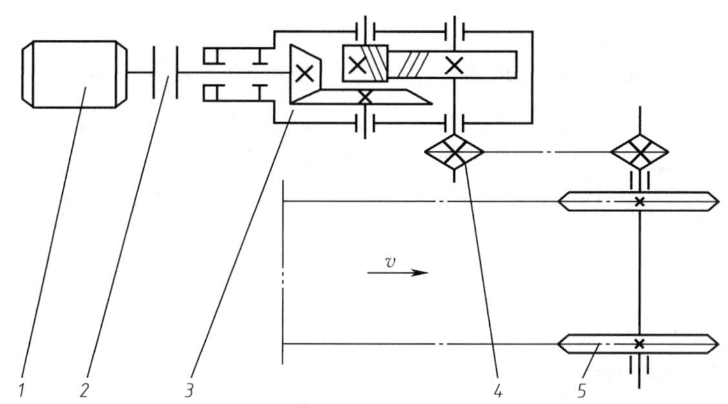

题图 1　链板式输送机传动图

1—电动机;2—联轴器,;3—减速器;4—链传动;5—输送机的链轮

题表 1　链板式输送机传动设计参数

题号 / 参数	9-A	9-B	9-C	9-D
输送链的牵引力 F/kN	5	6	7	8
输送链的速度 v/(m · s^{-1})	0. 6	0. 5	0. 4	0. 37
输送链链轮的节圆直径 d/mm	399	399	383	351

注:1. 链板式输送机在仓库或装配车间运送成件物品,运转方向不变,工作栽荷稳定;
2. 工作寿命 15 年,每年 300 个工作日,每日工作 16 h

第 24 章　球磨机设计

本章学习目标

✧ 通过课程设计，综合运用机械设计课程和其他先修课程的理论和实际知识，掌握机械设计的一般规律，树立正确的设计思想，培养分析和解决实际问题的能力；

✧ 学会从机器功能的要求出发，合理选择传动机构的类型，制定设计方案，正确计算零件的工作能力，确定它的尺寸、形状、结构及材料，并考虑制造工艺、使用、维护、经济和安全等问题，培养机械设计的能力；

✧ 通过课程设计，学习运用标准、规范、手册、图册和查阅有关技术资料等，培养机械设计的基本技能。

本章学习内容

✧ 学习机械设计的一般方法；

✧ 进行基本技能的训练，例如设计和绘制方案草图，设计和计算传动装置，查阅机械设计手册、标准、规范，运用经验数据进行经验估算等；

✧ 总结和综合运用工程理论知识，并通过课程设计进行实践。

实践教学研究

✧ 观察简单的食品加工机械、注意观察工地的搅拌机、卷扬机，以及实验室用球磨机等简易机械，了解其工作原理和结构特点。

关键词： 球磨机、传动、电动机

24.1　概　　述

本课程设计是本课程理论教学后的一个重要实践环节。目的是使学生掌握机械设计的一般过程，综合运用所学的基本理论和基础知识，进行从方案拟订到机械结构设计制图的过程训练；通过查阅和使用各种技术资料，完成机构分析，机械零、部件设计，绘制装配图、零件图及编制设计说明书等机械设计的全过程，培养学生分析和解决工程实际问题的能力。

如图 24-1(a)所示，球磨机的设计中包含了传动装置的总体设计，电动机、减速器、滑动轴承的选择，轴系设计，带传动设计，机架的设计，紧固件的选择与校核，零件图与装配图的绘制，设计说明书的编写等，基本涉及本书介绍的所有内容，是对本课程学习的一个综合运用。

24.1.1　课程设计的目的

(1)总结和综合运用本课程和其他已修课程的理论和实际知识，培养分析和解决工程实

(a)全自磨机

(b)半自磨机

图 24-1　球磨机

际问题的能力,巩固和扩充有关机械设计方面的知识。

(2)学习机械设计的一般方法,了解和掌握常用机械零件、机械传动装置和简单机械的设计过程。

(3)进行基本技能的训练,例如计算、绘制方案草图,运用设计资料查阅机械设计手册、标准、规范以及运用经验数据进行经验估算等。

(4)运用绘图软件进行计算机辅助设计绘图。

24.1.2　课程设计的内容

课程设计的题目一般为机械传动装置或简单机械,图 24-2 所示为牵引机简图中的传动装置。

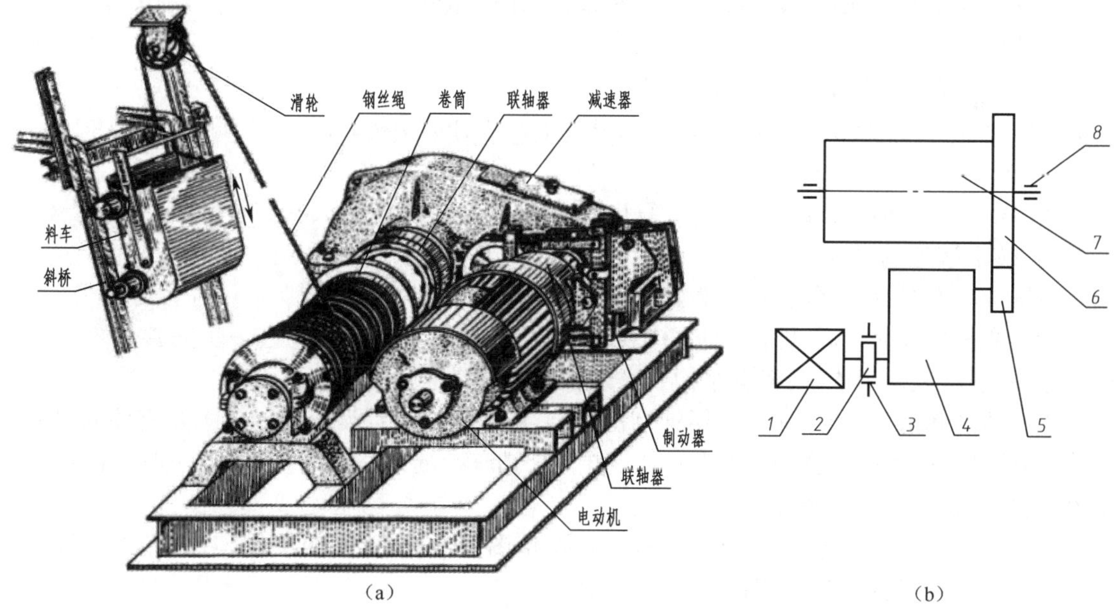

图 24-2　牵引机

1—电动机;2—联轴器;3—制动器;4—减速器;5—小齿轮;6—大齿轮;7—卷筒;8—滑动轴承

每位学生应完成:

(1)总体方案图(用手工或计算机绘制图样 A1 或 A2)。

(2)部件装配图(用手工或计算机绘制图样 A1)。

(3)零件工作图(用手工或计算机绘制图样 A3)。

(4)编写设计说明书。

课程设计在教师的指导下由学生独立完成。在设计过程中,每位学生应明确设计任务及要求并按时完成。每一设计阶段都应认真完成,经教师检查没有原则性错误时方可进行下一阶段设计,以保证按时、按质完成设计内容。

在设计过程中,提倡独立思考,主动地、创造性地进行设计,反对不求甚解、照抄照搬、敷衍塞责和容忍错误存在。只有这样才能保证课程设计达到教学基本要求,在设计思想、设计方法和设计能力等方面得到良好的训练。

24.1.3 课程设计的一般过程

课程设计的过程一般是从方案分析开始,进行必要的设计计算和结构设计,最后以图样的方式表达设计结果。由于影响因素很多,机械零件和结构尺寸不可能完全由计算确定,而需要借助于绘图、初选参数、初估尺寸等手段,并通过一边计算一边绘图,计算与绘图交叉进行的方式逐步完成设计。

计算机辅助设计及绘图是工程设计的一个飞跃。输入必要的参数,由计算机计算并自动生成图形,对提高绘图速度和质量有很大帮助,特别是图库等的使用大大简化了作图。

课程设计大致按以下几个阶段进行:

(1)设计准备

阅读设计任务书,明确设计要求和工作条件,通过阅读有关资料、图样,了解设计对象,拟订设计计划。

(2)工作部分的设计

根据设计要求,参考有关资料,计算和设计工作部分的结构和尺寸,以满足使用要求。

(3)原动机部分的设计

在确定传动总体方案的基础上,计算电动机功率,确定电动机转速,选择电动机型号。

(4)传动装置的设计

根据传动方案,设计各种传动装置的传动比及传动件的大致尺寸。

以上初步计算完成后,即可绘制总图的草图及部件图。在绘图中进一步完善各零件的结构尺寸,以强度设计为依据,根据结构要求确定零件的最后尺寸和形状。

绘制总图和部件图时,如果采用计算机绘制,则先根据设计计算出的各主要零件的尺寸和参数,用计算机软件生成常用件和紧固件,如齿轮、带轮、键、螺栓等。再进行一般零部件的结构设计,最后拼装成总图和部件图。

手工绘图一般应首先绘制总图的草图,根据草图绘制部件图,再绘制零件图,在设计中往往需要反复修改,最后完成总图。

24.1.4 课程设计中应注意的几个问题

1. 继承和创新的关系

任何设计都不是凭空设想出来的,设计是一个复杂的过程,善于收集、理解和使用已有的资料，是学习前人的经验，提高设计质量的保证。应根据指定的设计要求、条件进行设计，所以既不能别出心裁地凭空设想，也不能不动脑筋、生搬硬套，继承和创新二者不能偏废，要根据具体的条件和要求大胆创新。

2. 正确使用标准和规范

设计中正确运用标准有利于提高零件的互换性和满足加工工艺，对提高产品质量、降低成本起着重要作用。设计中要尽量采用标准和规范，尽可能使用标准件，对非标准件也应使用标准数据(标准直径和长度)。

3. 计算和结构工艺要求的关系

任何机械零件的尺寸都不可能完全由理论计算确定，而应综合考虑零件本身和整个部件结构在各方面的要求，如加工和装配要求等。不能把设计计算看成是不可更改的，计算只是为确定零件尺寸提供强度方面的依据，在满足强度的条件下，还可根据具体情况做适当的调整。有不少尺寸既没有理论公式，也没有经验公式，这时只有根据具体条件，参考类似的零件或设计来确定。

但是，对一些有严格几何关系的尺寸，如齿轮传动的啮合参数，则必须保证其计算的几何关系，不能随意改动。

4. 正确处理计算与绘图的关系

有些零件可以根据计算得到的尺寸确定其结构，而有些零件则需要先绘图，以取得计算所需的条件。例如设计轴时，通常先绘图来确定支点、作用力的位置，然后作出弯矩图和转矩图，进行强度计算，根据计算结果可能又要修改草图，因此绘图与计算互相依赖、互相补充、交叉进行，这是设计所必需的。

零件的尺寸以图样上的最后尺寸为准，对尺寸进行修改后，只要根据修改的幅度判断零件能否满足强度要求，不一定要对零件再进行强度计算。

要注意设计进度，每一阶段设计要认真检查，避免发生重大错误，影响下一阶段的设计。

24. 2　传动装置的总体设计

传动装置的总体设计内容为确定传动方案，选定电动机型号，计算总传动比和合理分布传动比，计算传动装置的运动和动力参数，计算各级传动件和装配图设计打下了基础。

24. 2. 1　传动方案设计

传动方案一般用机构简图表示。它反映了运动、动力传递路线和各部件的组成以及连接关系。

确定机械设计方案的过程中，传动方案的选择和设计是十分重要的一环。传动方案的选择除应考虑工作条件及各种传动方案的运动特性外，还应考虑各种传动装置的效率、功率、速度、传动比、重量、尺寸、成本等。

图 24-3 为图 24-2 所示牵引机的四种传动方案。

这四种方案虽然都能满足牵引机的功能要求，但结构、性能和经济性各不相同，要根据工

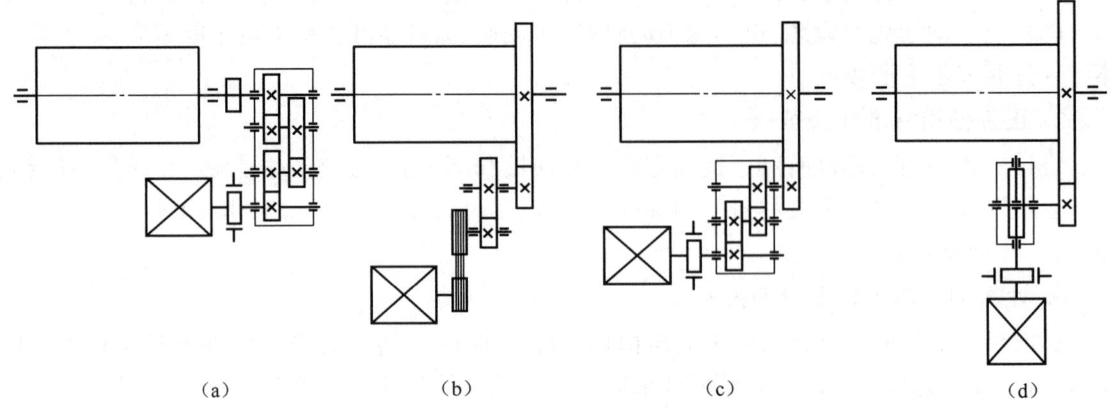

图 24-3 牵引机的四种传动方案

作条件确定较好的方案。

24.2.2 选择电动机

选择电动机的内容包括电动机的类型、结构形式、容量和转速，确定电动机的具体型号。

1. 选择电动机的类型和结构形式

见第 22 章“简易机械设计综述”。

2. 选择电动机的容量

标准电动机的容量由额定功率表示，所选电动机额定功率 P_{ed} 稍大于工作要求的功率 P_d，电动机的容量主要由运行时的发热条件所限定，在不变或变化很小的载荷下连续运行的机械，只要电动机的负载不超过额定值，电动机便不会过热，通常不必校验发热和启动力矩。

电动机所需功率：

$$P_d = \frac{P_w}{\eta} \tag{24-1}$$

式中 P_d——工作机实际需要的电动机输出功率，kW；

P_w——工作机所需输入功率，kW；

η——电动机至工作机之间传动装置的总效率。

工作机所需功率和总效率详见第 22 章。

3. 确定电动机转速

参见第 22 章“机械设计综述”。

选择电动机后，将有关数据和主要尺寸记录到表 24-1、表 24-2 中备用，表 24-2 中的尺寸如图 24-4 所示。

表 24-1 电动机的主要性能

型号	功率/kW	同步转速/($r \cdot min^{-1}$)	最大转矩/(N · m)	电动机重量/kg

表 24-2　电动机的外形尺寸　　mm

中心高 H	外廓尺寸 $L\times(AC/2)\times AD$	安装尺寸 $(A\times B)$	轴伸尺寸 $(C\times E)$	平键尺寸 $(E\times G)$

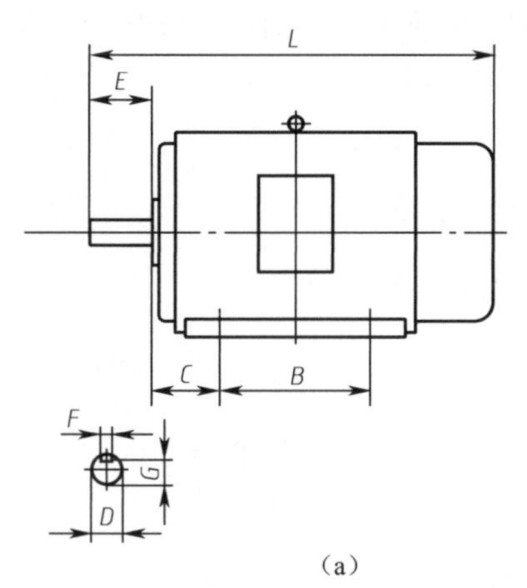

(a)

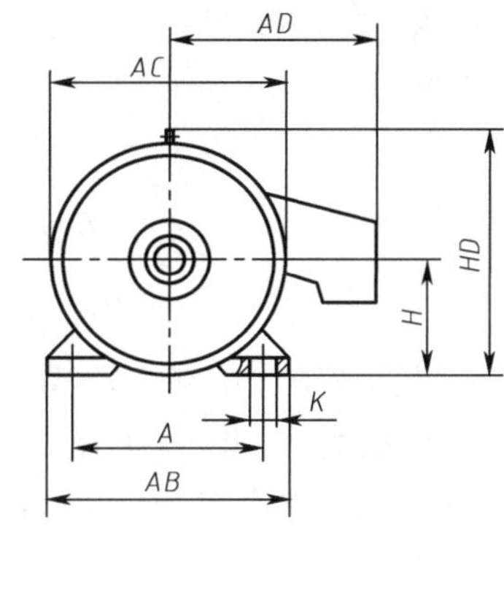

(b)

图 24-4　电动机的尺寸

24.2.3　计算传动装置总传动比和分配各级传动比

由所选电动机的转速和工作机转速，可得总传动比

$$i_z - \frac{n_m}{n_w} \tag{24-2}$$

式中　n_m——电动机的满载转速，r/min；

n_w——工作机的转速，r/min。

多级传动中，总传动比为各级传动比的乘积

$$i_z = i_1 i_2 \cdots i_n \tag{24-3}$$

式中　$i_1, i_2, i_3, \cdots, i_n$——各级传动机构的传动比。

在已知总传动比要求时，如何合理选择和分配各级传动比见第 22 章。

24.2.4　传动装置的运动和动力参数

设计计算传动件时需要知道各轴的功率、转速、转矩，因此应将工作机上的功率、转速、转矩推算到各轴上。

如果一传动装置从电动机到工作机有三根轴，依次为Ⅰ、Ⅱ、Ⅲ轴，则其运动和动力参数如下。

(1)各轴转速

$$n_{\mathrm{I}} = \frac{n_m}{i_0} \tag{24-4}$$

$$n_{\mathrm{II}}=\frac{n_{\mathrm{I}}}{i_1}=\frac{n_{\mathrm{m}}}{i_0 i_1} \tag{24-5}$$

$$n_{\mathrm{III}}=\frac{n_{\mathrm{II}}}{i_2}=\frac{n_{\mathrm{m}}}{i_0 i_1 i_2} \tag{24-6}$$

式中 n_{m}——电动机的满载转速,r/min;

n_{I}、n_{II}、n_{III}——分别为Ⅰ、Ⅱ、Ⅲ轴的转速,r/min,Ⅰ轴为高速轴、Ⅲ轴为低速轴;

i_0、i_1、i_2——依次为电动机与Ⅰ轴、Ⅰ轴与Ⅱ轴、Ⅱ轴与Ⅲ轴间的传动比。

(2)各轴功率

$$P_{\mathrm{I}}=P_{\mathrm{d}}\eta_{01} \tag{24-7}$$

$$P_{\mathrm{I}}=P_{\mathrm{I}}\eta_{12}=P_{\mathrm{d}}\eta_{01}\eta_{12} \tag{24-8}$$

$$P_{\mathrm{III}}=P_{\mathrm{II}}\eta_{23}=P_{\mathrm{d}}\eta_{01}\eta_{12}\eta_{23} \tag{24-9}$$

式中 P_{d}——电动机的输出功率,kW;

P_{I}、P_{II}、P_{III}——依次为Ⅰ、Ⅱ、Ⅲ轴输入功率,kW;

η_{01}、η_{12}、η_{23}——依次为电动机与Ⅰ轴、Ⅰ轴与Ⅱ轴、Ⅱ轴与Ⅲ轴间的传动效率。

(3)各轴转矩

$$T_{\mathrm{I}}=T_{\mathrm{d}}i_0\eta_{01} \tag{24-10}$$

$$T_{\mathrm{II}}=T_{\mathrm{I}}i_1\eta_{12}=T_{\mathrm{d}}i_0 i_1\eta_{01}\eta_{12} \tag{24-11}$$

$$T_{\mathrm{III}}=T_{\mathrm{II}}i_2\eta_{23}=T_{\mathrm{d}}i_0 i_1 i_2\eta_{01}\eta_{12}\eta_{23} \tag{24-12}$$

式中 T_{d}——电动机的输出转矩,N·m。

$$T_{\mathrm{d}}=9\ 550\frac{P_{\mathrm{d}}}{n_{\mathrm{m}}} \tag{24-13}$$

最后把这些参数记录到表24-3中,以备使用。

表24-3 各轴的动力参数

轴号	传动比 i	效率 η	功率 P/kW	转速 n/(r·min^{-1})	扭矩 T/(N·m)
电动机					
Ⅰ轴					
Ⅱ轴					

24.3 传动零件的设计计算

24.3.1 选择联轴器的类型和型号

联轴器除了连接两轴、传递转矩外,还具有补偿两轴因制造和安装误差而造成轴线偏移,以及缓冲、吸振、安全保护等功能,因此要根据传动装置工作要求来选定联轴器的类型。

电动机轴与减速器高速轴用的联轴器,由于轴的转速较高,为了减少启动载荷、缓和冲击,应选用具有较小转动惯量的弹性联轴器，一般选用弹性的可移动联轴器，例如弹性柱销联轴器。减速器低速轴与工作机轴连接用联轴器，由于轴的转速较低，不必要求具有较小转动惯量，但传递转矩较大，又因为减速器与工作机常不在同一底座上，要求有较大轴线偏移补偿，因此常选用无弹性组件的联轴器，例如齿式联轴器等。

标准联轴器主要按传递的转矩大小和转速来选择型号，设计时还要注意联轴器的孔尺寸范围是否与所连接轴的直径大小相适应。

联轴器的校核详见第 16 章中联轴器的相关内容。

24.3.2　选择减速器的类型和型号

一般用途的减速器已标准化，减速器的类型有很多，常用的减速器根据工作条件、供应情况及其有关标准和说明来选择（见第 23 章减速器设计中的相关内容）。

首先根据工作条件和传动要求来选择类型，同时根据转速要求计算出传动比 i，再根据所选定的减速器类型确定应用单级、两级或多级传动，最后按计算功率 P_c 选择减速器的型号。

圆柱齿轮减速器型号标记示例：

减速器 ZLY560-11.2-I　ZBJ19004

标记中：

（1）减速器：名称。

（2）ZLY：型号为两级圆柱齿轮（硬齿面）减速器。

（3）560：低速轴中心距 $a=560$ mm。

（4）11.2：公称传动比为 11.2。

（5）I：第一种装配形式。

（6）ZBJ19004：标准号。

选择减速器时要考虑安装空间，确认减速器是否与其他零部件发生干涉。减速器有四种装配形式，每种装配形式的输出轴、输入轴的位置不同，要根据具体使用情况来选择。

24.3.3　带传动设计要点

通常选用的 V 带传动设计所需条件大致为工作条件及外廓尺寸、传动位置的要求、原动机的种类及所需功率、主动轮及从动轮的转速（主动轮与从动轮的传动比）等。

设计时所需确定的内容主要为：

（1）确定计算功率 P_c。

（2）选择 V 带型号。

（3）选取大带轮和小带轮的基准直径 d_1 和 d_2。

（4）验算带速 v。

（5）确定中心距 a 和带长 L_d。

（6）验算包角 α_1。

（7）计算带的根数 z。

（8）计算在轴上的作用力 F_Q。

设计带传动时应注意检查带轮尺寸与传动装置外廓尺寸的相互关系，例如小带轮外圆半径是否大于电动机的中心高,大带轮外圆半径是否过大造成带轮与机器底座相干涉等。要注意带轮孔径尺寸与电动机轴或减速器输入轴尺寸是否相适应。带轮直径确定后,应验算带传动的实际传动比和大带轮的转速,并以此修正减速器的传动比和输入转矩。例如,图 24-5 中带轮的 D_e 过大,应改变带轮直径,保证带轮不与电动机安装架干涉。

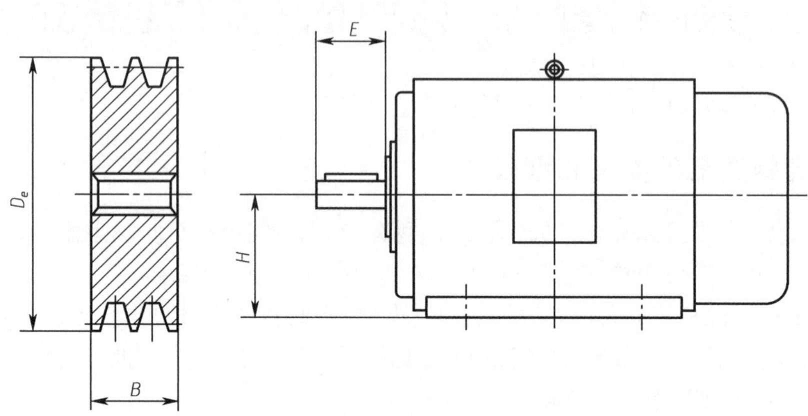

图 24-5　带轮与电动机的安装

带轮的结构形式主要由带轮的直径决定,见第 6 章工程中带传动的相关内容。

24.3.4　开式齿轮传动设计要点

开式齿轮传动一般都放在低速级,常选用直齿。因灰尘大,润滑条件差,磨损失效较严重,一般只需要计算齿轮的弯曲强度。

设计所需条件为传递功率(或转矩)、转速、传动比、工作条件及对尺寸的限制等。

设计时所需确定的内容主要为:

(1)选择材料,确定许用应力。

(2)确定齿轮的传动参数(中心距、齿数、模数、齿宽等)。

(3)齿轮的其他尺寸及结构(参阅第 8 章工程中齿轮传动的相关内容)。

设计时应注意,开式齿轮传动的主要失效形式是弯曲疲劳折断和齿面磨损。因此,开式齿轮传动只需按齿轮弯曲疲劳强度进行设计,考虑齿面磨损,应将计算所求得的模数加大 10%~15%。

当全部传动件设计计算完成后,应对工作机的实际转速进行核算,一般允许与设计要求转速(传动比)有±(3%~5%)的误差。

扫一扫

24.4　轴系的设计计算~24.7　课程设计示例实验室用球磨机

24.4　轴系的设计计算

该节内容扫描二维码。

24.5　紧固件的强度校核

该节内容扫描二维码。

24.6　编写设计说明书

该节内容扫描二维码。

24.7　课程设计示例实验室用球磨机

该节内容扫描二维码。

思考题

1. 机械设计的基本要求是什么？
2. 对总体方案进行评估应从哪些方面考虑？
3. 传动装置的主要作用是什么？
4. 合理的传动方案应考虑哪些问题？
5. 具体设计时是先画图还是先计算？
6. 设计结果是唯一的吗？

习　　题

1. 对开起门进行创新设计。
2. 试分析球磨机的传动方案，如题图 1 所示，说明哪种传动方案最优。

扫一扫

题图 1

第 25 章　搬运电动车设计

本章学习目标

✧ 培养创新设计能力；

✧ 培养综合运用所学知识的能力，培养分析和解决实际问题的能力；

✧ 学会从机器功能的要求出发，合理选择传动机构的类型，制定设计方案，正确计算零件的工作能力，确定它的尺寸、形状、结构及材料，并考虑制造工艺、使用、维护、经济和安全等问题，培养机械设计的能力；

✧ 通过设计，学习运用标准、规范、手册、图册和查阅有关技术资料的能力；

✧ 培养机械设计的基本技能。

本章学习内容

✧ 学习机械设计的一般方法；

✧ 进行设计运算绘图基本技能的训练；

✧ 运用经验数据进行经验估算等。

实践教学研究

✧ 观察实验室机械搬运车以及车辆结构，了解其工作原理和结构特点。

关键词：电动拖车、设计方法、减速

25.1　概　　述

本课程设计属于实践创新教学一个重要实践环节。目的是使学生通过发动机实践训练，掌握一定的机械设计的一般过程，将专业知识与技术基础知识有机结合，综合运用所学的基本理论、基础知识、专业知识，进行产品的设计，从方案拟订到结构设计，学习查阅和使用各种技术资料，完成机构分析，机械零、部件设计，产品的开发并完成绘制装配图、零件图及编制设计说明书等机械设计的全过程，培养学生分析和解决工程实际问题的能力。

25.1.1　设计目的

（1）将实现重物位置的变换，有利于减轻实验室工作人员的负担、节省人力物力；同时又降低能耗，环保清洁，符合低碳生活和构建和谐社会的要求。专门服务于高校实验室，真正做到有针对性地服务，解放生产力。

（2）通过设计电动搬运车的过程，巩固所学工程设计制图知识，培养整车的设计能力，解决工程和生活中实际问题。

(3)通过自学和创新设计,培养自学能力和创新能力。

25.1.2　设计要求

已知:提升重物 100 kg,提升高度 2 m,抬升速度 0.2 m/s,行进车速 20 m/s,最大车重 150 kg,地面摩擦系数 0.3,电动机至工作机效率 0.90,齿轮工况系数 $K_A=1$,电动机,载荷平稳,每天工作 3~10 h,每小时启动次数≤5 次。

设计:实验室搬运电动车。

功能:具有自动转向、自动行进和停车、实现重物提升,同时兼顾灵活轻便、节省空间、环保节约的理念。

25.2　设计方法和过程

25.2.1　设计方法

(1)联想法:联系蚂蚁搬重物的生活实际,总结规律,应用到该项目的研究中。

(2)资料收集法:深入实验室,对实验室现状进行调查,利用网络、图文资料进行收集,找准问题所在,明确研究对象。

(3)文献法:广泛收集整理文献资料,如经典书籍,名人格言,以及课程标准推荐的书目,为学生阅读提供具有时代性,创造性的正面教材。

(4)实验法:自己制作模型,进行模拟仿真,得出结论。

(5)行动研究法:制定个性研究方案,进行分析,再研究调整重新进行实践。并将经验总结、记录,形成有价值的文字。

25.2.2　设计步骤

实地考察,确定方案——分析功能,模型制作——设计机构,分析可行性——校核并制作。

25.2.3　各种不同类型电动拖车的比较

电动拖车通常可以分为三大类:平衡重式电动拖车、仓储电动拖车和前移式电动拖车。

1. 平衡重式电动拖车

以电动机为动力,蓄电池为能源。承载能力 1.0~4.8 t,作业通道宽度一般为 3.5~5.0 m。没有污染、噪声小。

2. 仓储电动拖车

仓储电动拖车主要是为仓库内货物搬运而设计的拖车。除了少数仓储电动拖车(如手动托盘拖车)是采用人力驱动的,其他都是以电动机驱动的,因其车体紧凑、移动灵活、自重轻和环保性能好而在仓储业得到普遍应用。在多班作业时,电机驱动的仓储拖车需要有备用电池。

3. 前移式电动拖车

承载能力 1.0~2.5 t,门架可以整体前移或缩回,缩回时作业通道宽度一般为 2.7~3.2 m,提升高度最高可达 11 m 左右,常用于仓库内中等高度的堆垛、取货作业。

(1)电动托盘搬运拖车

承载能力 1.6~3.0 t,作业通道宽度一般为 2.3~2.8 m,货叉提升高度一般在 210 mm 左右,主要用于仓库内的水平搬运及货物装卸。一般有步行式和站驾式两种操作方式。

(2)电动托盘堆垛拖车

电动托盘搬运车承载能力为 1.0~1.6 t,作业通道宽度一般为 2.3~2.8 m,在结构上比电动托盘搬运拖车多了门架,货叉提升高度一般在 4.8 m 内,主要用于仓库内的货物堆垛及装卸。

(3)电动拣选拖车

在某些工况下(如超市的配送中心),不需要整托盘出货,而是按照订单拣选多种品种的货物组成一个托盘,此环节称为拣选。按照拣选货物的高度,电动拣选拖车可分为低位拣选拖车(2.5 m 内)和中高位拣选拖车(最高可达 10 m)。承载能力 2.0~2.5 t(低位)、1.0~1.2 t(中高位,带驾驶室提升)。

(4)低位驾驶三向堆垛拖车

通常配备一个三向堆垛头,拖车不需要转向,货叉旋转就可以实现两侧的货物堆垛和取货,通道宽度 1.5~2.0 m,提升高度可达 12 m。拖车的驾驶室始终在地面不能提升,考虑到操作视野的限制,主要用于提升高度低于 6 m 的工况。

(5)高位驾驶三向堆垛拖车

与低位驾驶三向堆垛拖车类似,高位驾驶三向堆垛拖车也配有一个三向堆垛头,通道宽度 1.5~2.0 m,提升高度可达 14.5 m。其驾驶室可以提升,驾驶员可以清楚地观察到任何高度的货物,也电动牵引车可以进行拣选作业。

(6)电动牵引车

牵引车采用电动机驱动,利用其牵引能力(3.0~25 t),后面拉动几个装载货物的小车。经常用于车间内或车间之间大批货物的运输。

25.2.4 设计过程

(1)整体项目研究;

(2)电机;

(3)减速器设计;

(4)传动链设计;

(5)齿轮部分设计;

(6)转向机构设计;

(7)轴的设计;

(8)轴承与轴承座的设计;

(9)螺栓的设计;

(10)整体设计优点总结;

(11)模型分析验证;

(12)人机工程分析;

(13)材料选择、制造技术及 CAD 零件图。

25.2.5　三维造型产品展示

三维造型产品如图 25-1、图 25-2 所示。

图 25-1　搬运车三维造型

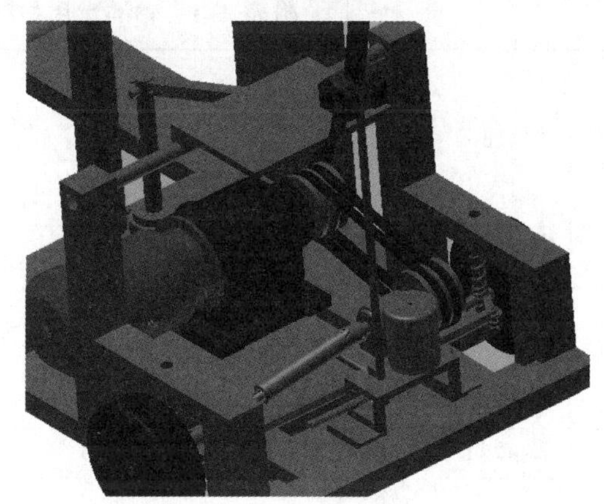

图 25-2　主要传动减速部分

思 考 题

1. 分析现有机械式搬运车的优缺点。
2. 分析现有电动搬运车的结构特点?
3. 合理的设计传动系统,应考虑哪些方面的因素。
4. 齿轮是否需要进行弯曲强度校核? 设计时主要考虑哪些要素?
5. 齿轮轴设计时要满足哪些要求?

习　　题

1. 查阅资料,国家标准中,对汽车的最小转弯半径有哪些要求?
2. 电动车制动性要注意哪些因素?
3. 车轮不平衡的主要原因有哪些?

附录 A　材料与力学性能

附表 A-1　轴的常用材料及其主要力学性能

材料牌号	热处理	毛坯直径 ϕ/mm	硬度/HBS	抗拉强度 σ_B/MPa	屈服强度 σ_S/MPa	弯曲疲劳极限 σ_{-1}/MPa	剪切疲劳极限 τ_{-1}/MPa	备　注
Q235-A	热轧或锻后空冷	≤100		400~420	225	170	105	用于不重要及受载荷不大的轴
		>100~250		375~390	215			
45	正火回火	≤100	170~217	590	295	255	140	应用最广泛
		>100~300	162~217	570	285	245	135	
	调质	≤200	217~255	640	355	275	155	
40Cr	调质	≤100	241~286	785	510	355	205	用于载荷较大而无很大冲击的重要轴
		>100~300		685	490	335	185	
40CrNi	调质	≤100	270~300	900	735	430	260	用于很重要的轴
		>100~300	240~270	785	570	370	210	
38SiMnMo	调质	≤100	229~286	735	590	365	210	用于重要的轴，性能近于 40CrNi
		>100~300	217~269	685	540	345	195	
38CrMoAlA	调质	≤60	293~321	930	785	440	280	用于要求高耐磨性、高强度且热处理（渗氮）变形很小的轴
		>60~100	277~302	835	685	410	270	
		>100~160	241~277	785	590	375	220	
20Cr	渗碳淬火回火	≤60	渗碳 56~62 HRC	640	390	305	160	用于要求强度及韧性均较高的轴
3Cr13	调质	≤100	≥241	835	635	395	230	用于腐蚀条件下的轴
1Cr18Ni9Ti	淬火	≤100	≤192	530	195	190	115	用于高、低温及腐蚀条件下的轴
		>100~200		490		180	110	
QT600-3			190~270	600	370	215	185	用于制造复杂外形的轴
QT800-2			245~335	800	480	290	250	

注：①表中所列疲劳极限 σ_{-1} 值是按下列关系式计算的，供设计时参考。碳钢：$\sigma_{-1}\approx0.43\sigma_B$；合金钢：$\sigma_{-1}\approx0.2(\sigma_B+\sigma_S)+100$；不锈钢：$\sigma_{-1}\approx0.27(\sigma_B+\sigma_S)$；$\tau_{-1}\approx0.156(\sigma_B+\sigma_S)$；球墨铸铁：$\sigma_{-1}\approx0.36\sigma_B$；$\tau_{-1}\approx0.31\sigma_B$。

②1Cr18Ni9Ti（GB/T 1221—2007）可选用，但不推荐。

附表 A-2 螺纹、键槽、花键、横孔及配合边缘处的有效应力集中系数 k_σ 和 k_τ 值

螺纹 键槽 花键 横孔

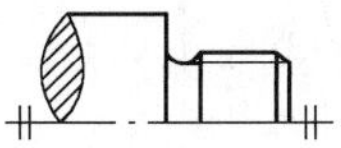

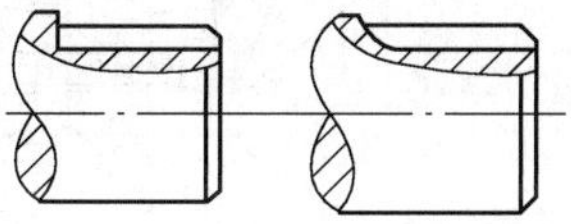

d_0 d

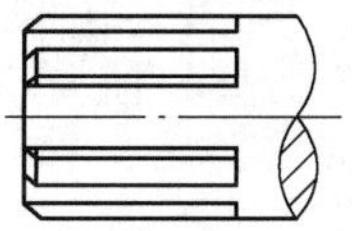

A 型 B 型

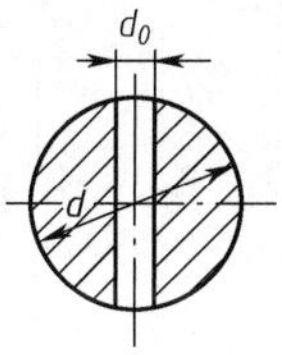

σ_B /MPa	螺纹 ($k_\tau=1$) k_σ	键槽			花键			横孔			配合					
		k_σ		k_τ	k_σ	k_τ		k_σ		k_τ	H7/r6		H7/k6		H7/h6	
		A 型	B 型	A、B 型	(齿轮轴 $k_\sigma=1$)	矩形	渐开线(齿轮轴)	$\frac{d_0}{d}$= 0.05 ~ 0.15	$\frac{d_0}{d}$= 0.15 ~ 0.25	$\frac{d_0}{d}$= 0.05 ~ 0.25	k_σ	k_τ	k_σ	k_τ	k_σ	k_τ
400	1.45	1.51	1.30	1.20	1.35	2.10	1.40	1.90	1.70	1.70	2.05	1.55	1.55	1.25	1.33	1.14
500	1.78	1.64	1.38	1.37	1.45	2.25	1.43	1.95	1.75	1.75	2.30	1.69	1.72	1.36	1.49	1.23
600	1.96	1.76	1.46	1.54	1.55	2.35	1.46	2.00	1.80	1.80	2.52	1.82	1.89	1.46	1.64	1.31
700	2.20	1.89	1.54	1.71	1.60	2.45	1.49	2.05	1.85	1.80	2.73	1.96	2.05	1.56	1.77	1.40
800	2.32	2.01	1.62	1.88	1.65	2.55	1.52	2.10	1.90	1.85	2.96	2.09	2.22	1.65	1.92	1.49
900	2.47	2.14	1.69	2.05	1.70	2.65	1.55	2.15	1.95	1.90	3.18	2.22	2.39	1.76	2.08	1.57
1 000	2.61	2.26	1.77	2.22	1.72	2.70	1.58	2.20	2.00	1.90	3.41	2.36	2.56	1.86	2.22	1.66
1 200	2.90	2.50	1.92	2.39	1.75	2.80	1.60	2.30	2.10	2.00	3.87	2.62	2.90	2.05	2.5	1.83

注:①滚动轴承与轴的配合按 H7/r6 配合选择系数。

②蜗杆螺旋根部有效应力集中系数可取 $k_\sigma=2.3\sim2.5$,$k_\tau=1.7\sim1.9$($\sigma_B\leqslant700$ MPa 时取小值,$\sigma_B\geqslant1\ 000$ MPa 时取大值)。

附表 A-3 环槽处的有效应力集中系数 k_σ 和 k_τ 值

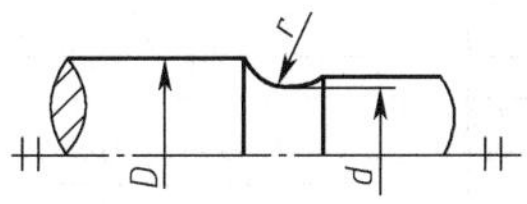

r D d

系数	$\frac{D-d}{r}$	$\frac{r}{d}$	σ_B/MPa 400	500	600	700	800	900	1 000
k_σ	1	0.01	1.88	1.93	1.98	2.04	2.09	2.15	2.20
		0.02	1.79	1.84	1.89	1.95	2.00	2.06	2.11
		0.03	1.72	1.77	1.82	1.87	1.92	1.97	2.02
		0.05	1.61	1.66	1.71	1.77	1.82	1.88	1.93
		0.10	1.44	1.48	1.52	1.55	1.59	1.62	1.66
	2	0.01	2.09	2.15	2.21	2.27	2.34	2.39	2.45
		0.02	1.99	2.05	2.11	2.17	2.23	2.28	2.35
		0.03	1.91	1.97	2.03	2.08	2.14	2.19	2.25
		0.05	1.79	1.85	1.91	1.97	2.03	2.09	2.15
	4	0.01	2.29	2.36	2.43	2.50	2.56	2.63	2.70
		0.02	2.18	2.25	2.32	2.38	2.45	2.51	2.58
		0.03	2.10	2.16	2.22	2.28	2.35	2.41	2.47
	6	0.01	2.38	2.47	2.56	2.64	2.73	2.81	2.90
		0.02	2.28	2.35	2.42	2.49	2.56	2.63	2.70
k_τ	任何比值	0.01	1.60	1.70	1.80	1.90	2.00	2.10	2.20
		0.02	1.51	1.60	1.69	1.77	1.86	1.94	2.03
		0.03	1.44	1.52	1.60	1.67	1.75	1.82	1.90
		0.05	1.34	1.40	1.46	1.52	1.57	1.63	1.69
		0.10	1.17	1.20	1.23	1.26	1.28	1.31	1.34

附表 A-4　圆角处的有效应力集中系数 k_σ 和 k_τ 值

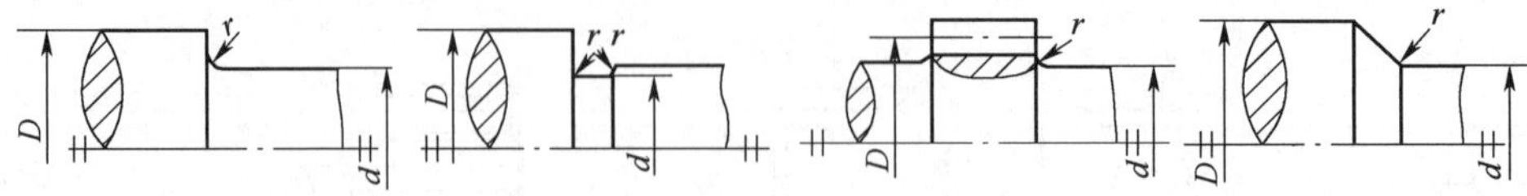

$\frac{D-d}{r}$	$\frac{r}{d}$	k_σ								k_τ							
		σ_B/MPa								σ_B/MPa							
		400	500	600	700	800	900	1 000	1 200	400	500	600	700	800	900	1 000	1 200
2	0.01	1.34	1.36	1.38	1.40	1.41	1.43	1.45	1.49	1.26	1.28	1.29	1.29	1.30	1.30	1.31	1.32
	0.02	1.41	1.44	1.47	1.49	1.52	1.54	1.57	1.62	1.33	1.35	1.36	1.37	1.37	1.38	1.39	1.42
	0.03	1.59	1.63	1.67	1.71	1.76	1.80	1.84	1.92	1.39	1.40	1.42	1.44	1.45	1.47	1.48	1.52
	0.05	1.54	1.59	1.64	1.69	1.73	1.78	1.83	1.93	1.42	1.43	1.44	1.46	1.47	1.50	1.51	1.54
	0.10	1.38	1.44	1.50	1.55	1.61	1.66	1.72	1.83	1.37	1.38	1.39	1.42	1.43	1.45	1.46	1.50
4	0.01	1.51	1.54	1.57	1.59	1.62	1.64	1.67	1.72	1.37	1.39	1.40	1.42	1.43	1.44	1.46	1.47
	0.02	1.76	1.81	1.86	1.91	1.96	2.01	2.06	2.16	1.53	1.55	1.58	1.59	1.61	1.62	1.65	1.68
	0.03	1.76	1.82	1.88	1.94	1.99	2.05	2.11	2.23	1.52	1.54	1.57	1.59	1.61	1.64	1.66	1.71
	0.05	1.70	1.76	1.82	1.88	1.95	2.01	2.07	2.19	1.50	1.53	1.57	1.59	1.62	1.65	1.68	1.74
6	0.01	1.86	1.90	1.94	1.99	2.03	2.08	2.12	2.21	1.54	1.57	1.59	1.61	1.64	1.66	1.68	1.73
	0.02	1.90	1.96	2.02	2.08	2.13	2.19	2.25	2.37	1.59	1.62	1.66	1.69	1.72	1.75	1.79	1.86
	0.03	1.89	1.96	2.03	2.10	2.16	2.23	2.30	2.44	1.61	1.65	1.68	1.72	1.74	1.77	1.81	1.88
10	0.01	2.07	2.12	2.17	2.23	2.28	2.34	2.39	2.50	2.12	2.18	2.24	2.30	2.37	2.42	2.48	2.60
	0.02	2.09	2.16	2.23	2.30	2.38	2.45	2.52	2.66	2.03	2.08	2.12	2.17	2.22	2.26	2.31	2.40

注：当 r/d 值超过表中给出的最大值时，按最大值查表 k_σ、k_τ。

附表 A-5　尺寸系数 ε_σ 和 ε_τ 值

直径 d /mm		>20~30	>30~40	>40~50	>50~60	>60~70	>70~80	>80 ~100	>100 ~120	>120 ~150	>150 ~500
ε_σ	碳　钢	0.91	0.88	0.84	0.81	0.78	0.75	0.73	0.70	0.68	0.60
	合金钢	0.83	0.77	0.73	0.70	0.68	0.66	0.64	0.62	0.60	0.54
ε_τ	各种钢	0.89	0.81	0.78	0.76	0.74	0.73	0.72	0.70	0.68	0.60

附表 A-6　加工表面的表面状态系数 β 值

加工方法	轴表面粗糙度/μm	σ_B/MPa		
		400	800	1 200
磨　削	R_a=0.4~0.2	1	1	1
车　削	R_a=3.2~0.8	0.95	0.90	0.80
粗　车	R_a=25~6.3	0.85	0.80	0.65
未加工面		0.75	0.65	0.45

附表 A-7　强化表面的表面状态系数 β 值

表面强化方法	心部材料的强度 σ_B/MPa	表面状态系数 β		
		光　轴	有应力集中的轴	
			$k_\sigma \leqslant 1.5$	$k_\sigma \geqslant 1.8\sim2$
高频淬火①	600~800	1.5~1.7	1.6~1.7	2.4~2.8
	800~1 100	1.3~1.5	—	—
渗氮②	900~1 200	1.1~1.25	1.5~1.7	1.7~2.1
渗碳淬火	400~600	1.8~2.0	3	—
	700~800	1.4~1.5	—	—
	1 000~1 200	1.2~1.3	2	—
喷丸处理③	600~1 500	1.1~1.25	1.5~1.6	1.7~2.1
滚子辗压④	600~1 500	1.1~1.3	1.3~1.5	1.6~2.0

注：①数据是在实验室中用 $d=10\sim20$ mm 的试件求得，淬透深度$(0.05\sim0.20)d$；对于大尺寸的试件，表面状态系数宜取低些。

②氮化层深度为 $0.01d$ 时，宜取低限值；深度为$(0.03\sim0.04)d$ 时，宜取高限值。

③数据是用 $d=8\sim40$ mm 的试件求得；喷射速度较小时宜取低值，较大时宜取高值。

④数据是用 $d=17\sim130$ mm 的试件求得。

附表 A-8　抗弯截面系数 W 和抗扭截面系数 W_T 的计算公式

截　面　图	截 面 系 数
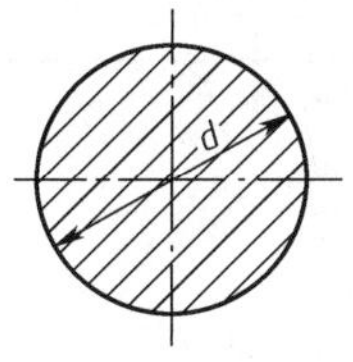	$W=\frac{\pi}{32}d^3\approx0.1d^3$ $W_T=\frac{\pi}{16}d^3\approx0.2d^3$
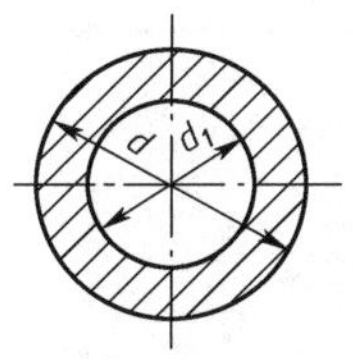	$W=\frac{\pi}{32}d^3(1-r^4)$ $W_T=\frac{\pi}{16}d^3(1-r^4)$ $r=\frac{d_1}{d}$
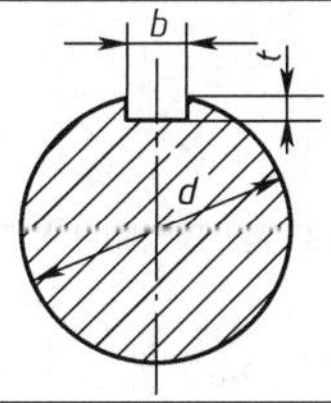	$W=\frac{\pi}{32}d^3-\frac{bt(d-t)^2}{2d}$ $W_T=\frac{\pi}{16}d^3-\frac{bt(d-t)^2}{2d}$
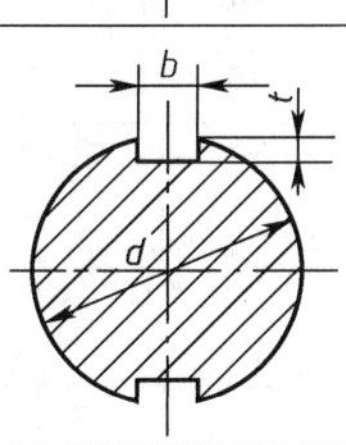	$W=\frac{\pi}{32}d^3-\frac{bt(d-t)^2}{d}$ $W_T=\frac{\pi}{16}d^3-\frac{bt(d-t)^2}{d}$
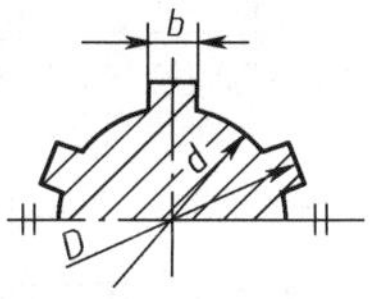	矩形花键 $W=\frac{\pi d^4+bz(D-d)(D+d)^2}{32D}$ $W_T=\frac{\pi d^4+bz(D-d)(D+d)^2}{16D}$ z——花键齿数
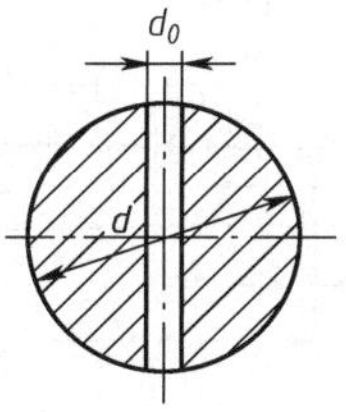	$W=\frac{\pi}{32}d^3\left(1-1.54\frac{d_0}{d}\right)$ $W_T=\frac{\pi}{16}d^3\left(1-\frac{d_0}{d}\right)$
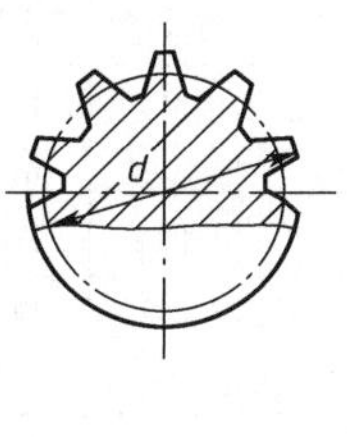	渐开线花键轴 $W\approx\frac{\pi}{32}d^3$ $W_T\approx\frac{\pi}{16}d^3$

附录B 销 连 接

附表 B-1 圆柱销不淬硬钢和奥氏体不锈钢(GB/T 119.1—2000)、圆柱销淬硬钢和马氏体不锈钢(GB/T 119.2—2000) mm

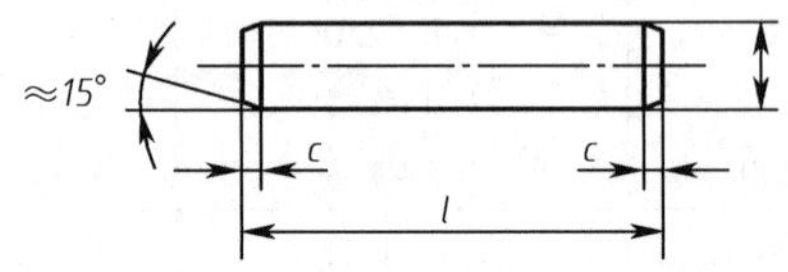

标记示例:

销 GB/T 119.1 6m6×30 公称直径 d=6 mm、公差 m6、公称长度 l=30 mm、材料为钢、不经淬火、不经表面处理的圆柱销

d		3	4	5	6	8	10	12	16	20	25	30	40	50
c≈		0.5	0.63	0.8	1.2	1.6	2	2.5	3	3.5	4	5	6.3	8
l 范围	GB/T 119.1	8~30	8~40	10~50	12~60	14~80	18~95	22~140	26~180	35~200	50~200	60~200	80~200	95~200
	GB/T 119.2	8~30	10~40	12~50	14~60	18~80	22~100	26~100	40~100	50~100	—	—	—	—
长度 l(系列)		2,3,4,5,6,8,10,12,14,16,18,20,22,24,26,28,30,32,35,40,45,50,55,60,65,70,75,80,85,90,95,100,120,140,160,180,200												

注:1. GB/T 119.1—2000 规定圆柱销的公称直径 d=0.6~50 mm,公称长度 l=2~200 mm,公差有 m6 和 h8。
GB/T 119.2—2000 规定圆柱销的公称直径 d=1~20 mm,公称长度 l=3~100 mm,公差仅有 m6。

2. 圆柱销的材料常用 35 钢。

3. GB/T 119.1—2000 公差 m6:Ra≤0.8 μm,h8:Ra≤1.6 μm。GB/T 119.2—2000 Ra≤0.8 μm。

附表 B-2 圆锥销(GB/T 117—2000) mm

A 型(磨削):锥表面粗糙度 Ra=0.8 μm,端面 Ra=6.3 μm

B 型(切削或冷镦):锥表面粗糙度 Ra=3.2 μm,端面 Ra=6.3 μm

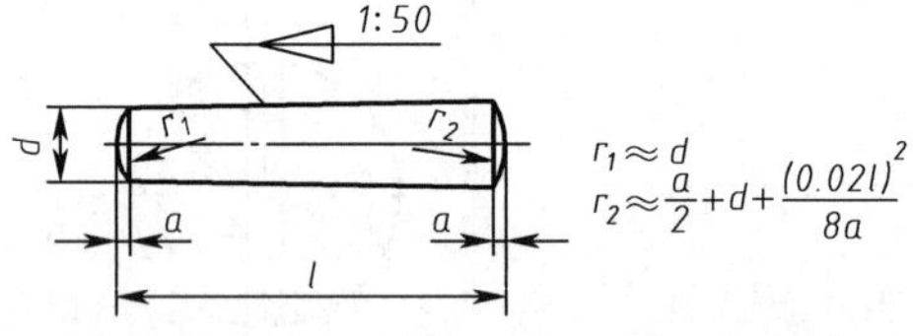

标记示例:

销 GB/T 117 10×60 公称直径 d=10 mm、公称长度 l=60 mm、材料为 35 钢、热处理硬度 28~38 HRC、表面氧化处理的 A 型圆锥销

d	3	4	5	6	8	10	12	16	20	25	30	40	50
a≈	0.4	0.5	0.63	0.8	1	1.2	1.6	2	2.5	3	4	5	6.3
l 范围	12~45	14~55	18~60	22~90	22~120	26~160	32~180	40~200	45~200	50~200	55~200	60~200	65~200
l(系列)	2,3,4,5,6,8,10,12,14,16,18,20,22,24,26,28,30,32,35,40,45,50,55,60,65,70,75,80,85,90,95,100,120,140,160,180,200												

注:圆锥销的公称直径 d=0.6~50 mm。

附录C 滚动轴承

附表 C-1 深沟球轴承(摘自 GB/T 276—2013)

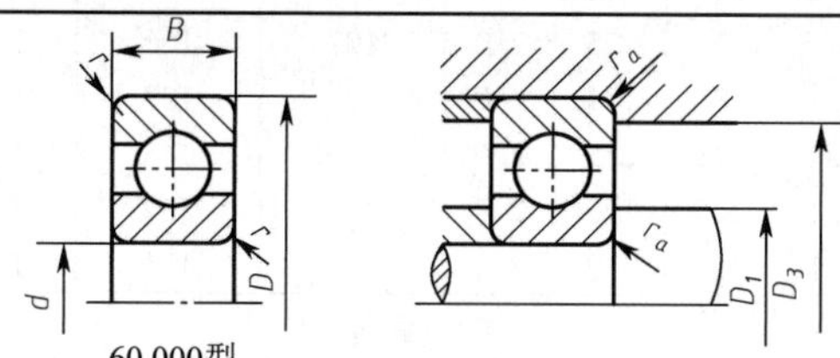

60 000型

F_a/C_{0r}	e	Y	当量动负荷	当量静负荷
0.025	0.22	2.0	当$\frac{F_a}{F_r}\leqslant e, P_r=F_r$	当$\frac{F_a}{F_r}\leqslant 0.8, P_{0r}=F_r$
0.04	0.24	1.8		
0.07	0.27	1.6		
0.13	0.31	1.4	当$\frac{F_a}{F_r}>e, P_r=0.56F_r+YF_a$	当$\frac{F_a}{F_r}>0.8, P_{0r}=0.6F_r+0.5F_a$
0.25	0.37	1.2		
0.5	0.44	1.0		

轴承型号	尺寸/mm				安装尺寸/mm			基本额定负荷/kN		极限转速 $n/(\text{r}\cdot\text{min}^{-1})$		质量 m/kg
	d	D	B	r_{min}	D_1	D_3	r_a	C_r	C_{0r}	脂润滑	油润滑	
(1)0系列												
6000	10	26	8	0.3	12	23	0.3	3.6	2	20 000	28 000	0.019
6001	12	28	8	0.3	14	26	0.3	4	2.3	19 000	26 000	0.022
6002	15	32	9	0.3	18	29	0.3	4.4	2.55	18 000	24 000	0.03
6003	17	35	10	0.3	21	32	0.3	5.35	3.1	17 000	22 000	0.04
6004	20	42	12	0.6	25	38	0.6	7.35	4.55	15 000	19 000	0.07
6005	25	47	12	0.6	30	43	0.6	7.9	5.05	13 000	17 000	0.08
6006	30	55	13	1	36	50	1.0	10.4	7	10 000	14 000	0.12
6007	35	62	14	1	41	57	1.0	12.5	8.7	9 000	12 000	0.16
6008	40	68	15	1	46	63	1.0	13.2	9.45	8 500	11 000	0.19
6009	45	75	16	1	51	70	1.0	16.3	12.4	8 000	10 000	0.24
6010	50	80	16	1	56	75	1.0	16.3	12.4	7 000	9 000	0.28
6011	55	90	18	1.1	63	83	1.2	22.1	17.3	6 300	8 000	0.38
6012	60	95	18	1.1	67	88	1.2	24	18.5	6 000	7 500	0.41
6013	65	100	18	1.1	72	93	1.2	25.2	20.1	5 600	7 000	0.54
6014	70	110	20	1.1	78	102	1.2	30.3	24.6	5 300	6 700	0.60
6015	75	115	20	1.1	83	107	1.2	31.6	26.5	5 000	6 300	0.64
6016	80	125	22	1.1	89	116	1.2	35.6	29.6	4 800	6 000	1.05
6017	85	130	22	1.1	92	122	1.2	37.1	31.9	4 500	5 600	1.1
6018	90	140	24	1.5	99	130	1.5	45.3	39.8	4 300	5 300	1.16
6019	95	145	24	1.5	104	136	1.5	45.3	39.8	4 000	5 000	1.21
6020	100	150	24	1.5	110	140	1.5	47.2	42.6	3 800	4 800	1.25
6021	105	160	26	2	116	148	1.8	51.7	47.2	3 600	4 500	1.9
6022	110	170	28	2	122	160	1.8	64.1	58.3	3 400	4 300	2.0
6024	120	180	28	2	132	168	1.8	66.7	62.5	3 000	3 800	2.4
6026	130	200	33	2	142	188	1.8	79.6	74.5	2 800	3 600	3.7
6028	140	210	33	2	152	198	1.8	82.6	79.9	2 400	3 200	3.9

续上表

轴承型号	尺寸/mm				安装尺寸/mm			基本额定负荷/kN		极限转速 $n/(r\cdot min^{-1})$		质量 m/kg
	d	D	B	r_{min}	D_1	D_3	r_a	C_r	C_{0r}	脂润滑	油润滑	
(1)0 系列												
6030	150	225	35	2.1	164	210	2.0	101	99.3	2 200	3 000	4.8
6032	160	240	38	2.1	174	225	2.0	107	106	2 000	2 800	5.9
6034	170	260	42	2.1	184	245	2.0	126	127	1 900	2 600	7.9
6036	180	280	46	2.1	196	265	2.0	136	143	1 800	2 400	10.65
6038	190	290	46	2.1	206	273	2.0	142	153	1 700	2 200	10.8
6040	200	310	51	2.1	217	293	2.0	162	181	1 600	2 000	13.9
(0)2 系列												
6204	20	47	14	1	25	42	1	10	6.3	14 000	18 000	0.10
6205	25	52	15	1	30	47	1	11	7.1	12 000	16 000	0.12
6206	30	62	16	1	36	56	1	15.2	10.2	9 500	13 000	0.19
6207	35	72	17	1.1	42	65	1	20.1	13.9	8 500	11 000	0.27
6208	40	80	18	1.1	48	72	1	25.6	18.1	8 000	10 000	0.37
6209	45	85	19	1.1	52	78	1	25.6	18.1	7 000	9 000	0.42
6210	50	90	20	1.1	58	83	1	27.5	20.2	6 700	8 500	0.47
6211	55	100	21	1.5	64	91	1.5	34	25.5	6 000	7 500	0.58
6212	60	110	22	1.5	70	101	1.5	41	31.5	5 600	7 000	0.77
6213	65	120	23	1.5	76	110	1.5	44.8	34.7	5 000	6 300	0.98
6214	70	125	24	1.5	81	115	1.5	48.7	38.1	4 800	6 000	1.04
6215	75	130	25	1.5	85	120	1.5	51.9	41.9	4 500	5 600	1.18
6216	80	140	26	2	91	129	2	56.9	45.4	4 300	5 300	1.38
6217	85	150	28	2	97	138	2	65.3	54.1	4 000	5 000	1.75
6218	90	160	30	2	103	148	2	75.3	61.7	3 800	4 800	2.2
6219	95	170	32	2.1	109	157	2	85.2	70.9	3 600	4 500	2.6
6220	100	180	34	2.1	114	166	2	95.8	80.6	3 400	4 300	3.2
(0)3 系列												
6304	20	52	15	1.1	27	45	1	12.5	7.95	13 000	17 000	0.14
6305	25	62	17	1.1	32	55	1	17.6	11.6	10 000	14 000	0.22
6306	30	72	19	1.1	38	65	1	22.1	15.1	9 000	12 000	0.35
6307	35	80	21	1.5	44	71	1.5	26.2	17.9	8 000	10 000	0.42
6308	40	90	23	1.5	49	80	1.5	32	22.7	7 000	9 000	0.63
6309	45	100	25	1.5	55	90	1.5	37.8	26.7	6 300	8 000	0.83
6310	50	110	27	2	61	99	2	48.4	36.3	6 000	7 500	1.08
6311	55	120	29	2	67	108	2	56	42.6	5 300	6 700	1.37
6312	60	130	31	2.1	73	118	2	64.1	49.4	5 000	6 300	1.71
6313	65	140	33	2.1	78	127	2	72.6	56.7	4 500	5 600	2.09
6314	70	150	35	2.1	84	136	2	81.6	64.5	4 300	5 300	2.6
6315	75	160	37	2.1	90	148	2	88.9	72.8	4 000	5 000	3.1
6316	80	170	39	2.1	95	154	2	96.4	81.6	3 800	4 800	3.6
6317	85	180	41	3	101	163	2.5	104	91	3 600	4 500	4.3
6318	90	190	43	3	107	173	2.5	112	101	3 400	4 300	5
6319	95	200	45	3	113	182	2.5	120	111	3 200	4 000	5.7
6320	100	215	47	3	120	196	2.5	136	133	2 800	3 600	7.2

续上表

轴承型号	尺寸/mm				安装尺寸/mm			基本额定负荷/kN		极限转速 $n/(r\cdot min^{-1})$		质量 m/kg
	d	D	B	r_{min}	D_1	D_3	r_a	C_r	C_{0r}	脂润滑	油润滑	
(0)4 系列												
6406	30	90	23	1.5	41	79	1.5	37.2	27.2	8 000	10 000	0.72
6407	35	100	25	1.5	46	89	1.5	43.5	31.9	6 700	8 500	0.82
6408	40	110	27	2	53	98	2	50.3	37.1	6 300	8 000	1.16
6409	45	120	29	2	58	107	2	60.4	46.4	5 600	7 000	1.55
6410	50	130	31	2.1	66	116	2	71.8	56.4	5 300	6 700	1.91
6411	55	140	33	2.1	70	125	2	78.7	63.7	4 800	6 000	2.3
6412	60	150	35	2.1	76	134	2	85.6	71.4	4 500	5 600	2.8
6413	65	160	37	2.1	81	145	2	92.6	79.6	4 300	5 300	3.4
6414	70	180	42	3	89	161	2.5	113	107	3 800	4 800	5.0
6415	75	190	45	3	94	171	2.5	120	117	3 600	4 500	5.9
6416	80	200	48	3	100	180	2.5	128	127	3 400	4 300	7.0
6417	85	210	52	4	107	189	3	136	138	3 200	4 000	8.5
6418	90	225	54	4	113	203	3	151	161	2 800	3 600	10.0
6420	100	250	58	4	126	224	3	175	198	2 400	3 200	12.2

附表 C-2 角接触球轴承(摘自 GB/T 292—2007)

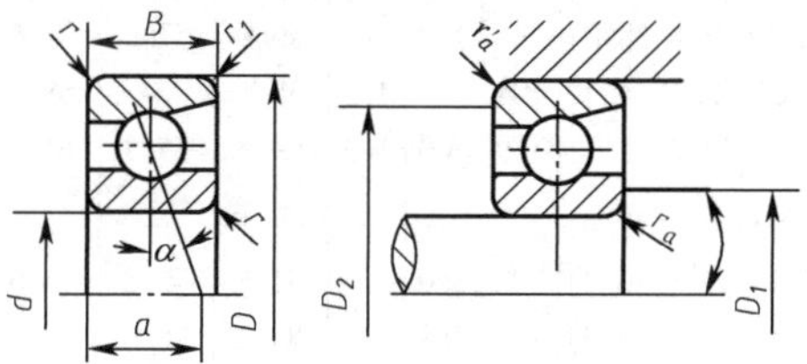

7 000C型 (α=15°)
7 000AC型 (α=25°)

7000C 型				7000AC 型
F_a/C_{or}	e	Y	当量动负荷	当量动负荷
0.025	0.34	1.61	当 $F_a/F_r>e$ $P_r=0.45F_r+YF_u$	当 $F_a/F_r>0.70$ $P_r=0.41F_r+0.85F_a$,
0.04	0.36	1.53	当 $F_a/F_r\leq e$ $P_r=F_r$	当 $F_a/F_r\leq 0.70$ $P_r=F_r$
0.07	0.39	1.40	当量静负荷	当量静负荷
0.13	0.43	1.26	当 $F_a/F_r>1.042$ $P_{0r}=0.5F_r+0.48F_u$	当 $F_a/F_r>1.35$ $P_{0r}=0.5F_r+0.37F_u$
0.25	0.49	1.12	当 $F_a/F_r\leq 1.042$ $P_{0r}=F_r$	当 $F_a/F_r\leq 1.35, P_{0r}=F_r$
0.5	0.55	1.00		

轴承型号		尺寸/mm						安装尺寸/mm			基本额定负荷/(kN)				极限转速 $n/(r\cdot min^{-1})$			
											C_r		C_{0r}		脂润滑		油润滑	
		d	D	B	r_{min}	r_{1min}	a①	D_1	D_2	r_a	7000 C 型	7000 AC 型	7000 C 型	7000 AC 型	7000 C 型	7000 AC 型	7000 C 型	7000 AC 型
7000C	7000AC	10	26	8	0.3	0.15	6.4(8.2)	12.5	23.5	0.3	4.2	4	2.5	2.3	19 000	19 000	28 000	28000
7001C	7001AC	12	28	8	0.3	0.15	6.7(8.7)	14.5	23.5	0.3	4.6	4.35	2.8	2.55	18 000	18 000	26 000	26 000
7002C	7002AC	15	32	9	0.3	0.15	7.7(10)	18.0	29	0.3	4.65	4.65	2.8	2.8	17 000	17 000	24 000	24 000
7003C	7003AC	17	35	10	0.3	0.15	8.5(11.1)	21	32	0.3	5.25	5.35	3.35	3.1	16 000	16 000	22 000	22 000

续上表

轴承型号		尺寸/mm						安装尺寸/mm			基本额定负荷/kN				极限转速 $n/(\mathrm{r\cdot min^{-1}})$			
											C_r		C_{0r}		脂润滑		油润滑	
		d	D	B	r_{min}	r_{1min}	a①	D_1	D_2	r_a	7 000 C 型	7000 AC 型	7000 C 型	7000 AC 型	7000 C 型	7000 AC 型	7000 C 型	7000 AC 型
(1)0 系列																		
7004C	7004AC	20	42	12	0.6	0.15	10.2(13.2)	25	38	0.6	—	7.35	—	4.55	—	14 000	—	19 000
7005C	7005AC	25	47	12	0.6	0.15	10.8(14.4)	30	43	0.6	—	8.7	—	5.9	—	12 000	—	17000
7006C	7006AC	30	55	13	1.0	0.30	12.2(16.4)	36	50	1	12	11.2	8.7	8	9 500	9 500	14 000	14000
7007C	7007AC	35	62	14	1.0	0.30	13.5(18.3)	41	57	1	14.5	14.2	10.8	10.6	8 500	8 500	12 000	12 000
7008C	7008AC	40	68	15	1.0	0.30	14.7(20.1)	46	63	1	15.7	16.4	12.3	11.3	8 000	8 000	11 000	11 000
7009C	7009AC	45	75	16	1.0	0.30	16(21.9)	51	70	1	—	17.3	—	13.7	—	7 500	—	10 000
7010C	7010AC	50	80	16	1.0	0.30	16.7(23.2)	56	75	1	19.9	19.2	16.8	16.3	7 000	6 700	9 000	9 000
7011C	7011AC	55	90	18	1.1	0.60	18.7(25.9)	63	83	1	27.1	25.2	23.4	21.5	6 300	6 000	8 000	8 000
7012C	7012AC	60	95	18	1.1	0.60	19.38(27.1)	67	88	1	31	25.9	27.2	22.7	6 000	5 600	7 500	7 500
7013C	7013AC	65	100	18	1.1	0.60	20.1(28.2)	72	93	1	31.8	26.4	28.7	23.9	5 600	5 300	7 000	7 000
7014C	7014AC	70	110	20	1.1	0.60	22.1(30.9)	78	102	1	38.3	35.6	35.2	32.3	5 300	5 000	6 700	6 700
7015C	7015AC	75	115	20	1.1	0.60	22.7(32.2)	83	107	1	39.3	36.5	37	34	5 000	4 800	6 300	6 300
7016C	7016AC	80	125	22	1.5	0.60	24.8(34.9)	89	116	1	—	43.2	—	40.9	—	4 500	—	6 000
7017C	7017AC	85	130	22	1.5	0.60	25.4(36.1)	92	122	1	—	44.3	—	43	—	4 300	—	5 600
7018C	7018AC	90	140	24	1.5	0.60	27.4(38.8)	99	130	1.5	56.8	52.8	55.6	51.1	4 000	4 000	5 300	5 300
7019C	7019AC	95	145	24	1.5	0.60	28.1(40)	104	136	1.5	38.3	54	58.4	53.7	3 800	3 800	5 000	5 000
7020C	7020AC	100	150	24	1.5	0.60	28.7(41.2)	110	140	1.5	59.7	55.3	61.2	56.2	3 600	3 200	4 800	4 800
7021C	7021AC	105	160	26	2.0	1.00	30.8(43.9)	—	—	—	—	—	—	—	—	—	—	—
7022C	7022AC	110	170	28	2.0	1.00	32.8(46.7)	122	160	2	82.6	76.8	85.6	78.6	3 200	3 600	4 300	4300
7024C	7024AC	120	180	28	2.0	1.00	34.1(48.9)	132	168	2	84.3	78.1	89.7	82.4	2 800	2 800	3 800	3 800
7026C	7026AC	130	200	33	2.0	1.00	38.6(54.9)	142	188	2	106	98	11.5	105	2 600	2 600	3 600	3 600
—	7028AC	140	210	33	2.0	1.00	—(59.2)	152	198	2	—	109	—	117	—	2 200	—	3 200
—	7030AC	150	225	35	2.1	1.10	—(63.2)	164	210	2	—	119	—	131	—	2 000	—	3 000
(0)2 系列																		
7205C	7205AC	25	52	15	1.00	0.30	12.7(16.4)	30	47	1	13.1	12.4	9.25	8.5	11 000		16 000	
7206C	7206AC	30	62	16	1.00	0.30	14.2(18.7)	36	56	1	18.2	17.1	13.3	12.2	9 000		13 000	
7207C	7207AC	35	72	17	1.10	0.60	15.7(21)	42	65	1	25.4	23.9	19.6	18	8 000		11 000	
7208C	7208AC	40	80	18	1.10	0.60	17(23)	48	72	1	30.6	28.8	23.7	21.8	7 500		10 000	
7209C	7209AC	45	85	19	1.10	0.60	18.2(24.7)	52	78	1	32.3	30.4	25.6	23.6	6 700		9 000	
7210C	7210AC	50	90	20	1.10	0.60	19.4(26.3)	57	83	1	33.9	31.9	27.6	25.4	6 300		8 500	
7211C	7211AC	55	100	21	1.50	0.60	20.9(28.6)	63	92	1.5	41.9	39.2	34.9	32.1	5 600		7 500	
7212C	7212AC	60	110	22	1.50	0.60	22.4(30.8)	70	101	1.5	50.7	47.6	43.1	39.6	5 300		7 000	
7213C	7213AC	65	120	23	1.50	0.60	24.2(33.5)	76	110	1.5	57.9	51.9	51	43.7	4 800		6 300	
7214C	7214AC	70	125	24	1.50	0.60	25.3(35.1)	81	115	1.5	62.9	59.1	55.9	51.4	4 500		6 000	
7215C	7215AC	75	130	25	1.50	0.60	26.4(36.6)	85	120	1.5	65.5	61.4	59.6	54.8	4 300		5 600	
7216C	7216AC	80	140	26	2.00	1.00	27.7(39.3)	91	129	2	73.5	68.9	66.5	61.1	4 000		5 300	
7217C	7217AC	85	150	28	2.00	1.00	29.9(41.6)	97	138	2	82.5	73.9	77	66.4	3 800		5 000	

续上表

轴承型号		尺寸/mm						安装尺寸/mm			基本额定负荷/kN				极限转速 $n/(\mathrm{r}\cdot\mathrm{min}^{-1})$	
											C_r		C_{0r}			
		d	D	B	r_{min}	r_{1min}	a①	D_1	D_2	r_a	7000C 型	7000AC 型	7000C 型	7000AC 型	脂润滑	油润滑
(0)2 系列																
7218C	7218AC	90	160	30	2.00	1.00	31.7(44.2)	103	148	2	97.1	91.1	90.6	83.3	3 600	4 800
7219C	7219AC	95	170	32	2.10	1.10	33.8(46.9)	109	157	2	110	103	104	95.6	3 400	4 500
7220C	7220AC	100	180	34	2.10	1.10	35.8(49.7)	114	166	2	124	116	118	109	3 200	4 300
7221C	7221AC	105	190	36	2.10	1.10	37.8(52.4)	118	177	2	129	121	125	115	3 000	4 000
7222C	7222AC	110	200	38	2.10	1.10	39.8(55.2)	125	185	2	146	137	150	138	2 800	3 800
7224C	7224AC	120	215	40	2.10	1.10	42.4(59.1)	—	—	—	—	148	—	153	—	—
7226C	7226AC	130	230	40	3.00	1.10	44.3(62.2)	148	213	2.5	164	153	178	163	2 200	3 200
7228C	7228AC	140	250	42	3.00	1.10	42.4(59.1)	—	—	—	—	148	—	153	—	—
7228C	7228AC	140	250	42	3.00	1.10	47.1(68.6)	160	232	2.5	183	158	210	193	1 900	2 800
(0)3 系列																
7304C	7304AC	20	52	15	1.1	0.6	11.3(16.3)	27	45	1	14.6	14	10	9.2	12 000	17 000
7305C	7305AC	25	62	17	1.1	0.6	13.1(19.1)	32	55	1	22	21.1	16.2	14.9	9 500	14 000
7306C	7306AC	30	72	19	1.1	0.6	15(22.2)	33	65	1	27	25.6	20.4	18.7	8 500	12 000
7307C	7307AC	35	80	21	1.5	0.6	16.6(24.5)	44	71	1.5	35.1	33.4	27.5	25.2	7 500	10 000
7308C	7308AC	40	90	23	1.5	0.6	18.5(27.5)	49	80	1.5	41.4	39.2	33.4	30.7	6 700	9 000
7309C	7309AC	45	100	25	1.5	0.6	20.2(30.2)	55	90	1.5	50.5	48.1	41	37.7	6 000	8 000
7310C	7310AC	50	110	27	2.0	1.0	22(33)	61	99	2	59.2	56.2	48.8	44.9	5 600	7 500
7311C	7311AC	55	120	29	2.0	1.0	23.8(35.8)	67	108	2	72.5	68.1	62.5	57.4	5 000	6 700
7312C	7312AC	60	130	31	2.1	1.1	25.6(38.7)	73	117	2	83	78.8	72.5	66.6	4 800	6 300
7313C	7313AC	65	140	33	2.1	1.1	27.4(41.5)	78	127	2	94.3	89.2	83.2	76.5	4 300	5 600
7314C	7314AC	70	150	35	2.1	1.1	29.2(44.3)	84	136	2	106	100	94.6	87	4 000	5 300
7315C	7315AC	75	160	37	2.1	1.1	31(47.2)	90	148	2	115	109	107	98.2	3 800	5 000
7316C	7316AC	80	170	39	2.1	1.1	32.8(50)	95	154	2	125	118	120	110	3 600	4 800
7317C	7317AC	85	180	41	3.0	1.1	34.6(52.8)	101	163	2	135	128	134	123	3 400	4 500
7318C	7318AC	90	190	43	3.0	1.1	36.4(55.6)	107	173	2.5	145	137	148	136	3 200	4 300
7319C	7319AC	95	200	45	3.0	1.1	38.2(58.5)	113	182	2.5	155	147	163	150	3 000	4 000
7320C	7320AC	100	215	47	3.0	1.1	40.2(61.9)	120	196	2.5	167	167	179	180	2 600	3 600
—	7322AC	110	240	50	3.0	1.1	-(67.7)	132	218	2.5	—	186	—	211	2 200	3 200
—	7324AC	120	260	55	3.0	1.1	-(73.8)	142	237	2.5	—	209	—	248	2 000	3 000
7330C	7330AC	150	320	65	4.0	1.5	57.5(90.1)	177	292	3	281	279	379	1 600	2 200	
(0)4 系列																
7406AC		30	90	23	1.5	0.6	26.1	41	79	1.5		43.3		32.6	7 500	10 000
7407AC		35	100	25	1.5	0.6	29	46	89	1.5		54.7		43.1	6 300	8 500
7408AC		40	110	27	2.0	1.0	31.8	53	98	2		62.9		50	6 000	8 000
7409AC		45	120	29	2.0	1.0	34.6	58	107	2		67.7		53.6	5 300	7 000
7410AC		50	130	31	2.1	1.1	37.4	66	116	2		77.5		65	5 000	6 700
7412AC		60	150	35	2.1	1.1	43.1	76	134	2		103		91.8	4 300	5 600
7414AC		70	180	42	3.0	1.1	51.5	89	161	2.5		128		125	3 600	4 800
7416AC		80	200	48	3.0	1.1	58.1	100	180	2.5		154		163	3 200	4 300
7418AC		90	225	54	4.0	1.5	64.8	113	203	3		181		206	2 600	2 600

注:1. 括弧中的数值为 7000AC 型的 a 值。

附表 C-3 圆锥滚子轴承(摘自 GB/T 297—2015)

30 000 型

当量动负荷

$P_r = F_r$ 当 $\frac{F_a}{F_r} \leqslant e$

$P_r = 0.4F_r + YF_a$ 当 $\frac{F_a}{F_r} > e$

当量动负荷

$P_r = F_r$ 当 $\frac{F_a}{F_r} \leqslant \frac{1}{2Y_0}$

$P_r = 0.5F_r + YF_a$ 当 $\frac{F_a}{F_r} > \frac{1}{2Y_0}$

轴承型号	尺寸/mm										安装尺寸/mm								基本额定负荷/kN		e	Y	Y_0	极限转速 n/($r \cdot min^{-1}$)	
	d	D	B	C	T	r_{1min} r_{2min}	r_{3min} r_{4min}	a	α	E	d_b	d_a	D_a	D_b	a_1	a_2	r_a	r_{a1}	C_r	C_{or}				脂润滑	油润滑
02 系列																									
30203	17	40	12	11	13.25	1	1	9.8	12°57′10″	31.408	22	22	34	35	2	4	0.6	0.6	18.6	13.4	0.35	17	1.0	9 000	120 000
30204	20	47	14	12	15.25	1	1	11.2	12°57′10″	37.304	26	26	42	43	3	5	0.6	0.6	25	18	0.35	17	1.0	8 000	10 000
30205	25	52	15	13	16.25	1	1	12.6	14°02′10″	41.135	31	31	46	47	3	5	0.6	0.6	30	23	0.37	1.6	0.9	7 000	9 000
30206	30	62	16	14	17.25	1	1	13.8	14°02′10″	49.990	36	36	56	57	3	5	0.6	0.6	39	29.5	0.37	1.6	0.9	6 000	7 500
30207	35	72	17	15	18.25	1.5	1.5	15.3	14°02′10″	58.844	43	43	64	67	3	5	1	1	49	37	0.37	1.6	0.9	5 300	6 700
30208	40	80	18	16	19.75	1.5	1.5	16.9	14°02′10″	65.730	48	48	72	75	3	6	1	1	55	41.5	0.37	1.6	0.9	5 000	6 300
30209	45	85	19	16	20.75	1.5	1.5	18.6	15°06′34″	70.440	53	53	76	79	3	7	1	1	59	46	0.40	1.5	0.8	4 500	5 600
30210	50	90	20	17	21.75	1.5	1.5	20	15°38′32″	75.078	58	58	82	85	4	7		1	66	53.5	0.42	1.4	0.8	4 300	5 300
30211	55	100	21	18	22.75	2	1.5	21	15°06′34″	84.197	64	64	90	94	4	7	1	1	80	64	0.40	1.5	0.8	4 000	5 000
30212	60	110	22	19	23.75	2	1.5	22.4	15°06′34″	91.876	69	69	100	104	5	7	1	1	91	73.2	0.40	1.5	0.8	3 600	4 500
30213	65	120	23	20	24.75	2	1.5	24	15°06′34″	101.934	74	74	108	114	5	7	1	1	106	85	0.40	1.5	0.8	3 200	4 000
30214	70	125	24	21	26.25	2	1.5	25.9	15°38′32″	105.748	79	79	114	119	5	7	1	1	117	97.5	0.42	1.4	0.8	3 000	3 800
30215	75	130	25	22	27.25	2	1.5	27.4	16°10′20″	110.408	84	84	119	124	5	7	1	1	123	103	0.44	14	0.8	2 800	3 600
30216	80	140	26	22	28.25	2.5	2	28	15°38′32″	119.169	90	90	127	134	5	8	1.5	1	140	120	0.42	1.4	0.8	2 600	3 400
30217	85	150	28	22	30.5	2.5	2	29.9	15°38′32″	126.685	95	95	136	144	5	9	1.5	1	160	137	0.42	1.4	0.8	2 400	3 200

续上表

轴承型号	尺寸/mm										安装尺寸/mm								基本额定负荷/kN		e	Y	Y_0	极限转速 $n/(r \cdot min^{-1})$	
	d	D	B	C	T	r_{1min} r_{2min}	r_{3min} r_{4min}	a	α	E	d_b	d_a	D_a	D_b	a_1	a_2	r_a	r_{a1}	C_r	C_{or}				脂润滑	油润滑
02 系列																									
30218	90	160	30	26	32.5	2.5	2	32.4	15°38′32″	134.901	100	100	145	153	5	9	1.5	1	180	154	0.42	14	0.8	2 200	3 000
30219	95	170	32	27	34.5	3	2.5	35.1	15°38′32″	143.385	106	106	157	163	5	10	2	1.5	200	177	0.42	14	0.8	2 000	2 800
30220	100	180	34	29	37	3	2.5	36.5	15°38′32″	151.310	111	111	162	172	5	10	2	1.5	230	203	0.42	14	0.8	1 900	2 600
30221	105	190	36	30	39	3	2.5	38.5	15°38′32″	159.795	116	116	172	182	6	11	2	1.5	256	228	0.42	14	0.8	1 800	2 400
30222	110	200	38	32	41	3	2.5	40.4	15°38′32″	168.548	121	121	181	192	6	11	2	1.5	282	255	0.42	14	0.8	17 00	2 200
30224	120	215	40	34	43.5	3	2.5	44.1	16°10′20″	181.257	131	131	196	207	7	12	2	1.5	305	278	0.44	14	0.8	1 500	1 900
30226	130	230	40	34	43.75	4	3	46.2	16°10′20″	196.420	142	142	208	222	7	12	2.5	2	330	300	0.44	14	0.8	1 400	1 800
30228	140	250	42	36	45.75	4	3	49	16°10′20″	212.270	153	153	226	241	7	12	2.5	2	370	336	0.44	1.4	0.8	1 200	1 600
30230	150	270	45	38	49	4	3	52.4	16°10′20″	227.408	164	164	248	260	8	14	2.5	2	400	364	0.44	14	0.8	1 100	1 500
03 系列																									
30302	15	42	13	11	14.25	1	1	9.5	10°45′29″	33.272	23	23	35	36	3	5	1.6	0.6	20	13.5	0.29	2.1	1.2	9 000	12 000
30303	17	47	14	12	15.25	1	1	10	10°45′29″	37.420	25	25	41	42	3	5	1.6	0.6	26	17.1	0.29	2.1	12	8 500	11 000
30304	20	52	15	13	16.25	1.5	1.5	11	11°18′36″	41.318	28	28	45	47	3	5	1	1	31	21.2	0.30	2.0	1.1	7 500	9 500
30305	25	62	17	15	18.25	1.5	1.5	13	13°10′	50.637	33	33	55	57	3	5	1	1	42	29.9	0.30	2.0	1.1	6 300	8 000
30306	30	72	19	16	20.75	1.5	1.5	15	11°51′35″	58.287	38	38	64	66	3	7	1	1	51	37	0.31	1.9	1.0	5 600	7 000
30307	35	80	21	18	22.75	2	1.5	17	11°51′35″	65.769	44	44	71	75	3	7	1	1	65	40	0.31	19	10	5 000	6 300
30308	40	90	23	20	25.25	2	1.5	19.5	12°57′10″	72.703	49	49	80	85	3	7	1	1	83	64.6	0.35	17	0.9	4 500	5 600
30309	45	100	25	22	27.25	2	1.5	21.5	12°57′10″	81.780	54	54	90	94	4	7	1	1	97	76	0.35	1.7	0.9	4 000	5 000
30310	50	110	27	23	29.25	2.5	2	23	12°57′10″	90.633	60	60	98	103	4	8	1.5	1	116	93	0.35	17	0.9	3 800	4 800
30311	55	120	29	25	31.5	2.5	2	25	12°57′10″	99.146	65	65	106	114	4	9	2	1	139	111	0.35	1.7	0.9	3 400	4 300
30312	60	130	31	26	33.5	3	2.5	26.5	12°57′10″	107.769	71	71	116	123	4	10	2	1.5	160	124	0.35	17	0.9	3 200	4 000
30313	65	140	33	28	36	3	2.5	29	12°57′10″	116.846	76	76	125	132	5	10	2	1.5	176	145	0.35	1.7	0.9	2 800	3 600

续上表

轴承型号	尺寸/mm										安装尺寸/mm								基本额定负荷/kN		e	Y	Y_0	极限转速 n/($r \cdot min^{-1}$)	
	d	D	B	C	T	r_{1min} r_{2min}	r_{3min} r_{4min}	a	α	E	d_b	d_a	D_a	D_b	a_1	a_2	r_a	r_{a1}	C_r	C_{or}				脂润滑	油润滑
03 系列																									
30314	70	150	35	30	38	3	2. 5	30. 6	12°57′10″	125. 244	81	81	135	142	5	10	2	1. 5	199	162	0. 35	1. 7	0. 9	2 600	3 400
30315	75	160	37	31	40	3	2. 5	32	12°57′10″	134. 097	86	86	143	152	5	11	2	1. 5	225	188	0. 35	1. 7	0. 9	2 400	3 200
30316	80	170	39	33	42. 5	4	2. 5	34	12°57′10″	143. 174	92	92	152	162	7	12	2	1. 5	256	213	0. 35	1. 7	0. 9	2 200	3 000
30317	85	180	41	34	44. 5	4	3	36	12°57′10″	150. 433	97	97	161	171	8	14	2. 5	2	277	235	0. 35	1. 7	0. 9	20 00	2 800
30318	90	190	43	36	46. 5	4	3	37. 5	12°57′10″	159. 061	103	103	170	181	8	14	2. 5	2	314	270	0. 35	1. 7	0. 9	1 900	2 600
30319	95	200	45	38	49. 5	4	3	40	12°57′10″	165. 861	109	109	180	191	8	14	2. 5	2	335	289	0. 35	1. 7	0. 9	1 800	2 400
30320	100	215	47	39	51. 5	4	3	42	12°57′10″	178. 578	116	116	194	205	10	16	2. 5	2	364	313	0. 35	1. 7	0. 9	1 600	2 000
22 系列																									
32206	30	62	20	17	21. 25	1	1	15. 4	14~02′10″	48. 982	36	36	56	57	3	6	0. 6	0. 6	47. 3	38	0. 37	1. 6	0. 9	6 000	7 500
32207	35	72	23	19	24. 25	1. 5	1. 5	17. 6	14°02′10″	57. 087	43	43	64	67	3	7	1	1	64	52. 8	0. 37	1. 6	0. 9	5 300	6 700
32208	40	80	23	19	24. 75	1. 5	1. 5	19	14~02′10″	64. 715	48	48	72	75	3	8	1	1	68. 7	55. 4	0. 37	1. 6	0. 9	5 000	6 300
32209	45	85	23	19	24. 75	1. 5	1. 5	20	15°06′34″	69. 610	53	53	76	79	3	8	1	1	73. 8	61. 7	0. 40	1. 5	0. 8	4 500	5 600
32210	50	90	23	19	24. 75	1. 5	1. 5	21	15°38′32″	74. 226	58	58	82	85	3	8	1	1	78. 7	66. 7	0. 42	1. 4	0. 8	4 300	5 300
32211	55	100	25	21	26. 75	2	1. 5	22. 5	15°06′34″	82. 837	64	64	90	94	4	8	1	1	95. 3	80. 3	0. 40	1. 5	0. 8	3 800	4 800
32212	60	110	28	24	29. 75	2	1. 5	24. 9	15°06′34″	90. 236	69	69	100	104	4	8	1	1	118	102	0. 40	1. 5	0. 8	3 600	4 500
32213	65	120	31	27	32. 75	2	1. 5	27. 2	15°06′34″	99. 484	74	74	108	114	4	8	1	1	144	126	0. 40	15	0. 8	3 200	4 000
32214	70	125	31	27	33. 25	2	1. 5	28. 6	15°38′32″	103. 765	79	79	114	119	4	8	1	1	150	135	0. 42	1. 4	0. 8	3 000	3 800
32215	75	130	31	27	33. 25	2	1. 5	30. 2	16°10′20″	108. 932	84	84	119	124	4	8	1	1	152	137	0. 44	1. 4	0. 8	2 800	3 600
32216	80	140	33	28	33. 25	2. 5	2	31. 3	15°38′32″	117. 466	90	90	127	134	5	9	1. 5	1	180	159	0. 42	1. 4	0. 8	2 600	3 400
32217	85	150	36	30	38. 5	2. 5	2	34	15°38′32″	124. 97	95	95	136	144	5	11	1. 5	1	203	186	0. 42	1. 4	0. 8	2 400	3 200
32218	90	160	40	34	42. 5	2. 5	2	36. 7	15°38′32″	132. 615	100	100	145	153	5	11	1. 5	1	243	228	0. 42	0. 4	0. 8	2 200	3 000
32219	95	170	43	37	45. 5	3	2. 5	39	15°38′32″	140. 259	106	106	157	163	5	11	2	1. 5	272	258	0. 42	0. 4	0. 8	2 000	2 800
32220	100	180	46	39	49	3	2. 5	41. 8	15°38′32″	148. 184	111	111	162	172	5	14	2	1. 5	310	295	0. 42	0. 4	0. 8	1 900	2 600

续上表

轴承型号	尺寸/mm									安装尺寸/mm								基本额定负荷/kN		e	Y	Y_0	极限转速 $n/(\mathrm{r\cdot min^{-1}})$	
	d	D	B	C	T	$r_{1\min}$ $r_{2\min}$	$r_{3\min}$ $r_{4\min}$	a	α	E	d_b	d_a	D_a	D_b	a_1	a_2	r_a	r_{a1}	C_r	C_{or}				脂润滑	油润滑
23系列																									
32303	17	47	19	16	20.25	1	1	12	10°45′29″	36.09	25	25	41	42	3	6	0.6	0.6	32	23	0.29	2.1	1.2	8 500	11 000
32304	20	52	21	18	22.25	1.5	1.5	13.4	11°18′36″	39.518	28	28	45	47	3	6	1	1	38.5	28.5	0.30	2.0	1.1	7500	9500
32305	25	62	24	20	25.25	1.5	1.5	15.5	11°18′36″	48.637	33	33	55	57	3	7	1	1	54	42	0.30	2.0	1.1	6 300	8 000
32306	30	72	27	23	28.75	1.5	1.5	18.8	11°51′35″	55.767	38	38	64	66	4	8	1	1	71.5	57.9	0.31	1.9	1.0	5 600	7 000
32307	35	80	31	25	32.75	2	1.5	20.5	11°51′35″	62.829	44	44	71	75	5	10	1	1	86	70	0.31	1.9	1.0	5 000	6 300
32308	40	90	33	27	35.25	2	1.5	23.4	12°57′10″	69.253	49	49	80	85	5	10	1	1	102.5	86.5	0.35	1.7	1.0	4 500	5 600
32309	45	100	36	30	38.25	2	1.5	25.6	12°57′10″	78.300	54	54	90	94	5	10	1	1	128	111.8	0.35	1.7	1.0	4 000	5 000
32310	50	110	40	33	42.25	2.5	2	28	12°57′10″	86.263	60	60	98	103	6	12	1.5	1	160	140	0.35	1.7	1.0	3 800	4 800
32311	55	120	43	35	45.5	2.5	2	30.6	12°57′10″	94.316	65	65	106	114	4	14	1.5	1	183.5	161.5	0.35	1.7	1.0	3 400	4 300
32312	60	130	46	37	48.5	3	2.5	32	12°57′10″	102.939	71	71	116	123	8	14	2	1.5	205	181	0.35	1.7	1.0	3 200	4 000
32313	65	140	48	39	51	3	2.5	34	12°57′10″	111.786	76	76	125	132	8	14	2	1.5	235	210	0.35	1.7	1.0	2 800	3 600
32314	70	150	51	42	54	3	2.5	36.5	12°57′10″	119.724	81	81	135	142	8	14	2	1.5	270	223	0.35	1.7	1.0	2 600	3 400
32315	75	160	55	45	58	3	2.5	39	12°57′10″	127.887	86	86	152	10	16	2	1.5	310	289	0.35	1.7	1.0	2 400	3 200	
32316	80	170	58	48	61.5	3	2.5	42	12°57′10″	136.504	92	92	152	162	10	16	2	1.5	350	330	0.35	1.7	1.0	2 200	3 000
32317	85	180	60	49	63.5	4	3	43.6	12°57′10″	144.223	98	98	161	171	12	18	2.5	2	385	360	0.35	1.7	1.0	2 000	2 800
32318	90	190	64	53	67.5	4	3	46	12°57′10″	151.701	103	103	170	181	12	18	2.5	2	430	415	0.35	1.7	1.0	1 900	2 600
33319	95	200	67	55	71.5	4	3	49	12°57′10″	160.318	109	109	180	191	14	20	2.5	2	470	445	0.35	1.7	1.0	1 800	2 400
33320	100	215	73	60	77.5	4	3	53	12°57′10″	171.650	116	116	194	205	14	20	2.5	2	540	520	0.35	1.7	1.0	1 600	2 000
32321	105	225	77	63	81.5	4	3	55	12°57′10″	179.359	123	120	202	215	14	20	2.5	2	585	565	0.35	1.7	1.0	1 500	1 900
32322	110	240	80	65	84.5	4	3	58	12°57′10″	192.071	127	124	215	230	18	25	2.5	2	655	640	0.35	1.7	1.0	1 400	1 800
32324	120	260	86	69	90.5	4	3	617	12°57′10″	207.039	138	137	235	250	18	25	2.5	2	750	740	0.35	1.7	1.0	1 300	1 700

附表 C-4　推力球轴承(摘自 GB/T 301—2015)

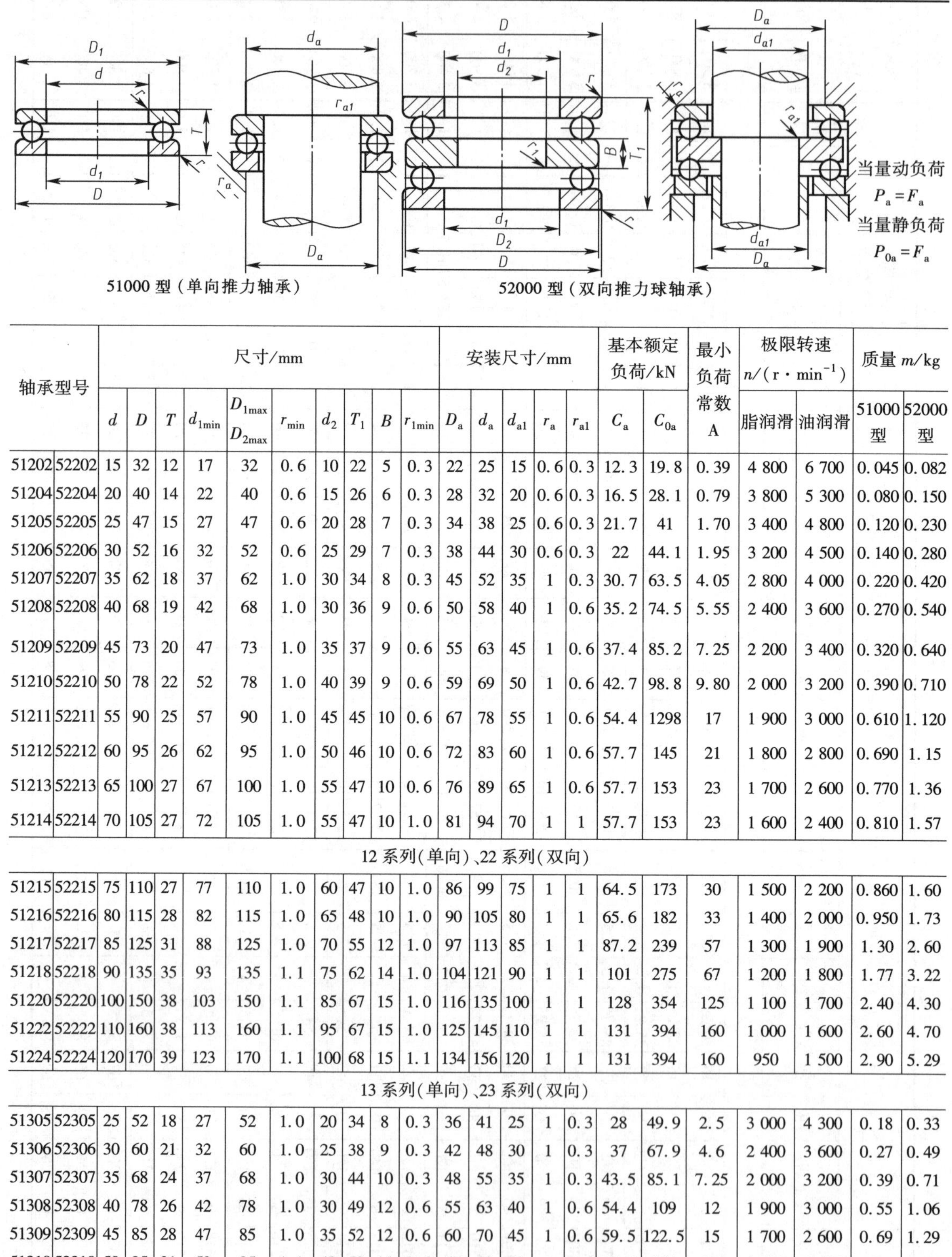

51000 型（单向推力轴承）　52000 型（双向推力球轴承）

轴承型号		尺寸/mm										安装尺寸/mm					基本额定负荷/kN		最小负荷常数 A	极限转速 $n/(r\cdot min^{-1})$		质量 m/kg	
		d	D	T	d_{1min}	D_{1max} D_{2max}	r_{min}	d_2	T_1	B	r_{1min}	D_a	d_a	d_{a1}	r_a	r_{a1}	C_a	C_{0a}		脂润滑	油润滑	51000 型	52000 型
51202	52202	15	32	12	17	32	0.6	10	22	5	0.3	22	25	15	0.6	0.3	12.3	19.8	0.39	4 800	6 700	0.045	0.082
51204	52204	20	40	14	22	40	0.6	15	26	6	0.3	28	32	20	0.6	0.3	16.5	28.1	0.79	3 800	5 300	0.080	0.150
51205	52205	25	47	15	27	47	0.6	20	28	7	0.3	34	38	25	0.6	0.3	21.7	41	1.70	3 400	4 800	0.120	0.230
51206	52206	30	52	16	32	52	0.6	25	29	7	0.3	38	44	30	0.6	0.3	22	44.1	1.95	3 200	4 500	0.140	0.280
51207	52207	35	62	18	37	62	1.0	30	34	8	0.3	45	52	35	1	0.3	30.7	63.5	4.05	2 800	4 000	0.220	0.420
51208	52208	40	68	19	42	68	1.0	30	36	9	0.6	50	58	40	1	0.6	35.2	74.5	5.55	2 400	3 600	0.270	0.540
51209	52209	45	73	20	47	73	1.0	35	37	9	0.6	55	63	45	1	0.6	37.4	85.2	7.25	2 200	3 400	0.320	0.640
51210	52210	50	78	22	52	78	1.0	40	39	9	0.6	59	69	50	1	0.6	42.7	98.8	9.80	2 000	3 200	0.390	0.710
51211	52211	55	90	25	57	90	1.0	45	45	10	0.6	67	78	55	1	0.6	54.4	1298	17	1 900	3 000	0.610	1.120
51212	52212	60	95	26	62	95	1.0	50	46	10	0.6	72	83	60	1	0.6	57.7	145	21	1 800	2 800	0.690	1.15
51213	52213	65	100	27	67	100	1.0	55	47	10	0.6	76	89	65	1	0.6	57.7	153	23	1 700	2 600	0.770	1.36
51214	52214	70	105	27	72	105	1.0	55	47	10	1.0	81	94	70	1	1	57.7	153	23	1 600	2 400	0.810	1.57
12 系列(单向)、22 系列(双向)																							
51215	52215	75	110	27	77	110	1.0	60	47	10	1.0	86	99	75	1	1	64.5	173	30	1 500	2 200	0.860	1.60
51216	52216	80	115	28	82	115	1.0	65	48	10	1.0	90	105	80	1	1	65.6	182	33	1 400	2 000	0.950	1.73
51217	52217	85	125	31	88	125	1.0	70	55	12	1.0	97	113	85	1	1	87.2	239	57	1 300	1 900	1.30	2.60
51218	52218	90	135	35	93	135	1.1	75	62	14	1.0	104	121	90	1	1	101	275	67	1 200	1 800	1.77	3.22
51220	52220	100	150	38	103	150	1.1	85	67	15	1.0	116	135	100	1	1	128	354	125	1 100	1 700	2.40	4.30
51222	52222	110	160	38	113	160	1.1	95	67	15	1.0	125	145	110	1	1	131	394	160	1 000	1 600	2.60	4.70
51224	52224	120	170	39	123	170	1.1	100	68	15	1.1	134	156	120	1	1	131	394	160	950	1 500	2.90	5.29
13 系列(单向)、23 系列(双向)																							
51305	52305	25	52	18	27	52	1.0	20	34	8	0.3	36	41	25	1	0.3	28	49.9	2.5	3 000	4 300	0.18	0.33
51306	52306	30	60	21	32	60	1.0	25	38	9	0.3	42	48	30	1	0.3	37	67.9	4.6	2 400	3 600	0.27	0.49
51307	52307	35	68	24	37	68	1.0	30	44	10	0.3	48	55	35	1	0.3	43.5	85.1	7.25	2 000	3 200	0.39	0.71
51308	52308	40	78	26	42	78	1.0	30	49	12	0.6	55	63	40	1	0.6	54.4	109	12	1 900	3 000	0.55	1.06
51309	52309	45	85	28	47	85	1.0	35	52	12	0.6	60	70	45	1	0.6	59.5	122.5	15	1 700	2 600	0.69	1.29
51310	52310	50	95	31	52	95	1.1	40	58	14	0.6	67	78	50	1	0.6	75.8	164	27	1 600	2 400	1	1.86

续上表

轴承型号		尺寸/mm										安装尺寸/mm					基本额定负荷/kN		最小负荷常数	极限转速 $n/(\mathrm{r \cdot min^{-1}})$		质量 m/kg	
		d	D	T	d_{1min}	D_{1max}	D_{2max}	r_{min}	d_2	T_1	B	r_{1min}	D_a	d_a	d_{a1}	r_a	r_{a1}	C_a	C_{0a}	A	脂润滑	油润滑	51 000型	52000型
51311	52311	55	105	35	57	105		1. 1	45	64	15	0. 6	76	86	55	1	0. 6	93. 5	200	40	1 500	2 200	1. 34	2. 50
51312	52312	60	110	35	62	110		1. 1	50	64	15	0. 6	79	91	60	1	0. 6	96. 9	217	47	1 400	2 000	1. 43	2. 70
51313	52313	65	115	36	67	115		1. 1	55	65	15	0. 6	83	97	65	1	0. 6	120	254	65	1 300	1 900	1. 57	2. 90
51314	52314	70	125	40	72	125		1. 1	55	72	16	1. 0	90	105	70	1	1	120	277	77	1 200	1 800	2. 10	3. 90
51315	52315	75	135	44	77	135		1. 5	60	79	18	1. 0	97	113	75	1. 5	1	138	321	105	1 100	1 700	2. 70	5. 00
51316	52316	80	140	44	82	140		1. 5	65	79	18	1. 0	102	118	80	1. 5	1	142	346	120	1 000	1 600	2. 80	6. 20
51317	52317	85	150	49	88	150		1. 5	70	87	19	1. 0	109	126	85	1. 5	1	176	419	180	950	1 500	3. 70	6. 80
51318	52318	90	155	50	93	155		1. 5	75	88	19	1. 0	113	132	90	1. 5	1	182	452	205	900	1 400	3. 90	7. 30
51320	52320	100	170	55	103	170		1. 5	80	97	21	1. 0	125	145	100	1. 5	1	217	572	330	800	1200	5. 10	9. 50
14 系列(单向)、24 系列(双向)																								
51405	52405	25	60	24	27	60	60	1. 0	15	45	11	0. 6	40	45	25	1	0. 6	43. 6	72. 6	5. 3	2 200	3 400	0. 34	0. 64
51406	52406	30	70	28	32	70	70	1. 0	20	52	12	0. 6	47	54	30	1	0. 6	53. 2	91. 9	8. 5	1 900	3 000	0. 53	0. 97
51407	52407	35	80	32	37	80	80	1. 1	25	59	14	0. 6	53	62	35	1	0. 6	70. 5	125. 1	16	1 700	2 600	0. 82	1. 44
51408	52408	40	90	36	42	90	90	1. 1	30	65	15	0. 6	60	70	40	1	0. 6	88. 4	167	28	1 500	2 200	1. 18	2. 09
51409	52409	45	100	39	47	100	100	1. 1	35	72	17	0. 6	67	78	45	1	0. 6	111	213	45	1 400	2 000	1. 64	2. 56
51410	52410	50	110	43	52	110	110	1. 5	40	78	18	0. 6	74	86	50	1. 5	0. 6	126	247	60	1 300	1 900	1. 99	3. 43
51411	52411	55	120	48	57	120	120	1. 5	45	87	20	0. 6	81	94	55	1. 5	0. 6	151	290	85	1 100	1 700	2. 6	4. 64
51412	52412	60	130	51	62	130	130	1. 5	50	93	21	0. 6	88	102	60	1. 5	0. 6	175	364	135	1 000	1 600	3. 3	5. 88
51413	52413	65	140	56	68	140	140	2. 0	50	101	23	1. 0	95	110	65	2	1	179	386	150	900	1 400	4. 2	7. 49
51414	52414	70	159	60	73	150	150	2. 0	55	107	24	1. 0	102	118	70	2	1	202	455	210	850	1 300	5. 18	9. 01
51415	52415	75	160	65	78	160	160	2. 0	60	115	26	1. 0	109	126	75	2	1	235	556	310	800	1 200	6. 97	11. 3
51416	52416	80	170	68	83	170	170	2. 1	65	120	27	1. 0	115	136		2		251	613	380	750	1 100	7. 11	
51417	52417	85	180	72	88	177	179. 5	2. 1	65	128	29	1. 1	122	143	85	2	1	265	667	450	700	1 000	9. 50	15. 4
51418	52418	90	190	77	93	187	189. 5	2. 1	70	135	30	1. 1	129	151	90	2	1	300	788	620	670	950	11. 2	17. 8
51420	52420	100	210	85	103	205	209. 5	3. 0	80	150	33	1. 1	143	167	100	2. 5	1	353	988	980	600	850	14. 9	2. 5
51422	52422	110	230	95	113	225	229	3. 0	90	166	37	1. 1	157	183	110	2. 5	1	386	1 134	1 290	530	750		33. 3
51426	52426	130	270	110	134	265	269	4. 0	100	192	42	2. 0	185	216	130	3	2	493	1 633	2 670	430	600	32. 0	—
51428	52428	140	280	112	144	275	279	4. 0	110	196	44	2. 0	194	226	1409	3	2	493	1 633	2 670	400	560	32. 2	—
51430	52430	150	300	120	154	295	299	4. 0	120	209	46	2. 0	208	243	150	3	2	529	182. 0	3 310	380	530	38. 2	68. 1

附录D 联 轴 器

附表 D-1 联轴器轴孔和键槽的形式、代号及系列尺寸(摘自 GB/T 3852—2017)

	长圆柱形轴孔(Y 型)	有沉孔的短圆柱形轴孔(J 型)	无沉孔的短圆柱形轴孔(J_1 型)	有沉孔的圆锥形轴孔(Z 型)
轴孔	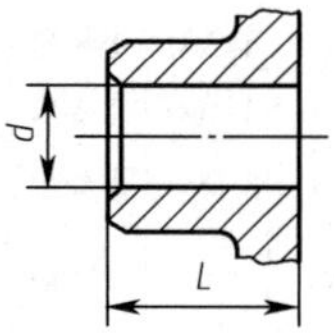 d, L	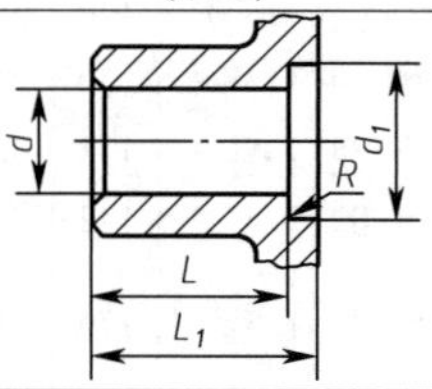 d, d_1, R, L, L_1	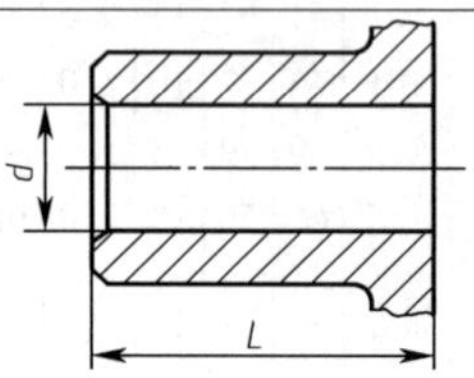 d, L	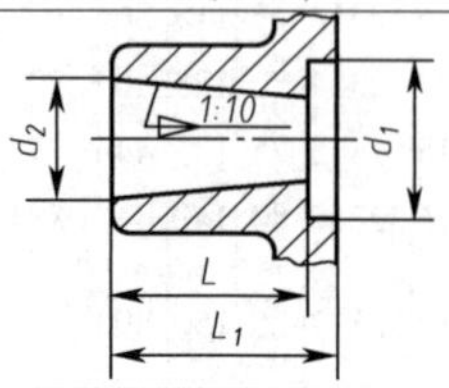 d_2, d_1, 1:10, L, L_1
键槽	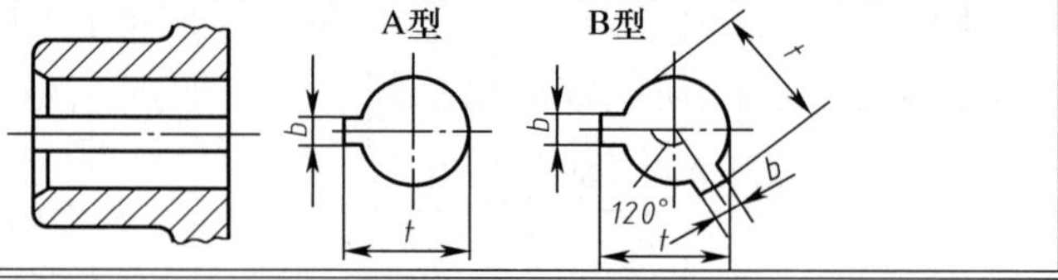	A型 b, t	B型 b, t, 120°	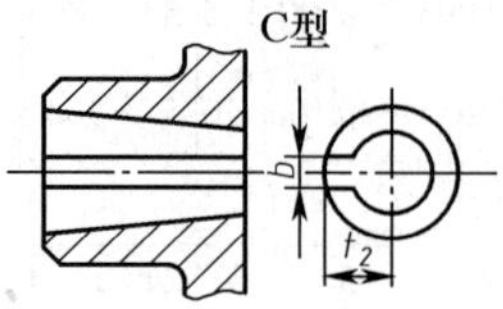 C型 b, t_2

轴孔和 C 型键槽尺寸 (单位:mm)

直径	轴孔长度			沉孔		C 型键槽			直径	轴孔长度			沉孔		C 型键槽		
d,d_2	L		L_1	d_1	R	b	t_2		d,d_2	L		L_1	d_1	R	b	t_2	
	Y 型	J,J_1,Z 型					公称尺寸	极限偏差		Y 型	J,J_1,Z 型					公称尺寸	极限偏差
16	42	30	42	38	1.5	3	8.7	±0.1	55	112	84	112	95	2.5	14	29.2	±0.2
18						4	10.1		56							29.7	
19							10.6		60	142	107	142	105		16	31.7	
20	52	38	52				10.9		63							32.2	
22							11.9		65							34.2	
24						5	13.4		70				120		18	36.8	
25	62	44	62	48			13.7		71							37.3	
28							15.2		75							39.3	
30	82	60	82	55			15.8		80	172	132	172	140		20	41.6	
32					2	6	17.3		85					3		44.1	
35							18.3		90				160		22	47.1	
38				65			20.3		95							49.6	
40	112	84	112			10	21.2	±0.2	100	212	167	212	180		25	51.3	
42							22.2		110							56.3	
45				80		12	23.7		120				210		28	62.3	
48							25.2		125					4		64.8	
50				95			26.2		130	252	202	252	235			66.4	

轴孔与轴伸的配合、键槽宽度 b 的极限偏差

d,d_2/mm	圆柱形轴孔与轴伸的配合		圆锥形轴孔的直径偏差	键槽宽度 b 的极限偏差
6~30	H7/j6	根据使用要求也可选用 H7/r6 或 H7/n6	JS10 (圆锥角度及圆锥形状公差应小于直径公差)	P9 (或 JS9,D10)
>30~50	H7/k6			
>50	H7/m6			

注:1. 无沉孔的圆锥形轴孔(Z_1 型)和 B_1 型、D 型键槽尺寸,详见 GB/T 3852。

2. Y 型限用于圆柱形轴伸的电动机端。

附表 D-2 GⅡCL 型鼓形齿式联轴器(摘自 JB/T 8854.2—2001)

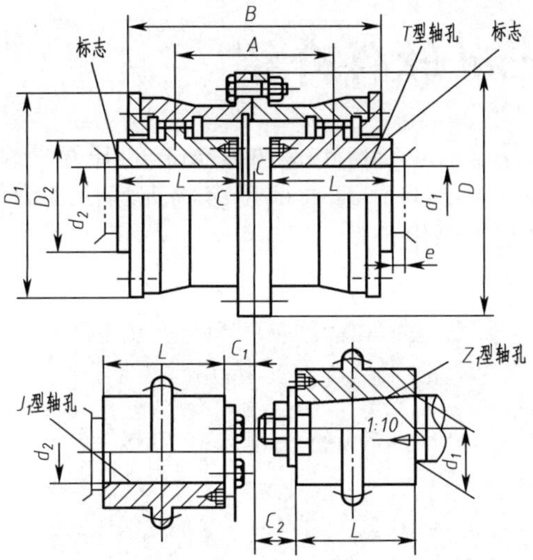

标记示例:

GⅡCL4 联轴器$\frac{50\times112}{J_1B45\times84}$ JB/T 8854.2

主动端:Y 型轴孔,A 型键槽,d_1=50 mm,L=112 mm

从动端:J_1 型轴孔,B 型键槽,d_2=45 mm,L=84 mm

型号	公称转矩/(r·min⁻¹)	许用转速/(r·min⁻¹)	轴孔直径 d_1,d_2,d_3	轴孔长度 L Y 型	轴孔长度 L J_1,Z_1 型	D	D_1	D_2	B	A	C	C_1	C_2	e	转动惯量/($kg\cdot m^{-2}$)	质量/kg
			mm													
GⅡCL1	800	7 100	16,18,19	42	—	125	95	60	115	75	20	—	—	30	0.009	5.9
			20,22,24	52	38						10	—	24			
			25,28	62	44						2.5	—	19			
			30,32,35,38	82	60							15	22			
GⅡCL2	1 400	6 300	25,28	62	44	144	120	75	135	88	10.5	—	29	30	0.02	9.7
			30,32,35,38	82	60						2.5	12.5	30			
			40,42,45,48	112	84							13.5	28			
GⅡCL3	2 800	5 900	300,32,35,38	82	60	174	140	95	155	106	3	24.5	25	30	0.047	17.2
			40,42,45,48,50,55,56	112	84							17	28			
			60	142	107								35			
GⅡCL4	5 000	5 400	32,35,38	82	60	196	165	115	178	125	14	37	32	30	0.091	24.9
			40,42,45,48,50,55,56	112	84						3	17	28			
			60,63,65,70	142	107								35			
GⅡCL5	8 000	5 000	40,42,45,48,50,55,56	112	84	224	183	130	198	142	3	25	38	30	0.167	38
			60,63,65,70,71,75	142	107							20	35			
			80	172	132							22	43			
GⅡCL6	11 200	4 800	48,50,55,56	112	84	241	200	145	218	160	6	35	35	30	0.267	48.2
			60,63,65,70,71,75	142	107						4	20	35			
			80,85,90	172	132							22	43			
GⅡCL7	15 000	4 500	60,63,65,70,71,75	142	107	260	230	160	244	180	4	35	35	30	0.453	68.9
			80,85,90,95	172	132							22	43			
			100	212	167								48			
GⅡCL8	21 200	4 000	65,70,71,75	142	107	282	245	175	264	193	5	35	35	30	0.646	83.3
			80,85,90,95	172	132							22	43			
			100,110	212	167								48			

注:1. J_1 型轴孔根据需要也可以不使用轴端挡圈。

2. 本联轴器具有良好的补偿两轴综合位移的能力,外形尺寸小,承载能力高,能在高转速下可靠地工作,适用于重型机械及长轴的联接,但不宜用于立轴的联接。

附录 E　Simdroid 软件介绍

Simdroid 是一款基于自主仿真内核开发的通用 CAE 平台，也是仿真 App 的开发平台和运行平台。Simdroid 提供结构、电磁、流体和热的单一物理场仿真内核及多物理场仿真内容，提供图形交互式的仿真开发环境，支持仿真 App 的无代码化开发。

点击软件图标，出现附图 E-1 所示的软件面板。

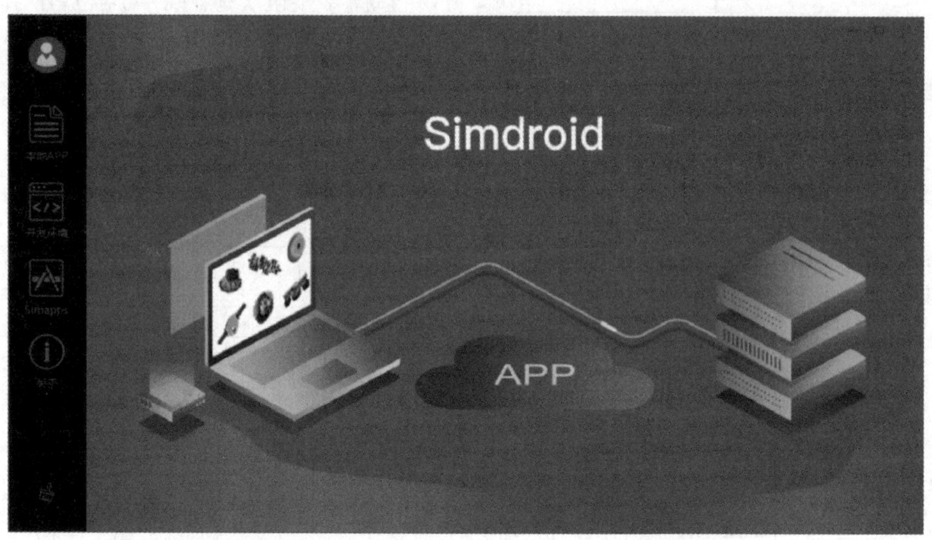

附图 E-1　软件面板

点击开发环境，出现附图 E-2 所示的工作面板。

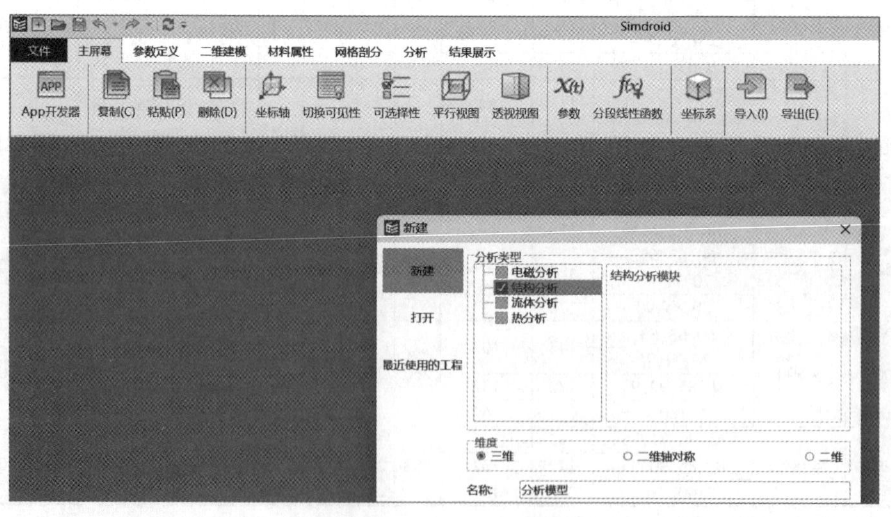

附图 E-2　工作面板

点击三维建模,出现附图 E-3 的功能面板。

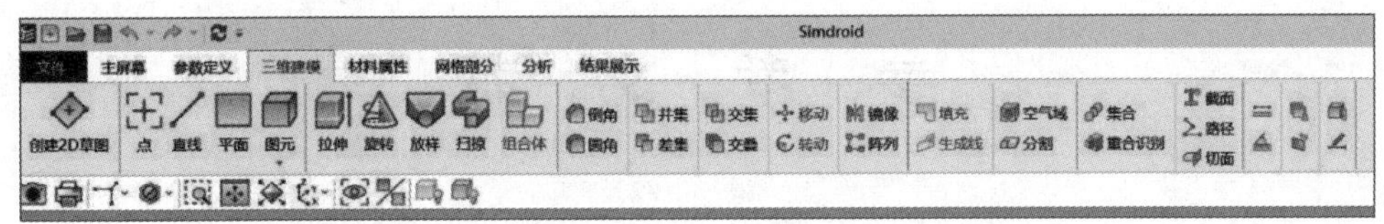

附图 E-3　工作面板

点击二维草图,出现工作平面选项,如附图 E-4 工作环境面板。

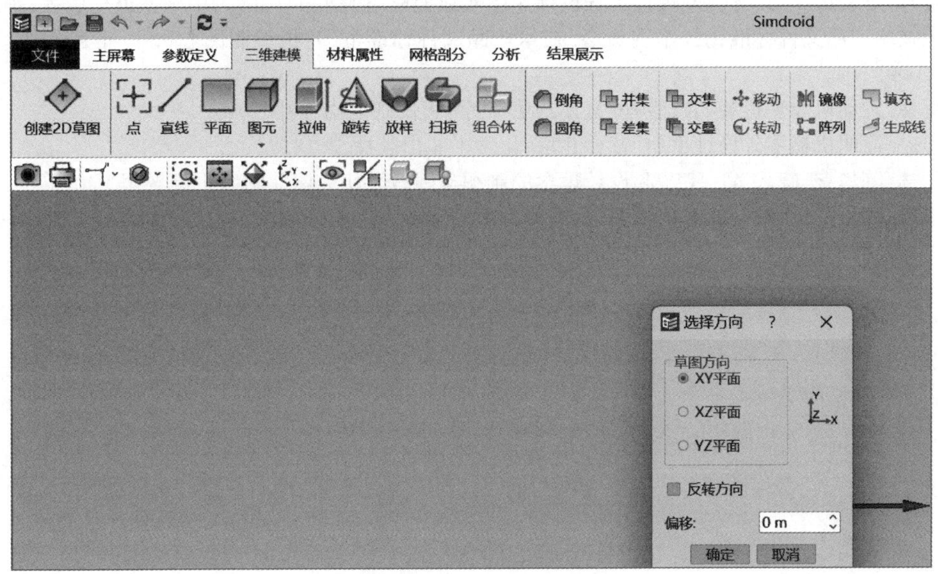

附图 E-4　工作环境面板

选择 xy 作为绘图平面,点击草图出现绘图功能面板,选择圆命令,绘制圆,如附图 E-5 所示。

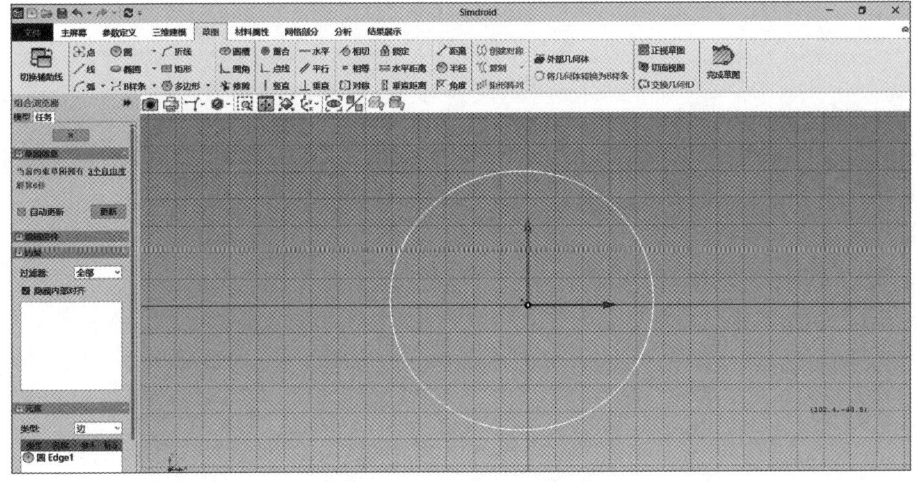

附图 E-5　工作环境面板

参 考 文 献

[1] 王大康. 机械设计基础[M]. 2 版. 北京：中国铁道出版社有限公司,2023.

[2] 金旭星. 机械设计基础[M]. 北京:人民邮电出版社出版,2021.

[3] 张宏. 工程机械设计基础[M]. 北京:机械工业出版社,2016.

[4] 樊百林,李晓武,李大龙,等. 现代工程设计制图实践教程 上册[M]. 北京:中国铁道出版社,2017.

[5] 全国技术产品文件标准化技术委员会. 技术产品文件标准汇编:机械制图卷[S]. 北京:中国标准出版社,2009.

[6] 樊百林. 发动机原理拆装实践教程[M]. 2 版. 北京:人民邮电出版社,2016.

[7] 李连进. 简明机械零件设计手册[M]. 北京:化学工业出版社,2018.

[8] 樊百林,陈华,李晓武,等. 工艺和设计理念的制图实践教学研究[J]. 科技创新导报, 2011(8).

[9] 闵小琪,陶松桥. 机械设计基础课程设计[M]. 2 版. 北京:机械工业出版社,2020.